北大社普通高等教育“十三五”数字化建设规划教材

概率论与数理统计

（第二版）

焦 勇 刘源远 韩旭里 主编

$P(B)=\sum_{i=1}^{n}P(A_i)P(B|A_i)$

本书资源使用说明

内 容 简 介

本书介绍了概率论与数理统计的基本概念、基本理论与方法.内容包括：概率论的基本概念、随机变量、多维随机变量、随机变量的数字特征、大数定律与中心极限定理、数理统计的基本概念、参数估计、假设检验、方差分析和回归分析.本书大部分章节均配有相关习题，每章均配有复习题，并收集了历届研究生入学考试试题，书后附有习题参考答案，既便于教学，又利于考试复习.

本书可作为高等学校理工类、经管类等非数学专业概率论与数理统计课程的教材，也可供工程技术人员参考.

图书在版编目(CIP)数据

概率论与数理统计/焦勇，刘源远，韩旭里主编.—2版.—北京：北京大学出版社，2024.1
ISBN 978-7-301-34785-0

Ⅰ.①概… Ⅱ.①焦… ②刘… ③韩… Ⅲ.①概率论—高等学校—教材 ②数理统计—高等学校—教材 Ⅳ.①O21

中国国家版本馆CIP数据核字(2024)第014457号

书　　名　概率论与数理统计（第二版）
GAILÜLUN YU SHULI TONGJI (DI-ER BAN)
著作责任者　焦　勇　刘源远　韩旭里　主编
责任编辑　潘丽娜
标准书号　ISBN 978-7-301-34785-0
出版发行　北京大学出版社
地　　址　北京市海淀区成府路205号　100871
网　　址　http://www.pup.cn
电子邮箱　zpup@pup.cn
新浪微博　@北京大学出版社
电　　话　邮购部010-62752015　发行部010-62750672　编辑部010-62752021
印 刷 者　长沙雅佳印刷有限公司
经 销 者　新华书店
787毫米×1092毫米　16开本　18印张　461千字
2018年7月第1版
2024年1月第2版　2025年5月第4次印刷
定　　价　59.50元

总序

数学是人一生中学得最多的一门功课．中小学里就已开设了很多数学课程，涉及算术、平面几何、三角、代数、立体几何、解析几何等众多科目，看起来洋洋大观、琳琅满目，但均属于初等数学的范畴，实际上只能用来解决一些相对简单的问题，面对现实世界中一些复杂的情况则往往无能为力．正因为如此，在大学学习阶段，专攻数学专业的学生不必说了，就是对于广大非数学专业的学生，也都必须选学一些数学基础课程，花相当多的时间和精力学习高等数学，这就对非数学专业的大学数学基础课程教材提出了高质量的要求．

这些年来，各种大学数学基础课程教材已经林林总总地出版了许多，但平心而论，除少数精品以外，大多均偏于雷同，难以使人满意．而学习数学这门学科，关键又在理解与熟练，同一类型的教材只须精读一本好的就足够了．因此，精选并推出一些优秀的大学数学基础课程教材，就理所当然地成为编写出版“大学数学系列教材”这一套丛书的宗旨．

大学数学基础课程的名目并不多，所涵盖的内容又大体上相似，但教材的编写不仅仅是材料的堆积和梳理，更体现编写者的教学思想和理念．对于同一门课程，应该鼓励有不同风格的教材来诠释和体现；针对不同程度的教学对象，也应该采用不同层次的教材来教学．特别是，大学非数学专业是一个相当广泛的概念，对分属工程类、经管类、医药类、农林类、社科类甚至文史类的众多大学生，不分青红皂白、一刀切地采用统一的数学教材进行教学，很难密切联系有关专业的实际，很难充分针对有关专业的迫切需要和特殊要求，是不值得提倡的．相反，通过教材编写者和相应专业工作者的密切结合和协作，针对专业特点编写出来的教材，才能特色鲜明、有血有肉，才能深受欢迎，并产生重要而深远的影响．这是各专业的大学数学基础课程教材应有的定位和标准，也是大家的迫切期望，但却是当前明显的短板，因而使我们对这一套丛书可以大有作为有了足够的信心和依据．

说得更远一些，我们一些教师往往把数学看成定义、公式、定理及证明的堆积，千方百计地要把这些知识灌输到学生大脑中去，但却忘记了有关数学最根本的三点．一是数学知识的来龙去脉——从哪里来，又可以到哪里去．割断数学与生动活泼的现实世界的血肉联系，学生就不会有学习数学的持续的积极性．二是数学的精神实质和思想方法．只讲知识，不讲精神，只讲技巧，不讲思想，学生就不可能学到数学的精髓，不可能对数学有真正的领悟．三是数学的人文内涵.数学在人类认识世界和改造世界的过程中起着关键的、不可代替的作用,是人类文明的坚实基础和重要支柱.不自觉地接受数学文化的熏陶,是不可能真正走近数学、了解数学、领悟数学并热爱数学的.在数学教学中抓住了上面这三点,就抓住了数学的灵魂,学生对数学的学习就一定会更有成效.但客观地说,现有的大学数学基础课程教材,能够真正体现这三点要求的,恐怕为数不多.这一现实为大学数学基础课程教材的编写提供了广阔的发展空间,很多探索有待进行,很多经验有待总结,可以说是任重而道远.从这个意义上说,由北京大学出版社推出的这一套丛书实际上已经为一批有特色、高品质的大学数学基础课程教材的面世搭建了一个很好的平台,特别值得称道,也相信一定会得到各方面广泛而有力的支持.

特为之序.

李大潜

2015 年 1 月 28 日

前言

数学是一门重要而应用广泛的学科，被誉为锻炼思维的体操和人类智慧之冠上最明亮的宝石.不仅如此，数学还是其他科学和技术的基础，它的应用几乎涉及所有的学科领域，对世界文明的发展有着深远的影响.高等学校作为培育人才的摇篮，其数学课程的开设也就具有特别重要的意义.

近年来，随着我国经济建设与科学技术的迅速发展，高等教育进入了一个飞速发展时期，已经突破了以前的精英式教育模式，发展成为一种在终身学习的大背景下极具创造性和再创性的基础学科教育.高等学校教育教学观念不断更新，教学改革不断深入，办学规模不断扩大，数学课程开设的专业覆盖面也不断增大.党的二十大报告也首次将教育、科技、人才工作专门作为一个独立章节进行系统阐述和部署，明确指出:“教育、科技、人才是全面建设社会主义现代化国家的基础性、战略性支撑.”这让广大教师深受鼓舞，更要勇担“为党育人、为国育才”的重任，迎来一个大有可为的新时代.为了适应这一发展需要，经众多高校的数学教师多次研究讨论，我们联合编写了本套高等学校非数学专业的大学数学系列教材.

概率论与数理统计是对随机现象的统计规律进行演绎和归纳，从数量的角度研究随机现象的客观规律的一门数学学科，是近代数学的重要组成部分，也是具有鲜明特色的一个数学分支.当前，概率论与数理统计已广泛应用于自然科学、社会科学之中，并正在迅速地与其他学科相互渗透或结合，成为近代经济理论、管理科学等学科应用与研究的重要工具.因此，概率论与数理统计课程是普通高等学校绝大多数专业学生的必修课.

本教材自第一版出版至今，历经多年教学实践的检验，得到了国内广大院校及教师的认可，广大同行也提出了很多宝贵意见.编者在第一版的基础上，反复整合各院校老师、学生的不同需求，对书中部分内容进行了修订.

本教材是为普通高等学校非数学专业学生编写的，也可为各类需要提高数学素质和能力的人员使用.教材中概念、定理及理论叙述准确、精练，符号使用标准、规范，知识点突出，难点分散，证明和计算过程严谨，例题、习题等均经过精选，具有代表性和启发性.各章复习题中画线以下的题是往届研究生入学考试题和较难的题，对非考研学生不做要求.

本教材的主要内容有:概率论的基本概念、随机变量、多维随机变量、随机变量的数字特征、大数定律与中心极限定理、数理统计的基本概念、参数估计、假设检验、方差分析、回归分析等.本教材第二版由焦勇、刘源远、韩旭里担任主编，使用院校的老师们，特别是谢永钦老师在此次改版中提出了许多宝贵意见,袁晓辉、贾华、付小军、曾凌烟、曾政杰等构建并审查了全书的配套数字教学资源,陈平、陈逸仙、吴友成、汤烽等提供了版式和装帧设计方案,在此一并表示感谢.

本次修订参考了广大教师和兄弟院校提出的宝贵建议,并得到了北京大学出版社的大力支持,在此一并表示衷心的感谢.

教材中难免有不妥之处,希望使用本教材的教师和学生提出宝贵意见.

编　者

目录

第六章 数理统计的基本概念 / 133

第七章 参数估计 / 147

第八章 假设检验 / 171

第九章 方差分析 / 197

第十章 回归分析 / 223

附表 / 242

习题与复习题参考答案 / 264

参考文献 / 280

第一章

概率论的基本概念

在现实生活和社会活动中发生的现象千姿百态，人们通常将这些现象归结为两类：确定性现象和随机现象. 例如，水在标准大气压下温度持续达到100 ℃ 时必然沸腾，温度为0 ℃ 以下时必然结冰；同性电荷相互排斥，异性电荷相互吸引等. 这类现象称为确定性现象，它们在一定条件下一定会发生. 另有一类现象，在一定条件下有多种可能的结果，但事先又不能确定哪一种结果会发生，这类现象称为随机现象. 例如，测量一个物体的长度，其测量误差的大小；从一批电视机中任意取一台，被选取的这台电视机的寿命等都是随机现象. 概率论与数理统计，就是研究和揭示随机现象统计规律性的一门基础学科.

这里我们注意到，随机现象是与一定的条件密切联系的. 例如，在城市交通的某一路口，指定的 1 h 内，汽车的流量多少就是一个随机现象，而“指定的 1 h 内”就是条件，若换成 2 h 内、5 h 内，流量就会不同. 如将汽车的流量换成自行车的流量，差别就会更大，故随机现象与一定的条件是有密切联系的.

概率论与数理统计的应用是很广泛的，几乎渗透到所有科学技术领域，工业、农业、国防与国民经济的各个部门都要用到它. 例如，在工业生产中，人们应用概率统计方法进行质量控制、工业试验设计、产品的抽样检查设计等. 还可使用概率统计方法进行气象预报、水文预报、地震预报及在经济活动中的投资决策和风险评估等. 另外，概率统计的理论与方法正在向各基础学科、工程学科、经济学科渗透，产生了各种边缘性的应用学科，如排队论、计量经济学、信息论、控制论、时间序列分析等.

第一节　样本空间、随机事件

1. 随机试验

人们是通过试验去研究随机现象的,把为研究随机现象而进行的观察或实验,称为试验.若一个试验具有下列 3 个特点:

1° 可以在相同的条件下重复地进行,

2° 每次试验的可能结果不止一个,并且事先可以明确试验所有可能出现的结果,

3° 进行一次试验之前不能确定哪一个结果会出现,

则称这一试验为随机试验,记为 E.

下面举一些随机试验的例子.

E_1:抛一枚硬币,观察正面 H 和反面 T 出现的情况;

E_2:掷两颗骰子,观察出现的点数;

E_3:在一批电视机中任意抽取一台,测试它的寿命;

E_4:城市某一交通路口,观察指定 1 h 内的汽车流量;

E_5:记录某一地区一昼夜的最高温度和最低温度.

2. 样本空间与随机事件

在一个试验中,不论可能出现的结果有多少,总可以从中找出一组基本结果,满足以下条件:

1° 每进行一次试验,必然出现且只能出现其中的一个基本结果;

2° 任何结果,都是由其中的一些基本结果所组成.

随机试验 E 的所有基本结果组成的集合称为样本空间,记为 Ω. 样本空间的元素,即 E 的每个基本结果,称为样本点.

下面写出前面提到的试验 $E_k(k=1,2,3,4,5)$ 的样本空间 Ω_k:

Ω_1:$\{\mathrm{H},\mathrm{T}\}$;

Ω_2:$\{(i,j)\mid i,j=1,2,3,4,5,6\}$;

Ω_3:$\{t\mid t\geqslant 0\}$;

Ω_4:$\{0,1,2,\cdots\}$;

Ω_5:$\{(x,y)\mid T_0\leqslant x\leqslant y\leqslant T_1\}$,这里 x 表示最低温度,y 表示最高温度,并设这一地区温度不会小于 T_0 也不会大于 T_1.

随机试验E的样本空间Ω的子集称为E的随机事件，简称事件①，通常用大写字母$A,B,\cdots$表示. 在每次试验中，当且仅当这一子集中的一个样本点出现时，称这一事件发生. 例如，在掷骰子的试验中，可以用A表示“出现的点数为偶数”这一事件，若试验结果是“出现6点”，则称事件A发生.

特别地，由一个样本点组成的单点集，称为基本事件. 例如，试验E_1有2个基本事件$\{H\}$，$\{T\}$；试验E_2有36个基本事件$\{(1,1)\},\{(1,2)\},\cdots,\{(6,6)\}$.

每次试验中都必然发生的事件，称为必然事件. 样本空间Ω包含所有的样本点，它是Ω自身的子集，每次试验中都必然发生，故它就是一个必然事件. 因而必然事件我们也用Ω表示. 在每次试验中不可能发生的事件称为不可能事件. 空集$\varnothing$不包含任何样本点，它作为样本空间的子集，在每次试验中都不可能发生，故它就是一个不可能事件. 因而不可能事件我们也用$\varnothing$表示.

3. 事件之间的关系及运算

事件是一个集合，因而事件之间的关系与事件的运算可以用集合之间的关系与集合的运算来处理.

下面讨论事件之间的关系及运算.

1°　若事件A发生必然导致事件B发生，则称事件A包含于事件B(或称事件B包含事件A)，记为$A\subset B$(或$B\supset A$).

$A\subset B$的一个等价说法是，若事件B不发生，则事件A必然不发生.

若$A\subset B$且$B\subset A$，则称事件A与B相等(或等价)，记为$A=B$.

为了方便起见，规定对于任一事件A，有$\varnothing\subset A$. 显然，对于任一事件A，有$A\subset\Omega$.

2°　“事件A与B中至少有一个发生”的事件称为A与B的并(或和)，记为$A\cup B$.

由事件并的定义，可立即得到：

对于任一事件A，有

$$A\cup\Omega=\Omega,\quad A\cup\varnothing=A.$$

$A=\bigcup_{i=1}^{n}A_i$表示“事件$A_1,A_2,\cdots,A_n$中至少有一个发生”这一事件.

$A=\bigcup_{i=1}^{\infty}A_i$表示“可列无穷多个事件$A_i$中至少有一个发生”这一事件.

3°　“事件A与B同时发生”的事件称为A与B的交(或积)，记为$A\cap B$(或AB).

由事件交的定义，可立即得到：

对于任一事件A，有

---

① 严格地说，事件是指Ω中满足某些条件的子集. 当Ω由有限个元素或由可列无穷多个元素组成时，每个子集都可作为一个事件. 当Ω由不可列无穷多个元素组成时，某些子集必须排除在外. 幸而这种不可容许的子集在实际应用中几乎不会遇到. 今后，我们讲的事件都是指它是容许考虑的那种子集.

$$A \cap \Omega = A, \quad A \cap \varnothing = \varnothing.$$

$B = \bigcap_{i=1}^{n} B_i$ 表示“$B_1, B_2, \cdots, B_n$ 这 n 个事件同时发生”这一事件.

$B = \bigcap_{i=1}^{\infty} B_i$ 表示“可列无穷多个事件 B_i 同时发生”这一事件.

4° “事件 A 发生而 B 不发生”的事件称为 A 与 B 的差，记为 $A-B$.

由事件差的定义，可立即得到：

对于任一事件 A，有

$$A - A = \varnothing, \quad A - \varnothing = A, \quad A - \Omega = \varnothing.$$

5° 若两个事件 A 与 B 不可能同时发生，则称事件 A, B 互不相容（或互斥），记为 $A \cap B = \varnothing$.

基本事件是两两互不相容的.

6° 若 $A \cup B = \Omega$ 且 $A \cap B = \varnothing$，则称事件 A 与事件 B 互为对立事件（或逆事件）. A 的对立事件记为 $\overline{A}$，$\overline{A}$ 是由所有不属于 A 的样本点组成的事件，它表示“A 不发生”这一事件. 显然 $\overline{A} = \Omega - A$.

在一次试验中，若 A 发生，则 $\overline{A}$ 必不发生（反之亦然），即在一次试验中，A 与 $\overline{A}$ 两者只能发生其中之一，并且也必然发生其中之一. 显然有 $\overline{\overline{A}} = A$.

对立事件必为互不相容事件；反之，互不相容事件未必为对立事件.

名人简介

以上事件之间的关系及运算可以用维恩图来直观地描述. 若用平面上一个矩形表示样本空间 Ω，矩形内的点表示样本点，圆 A 与圆 B 分别表示事件 A 与事件 B，则 A 与 B 的各种关系及运算如图 1-1 ～图 1-6 所示.

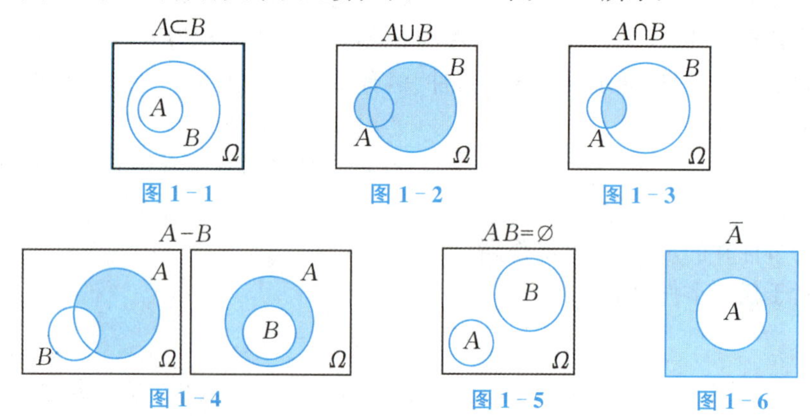

图 1-1　图 1-2　图 1-3

图 1-4　图 1-5　图 1-6

可以验证，一般事件的运算满足如下关系：

1° 交换律 $A \cup B = B \cup A, \quad AB = BA.$

2° 结合律 $A \cup (B \cup C) = (A \cup B) \cup C,$

$A(BC) = (AB)C.$

3° 分配律 $A \cup (BC) = (A \cup B)(A \cup C),$

$A(B \cup C) = (AB) \cup (AC).$

分配律可以推广到有限或可列无穷的情形，即

$$A\left(\bigcup_{i=1}^{n} A_i\right) = \bigcup_{i=1}^{n} (AA_i), \qquad A \cup \left(\bigcap_{i=1}^{n} A_i\right) = \bigcap_{i=1}^{n} (A \cup A_i),$$

$$A\left(\bigcup_{i=1}^{\infty}A_i\right)=\bigcup_{i=1}^{\infty}(AA_i),\quad A\cup\left(\bigcap_{i=1}^{\infty}A_i\right)=\bigcap_{i=1}^{\infty}(A\cup A_i).$$

4° $A-B=A\overline{B}=A-AB$.

5° 对有限个或可列无穷多个事件 A_i，恒有

$$\overline{\bigcup_{i=1}^{n}A_i}=\bigcap_{i=1}^{n}\overline{A_i},\quad \overline{\bigcap_{i=1}^{n}A_i}=\bigcup_{i=1}^{n}\overline{A_i},$$

$$\overline{\bigcup_{i=1}^{\infty}A_i}=\bigcap_{i=1}^{\infty}\overline{A_i},\quad \overline{\bigcap_{i=1}^{\infty}A_i}=\bigcup_{i=1}^{\infty}\overline{A_i}.$$

例 1.1 设 A,B,C 为三个事件，试用 A,B,C 的运算式表示下列事件：

(1) A 发生而 B 与 C 都不发生； (2) A,B 都发生而 C 不发生；

(3) A,B,C 至少有两个发生； (4) A,B,C 至多有两个发生；

(5) A,B,C 恰有两个发生； (6) A,B 至少有一个发生而 C 不发生.

解 (1) $A\overline{B}\,\overline{C}$ 或 $A-B-C$ 或 $A-(B\cup C)$ 或 $A(\overline{B\cup C})$.

(2) $AB\overline{C}$ 或 $AB-C$.

(3) $(AB)\cup(AC)\cup(BC)$.

(4) $\overline{A}\cup\overline{B}\cup\overline{C}$.

(5) $(AB\overline{C})\cup(A\overline{B}C)\cup(\overline{A}BC)$.

(6) $(A\cup B)\overline{C}$.

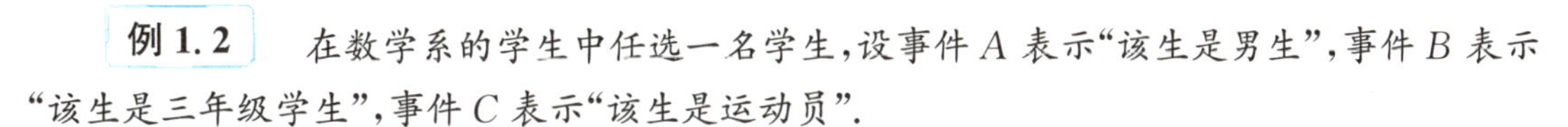

例 1.2 在数学系的学生中任选一名学生，设事件 A 表示“该生是男生”，事件 B 表示“该生是三年级学生”，事件 C 表示“该生是运动员”.

(1) 叙述 $AB\overline{C}$ 的意义.

(2) 在什么条件下 $ABC=C$ 成立?

(3) 在什么条件下 $\overline{A}\subset B$ 成立?

解 (1) 该生是三年级男生，但不是运动员.

(2) 全系运动员都是三年级男生.

(3) 全系女生都在三年级.

例 1.3 设事件 A 表示“甲种产品畅销，乙种产品滞销”，求其对立事件 $\overline{A}$.

解 设事件 B 表示“甲种产品畅销”，C 表示“乙种产品滞销”，则 $A=BC$. 故

$$\overline{A}=\overline{BC}=\overline{B}\cup\overline{C},$$

即事件 $\overline{A}$ 表示“甲种产品滞销或乙种产品畅销”.

习题 1.1

1. 写出下列随机试验的样本空间及下列事件包含的样本点：

(1) 掷一颗骰子，$A=$“出现奇数点”；

(2) 掷两颗骰子,

$A=$“出现点数之和为奇数,且恰好其中有一个 1 点”,

$B=$“出现点数之和为偶数,但没有一颗骰子出现 1 点”;

(3) 将一枚硬币抛两次,

$A=$“第一次出现正面”,

$B=$“至少有一次出现正面”,

$C=$“两次出现同一面”.

2. 设 A,B,C 为三个事件,试用 A,B,C 的运算式表示下列事件:

(1) A 发生,B,C 都不发生;

(2) A 与 B 发生,C 不发生;

(3) A,B,C 都发生;

(4) A,B,C 至少有一个发生;

(5) A,B,C 都不发生;

(6) A,B,C 不都发生;

(7) A,B,C 至多有两个发生;

(8) A,B,C 至少有两个发生.

3. 指出下列等式和命题是否成立,并说明理由:

(1) $A\cup B=(AB)\cup B$;

(2) $\overline{A}B=A\cup B$;

(3) $\overline{A\cup B}\cap C=\overline{AB}C$;

(4) $(AB)(\overline{AB})=\varnothing$;

(5) 若 $A\subset B$,则 $A=AB$;

(6) 若 $AB=\varnothing$,且 $C\subset A$,则 $BC=\varnothing$;

(7) 若 $A\subset B$,则 $\overline{A}\subset\overline{B}$;

(8) 若 $B\subset A$,则 $A\cup B=A$.

4. 一袋中有10个零件,其中6个一等品,4个二等品. 现不放回地抽取3次,每次取1个. 事件 A_i 表示“第 i 次取到一等品”($i=1,2,3$),用事件的运算式表示下列事件:

(1) 3 个都是一等品;

(2) 3 个都是二等品;

(3) 前 2 个是一等品,最后 1 个是二等品;

(4) 2 个是一等品,1 个是二等品.

5. 化简:

(1) $\overline{(\overline{AB}\cup C)(\overline{AC})}$;

(2) $(A\cup B)(A\cup\overline{B})$.

6. 证明:$(A\cup B)-B=A\overline{B}=A-AB=A-B$.

第二节　概率、古典概型

除必然事件与不可能事件外,任一随机事件在一次试验中都有可能发生,也有可能不发生. 人们常常希望了解某些事件在一次试验中发生的可能性的大小. 为此,我们首先引入频率的概念,它描述了事件发生的频繁程度,进而再引出表示事件在一次试验中发生的可能性大小的数 —— 概率.

1. 频率

定义 1.1 设在相同的条件下进行了 n 次试验. 若随机事件 A 在 n 次试验中发生了 k 次，则称比值 $\frac{k}{n}$ 为事件 A 在这 n 次试验中发生的频率，记为

$$f_n(A)=\frac{k}{n}.$$

由定义 1.1 容易推知，频率具有以下性质：

1° 对于任一事件 A，有 $0 \leqslant f_n(A) \leqslant 1$；

2° 对于必然事件 Ω，有 $f_n(\Omega)=1$；

3° 若事件 A,B 互不相容，则

$$f_n(A \cup B)=f_n(A)+f_n(B).$$

一般地，若事件 $A_1,A_2,\cdots,A_m$ 两两互不相容，则

$$f_n\left(\bigcup_{i=1}^{m} A_i\right)=\sum_{i=1}^{m} f_n(A_i).$$

事件 A 发生的频率 $f_n(A)$ 表示 A 发生的频繁程度. 频率大，说明事件 A 发生频繁. 在一次试验中，A 发生的可能性也就大，反之亦然. 因而，直观的想法是用 $f_n(A)$ 表示 A 在一次试验中发生可能性的大小. 但是，由于试验的随机性，即使同样是进行 n 次试验，$f_n(A)$ 的值也不一定相同. 但大量实验证实，随着重复试验次数 n 的增大，频率 $f_n(A)$ 会逐渐稳定于某个常数附近，而发生较大偏离的可能性很小(关于这一点我们将在第五章中给出理论证明). 频率具有“稳定性”这一事实，说明了刻画事件 A 发生可能性大小的数 —— 概率具有一定的客观存在性①.

历史上有一些著名的试验，例如，德摩根、蒲丰和皮尔逊曾进行过大量的抛硬币试验，所得结果如表 1-1 所示.

表 1-1

试验者	抛硬币的次数	出现正面的次数	出现正面的频率
德摩根	2 048	1 061	0.518 1
蒲丰	4 040	2 048	0.506 9
皮尔逊	12 000	6 019	0.501 6
皮尔逊	24 000	12 012	0.500 5

可见，出现正面的频率总在 0.5 附近摆动，随着试验次数增大，它逐渐稳定于 0.5. 这个 0.5 就反映了正面出现的可能性的大小.

每个事件都存在一个这样的常数与之对应，因而可将频率 $f_n(A)$ 在 n 无限增大时逐渐趋向稳定的这个常数定义为事件 A 发生的概率. 这就是概率的统计定义.

① 严格地说，这是一个理想的模型，因为实际上我们并不能绝对保证在每次试验时，条件都保持完全一样，这只是一个理想的假设.

定义 1.2 设事件A在n次重复试验中发生的次数为k,当n很大时,频率$\dfrac{k}{n}$在某一数值p附近摆动,而随着试验次数n的增大,发生较大摆动的可能性越来越小,则称数p为事件A发生的概率,记为$P(A)=p$.

值得注意的是,上述定义并没有提供确切计算概率的方法,因此我们永远不可能依据它来确切地得出任何一个事件的概率.而且在实际中,我们也不可能对每一个事件都做大量的试验,况且也不知道n要取多大才行.如果n取很大,不一定能保证每次试验的条件都完全相同;而且也没有理由认为,取试验次数为$n+1$来计算频率,总会比取试验次数为n来计算频率将会更逼近所求的概率.

为了理论研究的需要,我们从频率的稳定性和频率的性质得到启发,给出概率的公理化定义.

2. 概率的公理化定义

定义 1.3 设Ω为样本空间,A为事件.对于每一个事件A赋予一个实数,记为$P(A)$,若$P(A)$满足以下条件:

拓展知识

1° 非负性:$P(A)\geqslant 0$,

2° 规范性:$P(\Omega)=1$,

3° 可列可加性:对于两两互不相容的可列无穷多个事件$A_1,A_2,\cdots,A_n,\cdots$,有

$$P\left(\bigcup_{n=1}^{\infty}A_n\right)=\sum_{n=1}^{\infty}P(A_n),$$

则称实数$P(A)$为事件A发生的概率.

在第五章中将证明,当$n\to\infty$时,频率$f_n(A)$在一定意义下接近于概率$P(A)$.基于这一事实,我们就有理由用概率$P(A)$来表示事件A在一次试验中发生的可能性的大小.

由概率的公理化定义,可以推出概率的一些性质.

性质 1 $P(\varnothing)=0$.

证 令

$$A_n=\varnothing,\quad n=1,2,\cdots,$$

则

$$\bigcup_{n=1}^{\infty}A_n=\varnothing,\quad 且\quad A_iA_j=\varnothing,\quad i\neq j;i,j=1,2,\cdots.$$

由概率的可列可加性,得

$$P(\varnothing)=P\left(\bigcup_{n=1}^{\infty}A_n\right)=\sum_{n=1}^{\infty}P(A_n)=\sum_{n=1}^{\infty}P(\varnothing).$$

而由$P(\varnothing)\geqslant 0$及上式,知$P(\varnothing)=0$.

性质1说明:不可能事件的概率为0.但逆命题不一定成立,我们将在第二章加以说明.

性质 2（有限可加性）　若 $A_1, A_2, \cdots, A_n$ 为两两互不相容的事件，则有

$$P\left(\bigcup_{k=1}^{n} A_k\right) = \sum_{k=1}^{n} P(A_k).$$

证　令 $A_{n+1} = A_{n+2} = \cdots = \varnothing$，则当 $i \neq j; i, j = 1, 2, \cdots$ 时，$A_i A_j = \varnothing$. 由可列可加性，得

$$P\left(\bigcup_{k=1}^{n} A_k\right) = P\left(\bigcup_{k=1}^{\infty} A_k\right) = \sum_{k=1}^{\infty} P(A_k) = \sum_{k=1}^{n} P(A_k).$$

性质 3　设 A, B 为两个事件，则有

$$P(B-A) = P(B) - P(AB).$$

证　由于 $AB \subset B$，因此

$$B = (AB) \cup (B-A).$$

而 $(AB)(B-A) = \varnothing$，则由性质 2，有

$$P(B) = P(AB) + P(B-A),$$

即

$$P(B-A) = P(B) - P(AB).$$

由性质 3，我们很容易推出如下相似的一个性质.

性质 3′　设 A, B 为两个事件. 若 $A \subset B$，则有

$$P(B-A) = P(B) - P(A), \quad P(A) \leqslant P(B).$$

性质 4　对于任一事件 A，有

$$P(A) \leqslant 1.$$

证　因为 $A \subset \Omega$，由性质 3′，得

$$P(A) \leqslant P(\Omega) = 1.$$

性质 5　对于任一事件 A，有

$$P(\overline{A}) = 1 - P(A).$$

证　因为 $\overline{A} \cup A = \Omega$，$\overline{A}A = \varnothing$，由性质 2，得

$$1 = P(\Omega) = P(\overline{A} \cup A) = P(\overline{A}) + P(A),$$

即

$$P(\overline{A}) = 1 - P(A).$$

性质 6（加法公式）　对于任意两个事件 A, B，有

$$P(A \cup B) = P(A) + P(B) - P(AB).$$

证　因为 $A \cup B = A \cup (B - AB)$ 且 $A(B-AB) = \varnothing$，由性质 2 和性质 3，得

$$\begin{aligned} P(A \cup B) &= P(A \cup (B - AB)) = P(A) + P(B - AB) \\ &= P(A) + P(B) - P(AB). \end{aligned}$$

性质 6 还可推广到任意三个事件的情形. 例如，设 A_1, A_2, A_3 为任意三个事件，则有

$$\begin{aligned} P(A_1 \cup A_2 \cup A_3) = {} & P(A_1) + P(A_2) + P(A_3) - P(A_1A_2) \\ & - P(A_1A_3) - P(A_2A_3) + P(A_1A_2A_3). \end{aligned}$$

一般地，设 $A_1, A_2, \cdots, A_n$ 为任意 n 个事件，可由数学归纳法证得

$$P(A_1\cup A_2\cup\cdots\cup A_n)=\sum_{i=1}^{n}P(A_i)-\sum_{1\leqslant i<j\leqslant n}P(A_iA_j)+\sum_{1\leqslant i<j<k\leqslant n}P(A_iA_jA_k)-\cdots+(-1)^{n-1}P(A_1A_2\cdots A_n).$$

例 1.4 设 A,B 为两个事件,$P(A)=0.5,P(B)=0.3,P(AB)=0.1$.求:

(1) A 发生但 B 不发生的概率;

(2) A 不发生但 B 发生的概率;

(3) A,B 至少有一个发生的概率;

(4) A,B 都不发生的概率;

(5) A,B 至少有一个不发生的概率.

解 (1) $P(A\overline{B})=P(A-AB)=P(A)-P(AB)=0.4$.

(2) $P(\overline{A}B)=P(B-AB)=P(B)-P(AB)=0.2$.

(3) $P(A\cup B)=P(A)+P(B)-P(AB)=0.5+0.3-0.1=0.7$.

(4) $P(\overline{A}\,\overline{B})=P(\overline{A\cup B})=1-P(A\cup B)=1-0.7=0.3$.

(5) $P(\overline{A}\cup\overline{B})=P(\overline{AB})=1-P(AB)=1-0.1=0.9$.

3. 古典概型

定义 1.4 若随机试验 E 满足以下条件:

1° 试验的样本空间 Ω 只有有限个样本点,即

$$\Omega=\{\omega_1,\omega_2,\cdots,\omega_n\},$$

2° 试验中每个基本事件的发生是等可能的,即

$$P(\{\omega_1\})=P(\{\omega_2\})=\cdots=P(\{\omega_n\}),$$

则称此试验为古典概型,或称为等可能概型.

由定义可知 $\{\omega_1\},\{\omega_2\},\cdots,\{\omega_n\}$ 是两两互不相容的事件,故有

$$1=P(\Omega)=P(\{\omega_1\}\cup\{\omega_2\}\cup\cdots\cup\{\omega_n\})=P(\{\omega_1\})+P(\{\omega_2\})+\cdots+P(\{\omega_n\}).$$

又每个基本事件发生的可能性相同,即

$$P(\{\omega_1\})=P(\{\omega_2\})=\cdots=P(\{\omega_n\}),$$

故

$$1=nP(\{\omega_i\}),$$

从而

$$P(\{\omega_i\})=\frac{1}{n},\quad i=1,2,\cdots,n.$$

设事件 A 包含 k 个基本事件,即

$$A=\{\omega_{i_1}\}\cup\{\omega_{i_2}\}\cup\cdots\cup\{\omega_{i_k}\},$$

则有

$$\begin{aligned}P(A)&=P(\{\omega_{i_1}\}\cup\{\omega_{i_2}\}\cup\cdots\cup\{\omega_{i_k}\})\\&=P(\{\omega_{i_1}\})+P(\{\omega_{i_2}\})+\cdots+P(\{\omega_{i_k}\})\\&=\underbrace{\frac{1}{n}+\frac{1}{n}+\cdots+\frac{1}{n}}_{k\text{个}}=\frac{k}{n}.\end{aligned}$$

由此得到古典概型中事件 A 的概率计算公式为

$$P(A)=\frac{k}{n}=\frac{A\text{ 所包含的样本点数}}{\Omega\text{ 所包含的样本点总数}},\tag{1-1}$$

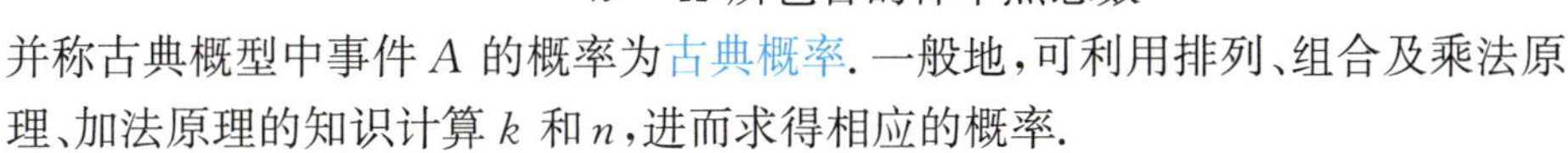
并称古典概型中事件 A 的概率为古典概率. 一般地,可利用排列、组合及乘法原理、加法原理的知识计算 k 和 n,进而求得相应的概率.

例 1.5　将一枚硬币抛 3 次,求:

(1) 恰有一次出现正面的概率;

(2) 至少有一次出现正面的概率.

解　将一枚硬币抛 3 次的样本空间为

$$\Omega=\{\mathrm{HHH},\mathrm{HHT},\mathrm{HTH},\mathrm{THH},\mathrm{HTT},\mathrm{THT},\mathrm{TTH},\mathrm{TTT}\},$$

Ω 中包含有限个元素,且由对称性知每个基本事件发生的可能性相同.

(1) 设事件 A 表示"恰有一次出现正面",则

$$A=\{\mathrm{HTT},\mathrm{THT},\mathrm{TTH}\},$$

故有

$$P(A)-\frac{3}{8}.$$

(2) 设事件 B 表示"至少有一次出现正面",由 $\overline{B}=\{\mathrm{TTT}\}$,得

$$P(B)=1-P(\overline{B})=1-\frac{1}{8}=\frac{7}{8}.$$

当样本空间的元素较多时,我们一般不再将 Ω 中的元素一一列出,而只须分别求出 Ω 中与 A 中的元素的个数(基本事件的个数),再由(1-1)式求出 A 的概率.

例 1.6　一口袋装有 6 只球,其中 4 只白球,2 只红球. 从袋中取球两次,每次随机地取一只. 考虑两种取球方式:

(a) 第一次取一只球,观察其颜色后放回袋中,搅匀后再任取一球. 这种取球方式叫作有放回抽取.

(b) 第一次取一球后不放回袋中,第二次从剩余的球中再任取一球. 这种取球方式叫作不放回抽取.

试分别就上面两种取球方式求:

(1) 取到的两只球都是白球的概率;

(2) 取到的两只球颜色相同的概率;

(3) 取到的两只球中至少有一只是白球的概率.

解　设事件 A 表示"取到的两只球都是白球",B 表示"取到的两只球都是红球",C 表示"取

到的两只球中至少有一只是白球”,则事件 $A \cup B$ 表示“取到的两只球颜色相同”,而$C=\overline{B}$.

从袋中依次取两只球,每一种取法为一个基本事件,显然此时样本空间中仅包含有限个元素,且由对称性知每个基本事件发生的可能性相同,因而可利用(1-1)式来计算事件的概率.

(a) 有放回抽取的情形:

第一次从袋中取球有 6 只球可供抽取,第二次也有 6 只球可供抽取. 由乘法原理知共有 6×6 种取法,即基本事件总数为 6×6. 对于事件 A,由于第一次有 4 只白球可供抽取,第二次也有 4 只白球可供抽取,由乘法原理知共有4×4 种取法,即 A 中包含 4×4 个元素. 同理,B 中包含 2×2 个元素,于是

$$P(A)=\frac{4\times4}{6\times6}=\frac{4}{9},$$

$$P(B)=\frac{2\times2}{6\times6}=\frac{1}{9}.$$

又由于 $AB=\varnothing$,因此

$$P(A\cup B)=P(A)+P(B)=\frac{5}{9},\quad P(C)=P(\overline{B})=1-P(B)=\frac{8}{9}.$$

(b) 不放回抽取的情形:

第一次从 6 只球中抽取,第二次只能从剩下的 5 只球中抽取,故共有 6×5 种取法,即样本点总数为 6×5. 对于事件 A,第一次从 4 只白球中抽取,第二次从剩余的 3 只白球中抽取,故共有 4×3 种取法,即 A 中包含 4×3 个元素. 同理,B 中包含 2×1 个元素,于是

$$P(A)=\frac{4\times3}{6\times5}=\frac{\mathrm{P}_4^2}{\mathrm{P}_6^2}=\frac{2}{5},$$

$$P(B)=\frac{2\times1}{6\times5}=\frac{\mathrm{P}_2^2}{\mathrm{P}_6^2}=\frac{1}{15}.$$

又由于 $AB=\varnothing$,因此

$$P(A\cup B)=P(A)+P(B)=\frac{7}{15},$$

$$P(C)=1-P(B)=\frac{14}{15}.$$

在例1.6不放回抽取的情形中,一次取一个,一共取 m 次也可看作一次取出 m 个,故也可用组合的方法,得

$$P(A)=\frac{\mathrm{C}_4^2}{\mathrm{C}_6^2}=\frac{2}{5},\quad P(B)=\frac{\mathrm{C}_2^2}{\mathrm{C}_6^2}=\frac{1}{15}.$$

例 1.7 一箱中装有 a 只白球,b 只黑球,现做不放回抽取,每次取一只. 求:

(1) 取 $m+n$ 次,恰有 m 只白球,n 只黑球的概率($m\leqslant a, n\leqslant b$);

(2) 第 k 次才取到白球的概率($k\leqslant b+1$);

(3) 第 k 次恰取到白球的概率($k\leqslant a+b$).

解 (1) 可看作一次取出 $m+n$ 只球,与次序无关,是组合问题. 从 $a+b$ 只球中任取 $m+n$ 只,所有可能的取法共有 C_{a+b}^{m+n} 种,每一种取法为一基本事件且由对称性知每个基本事件

发生的可能性相同. 从 a 只白球中取 m 只，共有 C_a^m 种不同的取法；从 b 只黑球中取 n 只，共有 C_b^n 种不同的取法. 由乘法原理知，取到 m 只白球，n 只黑球的取法共有 $C_a^m C_b^n$ 种，于是所求概率为

$$p_1=\frac{C_a^m C_b^n}{C_{a+b}^{m+n}}.$$

(2) 抽取与次序有关. 每次取一只，取后不放回，一共取 k 次，每种取法即是从 $a+b$ 个不同元素中任取 k 个不同元素的一个排列，每种取法是一个基本事件，共有 P_{a+b}^k 个基本事件，且由对称性知每个基本事件发生的可能性相同. 前 $k-1$ 次都取到黑球，从 b 只黑球中任取 $k-1$ 只的排法种数有 P_b^{k-1} 种；第 k 次抽取的白球可为 a 只白球中任一只，有 P_a^1 种不同的取法. 由乘法原理知，前 $k-1$ 次都取到黑球，第 k 次取到白球的取法共有 $P_b^{k-1}P_a^1$ 种，于是所求概率为

$$p_2=\frac{P_b^{k-1}P_a^1}{P_{a+b}^k}.$$

(3) 基本事件总数仍为 P_{a+b}^k. 第 k 次必取到白球，可为 a 只白球中任一只，有 P_a^1 种不同的取法，其余被取的 $k-1$ 只球可以是其余 $a+b-1$ 只球中的任意 $k-1$ 只，共有 P_{a+b-1}^{k-1} 种不同的取法. 由乘法原理知，第 k 次恰取到白球的取法共有 $P_a^1 P_{a+b-1}^{k-1}$ 种，于是所求概率为

$$p_3=\frac{P_a^1 P_{a+b-1}^{k-1}}{P_{a+b}^k}=\frac{a}{a+b}.$$

例 1.7(3) 中值得注意的是 p_3 与 k 无关，即其中任一次取球，取到白球的概率都跟第一次取到白球的概率相同，均为 $\frac{a}{a+b}$，而跟取球的先后次序无关. 例如，参加某商场的抽签中奖活动，尽管抽签的先后次序不同，但参与者中奖的机会是一样的.

例 1.8　有 n 个人，每个人都以同样的概率 $\frac{1}{N}$ 被分配在 $N(n<N)$ 间房中的任一间中，求恰好有 n 个房间，其中各住一人的概率.

解　每个人都有 N 种分法，这是可重排列问题，n 个人共有 N^n 种不同分法. 因为没有指定是哪几间房，所以首先选出 n 间房，共有 C_N^n 种选法. 对于其中每一种选法，每间房各住一人共有 $n!$ 种分法，故所求概率为

$$p=\frac{C_N^n n!}{N^n}.$$

许多直观背景很不相同的实际问题，都和例 1.8 具有相同的数学模型. 例如生日问题：假设每人的生日在一年 365 天中的任一天是等可能的，那么随机选取 $n(n\leqslant 365)$ 个人，他们的生日各不相同的概率为

$$p_1=\frac{C_{365}^n n!}{365^n},$$

因而 n 个人中至少有两人生日相同的概率为

$$p_2=1-\frac{C_{365}^n n!}{365^n}.$$

假设 $n=64$，则 $p_2\approx 0.997$，这表示在仅有 64 人的班级里，"至少有两人生日相同"的概率与 1 相差无几，因此几乎总是会出现的. 这个结果也许会让大多数人惊奇，因为"一个班级中至少有两人生日相同"的概率并不如人们直觉中想象的那样小，而是相当大. 这也告诉我们，"直觉"并不很可靠，说明研究随机现象的统计规律是非常重要的.

例 1.9 12 名新生中有 3 名优秀生，将他们随机地平均分配到 3 个班中去，试求：

(1) 每班各分配到一名优秀生的概率；

(2) 3 名优秀生分配到同一班的概率.

解 12 名新生平均分配到 3 个班的可能分法总数为

$$C_{12}^4C_8^4C_4^4=\frac{12!}{(4!)^3}.$$

(1) 设事件 A 表示"每班各分配到一名优秀生". 3 名优秀生每一个班分配一名共有 $3!$ 种分法，而其他 9 名学生平均分配到 3 个班共有 $\frac{9!}{(3!)^3}$ 种分法. 由乘法原理，A 包含基本事件数为 $3!\cdot\frac{9!}{(3!)^3}=\frac{9!}{(3!)^2}$，故所求概率为

$$P(A)=\frac{9!}{(3!)^2}\Big/\frac{12!}{(4!)^3}=\frac{16}{55}.$$

(2) 设事件 B 表示"3 名优秀生分配到同一班". 3 名优秀生分配到同一班共有 3 种分法，其他 9 名学生分法总数为 $C_9^1C_8^4C_4^4=\frac{9!}{1!\cdot 4!\cdot 4!}$. 由乘法原理，$B$ 包含样本点总数为 $3\cdot\frac{9!}{1!\cdot 4!\cdot 4!}$，故所求概率为

$$P(B)=\frac{3\cdot 9!}{(4!)^2}\Big/\frac{12!}{(4!)^3}=\frac{3}{55}.$$

4. 几何概型

上述古典概型，只适用于具有等可能性的有限样本空间，若试验结果无穷多，它显然不适合. 为了克服有限的局限性，可将古典概型加以推广.

设试验具有以下特点：

1° 样本空间 Ω 是一个几何区域，这个区域大小可以度量(如长度、面积、体积等)，并把 Ω 的度量记作 $m(\Omega)$.

2° 向区域 Ω 内任意投掷一个点，落在区域内任一个点处都是"等可能的". 换句话说，落在 Ω 中的区域 A 内的可能性与 A 的度量 $m(A)$ 成正比，与 A 的位置和形状无关.

不妨也用事件 A 表示"掷点落在区域 A 内"，那么 A 的概率可用下列公式计算：

$$P(A)=\frac{m(A)}{m(\Omega)},$$

称它为几何概率,上述试验称为几何概型.

例 1.10 在区间(0,1)内任取两个数,求这两个数的乘积小于$\frac{1}{4}$的概率.

解 设在(0,1)内任取两个数为 x,y,则

$$0<x<1,\quad 0<y<1,$$

即样本空间是由点(x,y)构成的边长为 1 的正方形Ω,其面积为 1.

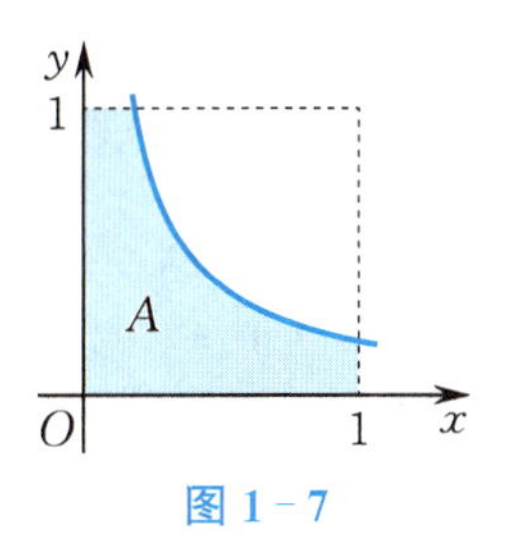

图 1-7

令事件 A 表示"两个数的乘积小于$\frac{1}{4}$",则

$$A=\left\{(x,y)\,\middle|\,0<xy<\frac{1}{4},0<x<1,0<y<1\right\}.$$

事件 A 所围成的区域如图 1-7 阴影部分所示,则所求概率为

$$P(A)=\frac{1-\int_{\frac{1}{4}}^{1}\mathrm{d}x\int_{\frac{1}{4x}}^{1}\mathrm{d}y}{1}=\frac{1-\int_{\frac{1}{4}}^{1}\left(1-\frac{1}{4x}\right)\mathrm{d}x}{1}$$

$$=1-\frac{3}{4}+\int_{\frac{1}{4}}^{1}\frac{1}{4x}\mathrm{d}x=\frac{1}{4}+\frac{1}{2}\ln 2.$$

例 1.11 两人相约在某天下午 2:00—3:00 在预定地点见面,先到者要等候20 min,过时则离去.如果每人在这指定的 1 h 内任一时刻到达是等可能的,求约会的两人能会到面的概率.

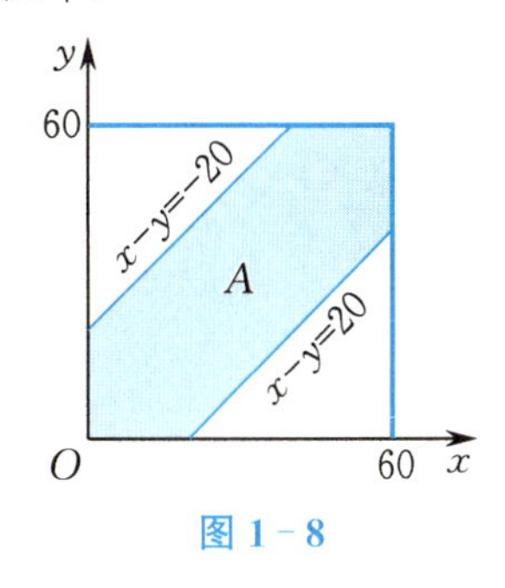

图 1-8

解 设 2:00 为计算时刻的 0 时,x,y 为两人到达预定地点的时刻,单位为 min,那么,两人到达时间的一切可能结果落在边长为 60 的正方形内,这个正方形就是样本空间Ω.而两人能会到面的充要条件是$|x-y|\leqslant 20$,即

$$x-y\leqslant 20\quad 且\quad y-x\leqslant 20.$$

令事件 A 表示"两人能会到面",这区域如图 1-8 中的 A,则

$$P(A)=\frac{m(A)}{m(\Omega)}=\frac{60^2-40^2}{60^2}=\frac{5}{9}.$$

习题 1.2

1. 有 10 件产品,其中 2 件次品.现无放回地抽取 3 件,求:

(1) 这 3 件产品全是正品的概率;

(2) 这 3 件产品恰有 1 件次品的概率;

(3) 这 3 件产品至少有 1 件次品的概率.

2. 设号码由 0,1,2,…,9 中的 4 个数字组成(可以重复).现任取一个号码,求它是由不同的 4 个数字组成的概率.

3. 某设备由甲、乙两个部件组成,当超载负荷时,各自出故障的概率分别为 0.9 和 0.8,同时出故障的概

率为 0.75,求超载负荷时至少有一个部件出故障的概率.

4. 设 A,B 为两个事件,且 $P(A)=0.7,P(A-B)=0.3$,求 $P(\overline{AB})$.

5. 设 A,B 为两个事件,且 $P(A)=0.6,P(B)=0.7$,问:

(1) 在什么条件下,$P(AB)$ 取到最大值?

(2) 在什么条件下,$P(AB)$ 取到最小值?

6. 设 A,B,C 为三个事件,且 $P(A)=P(B)=\frac{1}{4},P(C)=\frac{1}{3}$ 且 $P(AB)=P(BC)=0,P(AC)=\frac{1}{12}$,求 A,B,C 至少有一个发生的概率.

7. 从 52 张扑克牌(舍弃大、小王牌)中任意取出 13 张,求有 5 张黑桃、3 张红心、3 张方块、2 张梅花的概率.

8. 对一个 5 人学习小组考虑生日问题,求:

(1) 5 人的生日都在星期日的概率;

(2) 5 人的生日都不在星期日的概率;

(3) 5 人的生日不都在星期日的概率.

9. 从一批由 45 件正品、5 件次品组成的产品中任取 3 件,求其中恰有一件次品的概率.

10. 某单位订阅甲、乙、丙三种报纸,据调查,职工中 40% 读甲报,26% 读乙报,24% 读丙报,8% 兼读甲、乙报,5% 兼读甲、丙报,4% 兼读乙、丙报,2% 兼读甲、乙、丙报.现从职工中随机抽查一人,求他至少读一种报纸的概率,以及不读报纸的概率.

11. 两人约定上午 9:00 — 10:00 在公园会面,求一人要等另一人 30 min 以上的概率.

12. 从 $(0,1)$ 中随机取两个数,求:

(1) 两个数之和小于 $\frac{6}{5}$ 的概率;

(2) 两个数之积小于 $\frac{1}{2}$ 的概率.

第三节 条件概率、全概率公式

1. 条件概率的定义

定义 1.5 设 A,B 为两个事件,且 $P(B)>0$,则称 $\frac{P(AB)}{P(B)}$ 为事件 B 已发生的条件下事件 A 发生的条件概率,记为 $P(A\mid B)$,即

$$P(A\mid B)=\frac{P(AB)}{P(B)}.$$

易验证,$P(A\mid B)$ 符合概率定义的 3 条公理,即

1° 对于任一事件 A,有 $P(A\mid B)\geqslant 0$;

2° $P(\Omega\mid B)=1$;

3° $P\left(\bigcup_{i=1}^{\infty}A_i\mid B\right)=\sum_{i=1}^{\infty}P(A_i\mid B)$,

其中 $A_1, A_2, \cdots, A_n, \cdots$ 为两两互不相容的事件.

这说明,对概率已证明的性质都适用于条件概率. 例如,对于任意事件 A_1, A_2,有

$$P(A_1 \cup A_2 \mid B) = P(A_1 \mid B) + P(A_2 \mid B) - P(A_1 A_2 \mid B).$$

又如,对于任一事件 A,有

$$P(\overline{A} \mid B) = 1 - P(A \mid B).$$

例 1.12　某电子元件厂有职工 180 人,其中男职工有 100 人,女职工有 80 人,男女职工中非熟练工人分别有 20 人与 5 人. 现从该厂中任选一名职工,求:

(1) 该职工为非熟练工人的概率;

(2) 若已知被选出的是女职工,她是非熟练工人的概率.

解　(1) 设事件 A 表示"任选一名职工为非熟练工人",则

$$P(A) = \frac{25}{180} = \frac{5}{36}.$$

(2) 依题意,已知被选出的是女职工,记"选出女职工"为事件 B,则此题就是要求出"在已知事件 B 发生的条件下事件 A 发生的概率". 这就要用到条件概率公式,有

$$P(A \mid B) = \frac{P(AB)}{P(B)} = \frac{5}{180} \Big/ \frac{80}{180} = \frac{1}{16}.$$

例 1.12(2) 也可考虑用缩小样本空间的方法来做. 既然已知选出的是女职工,那么男职工就可排除在考虑范围之外,因此"事件 B 已发生条件下的事件 A"就相当于在全部女职工中任选一人,并选出了非熟练工人. 于是,Ω_B 样本点总数不是原样本空间 Ω 的 180 人,而是全体女职工人数 80 人,而上述事件中样本点总数就是女职工中的非熟练工人数 5 人. 故所求概率为

$$P(A \mid B) = \frac{5}{80} = \frac{1}{16}.$$

例 1.13　某科动物出生之后活到 20 岁的概率为 0.7,活到 25 岁的概率为 0.56,求现年为 20 岁的该科动物活到 25 岁以上的概率.

解　设事件 A 表示"活到 20 岁以上",B 表示"活到 25 岁以上",则有

$$P(A) = 0.7, \quad P(B) = 0.56, \quad 且 \quad B \subset A.$$

故所求概率为

$$P(B \mid A) = \frac{P(AB)}{P(A)} = \frac{P(B)}{P(A)} = \frac{0.56}{0.7} = 0.8.$$

例 1.14　一盒中装有 5 件产品,其中有 3 件正品,2 件次品,从中取产品两次,每次取一件,做不放回抽样. 求在第一次取到正品的条件下,第二次取到的也是正品的概率.

解　设事件 A 表示"第一次取到正品",B 表示"第二次取到正品",由条件得

$$P(A) = \frac{3}{5}, \quad P(AB) = \frac{3 \times 2}{5 \times 4} = \frac{3}{10}.$$

故所求概率为

$$P(B \mid A)=\frac{P(AB)}{P(A)}=\frac{3}{10}\Big/\frac{3}{5}=\frac{1}{2}.$$

例 1.14 也可按产品编号来做. 设 1,2,3 号为正品,4,5 号为次品,则样本空间为$\Omega=\{1,2,3,4,5\}$. 若事件A已发生,即在1,2,3中抽走一个,则第二次抽取所有可能结果的集合中共有 4 件产品,其中有 2 件正品. 故所求概率为

$$P(B \mid A)=\frac{2}{4}=\frac{1}{2}.$$

2. 乘法定理

由条件概率定义$P(B \mid A)=\dfrac{P(AB)}{P(A)}(P(A)>0)$,两边同乘以$P(A)$可得$P(AB)=P(A)P(B \mid A)$,由此可得下述定理.

定理 1.1 (乘法定理) 设$P(A)>0$,则有

$$P(AB)=P(A)P(B \mid A). \tag{1-2}$$

易知,若$P(B)>0$,则有

$$P(AB)=P(B)P(A \mid B). \tag{1-3}$$

称(1-2)式和(1-3)式为乘法公式.

乘法定理也可推广到三个事件的情形. 例如,设A,B,C为三个事件,且$P(AB)>0$,则有

$$P(ABC)=P(C \mid AB)P(AB)=P(C \mid AB)P(B \mid A)P(A).$$

一般地,设$A_1,A_2,\cdots,A_n$为n个事件,且$P(A_1A_2\cdots A_{n-1})>0$,则有

$$P(A_1A_2\cdots A_n)=P(A_1)P(A_2 \mid A_1)P(A_3 \mid A_1A_2)\cdots P(A_n \mid A_1A_2\cdots A_{n-1}). \tag{1-4}$$

事实上,由$A_1\supset A_1A_2\supset\cdots\supset A_1A_2\cdots A_{n-1}$,有

$$P(A_1)\geqslant P(A_1A_2)\geqslant\cdots\geqslant P(A_1A_2\cdots A_{n-1})>0.$$

因此,(1-4)式右边的每一个条件概率都有意义,由条件概率定义,可知

$$\begin{aligned}&P(A_1)P(A_2 \mid A_1)P(A_3 \mid A_1A_2)\cdots P(A_n \mid A_1A_2\cdots A_{n-1})\\&=P(A_1)\cdot\frac{P(A_1A_2)}{P(A_1)}\cdot\frac{P(A_1A_2A_3)}{P(A_1A_2)}\cdot\cdots\cdot\frac{P(A_1A_2\cdots A_n)}{P(A_1A_2\cdots A_{n-1})}\\&=P(A_1A_2\cdots A_n).\end{aligned}$$

例 1.15 一批彩电共100台,其中有10台次品,采用不放回抽样依次抽取3次,每次抽一台,求第三次才抽到合格品的概率.

解 设事件A_i表示"第i次抽到合格品"$(i=1,2,3)$,则有

$$\begin{aligned}P(\overline{A}_1\overline{A}_2A_3)&=P(\overline{A}_1)P(\overline{A}_2 \mid \overline{A}_1)P(A_3 \mid \overline{A}_1\overline{A}_2)\\&=\frac{10}{100}\cdot\frac{9}{99}\cdot\frac{90}{98}\approx 0.0083.\end{aligned}$$

例 1.16　设一盒中有 m 只红球，n 只白球，每次从盒中任取一只球，看后放回，再放入 k 只与所取颜色相同的球. 若从盒中连取 4 次，试求第一次、第二次取到红球，第三次、第四次取到白球的概率.

解　设事件 R_i 表示"第 i 次取到红球"$(i=1,2,3,4)$，$\overline{R}_i$ 表示"第 i 次取到白球"$(i=1,2,3,4)$，则所求概率为

$$P(R_1R_2\overline{R}_3\overline{R}_4)=P(R_1)P(R_2\mid R_1)P(\overline{R}_3\mid R_1R_2)P(\overline{R}_4\mid R_1R_2\overline{R}_3)$$
$$=\frac{m}{m+n}\cdot\frac{m+k}{m+n+k}\cdot\frac{n}{m+n+2k}\cdot\frac{n+k}{m+n+3k}.$$

例 1.17　一袋中有 n 只球，其中 $n-1$ 只红球，1 只白球. n 个人依次从袋中各取一球，每人取一球后不再放回袋中，求第 $i(i=1,2,\cdots,n)$ 人取到白球的概率.

解　设事件 A_i 表示"第 i 人取到白球"$(i=1,2,\cdots,n)$，显然

$$P(A_1)=\frac{1}{n}.$$

因 $\overline{A}_1\supset A_2$，故 $A_2=\overline{A}_1A_2$，于是

$$P(A_2)=P(\overline{A}_1A_2)=P(\overline{A}_1)P(A_2\mid\overline{A}_1)=\frac{n-1}{n}\cdot\frac{1}{n-1}=\frac{1}{n}.$$

类似地，有

$$P(A_3)=P(\overline{A}_1\overline{A}_2A_3)=P(\overline{A}_1)P(\overline{A}_2\mid\overline{A}_1)P(A_3\mid\overline{A}_1\overline{A}_2)$$
$$=\frac{n-1}{n}\cdot\frac{n-2}{n-1}\cdot\frac{1}{n-2}=\frac{1}{n},$$

……

$$P(A_n)=P(\overline{A}_1\overline{A}_2\cdots\overline{A}_{n-1}A_n)=\frac{n-1}{n}\cdot\frac{n-2}{n-1}\cdot\cdots\cdot\frac{1}{2}\cdot1=\frac{1}{n}.$$

因此，第 $i(i=1,2,\cdots,n)$ 人取到白球的概率与 i 无关，都是 $\frac{1}{n}$.

此例与例 1.7(3) 实际上是同一个概率模型.

3. 全概率公式和贝叶斯公式

为建立两个用来计算概率的重要公式，我们先引入样本空间 Ω 的划分的定义.

定义 1.6　设 Ω 为样本空间. 若 Ω 的一组事件 $A_1,A_2,\cdots,A_n$ 满足以下条件：

1°　$A_iA_j=\varnothing,\quad i\neq j,i,j=1,2,\cdots,n,$

2°　$\bigcup\limits_{i=1}^{n}A_i=\Omega,$

则称 $A_1,A_2,\cdots,A_n$ 为样本空间 Ω 的一个划分.

例如，$A,\overline{A}$ 就是 Ω 的一个划分.

若 $A_1, A_2, \cdots, A_n$ 是 Ω 的一个划分,那么对于每次试验,事件 $A_1, A_2, \cdots, A_n$ 中必有一个且仅有一个发生.

定理 1.2 (全概率公式) 设 B 为样本空间 Ω 中的任一事件,$A_1, A_2, \cdots, A_n$ 为 Ω 的一个划分,且 $P(A_i)>0,\ i=1,2,\cdots,n$,则有

$$P(B)=P(A_1)P(B\mid A_1)+P(A_2)P(B\mid A_2)+\cdots+P(A_n)P(B\mid A_n)$$
$$=\sum_{i=1}^{n}P(A_i)P(B\mid A_i). \qquad (1-5)$$

称(1-5)式为全概率公式.

证
$$\begin{aligned}P(B)&=P(B\Omega)=P(B(A_1\cup A_2\cup\cdots\cup A_n))\\&=P(BA_1\cup BA_2\cup\cdots\cup BA_n)\\&=P(BA_1)+P(BA_2)+\cdots+P(BA_n)\\&=P(A_1)P(B\mid A_1)+P(A_2)P(B\mid A_2)\\&\quad+\cdots+P(A_n)P(B\mid A_n).\end{aligned}$$

全概率公式表明,在许多实际问题中事件 B 的概率不易直接求得,如果容易找到 Ω 的一个划分 $A_1, A_2, \cdots, A_n$,且 $P(A_i)$ 和 $P(B\mid A_i)(i=1,2,\cdots,n)$ 为已知或容易求得,那么就可以根据全概率公式求出 $P(B)$.

另一个重要公式叫作贝叶斯公式.

名人简介

定理 1.3 (贝叶斯公式) 设 B 为样本空间 Ω 中的任一事件,$A_1, A_2, \cdots, A_n$ 为 Ω 的一个划分,且 $P(B)>0, P(A_i)>0, i=1,2,\cdots,n$,则有

$$P(A_i\mid B)=\frac{P(A_i)P(B\mid A_i)}{\sum_{j=1}^{n}P(A_j)P(B\mid A_j)},\quad i=1,2,\cdots,n. \qquad (1-6)$$

称(1-6)式为贝叶斯公式,也称逆概率公式.

证 由条件概率公式及全概率公式,有

$$P(A_i\mid B)=\frac{P(A_iB)}{P(B)}=\frac{P(A_i)P(B\mid A_i)}{\sum_{j=1}^{n}P(A_j)P(B\mid A_j)},\quad i=1,2,\cdots,n.$$

例 1.18 某工厂生产的产品以100件为一批,假定每一批产品中的次品数最多不超过4件,且具有如表1-2所示的概率.

表 1-2

一批产品中的次品数	0	1	2	3	4
概率	0.1	0.2	0.4	0.2	0.1

现进行抽样检验,从每批产品中随机取出10件来检验,若发现其中有次品,则认为该批产品不合格,求一批产品通过检验的概率.

解 设事件 A_i 表示"一批产品中有 i 件次品"$(i=0,1,2,3,4)$,B 表示"通过检验",则由题意得

$$P(A_0)=0.1,\quad P(B\mid A_0)=1,$$

$$P(A_1)=0.2,\quad P(B\mid A_1)=\frac{C_{99}^{10}}{C_{100}^{10}}=0.9,$$

$$P(A_2)=0.4,\quad P(B\mid A_2)=\frac{C_{98}^{10}}{C_{100}^{10}}\approx 0.809,$$

$$P(A_3)=0.2,\quad P(B\mid A_3)=\frac{C_{97}^{10}}{C_{100}^{10}}\approx 0.727,$$

$$P(A_4)=0.1,\quad P(B\mid A_4)=\frac{C_{96}^{10}}{C_{100}^{10}}\approx 0.652.$$

由全概率公式,得

$$\begin{aligned}P(B)&=\sum_{i=0}^{4}P(A_i)P(B\mid A_i)\\&=0.1\times 1+0.2\times 0.9+0.4\times 0.809+0.2\times 0.727+0.1\times 0.652\\&\approx 0.814.\end{aligned}$$

例 1.19 设某工厂有甲、乙、丙 3 个车间生产同一种产品,产量依次占全厂的 45%,35%,20%,且各车间的次品率分别为 4%,2%,5%.现在从一批产品中检查出 1 个次品,问:该次品由哪个车间生产的可能性最大?

解 设事件 A_1,A_2,A_3 分别表示产品来自甲、乙、丙 3 个车间,B 表示“产品为次品”,易知 A_1,A_2,A_3 是样本空间 Ω 的一个划分,且有

$$P(A_1)=0.45,\quad P(A_2)=0.35,\quad P(A_3)=0.2,$$
$$P(B\mid A_1)=0.04,\quad P(B\mid A_2)=0.02,\quad P(B\mid A_3)=0.05.$$

由全概率公式,得

$$\begin{aligned}P(B)&=P(A_1)P(B\mid A_1)+P(A_2)P(B\mid A_2)+P(A_3)P(B\mid A_3)\\&=0.45\times 0.04+0.35\times 0.02+0.2\times 0.05=0.035.\end{aligned}$$

由贝叶斯公式,得

$$P(A_1\mid B)=\frac{0.45\times 0.04}{0.035}\approx 0.514,$$

$$P(A_2\mid B)=\frac{0.35\times 0.02}{0.035}=0.200,$$

$$P(A_3\mid B)=\frac{0.2\times 0.05}{0.035}\approx 0.286.$$

由此可见,该次品由甲车间生产的可能性最大.

例 1.20 由以往的临床记录,某种诊断癌症的试验具有如下效果:被诊断者患有癌症,试验反应为阳性的概率为 0.95;被诊断者没有癌症,试验反应为阴性的概率为 0.95.现对自然人群进行普查,设试验的人群中患有癌症的概率为 0.005,求已知试验反应为阳性,该被诊断者确患有癌症的概率.

解 设事件 A 表示“患有癌症”,$\overline{A}$ 表示“没有癌症”,B 表示“试验反应为阳性”,则由条件得

$$P(A)=0.005,\quad P(\overline{A})=0.995,$$

$$P(B \mid A)=0.95, \quad P(\overline{B} \mid \overline{A})=0.95,$$

从而

$$P(B \mid \overline{A})=1-0.95=0.05.$$

由贝叶斯公式，得

$$\begin{aligned} P(A \mid B) &= \frac{P(A)P(B \mid A)}{P(A)P(B \mid A)+P(\overline{A})P(B \mid \overline{A})} \\ &= \frac{0.005 \times 0.95}{0.005 \times 0.95+0.995 \times 0.05} \approx 0.087. \end{aligned}$$

拓展知识

例 1.20 说明，根据以往的数据分析可以得到，患有癌症的被诊断者，试验反应为阳性的概率为 95%，没有癌症的被诊断者，试验反应为阴性的概率为 95%，都叫作先验概率. 而在得到试验结果反应为阳性，该被诊断者确患有癌症的重新加以修正的概率 0.087 叫作后验概率. 此项试验也表明，用它作为普查，正确性诊断只有 8.7%（1 000 人具有阳性反应的人中大约只有 87 人的确患有癌症）. 由此可看出，若把 $P(B \mid A)$ 和 $P(A \mid B)$ 搞混淆就会造成误诊的不良后果.

概率乘法公式、全概率公式、贝叶斯公式称为条件概率的 3 个重要公式. 它们在解决某些复杂事件的概率问题中起到十分重要的作用.

习题 1.3

1. 某地某天下雪的概率为 0.3，下雨的概率为 0.5，既下雪又下雨的概率为 0.1，求：

(1) 在下雨的条件下下雪的概率；

(2) 这天下雨或下雪的概率.

2. 已知一个家庭有 3 个小孩，且其中一个为女孩，求至少有一个男孩的概率（小孩为男、为女是等可能的）.

3. 已知 5% 的男性和 0.25% 的女性是色盲，现随机地挑选一人，此人恰为色盲，求此人是男性的概率（假设男性和女性各占人数的一半）.

4. 已知 $P(A)=0.2, P(B)=0.45, P(AB)=0.15$，求：

(1) $P(A\overline{B}), P(\overline{A}B), P(\overline{A}\,\overline{B})$；

(2) $P(A \cup B), P(\overline{A} \cup B), P(\overline{A} \cup \overline{B})$；

(3) $P(A \mid B), P(B \mid A), P(A \mid \overline{B})$.

5. 设 $P(\overline{A})=0.3, P(B)=0.4, P(A\overline{B})=0.5$，求 $P(B \mid (A \cup \overline{B}))$.

6. 在一个盒中装有 15 只乒乓球，其中有 9 只新球，在第一次比赛中任意取出 3 只球，比赛后放回原盒中；第二次比赛同样任意取出 3 只球，求第二次取出的 3 只球均为新球的概率.

7. 按以往概率论考试结果分析，努力学习的学生有 90% 的可能考试及格，不努力学习的学生有 90% 的可能考试不及格. 据调查，学生中有 80% 的人是努力学习的，问：

(1) 考试及格的学生有多大可能是不努力学习的人？

(2) 考试不及格的学生有多大可能是努力学习的人？

8. 将两信息分别编码为 A 和 B 传递出来，接收站收到时，A 被误收作 B 的概率为 0.02，而 B 被误收作 A 的概率为 0.01. 信息 A 与 B 传递的频繁程度为 2∶1. 若接收站收到的信息是 A，求原发信息是 A 的概率.

9. 在已有两只球的箱子中再放一白球，然后任意取出一球，发现这球为白球，试求箱子中原有一白球的概率（箱中原有的球为什么颜色是等可能的，已知球的颜色只有黑、白两种）.

10. 某工厂生产的产品中 96% 是合格品，检查产品时，一个合格品被误认为次品的概率为 0.02，一个次品被误认为合格品的概率为 0.05，求在检查后被认为合格品而产品确是合格品的概率.

11. 某保险公司把被保险人分为三类："谨慎的""一般的""冒失的". 统计资料表明，上述三种人在一年内发生事故的概率依次为 0.05，0.15 和 0.30. 如果"谨慎的"被保险人占 20%，"一般的"占 50%，"冒失的"占 30%，现知某被保险人在一年内出了事故，求他是"谨慎的"被保险人的概率.

12. 设一仓库中有 10 箱同种规格的产品，其中由甲、乙、丙三厂生产的分别有 5 箱、3 箱、2 箱，三厂产品的废品率依次为 0.1，0.2，0.3. 现从这 10 箱产品中任取一箱，再从这箱中任取一件产品，求取得正品的概率.

13. 设甲袋中有 3 只红球和 1 只白球，乙袋中有 4 只红球和 2 只白球. 从甲袋中任取一球（不看颜色）放到乙袋中后，再从乙袋中任取一球，利用全概率公式求最后取得红球的概率. 若已知最后取出的是红球，求第一次从甲袋中取出的球也是红球的概率.

14. 一学生接连参加同一课程的两次考试. 第一次及格的概率为 p，若第一次及格则第二次及格的概率也为 p，若第一次不及格则第二次及格的概率为 $\frac{p}{2}$.

(1) 求两次考试至少有一次及格的概率.

(2) 若已知他第二次已及格，求他第一次及格的概率.

第四节　独　立　性

1. 事件的独立性

独立性是概率统计中的一个重要概念，在讲独立性的概念之前先介绍一个例题.

例 1.21　某公司有工作人员 100 名，其中 35 岁以下的青年人有 40 名，该公司每天在所有工作人员中随机选出一人为当天的值班员，且不论其是否在前一天刚好值过班. 求：

(1) 已知第一天选出的是青年人，第二天选出青年人的概率；

(2) 已知第一天选出的不是青年人，第二天选出青年人的概率；

(3) 第二天选出青年人的概率.

解　设事件 A_1, A_2 分别表示第一天、第二天选出青年人，则

$$P(A_1)=\frac{40}{100}=0.4,$$

$$P(A_1A_2)=\frac{40}{100}\times\frac{40}{100}=0.16.$$

(1) $P(A_2 \mid A_1)=\dfrac{P(A_1A_2)}{P(A_1)}=\dfrac{0.16}{0.4}=0.4.$

(2) $P(A_2|\overline{A}_1)=\dfrac{P(A_2\overline{A}_1)}{P(\overline{A}_1)}=\dfrac{0.4\times0.6}{0.6}=0.4.$

(3) $P(A_2)=P(A_1A_2)+P(\overline{A}_1A_2)=0.16+0.6\times0.4=0.4.$

设 A_1,A_2 为两个事件.若 $P(A_1)>0$,则可定义 $P(A_2|A_1)$,一般情形下,$P(A_2)\neq P(A_2|A_1)$,即事件 A_1 的发生对事件 A_2 发生的概率是有影响的.在特殊情况下,一个事件的发生对另一个事件发生的概率没有影响,如例 1.21 有

$$P(A_2)=P(A_2|A_1)=P(A_2|\overline{A}_1).$$

此时乘法公式

$$P(A_1A_2)=P(A_1)P(A_2|A_1)=P(A_1)P(A_2).$$

定义 1.7 若两个事件 A_1,A_2 满足等式

$$P(A_1A_2)=P(A_1)P(A_2),$$

则称事件 A_1,A_2 是相互独立的.

容易知道,若 $P(A)>0,P(B)>0$,则如果 A,B 相互独立,就有 $P(AB)=P(A)P(B)>0$,故 $AB\neq\varnothing$,即 A,B 相容.反之,如果 A,B 互不相容,即 $AB=\varnothing$,则 $P(AB)=0$,而 $P(A)P(B)>0$,所以 $P(AB)\neq P(A)P(B)$,此即 A,B 不相互独立.这就是说,当$P(A)>0$ 且 $P(B)>0$ 时,A,B 相互独立与 A,B 互不相容不能同时成立.

定理 1.4 若事件 A,B 相互独立,则下列各对事件也相互独立:

$$A\text{ 与 }\overline{B},\quad \overline{A}\text{ 与 }B,\quad \overline{A}\text{ 与 }\overline{B}.$$

证 因为 $A=A\Omega=A(B\cup\overline{B})=AB\cup A\overline{B}$,显然$(AB)(A\overline{B})=\varnothing$,所以

$$\begin{aligned}P(A)&=P(AB\cup A\overline{B})=P(AB)+P(A\overline{B})\\&=P(A)P(B)+P(A\overline{B}).\end{aligned}$$

于是,

$$\begin{aligned}P(A\overline{B})&=P(A)-P(A)P(B)=P(A)[1-P(B)]\\&=P(A)P(\overline{B}),\end{aligned}$$

即 $A,\overline{B}$ 相互独立.由此可立即推出,$\overline{A},\overline{B}$ 相互独立.再由 $\overline{\overline{B}}=B$,又可推出 $\overline{A},B$ 相互独立.

定理 1.5 若事件 A,B 相互独立,且 $0<P(A)<1$,则

$$P(B|A)=P(B|\overline{A})=P(B).$$

定理 1.5 的正确性由乘法公式、相互独立性定义容易推出.

在实际应用中,还经常遇到多个事件之间的相互独立问题.例如,对三个事件的独立性可做如下定义.

定义 1.8 若三个事件 A_1,A_2,A_3 同时满足等式:

$$P(A_1A_2)=P(A_1)P(A_2),$$
$$P(A_1A_3)=P(A_1)P(A_3),$$
$$P(A_2A_3)=P(A_2)P(A_3),$$
$$P(A_1A_2A_3)=P(A_1)P(A_2)P(A_3),$$

则称事件 A_1,A_2,A_3 是相互独立的.

这里要注意,若事件 A_1,A_2,A_3 仅满足定义中前 3 个等式,则称事件 A_1,A_2,A_3 是两两独立的. 由此可知,若事件 A_1,A_2,A_3 相互独立,则 A_1,A_2,A_3 两两独立. 但反过来,则不一定成立.

例 1.22　设一盒中装有 4 张卡片,4 张卡片上依次标有下列各组字母:

$$XXY,\quad XYX,\quad YXX,\quad YYY.$$

从盒中任取一张卡片,用事件 A_i 表示"取到的卡片第 i 位上的字母为 X"($i=1,2,3$). 求证: A_1,A_2,A_3 两两独立,但 A_1,A_2,A_3 并不相互独立.

证　易求出

$$P(A_1)=\frac{1}{2},\quad P(A_2)=\frac{1}{2},\quad P(A_3)=\frac{1}{2},$$

$$P(A_1A_2)=\frac{1}{4},\quad P(A_1A_3)=\frac{1}{4},\quad P(A_2A_3)=\frac{1}{4},$$

故 A_1,A_2,A_3 两两独立.

但 $P(A_1A_2A_3)=0$,而 $P(A_1)P(A_2)P(A_3)=\frac{1}{8}$,故

$$P(A_1A_2A_3)\neq P(A_1)P(A_2)P(A_3).$$

因此,A_1,A_2,A_3 不相互独立.

定义 1.9　对于 n 个事件 $A_1,A_2,\cdots,A_n$,若以下 2^n-n-1 个等式成立:

$$P(A_iA_j)=P(A_i)P(A_j),\quad 1\leqslant i<j\leqslant n,$$
$$P(A_iA_jA_k)=P(A_i)P(A_j)P(A_k),\quad 1\leqslant i<j<k\leqslant n,$$
$$\cdots\cdots$$
$$P(A_1A_2\cdots A_n)=P(A_1)P(A_2)\cdots P(A_n),$$

则称事件 $A_1,A_2,\cdots,A_n$ 是相互独立的.

由定义 1.9 可知,

1°　若 n 个事件 $A_1,A_2,\cdots,A_n(n\geqslant 2)$ 相互独立,则其中任意 $k(2\leqslant k\leqslant n)$ 个事件也相互独立;

2°　若 n 个事件 $A_1,A_2,\cdots,A_n(n\geqslant 2)$ 相互独立,则将 $A_1,A_2,\cdots,A_n$ 中任意多个事件换成它们的对立事件,所得的 n 个事件仍相互独立.

在实际应用中,对于事件的相互独立性,我们往往不是根据定义来判断,而是按实际意义来确定.

例 1.23　设高射炮每次击中飞机的概率为 0.2,问:至少需要多少门这种高射炮同时独立发射(每门射一次)才能使击中飞机的概率达到 95% 以上?

解　设需要 n 门高射炮,事件 A 表示"飞机被击中",A_i 表示"第 i 门高射炮击中飞机"($i=1,2,\cdots,n$),则

$$P(A)=P(A_1\cup A_2\cup\cdots\cup A_n)=1-P(\overline{A_1\cup A_2\cup\cdots\cup A_n})$$
$$=1-P(\overline{A}_1)P(\overline{A}_2)\cdots P(\overline{A}_n)=1-(1-0.2)^n.$$

令 $1-(1-0.2)^n\geqslant 0.95$,得 $(0.8)^n\leqslant 0.05$,从而

$$n\geqslant 14,$$

即至少需要14门高射炮才能有95%以上的把握击中飞机.

例 1.24 一电路如图1-9所示,其中1,2,3,4,5为继电器接点.设各继电器接点闭合与否相互独立,且每一继电器闭合的概率为 p,求 L 至 R 为通路的概率.

解 设事件 A_i 表示"第 i 个继电器接点闭合"$(i=1,2,3,4,5)$,A 表示"L 至 R 为通路",则

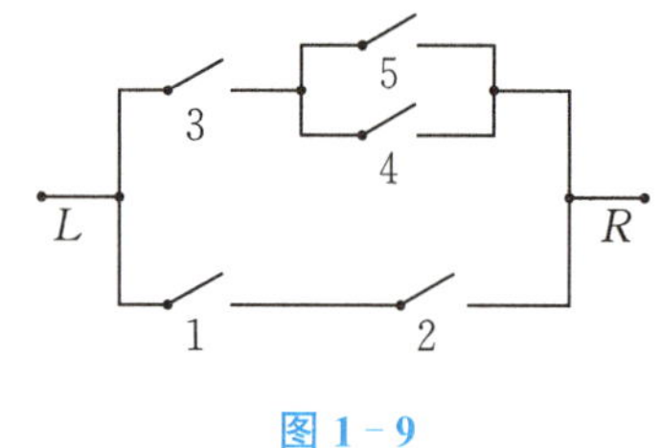

图 1-9

$$A=(A_1A_2)\cup(A_3A_4)\cup(A_3A_5),$$
$$P(A)=P((A_1A_2)\cup(A_3A_4)\cup(A_3A_5))$$
$$=P(A_1A_2)+P(A_3A_4)+P(A_3A_5)$$
$$-P(A_1A_2A_3A_4)-P(A_1A_2A_3A_5)$$
$$-P(A_3A_4A_5)+P(A_1A_2A_3A_4A_5).$$

由 A_1,A_2,A_3,A_4,A_5 的相互独立性可知

$$P(A)=3p^2-2p^4-p^3+p^5.$$

2. 伯努利试验

随机现象的规律性要从大量的试验中分析得出.在相同条件下进行重复试验,是一种非常重要的概率模型.

若试验 E 只有两个可能结果:A 及 $\overline{A}$,则称 E 为伯努利试验.设 $P(A)=p$,$0<p<1$,此时 $P(\overline{A})=1-p$.将 E 独立地重复进行 n 次,则称这一串重复的独立试验为 n 重伯努利试验.

这里"重复"是指每次试验是在相同的条件下进行,在每次试验中 $P(A)=p$ 保持不变;"独立"是指各次试验的结果互不影响,即若以 C_i 记第 i 次试验的结果,C_i 为 A 或 $\overline{A}$,$i=1,2,\cdots,n$,则

$$P(C_1C_2\cdots C_n)=P(C_1)P(C_2)\cdots P(C_n).$$

n 重伯努利试验在实际中有广泛的应用,是研究最多的模型之一.例如,将一枚硬币抛一次,观察出现的是正面还是反面,这是一个伯努利试验.若将一枚硬币抛 n 次,就是 n 重伯努利试验.又如,掷一颗骰子,若 A 表示"得到6点",则 $\overline{A}$ 表示"得到非6点",这是一个伯努利试验.将骰子掷 n 次,就是 n 重伯努利试验.再如,在 N 件产品中有 M 件次品,现从中任取一件,检测其是否是次品,这是一个伯努利试验.如有放回地抽取 n 次,就是 n 重伯努利试验.

对于伯努利试验,我们关心的是 n 重试验中,A 发生 $k(0\leqslant k\leqslant n)$ 次的概率.一般用 $P_n(k)$ 表示 n 重伯努利试验中,A 发生 k 次的概率.

因为

$$P(A)=p,\quad P(\overline{A})=1-p,$$

且

$$\underbrace{AA\cdots A}_{k\text{个}}\underbrace{\overline{A}\,\overline{A}\cdots\overline{A}}_{n-k\text{个}}\cup\underbrace{AA\cdots A}_{k-1\text{个}}\overline{A}A\underbrace{\overline{A}\,\overline{A}\cdots\overline{A}}_{n-k-1\text{个}}\cup\cdots\cup\underbrace{\overline{A}\,\overline{A}\cdots\overline{A}}_{n-k\text{个}}\underbrace{AA\cdots A}_{k\text{个}}$$

表示 C_n^k 个互不相容事件的并，由独立性可知每一项的概率为 $p^k(1-p)^{n-k}$，所以由有限可加性，可得

$$P_n(k)=C_n^k p^k(1-p)^{n-k},\quad k=0,1,2,\cdots,n.$$

这就是 n 重伯努利试验中 A 发生 k 次的概率计算公式.

例 1.25　设在 N 件产品中有 M 件次品，现进行 n 次有放回的检查抽样，试求抽得 k 件次品的概率.

解　由条件，这是有放回抽样，可知每次试验是在相同条件下重复进行，故本题符合 n 重伯努利试验的条件. 令事件 A 表示"抽到一件次品"，则

$$P(A)=p=\frac{M}{N}.$$

以 $P_n(k)$ 表示 n 次有放回抽样中，有 k 次出现次品的概率，由 n 重伯努利试验计算公式，可知

$$P_n(k)=C_n^k\left(\frac{M}{N}\right)^k\left(1-\frac{M}{N}\right)^{n-k},\quad k=0,1,2,\cdots,n.$$

例 1.26　设某个车间里共有 5 台车床，每台车床使用电力是间歇性的，平均每小时约有 6 min 使用电力. 假设车工们工作是相互独立的，求在同一时刻：

(1) 恰有 2 台车床被使用的概率；

(2) 至少有 3 台车床被使用的概率；

(3) 至多有 3 台车床被使用的概率；

(4) 至少有 1 台车床被使用的概率.

解　设事件 A 表示"使用电力"，即车床被使用，则

$$P(A)=p=\frac{6}{60}=0.1,$$

$$P(\overline{A})=1-p=0.9.$$

(1) $p_1=P_5(2)=C_5^2(0.1)^2(0.9)^3=0.0729.$

(2) $p_2=P_5(3)+P_5(4)+P_5(5)$

$\quad=C_5^3(0.1)^3(0.9)^2+C_5^4(0.1)^4(0.9)+(0.1)^5=0.00856.$

(3) $p_3=1-P_5(4)-P_5(5)=1-C_5^4(0.1)^4(0.9)-(0.1)^5=0.99954.$

(4) $p_4=1-P_5(0)=1-(0.9)^5=0.40951.$

例 1.27　一张英语试卷有 10 道选择题，每题有 4 个答案，且其中只有 1 个是正确答案. 某同学随意填空，求他至少填对 6 道的概率.

解　设事件 B 表示"他至少填对 6 道". 每答一道题有两个可能的结果：$A=$"答对"及 $\overline{A}=$

“答错”，$P(A)=\dfrac{1}{4}$，故做 10 道题就是 10 重伯努利试验，$n=10$. 于是，所求概率为

$$
\begin{aligned}
P(B)&=\sum_{k=6}^{10}P_{10}(k)=\sum_{k=6}^{10}C_{10}^{k}\left(\frac{1}{4}\right)^{k}\left(1-\frac{1}{4}\right)^{10-k}\\
&=C_{10}^{6}\left(\frac{1}{4}\right)^{6}\left(\frac{3}{4}\right)^{4}+C_{10}^{7}\left(\frac{1}{4}\right)^{7}\left(\frac{3}{4}\right)^{3}+C_{10}^{8}\left(\frac{1}{4}\right)^{8}\left(\frac{3}{4}\right)^{2}\\
&\quad+C_{10}^{9}\left(\frac{1}{4}\right)^{9}\left(\frac{3}{4}\right)+\left(\frac{1}{4}\right)^{10}\\
&\approx 0.019\,73.
\end{aligned}
$$

人们在长期实践中总结得出“概率很小的事件在一次试验中实际上几乎是不发生的”(称之为实际推断原理)，故如例 1.27 所说，该同学随意猜测，能在 10 道题中猜对 6 道以上的概率是很小的，在实际中几乎是不会发生的.

习题 1.4

1. 证明：如果事件 A,B 相互独立，那么 $\overline{A},B$ 也相互独立.

2. 证明：若事件 A,B 互不相容，且 $P(A)P(B)\neq 0$，则 A,B 一定不相互独立.

3. 证明：若 $P(A\mid B)=P(A\mid\overline{B})$，则事件 A,B 相互独立.

4. 设两两独立的三个事件 A,B 和 C 满足条件：

$$ABC=\varnothing,\quad P(A)=P(B)=P(C)<\frac{1}{2},\quad 且\quad P(A\cup B\cup C)=\frac{9}{16},$$

求 $P(A)$.

5. 三人独立地破译一个密码，他们能破译的概率分别为 $\dfrac{1}{5},\dfrac{1}{3},\dfrac{1}{4}$，求将此密码破译的概率.

6. 甲、乙、丙三人独立地向同一飞机射击，设击中的概率分别是 0.4，0.5，0.7. 若只有一人击中，则飞机被击落的概率为 0.2；若有两人击中，则飞机被击落的概率为 0.6；若三人都击中，则飞机一定被击落. 求飞机被击落的概率.

7. 有三台机器独立地运转，第一、第二、第三台机器不发生故障的概率依次为 0.9，0.8，0.7，求这三台机器全不发生故障的概率，以及它们中恰有一台发生故障的概率.

8. 设电灯泡的寿命在 1 000 h 以上的概率为 0.2. 若有 3 只电灯泡是独立使用的，求这 3 只电灯泡在使用 1 000 h 后最多有 1 只损坏的概率.

小结

在一个随机试验中总可以找出一组基本结果，由所有基本结果组成的集合 Ω 称为样本空间. 样本空间 Ω 的子集称为随机事件. 由于事件是一个集合，因此事件之间的关系和运算可以用集合之间的关系和运算来处理. 对集合之间的关系和运算读者是熟悉的，重要的是要知道它们在概率论中的含义. 另外，用其他事件的运算式来表示一个事件时，方法往往不唯一. 我们要学会用不同的方法表示同一事件.

我们不仅要明确一个试验中可能会发生哪些事件，更重要的是知道某些事件在一次试验中发生的可能性的大小. 事件发生的频率的稳定性表明刻画事件发生可能性大小的数——概率是客观存在的. 我们从频率的稳定性和频率的性质得到启发，给出了概率的公理化定义，并由此推出了概率的一些基本性质.

古典概型是满足只有有限个基本事件且每个基本事件发生的可能性相等的概率模型. 计算古典概型中事件 A 的概率，关键是弄清试验的基本事件的具体含义. 计算基本事件总数和事件 A 中包含的基本事件数的方法灵活多样，没有固定模式，一般可利用排列、组合及乘法原理、加法原理的知识计算. 将古典概型中只有有限个基本事件推广到有可列无穷多个基本事件的情形，并保留等可能性的条件，就得到几何概型.

条件概率定义为

$$P(A \mid B)=\frac{P(AB)}{P(B)}, \quad P(B)>0.$$

可以证明，条件概率 $P(A \mid B)$ 满足概率的公理化定义中的 3 个条件，因而条件概率是一种概率. 对概率证明具有的性质，条件概率也同样具有. 计算条件概率 $P(A \mid B)$ 通常有两种方法：一是按定义，先算出 $P(B)$ 和 $P(AB)$，再求出 $P(A \mid B)$；二是在缩小样本空间 Ω_B 中计算事件 A 的概率，即得到 $P(A \mid B)$.

由条件概率定义公式变形即得到乘法公式

$$P(AB)=P(B)P(A \mid B), \quad P(B)>0.$$

在解题中要注意 $P(A \mid B)$ 和 $P(AB)$ 间的联系和区别. 全概率公式

$$P(B)=\sum_{i=1}^{n} P(A_i)P(B \mid A_i)$$

是概率论中最重要的公式之一. 由全概率公式和条件概率定义很容易得到贝叶斯公式

$$P(A_i \mid B)=\frac{P(A_i)P(B \mid A_i)}{\sum\limits_{j=1}^{n} P(A_j)P(B \mid A_j)}, \quad i=1,2,\cdots,n.$$

若把全概率公式中的 B 视作“果”，而把 Ω 的每一划分 A_i 视作“因”，则全概率公式反映“由因求果”的概率问题，$P(A_i)$ 是根据以往信息和经验得到的，所以称为先验概率. 而贝叶斯公式则是“执果溯因”的概率问题，即在“果”B 已发生的条件下，寻找 B 发生的“因”，公式中 $P(A_i \mid B)$ 是得到“果”B 后求出的，称为后验概率.

独立性是概率论中一个非常重要的概念，概率论与数理统计中很多内容都是在独立性的前提下讨论的. 就解题而言，独立性有助于简化概率计算. 例如，计算相互独立事件的积的概率，可简化为

$$P(A_1A_2\cdots A_n)=P(A_1)P(A_2)\cdots P(A_n);$$

计算相互独立事件的并的概率，可简化为

$$P(A_1 \cup A_2 \cup \cdots \cup A_n)=1-P(\overline{A}_1)P(\overline{A}_2)\cdots P(\overline{A}_n).$$

n 重伯努利试验是一类很重要的概型. 解题前，首先要确认试验是不是多重独立重复试验及每次试验的结果是否只有两个(若有多个结果，可分成 A 及 $\overline{A}$)，再确定重数 n 及一次试验中

A 发生的概率 p,以求出事件 A 在 n 重伯努利试验中发生 k 次的概率.

重要术语及主题

随机试验	样本空间	随机事件
基本事件	频率	概率
古典概型	A 的对立事件 $\overline{A}$ 及其概率	
两个互不相容事件的并事件的概率		概率的加法公式
条件概率	概率的乘法公式	全概率公式
贝叶斯公式	事件的独立性	n 重伯努利试验

复习题一

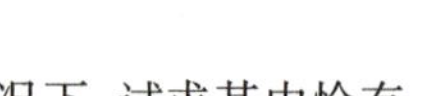

1. 一批产品共 N 件,其中 M 件正品.现从中随机地取出 n 件($n < N$).在下列情况下,试求其中恰有 $m(m \leqslant M)$ 件正品(记为 A)的概率:

(1) n 件是同时取出的;

(2) n 件是不放回逐件取出的;

(3) n 件是有放回逐件取出的.

2. 从通讯录中任取一电话号码,求后面 4 个数全不相同的概率(设后面 4 个数中每一个数都是等可能地取 0,1,2,…,9).

3. 50 只铆钉随机地取来用在 10 个部件上,每个部件用 3 只铆钉,其中有 3 只铆钉强度太弱.若将 3 只强度太弱的铆钉都装在一个部件上,则这个部件强度就太弱.求发生一个部件强度太弱的概率.

4. 一个袋内装有大小相同的 7 只球,其中 4 只白球、3 只黑球,从中一次抽取 3 只,求至少有 2 只白球的概率.

5. 有甲、乙两批种子,发芽率分别为 0.8 和 0.7,在这两批种子中各随机取一粒,求:

(1) 两粒都发芽的概率;

(2) 至少有一粒发芽的概率;

(3) 恰有一粒发芽的概率.

6. 抛一枚均匀硬币直到出现 3 次正面才停止,求:

(1) 正好在第 6 次停止的概率;

(2) 正好在第 6 次停止的情况下,第 5 次也是出现正面的概率.

7. 甲、乙两名篮球运动员,投篮命中率分别为 0.7,0.6.现两人各投了 3 次,求两人进球数相等的概率.

8. 从 5 双不同的鞋子中任取 4 只,求这 4 只鞋子中至少有两只鞋子配成一双的概率.

9. 加工某一零件需要经过 4 道工序,设第一、第二、第三、第四道工序的次品率依次为 0.02,0.03,0.05,0.03,假定各道工序是相互独立的,求加工出来的零件的次品率.

10. 设某人每次射击的命中率为 0.2,问:进行多少次独立射击才能使至少击中一次的概率不小于 0.9?

11. 已知某种疾病患者的痊愈率为 25%，为试验一种新药是否有效，把它给 10 个患者服用，且规定若 10 人中至少有 4 人痊愈则认为这种药有效，反之则认为无效，求：

(1) 虽然新药有效，且把痊愈率提高到 35%，但通过试验被否定的概率；

(2) 新药完全无效，但通过试验被认为有效的概率.

12. 一架升降机开始时有 6 位乘客，并等可能地停于 10 层楼的每一层. 试求下列事件的概率：

(1) $A=$“某指定的一层有 2 位乘客离开”；

(2) $B=$“没有 2 位及 2 位以上的乘客在同一层离开”；

(3) $C=$“恰有 2 位乘客在同一层离开”；

(4) $D=$“至少有 2 位乘客在同一层离开”.

13. n 个人随机地围绕圆桌而坐.

(1) 求甲、乙两人坐在一起，且乙坐在甲左边的概率.

(2) 求甲、乙、丙三人坐在一起的概率.

(3) 如果 n 个人并排坐在长桌的一边，求上述概率.

14. 将线段$[0,a]$任意折成三折，试求这三折线段能构成三角形的概率.

15. 某人有 n 把钥匙，其中只有 1 把能开他的门. 他逐个将它们去试开(抽样是不放回的). 证明：试开 $k(k=1,2,\cdots,n)$ 次才能把门打开的概率与 k 无关.

16. 把一个表面涂有颜色的立方体等分为 1 000 个小立方体，在这些小立方体中，随机地取出一个，试求它有 i 面涂有颜色的概率 $P(A_i)(i=0,1,2,3)$.

17. 对于任意的事件 A,B,C，证明：

$$P(AB)+P(AC)-P(BC)\leqslant P(A).$$

18. 将 3 个球随机地放入 4 个杯子，求杯中球的最大个数分别为 1,2,3 的概率.

19. 将一枚均匀硬币抛 $2n$ 次，求出现正面次数多于反面次数的概率.

20. 将一枚均匀硬币抛 n 次，求出现正面次数多于反面次数的概率.

21. 设甲、乙分别抛一枚均匀硬币 $n+1$ 次、n 次，求甲抛出正面次数多于乙抛出正面次数的概率.

22. 证明“确定的原则”：若 $P(A\mid C)\geqslant P(B\mid C)$，$P(A\mid \overline{C})\geqslant P(B\mid \overline{C})$，则 $P(A)\geqslant P(B)$.

23. 一列火车共有 n 节车厢，有 $k(k\geqslant n)$ 个旅客上火车并随意地选择车厢，求每一节车厢内至少有一个旅客的概率.

24. 设随机试验中某一事件 A 发生的概率为 $\varepsilon>0$. 证明：不论 $\varepsilon>0$ 如何小，只要不断独立重复地做此试验，则 A 迟早会发生的概率为 1.

25. 一袋中装有 m 枚正品硬币，n 枚次品硬币(次品硬币的两面均印有菊花). 在袋中任取一枚，将它抛 r 次，已知每次都得到菊花，求这枚硬币是正品的概率.

26. 巴拿赫火柴盒问题. 某数学家有甲、乙两盒火柴，每盒有 N 根火柴，每次用火柴时他在两盒中任取一盒并从中任取一根. 试求他首次发现一盒空时另一盒恰有 r 根的概率，以及首次用完一盒时(不是发现空)另一盒恰有 r 根的概率.

27. 求 n 重伯努利试验中 A 发生奇数次的概率.

28. 设 A,B 为两个事件，求 $P((\overline{A}\cup B)(A\cup B)(\overline{A}\cup\overline{B})(A\cup\overline{B}))$.

29. 设两个相互独立的事件 A,B 都不发生的概率为$\dfrac{1}{9}$，A 发生而 B 不发生的概率与 B 发生而 A 不发生的概率相等，求 $P(A)$.

30. 随机地向半圆 $0<y<\sqrt{2ax-x^2}$ (a 为正常数)内掷一点，点落在半圆内任何区域的概率与区域

的面积成正比,求原点和该点的连线与 x 轴的夹角小于 $\frac{\pi}{4}$ 的概率.

31. 设 10 件产品中有 4 件不合格品.现从中任取 2 件,已知所取 2 件产品中有一件是不合格品,求另一件也是不合格品的概率.

32. 设有来自三个地区的各 10 名、15 名和 25 名考生的报名表,其中女生的报名表分别为 3 份、7 份和 5 份.随机地取一个地区的报名表,从中先后抽出 2 份.

(1) 求先抽到的一份是女生报名表的概率.

(2) 已知后抽到的一份是男生报名表,求先抽到的一份是女生报名表的概率.

---

33. 设 A,B 为两个事件,且 $P(B)>0,P(A\mid B)=1$,则必有(　　).

(A) $P(A\cup B)>P(A)$　　(B) $P(A\cup B)>P(B)$

(C) $P(A\cup B)=P(A)$　　(D) $P(A\cup B)=P(B)$　　(2006 研考)

34. 若 A,B 为两个事件,则(　　).

(A) $P(AB)\leqslant P(A)P(B)$　　(B) $P(AB)\geqslant P(A)P(B)$

(C) $P(AB)\leqslant\frac{P(A)+P(B)}{2}$　　(D) $P(AB)\geqslant\frac{P(A)+P(B)}{2}$　　(2015 研考)

35. 设 A,B 为两个事件,$0<P(A)<1,0<P(B)<1$,则 $P(A|B)>P(A|\overline{B})$ 的充要条件是(　　).

(A) $P(B|A)>P(B|\overline{A})$　　(B) $P(B|A)<P(B|\overline{A})$

(C) $P(\overline{B}|A)>P(B|\overline{A})$　　(D) $P(\overline{B}|A)<P(B|\overline{A})$　　(2017 研考)

36. 设 A,B 为两个事件,则 $P(A)=P(B)$ 的充要条件是(　　).

(A) $P(A\cup B)=P(A)+P(B)$　　(B) $P(AB)=P(A)P(B)$

(C) $P(A\overline{B})=P(B\overline{A})$　　(D) $P(AB)=P(\overline{A}\,\overline{B})$　　(2019 研考)

37. 设 A,B,C 为三个事件,$P(A)=P(B)=P(C)=\frac{1}{4},P(AB)=0,P(AC)=P(BC)=\frac{1}{12}$,则 A,B,C 中恰有一个发生的概率为(　　).

(A) $\frac{3}{4}$　　(B) $\frac{2}{3}$　　(C) $\frac{1}{2}$　　(D) $\frac{5}{12}$　　(2020 研考)

38. 设 A,B 为两个事件,$0<P(B)<1$,下列命题中(　　)为假命题.

(A) 若 $P(A|B)=P(A)$,则 $P(A|\overline{B})=P(A)$

(B) 若 $P(A|B)>P(A)$,则 $P(\overline{A}|\overline{B})>P(\overline{A})$

(C) 若 $P(A|B)>P(A|\overline{B})$,则 $P(A|B)>P(A)$

(D) 若 $P(A|(A\cup B))>P(\overline{A}|(A\cup B))$,则 $P(A)>P(B)$　　(2021 研考)

39. 设 A,B,C 为三个事件,且 A,B 互不相容,A,C 互不相容,B,C 相互独立,$P(A)=P(B)=P(C)=\frac{1}{3}$,则 $P((B\cup C)|(A\cup B\cup C))=$ ________.　　(2022 研考)

第二章

随 机 变 量

第一节　随机变量及其分布函数

我们讨论的随机事件中,有些是可以直接用数量来标识的,如抽样检验灯泡质量试验中灯泡的寿命;而有些则不能直接用数量来标识,如性别抽查试验中所抽到的性别.为了更深入地研究各种与随机现象有关的理论和应用问题,我们有必要将样本空间的元素与实数对应起来,即将随机试验的每个可能的结果 e 都用一个实数 X 来表示.例如,在性别抽查试验中用实数"1"表示"出现男性",用"0"表示"出现女性".显然,一般来讲此处的实数 X 值将随 e 的不同而变化,它的值因 e 的随机性而具有随机性,我们称这种取值具有随机性的变量为随机变量.

定义 2.1　设随机试验的样本空间为 Ω.如果对于 Ω 中每一个元素 e,有一个实数 $X(e)$ 与之对应,这样就得到一个定义在 Ω 上的实值单值函数 $X=X(e)$,称之为随机变量.

随机变量的取值随试验结果而定,在试验之前不能预知它取什么值,只有在试验之后才知道它的确切值,但所有可能的取值是确定的;试验的各个结果的出现有一定的概率,故随机变量取各个值也有一定的概率.这些性质显示了随机变量与普通函数之间有着本质的差异.再者,普通函数是定义在实数集或实数集的一个子集上的,而随机变量是定义在由样本空间的所有子集(事件)所构成的集合(我们也称这一集合为样本空间)上的(样本空间的元素不一定是实数),这也是两者的差别.

本书中,我们一般以大写字母如 $X,Y,Z,W,\cdots$ 表示随机变量,而以小写字母如 $x,y,z,w,\cdots$ 表示实数.

为了研究随机变量的统计规律,并由于随机变量 X 所有可能的取值不一定能逐个列出,因此我们在一般情况下需研究随机变量的取值落在某区间 $(x_1,x_2]$ 上的概率,即求 $P\{x_1<X\leqslant x_2\}$.但

$$P\{x_1<X\leqslant x_2\}=P\{X\leqslant x_2\}-P\{X\leqslant x_1\},$$

由此可见,要研究 $P\{x_1<X\leqslant x_2\}$ 就归结为研究形如 $P\{X\leqslant x\}$ 的概率问题了.不难看出,$P\{X\leqslant x\}$ 的值常随不同的 x 而变化,它是 x 的函数,我们称该函数为分布函数.

定义 2.2　设 X 是随机变量,x 为任意实数,函数

$$F(x)=P\{X\leqslant x\}$$

称为 X 的分布函数.

对于任意实数 $x_1,x_2(x_1<x_2)$,有

$$P\{x_1 < X \leqslant x_2\} = P\{X \leqslant x_2\} - P\{X \leqslant x_1\}$$
$$= F(x_2) - F(x_1), \qquad (2-1)$$

因此,若已知 X 的分布函数,我们就能知道 X 落在任一区间$(x_1, x_2]$上的概率.从这个意义上说,分布函数完整地描述了随机变量的统计规律性.

如果将 X 看成数轴上随机点的坐标,那么分布函数 $F(x)$ 在点 x 处的函数值就表示 X 落在区间$(-\infty, x]$上的概率.

分布函数具有如下基本性质:

1° $F(x)$ 为单调不减的函数.

事实上,由(2-1)式,对于任意实数 $x_1, x_2(x_1 < x_2)$,有
$$F(x_2) - F(x_1) = P\{x_1 < X \leqslant x_2\} \geqslant 0.$$

2° $0 \leqslant F(x) \leqslant 1$,且
$$\lim_{x \to +\infty} F(x) = 1,\text{常记为 } F(+\infty) = 1;$$
$$\lim_{x \to -\infty} F(x) = 0,\text{常记为 } F(-\infty) = 0.$$

从几何上说明这两个式子.当区间端点 x 沿数轴无限向左移动($x \to -\infty$)时,事件"X 落在 x 左边"趋于不可能事件,故其概率 $P\{X \leqslant x\} = F(x)$ 趋于 0;当 x 无限向右移动($x \to +\infty$)时,事件"X 落在 x 左边"趋于必然事件,故其概率 $P\{X \leqslant x\} = F(x)$ 趋于 1.

3° $F(x+0) = F(x)$,即 $F(x)$ 为右连续.

反过来可以证明,任一满足这三个性质的函数,一定可以作为某个随机变量的分布函数.

概率论主要是利用随机变量来描述和研究随机现象的,而利用分布函数就能很好地表示各事件的概率.例如,$P\{X > a\} = 1 - P\{X \leqslant a\} = 1 - F(a)$,$P\{X < a\} = F(a-0)$,$P\{X = a\} = F(a) - F(a-0)$ 等.在引入了随机变量和分布函数后,我们就能利用高等数学的许多结论和方法来研究各种随机现象了,它们是概率论的两个重要而基本的概念.下面将分别以离散和连续两种类型来更深入地讨论随机变量及其分布函数,另外一种奇异型随机变量超出本书范围,就不做介绍了.

第二节 离散型随机变量及其分布

如果随机变量所有可能的取值为有限个或可列无穷多个,则称这种随机变量为离散型随机变量.

容易知道,要掌握一个离散型随机变量 X 的统计规律,必须且只须知道 X 所有可能的取值及取每一个可能取值的概率.

设离散型随机变量 X 所有可能的取值为 $x_k(k=1,2,\cdots)$,X 取各个可能取

值的概率，即事件$\{X=x_k\}$的概率

$$P\{X=x_k\}=p_k,\quad k=1,2,\cdots. \tag{2-2}$$

称(2-2)式为离散型随机变量X的概率分布或分布律.分布律也常用表格来表示(见表2-1).

表2-1

X	x_1	x_2	$\cdots$	x_k	$\cdots$
p_k	p_1	p_2	$\cdots$	p_k	$\cdots$

由概率的性质容易推得，任一离散型随机变量的分布律$\{p_k\}$都具有下述两个基本性质.

1° 非负性：$p_k\geqslant 0,\quad k=1,2,\cdots;$ (2-3)

2° 规范性：$\sum\limits_{k=1}^{\infty}p_k=1.$ (2-4)

反过来，任意一个具有以上两个性质的数列$\{p_k\}$，一定可以作为某个离散型随机变量的分布律.

为了直观地表达分布律，我们还可以作如图2-1所示的分布律图.图2-1中，x_k处垂直于x轴的线段高度为p_k，它表示X取x_k的概率值.

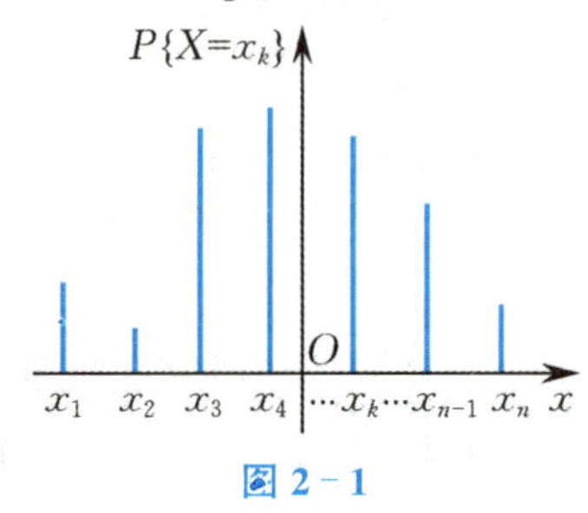

图2-1

例2.1 设某篮球运动员每次投篮投中的概率为0.8，且他在两次独立投篮中投中的次数为X，求随机变量X的分布律.

解 随机变量X所有可能的取值为0,1,2.记

$$A_i=\{\text{第}\ i\ \text{次投篮投中}\},\quad i=1,2,$$

由假设，A_1,A_2相互独立.记

$$P(A_1)=P(A_2)=p,$$

易知X的分布律可写为

$$P\{X=0\}=P(\overline{A}_1\overline{A}_2)=(1-p)^2,$$

$$P\{X=1\}=P(A_1\overline{A}_2\cup\overline{A}_1A_2)=P(A_1\overline{A}_2)+P(\overline{A}_1A_2)=2p(1-p),$$

$$P\{X=2\}=P(A_1A_2)=p^2.$$

X的分布律也可写成如下表2-2.

表2-2

X	0	1	2
p_k	$(1-p)^2$	$2p(1-p)$	p^2

将 $p=0.8, 1-p=0.2$，代入表 2-2 可得结果如表 2-3 所示.

表 2-3

X	0	1	2
p_k	0.04	0.32	0.64

下面介绍几种常见的离散型随机变量的概率分布.

1. 两点分布

若随机变量 X 只可能取 x_1 与 x_2 两个值，它的分布律为

$$P\{X=x_1\}=1-p,\quad 0<p<1,$$
$$P\{X=x_2\}=p,$$

则称 X 服从参数为 p 的两点分布.

特别地，当 $x_1=0, x_2=1$ 时，两点分布也叫作 $(0-1)$ 分布，记作 $X\sim(0-1)$ 分布，写成分布律表形式如表 2-4 所示.

表 2-4

X	0	1
p_k	$1-p$	p

对于一个随机试验，若它的样本空间只包含两个元素，即 $\Omega=\{e_1,e_2\}$，我们总能在 Ω 上定义一个服从 $(0-1)$ 分布的随机变量

$$X=X(e)=\begin{cases}0, & \text{当 } e=e_1 \text{ 时},\\ 1, & \text{当 } e=e_2 \text{ 时},\end{cases}$$

用它来描述这个试验的结果. 因此，$(0-1)$ 分布可以作为描述试验只包含两个基本事件的数学模型. 例如，在打靶中“命中”与“不中”的概率分布，产品抽验中“合格品”与“不合格品”的概率分布等. 总之，对于一个随机试验，如果我们只关心某个事件 A 发生与否，则可用一个服从 $(0-1)$ 分布的随机变量来描述.

2. 二项分布

若随机变量 X 的分布律为

$$P\{X=k\}=C_n^k p^k(1-p)^{n-k},\quad 0<p<1, k=0,1,2,\cdots,n, \qquad (2-5)$$

则称 X 服从参数为 n,p 的二项分布，记作 $X\sim b(n,p)$.

易知 (2-5) 式满足 (2-3)、(2-4) 两式. 事实上，$P\{X=k\}\geqslant 0$ 是显然的；再由二项展开式知

$$\sum_{k=0}^{n}P\{X=k\}=\sum_{k=0}^{n}C_n^k p^k(1-p)^{n-k}=[p+(1-p)]^n=1.$$

我们知道，$P\{X=k\}=C_n^k p^k(1-p)^{n-k}$ 恰好是 $[p+(1-p)]^n$ 的二项展开式中出现 p^k 的那一项，这就是二项分布名称的由来.

回忆 n 重伯努利试验中事件 A 发生 k 次的概率计算公式

$$P_n(k)=C_n^k p^k(1-p)^{n-k}, \quad k=0,1,2,\cdots,n,$$

可知若 $X\sim b(n,p)$,X 就可以用来表示 n 重伯努利试验中事件 A 发生的次数. 因此,二项分布可以作为描述 n 重伯努利试验中事件 A 发生次数的数学模型. 例如,射手射击 n 次,"击中"次数的概率分布;随机抛硬币 n 次,落地时"出现正面"次数的概率分布;从一批足够多的产品中任意抽取 n 件,其中"废品"件数的概率分布等.

不难看出,$(0-1)$ 分布就是二项分布在 $n=1$ 时的特殊情形,故 $(0-1)$ 分布的分布律也可写成

$$P\{X=k\}=p^k q^{1-k}, \quad q=1-p,k=0,1.$$

例 2.2 某大学的校乒乓球队与数学系乒乓球队举行对抗赛. 校队的实力较系队强,当一个校队运动员与一个系队运动员比赛时,校队运动员获胜的概率为 0.6. 现在校、系双方商量对抗赛的方式,提出三种方案:

(1) 双方各出 3 人;

(2) 双方各出 5 人;

(3) 双方各出 7 人.

三种方案中均以比赛中得胜人数多的一方为胜利. 问:对系队来说,哪一种方案更有利?

解 设系队得胜人数为 X,则在上述三种方案中,系队胜利的概率分别为

$$(1)\ P\{X\geqslant 2\}=\sum_{k=2}^{3}C_3^k(0.4)^k(0.6)^{3-k}=0.352;$$

$$(2)\ P\{X\geqslant 3\}=\sum_{k=3}^{5}C_5^k(0.4)^k(0.6)^{5-k}\approx 0.317;$$

$$(3)\ P\{X\geqslant 4\}=\sum_{k=4}^{7}C_7^k(0.4)^k(0.6)^{7-k}\approx 0.290.$$

因此,第一种方案对系队最为有利. 这在直觉上是容易理解的,因为参赛人数越少,系队侥幸获胜的可能性也就越大.

例 2.3 某一大批产品的合格品率为 98%,现随机地从这批产品中抽样 20 次,每次抽一个产品,求抽得的 20 个产品中恰好有 $k(k=0,1,2,\cdots,20)$ 个为合格品的概率.

解 这是不放回抽样. 由于这批产品的总数很大,而抽取的产品的数量相对于产品总数来说又很小,那么取出少许几件可以认为并不影响剩下部分的合格品率,因此可以当作有放回抽样来处理,这样做会有一些误差,但误差不大. 我们将抽取一个产品检查其是否为合格品看成一次试验,显然抽检 20 个产品就相当于做 20 次伯努利试验,以 X 记 20 个产品中合格品的个数,那么 $X\sim b(20,0.98)$,即

$$P\{X=k\}=C_{20}^k(0.98)^k(0.02)^{20-k}, \quad k=0,1,2,\cdots,20.$$

若在例 2.3 中将参数 20 改为 200 或更大,显然此时直接计算该概率就显得相当麻烦. 为此,我们给出一个当 n 很大而 p(或 $1-p$)很小时的近似计算公式.

定理 2.1 (泊松定理) 设 $np_n=\lambda$($\lambda>0$ 是一常数,n 是任意正整数),

则对于任意固定的非负整数 k，有

$$\lim_{n\to\infty} C_n^k p_n^k (1-p_n)^{n-k} = \frac{\lambda^k e^{-\lambda}}{k!}.$$

证 由 $p_n = \frac{\lambda}{n}$，有

$$C_n^k p_n^k (1-p_n)^{n-k} = \frac{n(n-1)(n-2)\cdots(n-k+1)}{k!}\left(\frac{\lambda}{n}\right)^k\left(1-\frac{\lambda}{n}\right)^{n-k}$$
$$= \frac{\lambda^k}{k!}\left[1\cdot\left(1-\frac{1}{n}\right)\cdot\left(1-\frac{2}{n}\right)\cdot\cdots\cdot\left(1-\frac{k-1}{n}\right)\right]$$
$$\cdot\left(1-\frac{\lambda}{n}\right)^n\left(1-\frac{\lambda}{n}\right)^{-k}.$$

对于任意固定的 k，当 $n\to\infty$ 时，

$$\left[1\cdot\left(1-\frac{1}{n}\right)\cdot\left(1-\frac{2}{n}\right)\cdot\cdots\cdot\left(1-\frac{k-1}{n}\right)\right]\to 1,$$

$$\left(1-\frac{\lambda}{n}\right)^n \to e^{-\lambda},\quad \left(1-\frac{\lambda}{n}\right)^{-k}\to 1,$$

故

$$\lim_{n\to\infty} C_n^k p_n^k (1-p_n)^{n-k} = \frac{\lambda^k e^{-\lambda}}{k!}.$$

因为 $\lambda = np_n$ 是常数，所以当 n 很大时，p_n 必定很小. 因此，定理 2.1 表明当 n 很大，p 很小时，有近似公式

$$C_n^k p^k (1-p)^{n-k} \approx \frac{\lambda^k e^{-\lambda}}{k!}, \tag{2-6}$$

其中 $\lambda = np$.

从表 2-5 可以直观地看出(2-6)式两端的近似程度.

表 2-5

k	按二项分布公式(2-5)计算				按泊松近似公式(2-6)计算
	$n=10$ $p=0.1$	$n=20$ $p=0.05$	$n=40$ $p=0.025$	$n=100$ $p=0.01$	$\lambda=1(=np)$
0	0.349	0.358	0.363	0.366	0.368
1	0.385	0.377	0.372	0.370	0.368
2	0.194	0.189	0.186	0.185	0.184
3	0.057	0.060	0.060	0.061	0.061
4	0.011	0.013	0.014	0.015	0.015
⋮	⋮	⋮	⋮	⋮	⋮

从表 2-5 中可以看出，两者的结果是很接近的. 在实际计算中，当 $n\geqslant 20$，$p\leqslant 0.05$ 时近似效果颇佳，而当 $n\geqslant 100$，$np\leqslant 10$ 时效果更好. $\frac{\lambda^k e^{-\lambda}}{k!}$ 的值有表可查(见附表 3).

二项分布的泊松近似,常常被应用于研究稀有事件(每次试验中事件发生的概率 p 很小),当伯努利试验的次数 n 很大时,事件发生的频数的分布.

例 2.4 某十字路口有大量汽车通过,假设每辆汽车在这里发生交通事故的概率为 0.001.如果每天有 5 000 辆汽车通过这个十字路口,求发生交通事故的汽车数不少于 2 的概率.

解 设 X 为发生交通事故的汽车数,则 $X \sim b(n,p)$. 此处 $n=5\,000, p=0.001$,令 $\lambda=np=5$,有

$$P\{X \geqslant 2\}=\sum_{k=2}^{5\,000} P\{X=k\}=\sum_{k=2}^{5\,000} \mathrm{C}_n^k p^k(1-p)^{n-k} \approx \sum_{k=2}^{5\,000} \frac{\lambda^k \mathrm{e}^{-\lambda}}{k!}.$$

查表可得

$$P\{X \geqslant 2\} \approx 0.959\,572.$$

例 2.5 某人进行射击,设每次射击的命中率为 0.02.独立射击 400 次,试求至少击中两次的概率.

解 将一次射击看成一次试验.设击中次数为 X,则 $X \sim b(400,0.02)$,即 X 的分布律为

$$P\{X=k\}=\mathrm{C}_{400}^k(0.02)^k(0.98)^{400-k}, \quad k=0,1,2,\cdots,400.$$

故所求概率为

$$\begin{aligned} P\{X \geqslant 2\} &=1-P\{X=0\}-P\{X=1\} \\ &=1-(0.98)^{400}-400 \times(0.02)^1(0.98)^{399} \\ &\approx 0.997\,2. \end{aligned}$$

从例 2.5 的结果可以看出,所求概率很接近 1,我们从两方面来讨论这一结果的实际意义.其一,虽然每次射击的命中率很小(为 0.02),但如果射击 400 次,则击中目标至少两次几乎是可以肯定的.这一事实说明,一个事件尽管在一次试验中发生的概率很小,但只要试验次数足够多,而且试验是独立进行的,那么这一事件的发生几乎是肯定的.这也告诉人们决不能轻视小概率事件.其二,如果在 400 次射击中,击中目标的次数竟不到两次,由于 $P\{X<2\} \approx 0.003$ 很小,那么根据实际推断原理,我们将怀疑"每次射击的命中率为 0.02"这一假设,即认为该射手射击的命中率达不到 0.02.

3. 泊松分布

若随机变量 X 的分布律为

$$P\{X=k\}=\frac{\lambda^k \mathrm{e}^{-\lambda}}{k!}, \quad k=0,1,2,\cdots, \tag{2-7}$$

其中 $\lambda>0$ 是常数,则称 X 服从参数为 λ 的泊松分布,记为 $X \sim P(\lambda)$.

易知(2-7)式满足(2-3)、(2-4)两式.事实上,显然 $P\{X=k\} \geqslant 0$;再由

$$\sum_{k=0}^{\infty} \frac{\lambda^k \mathrm{e}^{-\lambda}}{k!}=\mathrm{e}^{-\lambda} \cdot \mathrm{e}^{\lambda}=1,$$

可知

$$\sum_{k=0}^{\infty} P\{X=k\}=1.$$

由泊松定理可知,泊松分布可以作为描述大量试验中稀有事件发生的次数 $k=0,1,2,\cdots$ 的概率分布情况的一个数学模型.例如,大量产品中抽样检查时得到的不合格品数;一个集团中员工生日是元旦的人数;一页中印刷错误出现的数目;数字通信中传输数字时发生误码的个数等,都近似服从泊松分布.除此之外,理论与实践都说明,它也可作为下列随机变量的概率分布的数学模型:在任给一段固定的时间间隔内,① 由某块放射性物质放射出的经过计数器的 α 粒子数;② 某地区发生交通事故的次数;③ 来到某公共设施要求给予服务的顾客数(这里的公共设施的意义可以是极为广泛的,诸如售货员、机场跑道、电话交换台、医院等,在机场跑道的例子中,顾客可以相应地想象为飞机).泊松分布是概率论中一种很重要的分布.

例 2.6　由某商店过去的销售记录知道,某种商品每月的销售数可以用参数 $\lambda=5$ 的泊松分布来描述.为了以 95% 以上的把握保证不脱销,问:商店在月底至少应进该种商品多少件?

解　设该商店每月销售这种商品数为 X,月底进货为 a 件,则为了以 95% 以上的把握保证不脱销,应有

$$P\{X \leqslant a\} \geqslant 0.95.$$

由于 $X \sim P(5)$,因此上式即为

$$\sum_{k=0}^{a} \frac{\mathrm{e}^{-5} 5^{k}}{k!} \geqslant 0.95.$$

查表可知

$$\sum_{k=0}^{8} \frac{\mathrm{e}^{-5} 5^{k}}{k!} \approx 1-0.0681=0.9319<0.95,$$

$$\sum_{k=0}^{9} \frac{\mathrm{e}^{-5} 5^{k}}{k!} \approx 1-0.0318=0.9682>0.95,$$

于是,这家商店只要在月底进这种商品 9 件(假定上个月没有存货),就可以 95% 以上的把握保证这种商品在下个月不会脱销.

下面就一般的离散型随机变量讨论其分布函数.

设离散型随机变量 X 的分布律如表 2-1 所示,由分布函数的定义,可知

$$F(x)=P\{X \leqslant x\}=\sum_{x_k \leqslant x} P\{X=x_k\}=\sum_{x_k \leqslant x} p_k,$$

此处的和式 $\sum\limits_{x_k \leqslant x}$ 表示对所有满足 $x_k \leqslant x$ 的 k 求和,形象地讲就是那些满足 $x_k \leqslant x$ 所对应的 p_k 的累加.

例 2.7　求例 2.1 中随机变量 X 的分布函数 $F(x)$.

解　由例 2.1 的分布律(见表 2-3)知,

当 $x<0$ 时，

$$F(x)=P\{X\leqslant x\}=0;$$

当 $0\leqslant x<1$ 时，

$$F(x)=P\{X\leqslant x\}=P\{X=0\}=0.04;$$

当 $1\leqslant x<2$ 时，

$$\begin{aligned}F(x)&=P\{X\leqslant x\}=P(\{X=0\}\cup\{X=1\})\\&=P\{X=0\}+P\{X=1\}\\&=0.04+0.32=0.36;\end{aligned}$$

当 $x\geqslant 2$ 时，

$$\begin{aligned}F(x)&=P\{X\leqslant x\}=P(\{X=0\}\cup\{X=1\}\cup\{X=2\})\\&=P\{X=0\}+P\{X=1\}+P\{X=2\}\\&=0.04+0.32+0.64=1.\end{aligned}$$

综上所述，分布函数为

$$F(x)=P\{X\leqslant x\}=\begin{cases}0, & x<0,\\0.04, & 0\leqslant x<1,\\0.36, & 1\leqslant x<2,\\1, & x\geqslant 2.\end{cases}$$

$F(x)$ 的图形是一条阶梯状右连续曲线，在点 $x=0,1,2$ 处有跳跃，其跳跃高度分别为 0.04,0.32,0.64，这条曲线从左至右依次从 $F(x)=0$ 逐步升级到 $F(x)=1$，如图 2-2 所示.

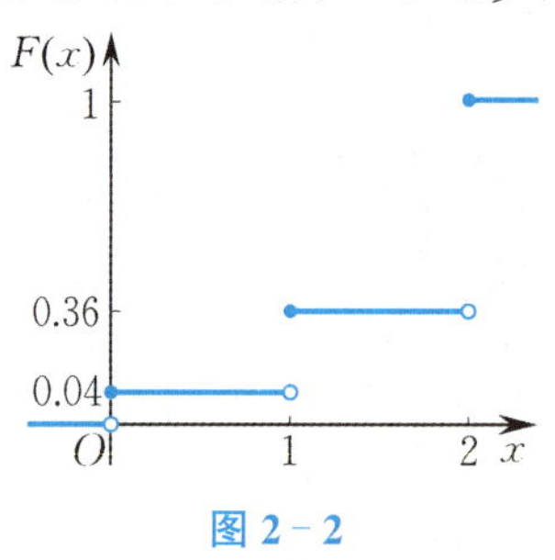

图 2-2

对表 2-1 所示的一般的分布律，其分布函数 $F(x)$ 表示一条阶梯状右连续曲线，在点 $x=x_k(k=1,2,\cdots)$ 处有跳跃，跳跃高度恰为 $p_k=P\{X=x_k\}$，从左至右，由水平直线 $F(x)=0$ 分别按阶高 $p_1,p_2,\cdots$ 升至水平直线 $F(x)=1$.

以上是已知分布律求分布函数. 反过来，若已知离散型随机变量 X 的分布函数 $F(x)$，则 X 的分布律也可由分布函数所确定：

$$p_k=P\{X=x_k\}=F(x_k)-F(x_k-0).$$

习题 2.2

1. 一袋中有 5 只乒乓球，分别编号为 1,2,3,4,5，在其中同时取 3 只，以随机变量 X 表示取出的 3 只球中的最大号码，写出 X 的分布律.

2. 设在15只同类型零件中有2只次品，在其中取3次，每次任取1只，做不放回抽样，以随机变量 X 表示取出的次品个数，求：

(1) X 的分布律；

(2) X 的分布函数 $F(x)$ 并作图；

(3) $P\left\{X \leqslant \frac{1}{2}\right\}$，$P\left\{1 < X \leqslant \frac{3}{2}\right\}$，$P\left\{1 \leqslant X \leqslant \frac{3}{2}\right\}$，$P\{1 < X < 2\}$.

3. 一射手向目标独立地进行了3次射击，每次击中率为0.8，求3次射击中击中目标的次数的分布律和分布函数 $F(x)$，以及3次射击中至少击中2次的概率.

4. 在5件产品中，有3件正品、2件次品. 现从中任取2件，以随机变量 X 表示其中的次品数，求：

(1) X 的分布律；

(2) $P\{X \leqslant 1\}$.

5. 已知随机变量 X 只能取 $-1,0,1,2$ 这四个值，相应概率依次为 $\frac{1}{2c}$，$\frac{3}{4c}$，$\frac{5}{8c}$，$\frac{7}{16c}$，试确定常数 c，并求 $P\{X < 1\}$.

6. 一栋大楼有5个供水设备，调查表明在任意时刻每个设备被使用的概率是0.1. 求在同一时刻：

(1) 恰有2个设备被使用的概率；

(2) 至少有1个设备被使用的概率；

(3) 至少有3个设备被使用的概率；

(4) 至多有3个设备被使用的概率.

7. 有一繁忙的汽车站，每天有大量汽车通过，设每辆车在一天的某时段出事故的概率为0.000 1. 在某天的该时段内有1 000辆汽车通过，求出事故的次数不小于2的概率(利用泊松定理).

8. 已知在5重伯努利试验中成功的次数 X 满足 $P\{X=1\}=P\{X=2\}$，求 $P\{X=4\}$.

9. 设事件 A 在每一次试验中发生的概率为0.3，当 A 发生不少于3次时，指示灯发出信号.

(1) 进行了5次独立试验，试求指示灯发出信号的概率.

(2) 进行了7次独立试验，试求指示灯发出信号的概率.

10. 某教科书印制了2 000册，因装订等原因造成错误的概率为0.001，试求在这2 000册书中恰有5册有错误的概率.

第三节　连续型随机变量及其分布

第二节研究了离散型随机变量，这类随机变量的特点是它的可能取值及其对应的概率能被逐个地列出，而本节将要研究的连续型随机变量就不具有这样的性质了. 连续型随机变量的特点是它的可能取值连续地充满某个区间甚至整个数轴. 例如，测量一个工件的长度，在理论上说这个长度 X 可以取区间 $(0,+\infty)$ 上的任何一个值. 此外，连续型随机变量取某特定值的概率总是零(关于这点将在以后进行说明). 例如，抽检一个工件，其长度 X(单位：cm) 丝毫不差刚好是固定值(如 1.824 cm) 的事件 $\{X=1.824\}$ 几乎是不可能的，应认为 $P\{X=1.824\}=0$. 因此，讨论连续型随机变量在某点的概率是毫无意义的. 于是，对连续型随机变量就不能用对离散型随机变量那样的方法进行研究了. 为了方便论述，下面先来看一个例子.

例 2.8 一个半径为 2 m 的圆盘靶,设击中靶上任一同心圆盘上的点的概率与该圆盘的面积成正比,且射击都能中靶,以随机变量 X 表示弹着点与圆心的距离,试求 X 的分布函数.

解 当 $x<0$ 时,因为事件$\{X\leqslant x\}$是不可能事件,所以

$$F(x)=P\{X\leqslant x\}=0.$$

当 $0\leqslant x\leqslant 2$ 时,由题意 $P\{0\leqslant X\leqslant x\}=kx^2$,$k$ 是常数.为了确定 k 的值,取 $x=2$,有 $P\{0\leqslant X\leqslant 2\}=2^2k$.因事件$\{0\leqslant X\leqslant 2\}$是必然事件,故 $P\{0\leqslant X\leqslant 2\}=1$,即 $2^2k=1$,所以 $k=\dfrac{1}{4}$,则

$$P\{0\leqslant X\leqslant x\}=\frac{1}{4}x^2.$$

于是

$$F(x)=P\{X\leqslant x\}=P\{X<0\}+P\{0\leqslant X\leqslant x\}=\frac{1}{4}x^2.$$

当 $x>2$ 时,由于$\{X\leqslant 2\}$是必然事件,因此

$$F(x)=P\{X\leqslant x\}=1.$$

综上所述,分布函数为

$$F(x)=\begin{cases}0, & x<0,\\ \dfrac{1}{4}x^2, & 0\leqslant x\leqslant 2,\\ 1, & x>2,\end{cases}$$

它的图形是一条连续曲线,如图 2-3 所示.

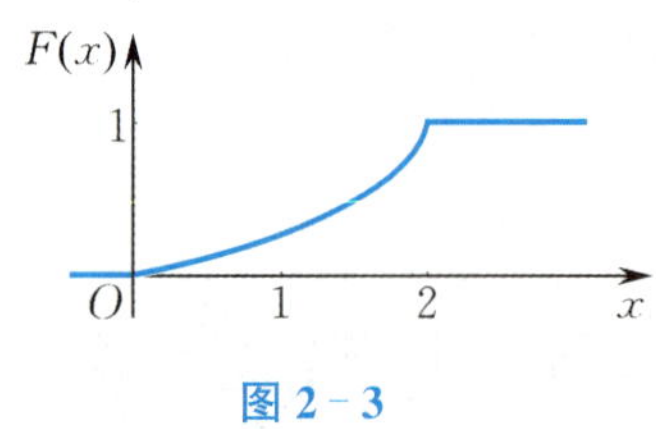

图 2-3

另外,容易看到例 2.8 中 X 的分布函数 $F(x)$ 还可写成:

$$F(x)=\int_{-\infty}^{x}f(t)\mathrm{d}t,$$

其中

$$f(t)=\begin{cases}\dfrac{1}{2}t, & 0<t<2,\\ 0, & \text{其他}.\end{cases}$$

这就是说,$F(x)$ 恰好是非负可积函数 $f(t)$ 在区间$(-\infty,x]$上的积分,我们称这种随机变量 X 为连续型随机变量.一般地,有如下定义.

定义 2.3 若对随机变量 X 的分布函数 $F(x)$,存在非负可积函数 $f(x)$,使得对于任意实数 x,有

$$F(x)=\int_{-\infty}^{x} f(t)\mathrm{d}t, \tag{2-8}$$

则称 X 为连续型随机变量，其中 $f(x)$ 称为 X 的概率密度函数，简称概率密度或密度函数.

由(2-8)式可知，连续型随机变量 X 的分布函数 $F(x)$ 是连续函数. 由分布函数的性质 $F(-\infty)=0$, $F(+\infty)=1$ 及 $F(x)$ 单调不减可知，$y=F(x)$ 是一条位于直线 $y=0$ 与 $y=1$ 之间的单调不减的连续（但不一定光滑）曲线.

由定义 2.3 可知，概率密度 $f(x)$ 具有以下性质：

1° $f(x)\geqslant 0$；

2° $\int_{-\infty}^{+\infty} f(x)\mathrm{d}x=1$；

3° $P\{x_1<X\leqslant x_2\}=F(x_2)-F(x_1)=\int_{x_1}^{x_2} f(x)\mathrm{d}x \quad (x_1\leqslant x_2)$；

4° 若 $f(x)$ 在点 x 处连续，则有 $F'(x)=f(x)$.

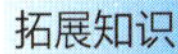

由性质 2° 可知，介于曲线 $y=f(x)$ 与 $y=0$ 之间的面积为 1；由性质 3° 可知，X 落在区间 $(x_1,x_2]$ 上的概率 $P\{x_1<X\leqslant x_2\}$ 等于区间 $(x_1,x_2]$ 上曲线 $y=f(x)$ 之下曲边梯形的面积；由性质 4° 可知，在 $f(x)$ 的连续点 x 处有

$$f(x)=\lim_{\Delta x\to 0^+}\frac{F(x+\Delta x)-F(x)}{\Delta x}=\lim_{\Delta x\to 0^+}\frac{P\{x<X\leqslant x+\Delta x\}}{\Delta x}.$$

这种形式恰与物理学中线密度定义相类似，这也正是称 $f(x)$ 为概率密度的原因. 同样，我们也要指出，任一满足以上性质 1° 和性质 2° 的函数 $f(x)$，一定可以作为某个连续型随机变量的概率密度.

前面曾指出对连续型随机变量 X 而言，取任一特定值 a 的概率为零，即 $P\{X=a\}=0$. 事实上，令 $\Delta x>0$，设 X 的分布函数为 $F(x)$，则由

$$\{X=a\}\subset\{a-\Delta x<X\leqslant a\},$$

得

$$0\leqslant P\{X=a\}\leqslant P\{a-\Delta x<X\leqslant a\}=F(a)-F(a-\Delta x).$$

由于分布函数 $F(x)$ 连续，因此

$$\lim_{\Delta x\to 0} F(a-\Delta x)=F(a),$$

从而当 $\Delta x\to 0$ 时，由夹逼定理，得

$$P\{X=a\}=0.$$

由此很容易推导出

$$\begin{aligned}P\{a\leqslant X<b\}&=P\{a<X\leqslant b\}=P\{a\leqslant X\leqslant b\}\\&=P\{a<X<b\}.\end{aligned}$$

可见，在计算连续型随机变量落在某区间上的概率时，可不必区分该区间端点处的情况. 此外还要说明的是，事件 $\{X=a\}$“几乎不可能发生”，但并不保证绝不会发生，它是“零概率事件”而不是不可能事件.

例 2.9 设随机变量 X 的分布函数为

$$F(x)=\begin{cases}0, & x<0,\\ Ax^2, & 0\leqslant x<1,\\ 1, & x\geqslant 1.\end{cases}$$

试求:

(1) 系数 A;

(2) X 落在区间$(0.3,0.7)$内的概率;

(3) X 的概率密度.

解 (1) 由于 X 为连续型随机变量,则 $F(x)$ 是连续函数,因此有

$$1=F(1)=\lim_{x\to 1^-}F(x)=\lim_{x\to 1^-}Ax^2=A,$$

即 $A=1$. 于是,有

$$F(x)=\begin{cases}0, & x<0,\\ x^2, & 0\leqslant x<1,\\ 1, & x\geqslant 1.\end{cases}$$

(2) $P\{0.3<X<0.7\}=F(0.7)-F(0.3)=(0.7)^2-(0.3)^2=0.4$.

(3) X 的概率密度为

$$f(x)=F'(x)=\begin{cases}2x, & 0\leqslant x<1,\\ 0, & 其他.\end{cases}$$

由定义 2.3 可知,改变概率密度 $f(x)$ 在个别点处的函数值(如在点 $x=0$ 或点 $x=1$ 处 $f(x)$ 的值),不影响分布函数$F(x)$ 的取值.

例 2.10 设随机变量 X 具有概率密度

$$f(x)=\begin{cases}kx, & 0\leqslant x<3,\\ 2-\dfrac{x}{2}, & 3\leqslant x<4,\\ 0, & 其他.\end{cases}$$

试求:

(1) 系数 k;

(2) X 的分布函数 $F(x)$;

(3) $P\left\{1<X\leqslant\dfrac{7}{2}\right\}$.

解 (1) 由$\int_{-\infty}^{+\infty}f(x)\mathrm{d}x=1$,得

$$\int_0^3 kx\,\mathrm{d}x+\int_3^4\left(2-\frac{x}{2}\right)\mathrm{d}x=1,$$

解得 $k=\dfrac{1}{6}$. 故 X 的概率密度

$$f(x)=\begin{cases}\dfrac{x}{6}, & 0\leqslant x<3,\\[2mm] 2-\dfrac{x}{2}, & 3\leqslant x<4,\\[2mm] 0, & \text{其他}.\end{cases}$$

(2) 当 $x<0$ 时,$F(x)=P\{X\leqslant x\}=\int_{-\infty}^{x}f(t)\mathrm{d}t=0$;

当 $0\leqslant x<3$ 时,$F(x)=P\{X\leqslant x\}=\int_{-\infty}^{x}f(t)\mathrm{d}t$

$$=\int_{-\infty}^{0}f(t)\mathrm{d}t+\int_{0}^{x}f(t)\mathrm{d}t$$

$$=\int_{0}^{x}\frac{t}{6}\mathrm{d}t=\frac{x^2}{12};$$

当 $3\leqslant x<4$ 时,$F(x)=P\{X\leqslant x\}=\int_{-\infty}^{x}f(t)\mathrm{d}t$

$$=\int_{-\infty}^{0}f(t)\mathrm{d}t+\int_{0}^{3}f(t)\mathrm{d}t+\int_{3}^{x}f(t)\mathrm{d}t$$

$$=\int_{0}^{3}\frac{t}{6}\mathrm{d}t+\int_{3}^{x}\left(2-\frac{t}{2}\right)\mathrm{d}t$$

$$=-\frac{x^2}{4}+2x-3;$$

当 $x\geqslant 4$ 时,$F(x)=P\{X\leqslant x\}=\int_{-\infty}^{x}f(t)\mathrm{d}t$

$$=\int_{-\infty}^{0}f(t)\mathrm{d}t+\int_{0}^{3}f(t)\mathrm{d}t+\int_{3}^{4}f(t)\mathrm{d}t+\int_{4}^{x}f(t)\mathrm{d}t$$

$$=\int_{0}^{3}\frac{t}{6}\mathrm{d}t+\int_{3}^{4}\left(2-\frac{t}{2}\right)\mathrm{d}t=1.$$

综上所述,分布函数为

$$F(x)=\begin{cases}0, & x<0,\\[2mm] \dfrac{x^2}{12}, & 0\leqslant x<3,\\[2mm] -\dfrac{x^2}{4}+2x-3, & 3\leqslant x<4,\\[2mm] 1, & x\geqslant 4.\end{cases}$$

(3) $P\left\{1<X\leqslant\dfrac{7}{2}\right\}=F\left(\dfrac{7}{2}\right)-F(1)=\dfrac{41}{48}.$

下面介绍几种常见的连续型随机变量的概率分布.

1. 均匀分布

若随机变量 X 具有概率密度

$$f(x)=\begin{cases}\dfrac{1}{b-a}, & a<x<b,\\ 0, & \text{其他},\end{cases} \tag{2-9}$$

则称 X 在区间 (a,b) 上服从均匀分布,记为 $X\sim U(a,b)$.

显然,均匀分布中的区间 (a,b) 也可以写成 $(a,b]$,$[a,b)$ 或 $[a,b]$.

易知 $f(x)\geqslant 0$,且

$$\int_{-\infty}^{+\infty}f(x)\mathrm{d}x=\int_a^b\frac{1}{b-a}\mathrm{d}x=1.$$

由(2-9)式可得

1° $P\{X\geqslant b\}=\int_b^{+\infty}0\mathrm{d}x=0, P\{X\leqslant a\}=\int_{-\infty}^{a}0\mathrm{d}x=0,$

即

$$P\{a<X<b\}=1-P\{X\geqslant b\}-P\{X\leqslant a\}=1;$$

2° 若 $a\leqslant c<d\leqslant b$,则

$$P\{c<X<d\}=\int_c^d\frac{1}{b-a}\mathrm{d}x=\frac{d-c}{b-a}.$$

因此,在区间 (a,b) 上服从均匀分布的随机变量 X 的物理意义是:X 以概率1在区间 (a,b) 内取值,而以概率0在区间 (a,b) 外取值,并且 X 值落入 (a,b) 的任一子区间 (c,d) 内的概率与子区间的长度成正比,而与子区间的位置无关.

由(2-8)式易得随机变量 X 的分布函数为

$$F(x)=\begin{cases}0, & x<a,\\ \dfrac{x-a}{b-a}, & a\leqslant x<b,\\ 1, & x\geqslant b.\end{cases} \tag{2-10}$$

概率密度 $f(x)$ 和分布函数 $F(x)$ 的图形分别如图 2-4 和图 2-5所示.

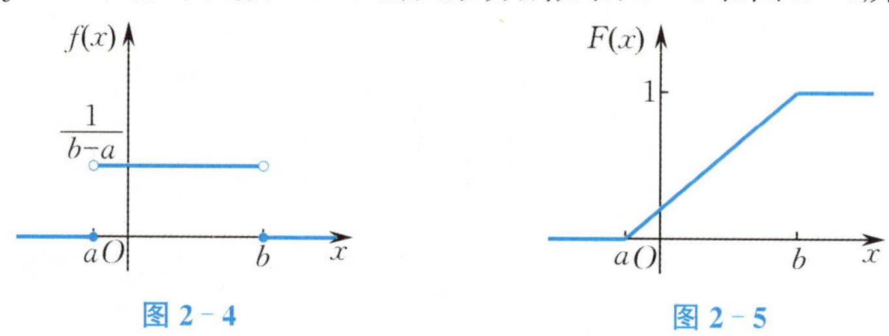

图 2-4　　图 2-5

例如,在数值计算中,由于四舍五入,小数点后第一位小数所引起的误差 X 一般可看作一个在区间 $[-0.5,0.5]$ 上服从均匀分布的随机变量;又如,在 (a,b) 中随机掷质点,则该质点的坐标 X 一般也可看作一个在区间 (a,b) 上服从均匀分布的随机变量.

例 2.11 某公共汽车站从上午 7:00 开始,每 15 min 来一辆车.设某乘客到达此车站的时间是 7:00—7:30 之间的服从均匀分布的随机变量,试求乘客等车少于 5 min 的概率.

解 设乘客于 7:00 过 X min 到达车站,由于 X 在 $[0,30]$ 上服从均匀分布,即有

$$f(x)=\begin{cases}\dfrac{1}{30}, & 0\leqslant x\leqslant 30,\\ 0, & \text{其他}.\end{cases}$$

显然，只有乘客在 7:10—7:15 之间或 7:25—7:30 之间到达车站时，他等车的时间才少于 5 min，因此所求概率为

$$P\{10<X\leqslant 15\}+P\{25<X\leqslant 30\}=\int_{10}^{15}\frac{1}{30}\mathrm{d}x+\int_{25}^{30}\frac{1}{30}\mathrm{d}x=\frac{1}{3}.$$

2. 指数分布

若随机变量 X 的概率密度为

$$f(x)=\begin{cases}\lambda\mathrm{e}^{-\lambda x}, & x>0,\\ 0, & x\leqslant 0,\end{cases}\tag{2-11}$$

其中 $\lambda>0$ 为常数，则称 X 服从参数为 λ 的指数分布，记作 $X\sim E(\lambda)$.

显然 $f(x)\geqslant 0$，且 $\int_{-\infty}^{+\infty}f(x)\mathrm{d}x=\int_{0}^{+\infty}\lambda\mathrm{e}^{-\lambda x}\mathrm{d}x=1$.

容易得到 X 的分布函数为

$$F(x)=\begin{cases}1-\mathrm{e}^{-\lambda x}, & x>0,\\ 0, & x\leqslant 0.\end{cases}$$

指数分布最常见的一个场合是寿命分布. 因为指数分布具有“无记忆性”，即对于任意 $s,t>0$，有

$$P\{X>s+t\mid X>s\}=P\{X>t\}.\tag{2-12}$$

如果用随机变量 X 表示某一元件的寿命，那么(2-12)式表明，在元件已使用 s h的条件下，它还能再使用至少 t h的概率与从开始使用时算起它至少能使用 t h的概率相等. 这就是说，该元件对它已使用过 s h没有记忆. 当然，指数分布描述的是无老化时的寿命分布，但“无老化”是不可能的，因而只是一种近似. 对于一些寿命较长的元件，初期阶段的老化现象不明显，在这一阶段，指数分布比较确切地描述了其寿命分布情况.

(2-12)式是容易证明的. 事实上，

$$\begin{aligned}P\{X>s+t\mid X>s\}&=\frac{P\{X>s,X>s+t\}}{P\{X>s\}}=\frac{P\{X>s+t\}}{P\{X>s\}}\\&=\frac{1-F(s+t)}{1-F(s)}=\frac{\mathrm{e}^{-\lambda(s+t)}}{\mathrm{e}^{-\lambda s}}\\&=\mathrm{e}^{-\lambda t}=P\{X>t\}.\end{aligned}$$

3. 正态分布

若随机变量 X 的概率密度为

$$f(x)=\frac{1}{\sqrt{2\pi}\sigma}\mathrm{e}^{-\frac{(x-\mu)^2}{2\sigma^2}},\quad -\infty<x<+\infty,\tag{2-13}$$

其中 $\mu,\sigma(\sigma>0)$ 为常数,则称 X 服从参数为 μ,σ 的正态分布,记为 $X\sim N(\mu,\sigma^2)$.

显然 $f(x)\geqslant 0$,下面来证明 $\int_{-\infty}^{+\infty}f(x)\mathrm{d}x=1$. 令 $\frac{x-\mu}{\sigma}=t$,得

$$\int_{-\infty}^{+\infty}\frac{1}{\sqrt{2\pi}\sigma}\mathrm{e}^{-\frac{(x-\mu)^2}{2\sigma^2}}\mathrm{d}x=\frac{1}{\sqrt{2\pi}}\int_{-\infty}^{+\infty}\mathrm{e}^{-\frac{t^2}{2}}\mathrm{d}t.$$

记 $I=\int_{-\infty}^{+\infty}\mathrm{e}^{-\frac{t^2}{2}}\mathrm{d}t$,则有

$$I^2=\int_{-\infty}^{+\infty}\left[\int_{-\infty}^{+\infty}\mathrm{e}^{\frac{-(t^2+s^2)}{2}}\mathrm{d}t\right]\mathrm{d}s.$$

做极坐标变换 $s=r\cos\theta,t=r\sin\theta$,得

$$I^2=\int_0^{2\pi}\left(\int_0^{+\infty}r\mathrm{e}^{-\frac{r^2}{2}}\mathrm{d}r\right)\mathrm{d}\theta=2\pi.$$

而 $I>0$,故有 $I=\sqrt{2\pi}$,即

$$\int_{-\infty}^{+\infty}\mathrm{e}^{-\frac{t^2}{2}}\mathrm{d}t=\sqrt{2\pi},$$

于是

$$\int_{-\infty}^{+\infty}\frac{1}{\sqrt{2\pi}\sigma}\mathrm{e}^{-\frac{(x-\mu)^2}{2\sigma^2}}\mathrm{d}x=\frac{1}{\sqrt{2\pi}}\cdot\sqrt{2\pi}=1.$$

正态分布是概率论和数理统计中最重要的分布之一. 在实际问题中,大量的随机变量服从或近似服从正态分布. 只要某一个随机变量受到许多相互独立随机因素的影响,而每个个别因素的影响都不能起决定性作用,那么就可以断定该随机变量服从或近似服从正态分布. 例如,因为人的身高、体重受到种族、饮食习惯、地域、运动等因素影响,但这些因素又不能对身高、体重起决定性作用,所以我们可以认为身高、体重服从或近似服从正态分布.

$f(x)$ 的图形如图 2-6 所示,它具有如下性质:

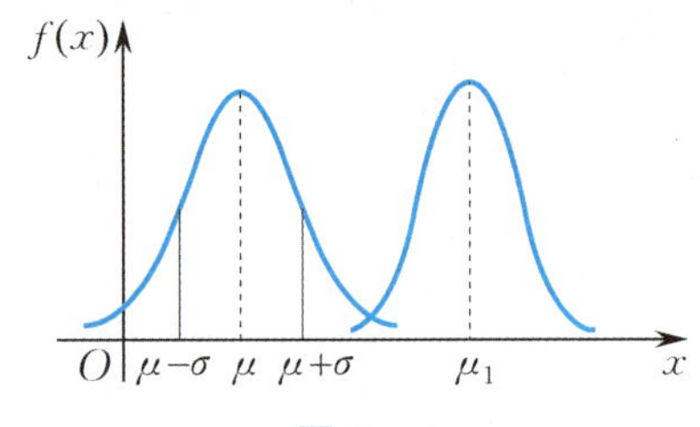

图 2-6

1° 曲线关于直线 $x=\mu$ 对称.

2° 曲线在 $x=\mu$ 处取到最大值,x 离 μ 越远,$f(x)$ 值越小,这表明对于同样长度的区间,当区间离 μ 越远时,X 落在这个区间上的概率越小.

3° 曲线在 $x=\mu\pm\sigma$ 处有拐点.

4° 曲线以 x 轴为渐近线.

5° 若固定 μ,当 σ 越小时图形越尖陡(见图 2-7),因而 X 落在 μ 附近的概

率越大；若固定σ，改变μ值，则图形沿x轴平移，而不改变其形状. 故称σ为精度参数，μ为位置参数.

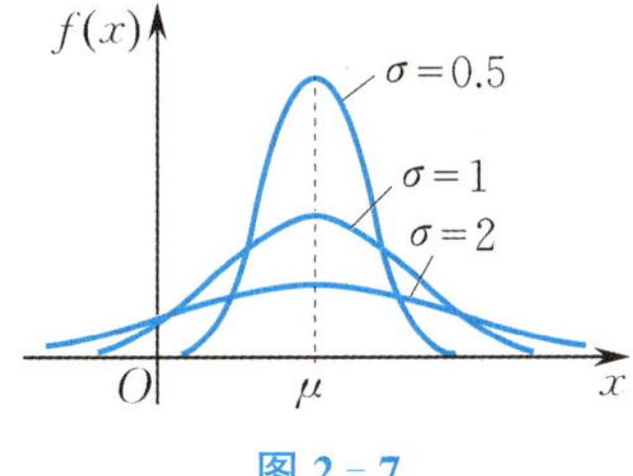

图 2-7

由(2-8)式得随机变量 X 的分布函数为

$$F(x)=\frac{1}{\sqrt{2\pi}\sigma}\int_{-\infty}^{x}e^{-\frac{(t-\mu)^2}{2\sigma^2}}dt. \tag{2-14}$$

特别地，当$\mu=0,\sigma=1$时，称 X 服从标准正态分布 $N(0,1)$，其概率密度和分布函数分别用 $\varphi(x)$，$\Phi(x)$ 表示，即

$$\varphi(x)=\frac{1}{\sqrt{2\pi}}e^{-\frac{x^2}{2}}, \tag{2-15}$$

$$\Phi(x)=\frac{1}{\sqrt{2\pi}}\int_{-\infty}^{x}e^{-\frac{t^2}{2}}dt. \tag{2-16}$$

易知，$\Phi(-x)=1-\Phi(x)$.

人们已事先编制了 $\Phi(x)$ 的函数值表（见附表 2），可供查用.

一般地，若随机变量 $X\sim N(\mu,\sigma^2)$，则有$\frac{X-\mu}{\sigma}\sim N(0,1)$.

事实上，$Z=\frac{X-\mu}{\sigma}$ 的分布函数为

$$\begin{aligned}P\{Z\leqslant x\}&=P\left\{\frac{X-\mu}{\sigma}\leqslant x\right\}=P\{X\leqslant\mu+\sigma x\}\\&=\int_{-\infty}^{\mu+\sigma x}\frac{1}{\sqrt{2\pi}\sigma}e^{-\frac{(t-\mu)^2}{2\sigma^2}}dt,\end{aligned}$$

令$\frac{t-\mu}{\sigma}=s$，得

$$P\{Z\leqslant x\}=\frac{1}{\sqrt{2\pi}}\int_{-\infty}^{x}e^{-\frac{s^2}{2}}ds=\Phi(x).$$

由此知 $Z=\frac{X-\mu}{\sigma}\sim N(0,1)$.

因此，若随机变量 $X\sim N(\mu,\sigma^2)$，则可利用标准正态分布函数 $\Phi(x)$，通过查表求得 X 落在任一区间$(x_1,x_2]$上的概率，即

$$\begin{aligned}P\{x_1<X\leqslant x_2\}&=P\left\{\frac{x_1-\mu}{\sigma}<\frac{X-\mu}{\sigma}\leqslant\frac{x_2-\mu}{\sigma}\right\}\\&=P\left\{\frac{X-\mu}{\sigma}\leqslant\frac{x_2-\mu}{\sigma}\right\}-P\left\{\frac{X-\mu}{\sigma}\leqslant\frac{x_1-\mu}{\sigma}\right\}\end{aligned}$$

$$=\Phi\left(\frac{x_2-\mu}{\sigma}\right)-\Phi\left(\frac{x_1-\mu}{\sigma}\right).$$

例如,设随机变量 $X\sim N(1.5,2^2)$,可得

$$\begin{aligned}P\{-1\leqslant X\leqslant 2\}&=P\left\{\frac{-1-1.5}{2}\leqslant\frac{X-1.5}{2}\leqslant\frac{2-1.5}{2}\right\}\\&=\Phi(0.25)-\Phi(-1.25)\\&=\Phi(0.25)-[1-\Phi(1.25)]\\&=0.5987-1+0.8944=0.4931.\end{aligned}$$

设随机变量 $X\sim N(\mu,\sigma^2)$,由 $\Phi(x)$ 的函数值表,可得

$$P\{\mu-\sigma<X<\mu+\sigma\}=\Phi(1)-\Phi(-1)=2\Phi(1)-1=0.6826,$$
$$P\{\mu-2\sigma<X<\mu+2\sigma\}=2\Phi(2)-1=0.9544,$$
$$P\{\mu-3\sigma<X<\mu+3\sigma\}=2\Phi(3)-1=0.9974.$$

可见,尽管正态变量的取值范围是$(-\infty,+\infty)$,但它的值落在$(\mu-3\sigma,\mu+3\sigma)$内几乎是肯定的事,因此在实际问题中,基本上可以认为有 $|X-\mu|<3\sigma$. 这就是人们所说的"3σ 原则".

例 2.12 公共汽车车门的高度是按成年男子与车门顶碰头的概率在 1% 以下来设计的. 设成年男子身高(单位:cm)X 服从$\mu=170,\sigma=6$ 的正态分布,即 $X\sim N(170,6^2)$,问:车门高度应如何确定?

解 设车门高度为 h(单位:cm),按设计要求 $P\{X\geqslant h\}\leqslant 0.01$ 或 $P\{X<h\}\geqslant 0.99$. 因为 $X\sim N(170,6^2)$,所以

$$P\{X<h\}=P\left\{\frac{X-170}{6}<\frac{h-170}{6}\right\}=\Phi\left(\frac{h-170}{6}\right)\geqslant 0.99.$$

查表得

$$\Phi(2.33)=0.9901>0.99,$$

故取$\frac{h-170}{6}=2.33$,则 $h\approx 184$,即设计车门高度为 184 cm 时,可使成年男子与车门顶碰头的概率不超过 1%.

例 2.13 测量到某一目标的距离时发生的随机误差(单位:m)X 具有概率密度

$$f(x)=\frac{1}{40\sqrt{2\pi}}\mathrm{e}^{-\frac{(x-20)^2}{3200}}.$$

试求在 3 次测量中至少有一次误差的绝对值不超过 30 m 的概率.

解 据题意,X 的概率密度为

$$f(x)=\frac{1}{40\sqrt{2\pi}}\mathrm{e}^{-\frac{(x-20)^2}{3200}}=\frac{1}{\sqrt{2\pi}\times 40}\mathrm{e}^{-\frac{(x-20)^2}{2\times 40^2}},$$

即 $X\sim N(20,40^2)$,故一次测量中误差的绝对值不超过 30 m 的概率为

$$\begin{aligned}P\{|X|\leqslant 30\}&=P\{-30\leqslant X\leqslant 30\}=\Phi\left(\frac{30-20}{40}\right)-\Phi\left(\frac{-30-20}{40}\right)\\&=\Phi(0.25)-\Phi(-1.25)=0.5987-(1-0.8944)\end{aligned}$$

$$=0.4931.$$

设 Y 为 3 次测量中误差的绝对值不超过 30 m 的次数，则 $Y\sim b(3,0.4931)$，故

$$P\{Y\geqslant 1\}=1-P\{Y=0\}=1-(0.5069)^3\approx 0.8698.$$

为了便于今后应用，对于标准正态变量，下面引入上 α 分位点的定义.

设随机变量 $X\sim N(0,1)$. 若 z_α 满足条件

$$P\{X>z_\alpha\}=\alpha,\quad 0<\alpha<1, \tag{2-17}$$

则称点 z_α 为标准正态分布的上 α 分位点. 例如，查表可得 $z_{0.05}=1.645$，$z_{0.001}=3.1$，故 1.645 与 3.1 分别是标准正态分布的上 0.05 分位点与上 0.001 分位点.

习题 2.3

1. 已知随机变量 X 的概率密度为

$$f(x)=A\mathrm{e}^{-|x|},\quad -\infty<x<+\infty.$$

求：

(1) 常数 A；

(2) $P\{0<X<1\}$；

(3) $F(x)$.

2. 设某种仪器内装有 3 个同样的电子管，电子管使用寿命(单位：h)X 的概率密度为

$$f(x)=\begin{cases}\dfrac{100}{x^2}, & x\geqslant 100,\\ 0, & x<100.\end{cases}$$

求：

(1) 在开始 150 h 内没有电子管损坏的概率；

(2) 在(1)中这段时间内有 1 个电子管损坏的概率；

(3) 分布函数 $F(x)$.

3. 在区间 $[0,a]$ 上任意投掷一个质点，以 X 表示这质点的坐标. 设这质点落在 $[0,a]$ 中任意小区间内的概率与这小区间的长度成正比，试求 X 的分布函数 $F(x)$.

4. 设随机变量 X 在区间 $[2,5]$ 上服从均匀分布. 现对 X 进行 3 次独立观察，求至少有 2 次的观察值大于 3 的概率.

5. 设随机变量 X 的分布函数为

$$F(x)=\begin{cases}0, & x<1,\\ \ln x, & 1\leqslant x<\mathrm{e},\\ 1, & x\geqslant \mathrm{e}.\end{cases}$$

求：

(1) $P\{X<2\}$，$P\{0<X<3\}$，$P\left\{2<X<\dfrac{5}{2}\right\}$；

(2) 概率密度 $f(x)$.

6. 设随机变量 X 的概率密度为

(1) $f(x)=\begin{cases}2\left(1-\dfrac{1}{x^2}\right), & 1\leqslant x\leqslant 2,\\ 0, & \text{其他};\end{cases}$

(2) $f(x)=\begin{cases}x, & 0\leqslant x<1,\\ 2-x, & 1\leqslant x\leqslant 2,\\ 0, & \text{其他}.\end{cases}$

分别求出 X 的分布函数 $F(x)$,并作出(2)中概率密度 $f(x)$ 与分布函数 $F(x)$ 的图形.

7. 设随机变量 X 的概率密度为

$$f(x)=\begin{cases}x, & 0\leqslant x<1,\\ ax+b, & 1\leqslant x\leqslant 2,\\ 0, & \text{其他},\end{cases}$$

且 $P\left\{0<X\leqslant\dfrac{3}{2}\right\}=\dfrac{7}{8}$,求:

(1) 常数 a,b;

(2) $P\left\{\dfrac{1}{2}<X<\dfrac{3}{2}\right\}$.

8. 设随机变量 $X\sim N(3,2^2)$.

(1) 求 $P\{2<X\leqslant 5\}$,$P\{-4<X\leqslant 10\}$,$P\{|X|>2\}$,$P\{X>3\}$.

(2) 确定常数 c,使得 $P\{X>c\}=P\{X\leqslant c\}$.

9. 由某机器生产的螺栓长度(单位:cm)$X\sim N(10.05,(0.06)^2)$,规定长度在(10.05 ± 0.12) cm 内为合格品,求一螺栓为不合格品的概率.

10. 某人乘汽车去火车站乘火车,有两条路可走.第一条路程较短但交通拥挤,所需时间(单位:min)$X\sim N(40,10^2)$;第二条路程较长但阻塞少,所需时间 $X\sim N(50,4^2)$.

(1) 若动身时离火车开车只有 1 h,问:走哪条路能乘上火车的把握大些?

(2) 若动身时离火车开车只有 45 min,问:走哪条路能乘上火车的把握大些?

11. 设随机变量 X 的分布函数为

$$F(x)=\begin{cases}A+Be^{-\lambda x}, & x\geqslant 0,\\ 0, & x<0\end{cases}\quad(\lambda>0),$$

求:

(1) 常数 A,B;

(2) $P\{X\leqslant 2\}$,$P\{X>3\}$;

(3) 概率密度 $f(x)$.

12. 设随机变量 X 的概率密度为

(1) $f(x)=ae^{-\lambda|x|}$, $\lambda>0$;

(2) $f(x)=\begin{cases}bx, & 0<x<1,\\ \dfrac{1}{x^2}, & 1\leqslant x<2,\\ 0, & \text{其他}.\end{cases}$

试确定常数 a,b,并求 X 的分布函数 $F(x)$.

第四节　随机变量函数的分布

在实际生活中，我们常遇到一些随机变量，它们的分布往往难于直接得到(如测量轴承滚珠体积值Y等)，但是与它们有函数关系的另一些随机变量，其分布却是容易知道的(如滚珠直径测量值X). 因此，需要研究随机变量之间的函数关系，从而通过这种关系由已知的随机变量的分布求出与其有函数关系的另一个随机变量的分布.

例 2.14　设随机变量X具有表2-6所示的分布律，试求X^2的分布律.

表2-6

X	-1	0	1	2	3
p_k	0.2	0.1	0.3	0.3	0.1

解　由于在X的取值范围内，事件“$X=0$”“$X=2$”“$X=3$”分别与事件“$X^2=0$”“$X^2=4$”“$X^2=9$”等价，因此

$$P\{X^2=0\}=P\{X=0\}=0.1,$$
$$P\{X^2=4\}=P\{X=2\}=0.3,$$
$$P\{X^2=9\}=P\{X=3\}=0.1.$$

事件“$X^2=1$”是两个互不相容事件“$X=-1$”与“$X=1$”的并，其概率为这两个事件概率之和，即

$$P\{X^2=1\}=P\{X=-1\}+P\{X=1\}=0.2+0.3=0.5.$$

于是，X^2的分布律如表2-7所示.

表2-7

X^2	0	1	4	9
p_k	0.1	0.5	0.3	0.1

例 2.15　设连续型随机变量X具有概率密度$f_X(x)$，$-\infty<x<+\infty$，求$Y=g(X)=X^2$的概率密度.

解　先求Y的分布函数$F_Y(y)$. 由于$Y=g(X)=X^2\geqslant 0$，因此当$y\leqslant 0$时，事件“$Y\leqslant y$”的概率为0，即$F_Y(y)=P\{Y\leqslant y\}=0$；当$y>0$时，有

$$\begin{aligned}F_Y(y)&=P\{Y\leqslant y\}=P\{X^2\leqslant y\}=P\{-\sqrt{y}\leqslant X\leqslant\sqrt{y}\}\\&=\int_{-\sqrt{y}}^{\sqrt{y}}f_X(x)\mathrm{d}x.\end{aligned}$$

再将$F_Y(y)$对y求导数，即得Y的概率密度为

$$f_Y(y)=\begin{cases}\dfrac{1}{2\sqrt{y}}[f_X(\sqrt{y})+f_X(-\sqrt{y})], & y>0,\\ 0, & y\leqslant 0.\end{cases}$$

例如,当 $X\sim N(0,1)$ 时,X 的概率密度为(2-15)式,则 $Y=X^2$ 的概率密度为

$$f_Y(y)=\begin{cases}\dfrac{1}{\sqrt{2\pi}}y^{-\frac{1}{2}}\mathrm{e}^{-\frac{y}{2}}, & y>0,\\ 0, & y\leqslant 0.\end{cases}$$

此时称 Y 服从自由度为 1 的 χ^2 分布.

例 2.15 中关键的一步在于将事件"$Y\leqslant y$"由其等价事件"$-\sqrt{y}\leqslant X\leqslant\sqrt{y}$"代替,即将事件"$Y\leqslant y$"转换为有关 X 的范围所表示的等价事件.下面仅对 $Y=g(X)$,其中 $g(x)$ 为严格单调函数,给出一般结论.

拓展知识

定理 2.2 设随机变量 X 具有概率密度 $f_X(x)$,$-\infty<x<+\infty$,函数 $g(x)$ 处处可导且 $g'(x)>0$(或 $g'(x)<0$),则 $Y=g(X)$ 是连续型随机变量,其概率密度为

$$f_Y(y)=\begin{cases}f_X(h(y))\,|h'(y)|, & \alpha<y<\beta,\\ 0, & \text{其他},\end{cases}\tag{2-18}$$

其中 $\alpha=\min\{g(-\infty),g(+\infty)\}$,$\beta=\max\{g(-\infty),g(+\infty)\}$,$h(y)$ 是 $g(x)$ 的反函数.

证 这里只证 $g'(x)>0$ 的情形.由于 $g'(x)>0$,因此 $g(x)$ 在 $(-\infty,+\infty)$ 上严格单调递增,它的反函数 $h(y)$ 存在,且在 (α,β) 上严格单调递增、可导.先求 Y 的分布函数 $F_Y(y)$,再通过对 $F_Y(y)$ 求导数求出 $f_Y(y)$.

由于 $Y=g(X)$ 在 (α,β) 上取值,因此

当 $y\leqslant\alpha$ 时,$F_Y(y)=P\{Y\leqslant y\}=0$;

当 $y\geqslant\beta$ 时,$F_Y(y)=P\{Y\leqslant y\}=1$;

当 $\alpha<y<\beta$ 时,

$$F_Y(y)=P\{Y\leqslant y\}=P\{g(X)\leqslant y\}=P\{X\leqslant h(y)\}=\int_{-\infty}^{h(y)}f_X(x)\mathrm{d}x.$$

于是,得 Y 的概率密度为

$$f_Y(y)=\begin{cases}f_X(h(y))h'(y), & \alpha<y<\beta,\\ 0, & \text{其他}.\end{cases}$$

对于 $g'(x)<0$ 的情形可以同样证明,即

$$f_Y(y)=\begin{cases}f_X(h(y))(-h'(y)), & \alpha<y<\beta,\\ 0, & \text{其他}.\end{cases}$$

将上面两种情况合并,得

$$f_Y(y)=\begin{cases}f_X(h(y))\,|h'(y)|, & \alpha<y<\beta,\\ 0, & \text{其他}.\end{cases}$$

注 若$f(x)$在$[a,b]$之外为零，则只须假设在(a,b)上恒有$g'(x)>0$(或$g'(x)<0$)，此时

$$\alpha=\min\{g(a),g(b)\},\quad \beta=\max\{g(a),g(b)\}.$$

例 2.16 设随机变量$X\sim N(\mu,\sigma^2)$，证明：X的线性函数$Y=aX+b$，$a\neq 0$也服从正态分布.

证 X的概率密度为

$$f_X(x)=\frac{1}{\sqrt{2\pi}\sigma}e^{-\frac{(x-\mu)^2}{2\sigma^2}},\quad -\infty<x<+\infty.$$

令$y=g(x)=ax+b$，得$g(x)$的反函数为

$$x=h(y)=\frac{y-b}{a},$$

所以$h'(y)=\frac{1}{a}$.

由(2-18)式，得$Y=g(X)=aX+b$的概率密度为

$$f_Y(y)=\frac{1}{|a|}f_X\left(\frac{y-b}{a}\right),\quad -\infty<y<+\infty,$$

即

$$f_Y(y)=\frac{1}{|a|\sigma\sqrt{2\pi}}e^{-\frac{[y-(a\mu+b)]^2}{2(a\sigma)^2}},\quad -\infty<y<+\infty,$$

从而有

$$Y=aX+b\sim N(a\mu+b,(a\sigma)^2).$$

例 2.17 由统计物理学知，分子运动速度的绝对值X服从麦克斯韦分布，其概率密度为

$$f(x)=\begin{cases}\dfrac{4x^2}{a^3\sqrt{\pi}}e^{-\frac{x^2}{a^2}}, & x>0,\\ 0, & x\leqslant 0,\end{cases}$$

其中$a>0$为常数，求分子动能$Y=\frac{1}{2}mX^2$(m为分子质量)的概率密度.

解 已知$y=g(x)=\frac{1}{2}mx^2$，$f(x)$只在$(0,+\infty)$上非零且$g'(x)$在此区间上恒单调递增，由(2-18)式，得Y的概率密度为

$$\psi(y)=\begin{cases}\dfrac{4\sqrt{2y}}{m^{3/2}a^3\sqrt{\pi}}e^{-\frac{2y}{ma^2}}, & y>0,\\ 0, & y\leqslant 0.\end{cases}$$

习题 2.4

1. 设随机变量 X 的分布律如表 2-8 所示,求 $Y=X^2$ 的分布律.

表 2-8

X	-2	-1	0	1	3
p_k	$\frac{1}{5}$	$\frac{1}{6}$	$\frac{1}{5}$	$\frac{1}{15}$	$\frac{11}{30}$

2. 设 $P\{X=k\}=\left(\frac{1}{2}\right)^k$, $k=1,2,\cdots$,令

$$Y=\begin{cases}1, & \text{当 } X \text{ 取偶数时},\\ -1, & \text{当 } X \text{ 取奇数时}.\end{cases}$$

求 Y 的分布律.

3. 纺织厂女工照顾 800 个纺锭,每一纺锭在某一段时间内断头的概率为 0.005. 求在这段时间内断头次数不大于 2 的概率.

4. 设书籍上每页印刷错误的个数 X 服从泊松分布. 经统计发现,在某本书籍上,有 1 个印刷错误与有 2 个印刷错误的页数相同,求任意检验 4 页,每页上都没有印刷错误的概率.

5. 设在时间 r(单位:min) 内,通过某交叉路口的汽车数服从参数与 r 成正比的泊松分布. 已知在 1 min 内没有汽车通过的概率为 0.2,求在 2 min 内最多有一辆汽车通过的概率.

6. 设随机变量 K 在区间 $(0,5)$ 上服从均匀分布,求方程 $4x^2+4Kx+K+2=0$ 有实根的概率.

7. 设随机变量 X 服从参数为 1 的指数分布,求 $Y=X^2$ 的概率密度 $f_Y(y)$.

8. 设随机变量 $X\sim N(0,1)$,求:

(1) $Y=\mathrm{e}^X$ 的概率密度 $f_Y(y)$;

(2) $Y=2X^2+1$ 的概率密度 $f_Y(y)$;

(3) $Y=|X|$ 的概率密度 $f_Y(y)$.

9. 设随机变量 $X\sim U(0,1)$,求:

(1) $Y=\mathrm{e}^X$ 的分布函数 $F_Y(y)$ 及概率密度 $f_Y(y)$;

(2) $Z=-2\ln X$ 的分布函数 $F_Z(z)$ 及概率密度 $f_Z(z)$.

10. 设随机变量 X 的概率密度为

$$f(x)=\begin{cases}\frac{2x}{\pi^2}, & 0<x<\pi,\\ 0, & \text{其他}.\end{cases}$$

求 $Y=\sin X$ 的概率密度 $f_Y(y)$.

11. 设随机变量 X 服从参数为 2 的指数分布,证明:$Y=1-\mathrm{e}^{-2X}$ 在区间 $(0,1)$ 上服从均匀分布.

12. 设随机变量 X 在区间 $(1,2)$ 上服从均匀分布,求 $Y=\mathrm{e}^{2X}$ 的概率密度 $f_Y(y)$.

13. 设随机变量 X 的概率密度为

$$f_X(x)=\begin{cases}0, & x<0,\\ 2x^3\mathrm{e}^{-x^2}, & x\geqslant 0,\end{cases}$$

求 $Y=2X+3$ 的概率密度 $f_Y(y)$.

随机变量 $X=X(e)$ 是定义在样本空间 $\Omega=\{e\}$ 上的实值单值函数,它的取值随试验结果而定,是不能预先确定的,且它的取值有一定的概率,因而它与普通函数是不同的. 引入随机变量,就可以用微积分的理论和方法对随机试验与随机事件的概率进行数学推理与计算,从而完成对随机试验结果的规律性的研究.

分布函数

$$F(x)=P\{X\leqslant x\},\quad -\infty<x<+\infty$$

反映了随机变量 X 的取值不大于实数 x 的概率. 随机变量 X 落入实轴上任意区间 $(x_1,x_2]$ 上的概率也可用 $F(x)$ 来表示,即

$$P\{x_1<X\leqslant x_2\}=F(x_2)-F(x_1).$$

因此,掌握随机变量 X 的分布函数,就了解了随机变量 X 在 $(-\infty,+\infty)$ 上的概率分布,可以说分布函数完整地描述了随机变量的统计规律性.

本书只讨论了两类重要的随机变量.

一类是离散型随机变量. 对于离散型随机变量,我们需要知道它可能取哪些值,以及它取每个可能值的概率,常用分布律

$$P\{X=x_k\}=p_k,\quad k=1,2,\cdots$$

或用表 2-9 表示它取值的统计规律性. 要掌握已知分布律求分布函数 $F(x)$ 的方法及已知分布函数 $F(x)$ 求分布律的方法. 分布律与分布函数是一一对应的.

表 2-9

X	x_1	x_2	$\cdots$	x_k	$\cdots$
p_k	p_1	p_2	$\cdots$	p_k	$\cdots$

另一类是连续型随机变量. 设随机变量 X 的分布函数为 $F(x)$,若存在非负可积函数 $f(x)$,使得对于任意 x,有

$$F(x)=\int_{-\infty}^{x}f(t)\mathrm{d}t,$$

则称 X 为连续型随机变量,其中 $f(x)$ 称为 X 的概率密度. 连续型随机变量的分布函数是连续的,但不能认为凡是分布函数为连续函数的随机变量就是连续型随机变量. 判别一个随机变量是不是连续型的,要看符合定义条件的 $f(x)$ 是否存在(事实上存在分布函数 $F(x)$ 连续,但又不能以非负函数的变上限的定积分表示的随机变量).

要掌握已知 $f(x)$ 求 $F(x)$ 的方法,以及已知 $F(x)$ 求 $f(x)$ 的方法. 由连续型随机变量的定义可知,改变 $f(x)$ 在个别点处的函数值,并不改变 $F(x)$ 的值,因此改变 $f(x)$ 在个别点处的值是无关紧要的.

读者要掌握分布函数、分布律、概率密度的性质.

本章还介绍了几种重要的随机变量的分布:$(0-1)$ 分布、二项分布、泊松分布、均匀分布、指数分布、正态分布. 读者必须熟练掌握这几种分布的分布律或概率密度,还需知道每一种分布的概率意义,对这几种分布的理解不能仅限于知道它们的分布律或概率密度.

随机变量 X 的函数 $Y=g(X)$ 也是一个随机变量. 求 Y 的分布时,首先要准确界定 Y 的取值范围(在离散型时要注意相同值的合并),其次要正确计算 Y 的分布,特别是当 Y 为连续型随机变量时的情形. 当 $y=g(x)$ 单调或分段单调时,可按定理 2.2 写出 Y 的概率密度 $f_Y(y)$,否

则应先按分布函数的定义求出 $F_Y(y)$,再对 y 求导数,得到 $f_Y(y)$(即使是当 $y=g(x)$ 单调或分段单调时,也应掌握先求出$F_Y(y)$,再求出 $f_Y(y)$ 的一般方法).

重要术语及主题

随机变量	分布函数	离散型随机变量及其分布律
连续型随机变量及其概率密度		(0—1) 分布
二项分布	泊松分布	均匀分布
指数分布	正态分布	随机变量函数的分布

复习题二

1. 进行独立重复试验,设每次成功的概率为 $p(0<p<1)$,失败的概率为 $1-p$.

(1) 将试验进行到成功 1 次为止,以随机变量 X 表示所需的试验次数,求 X 的分布律.

(2) 将试验进行到成功 r 次为止,以随机变量 Y 表示所需的试验次数,求 Y 的分布律.

2. (1) 设随机变量 X 的分布律为

$$P\{X=k\}=a\frac{\lambda^k}{k!},$$

其中 $k=0,1,2,\cdots,\lambda>0$ 为常数,试确定常数 a.

(2) 设随机变量 X 的分布律为

$$P\{X=k\}=\frac{b}{N},$$

其中 $k=1,2,\cdots,N$,试确定常数 b.

3. 甲、乙两人投篮,投中的概率分别为 0.6,0.7. 现各投 3 次,求:

(1) 两人投中次数相等的概率;

(2) 甲比乙投中次数多的概率.

4. 设某机场每天有 200 架飞机在此降落,任一飞机在某一时刻降落的概率为 0.02,且各飞机降落是相互独立的. 试问:该机场需配备多少条跑道,才能保证某一时刻飞机需立即降落而没有空闲跑道的概率小于 0.01(每条跑道只能允许一架飞机降落)?

5. 某公安局在长度为 t 的时间间隔内收到紧急呼救的次数 X 服从参数为 $\frac{1}{2}t$ 的泊松分布,而与时间间隔起点无关(时间以 h 计). 求:

(1) 某一天 12:00—15:00 没收到呼救的概率;

(2) 某一天 12:00—17:00 至少收到 1 次呼救的概率.

6. 进行某种试验,成功的概率为 $\frac{3}{4}$,失败的概率为 $\frac{1}{4}$. 以随机变量 X 表示试验首次成功所需试验的次数,试写出 X 的分布律,并求 X 取偶数的概率.

7. 设顾客在某银行的窗口等待服务的时间(单位:min)X 服从指数分布,其概率密度为

$$f(x)=\begin{cases}\frac{1}{5}e^{-\frac{x}{5}}, & x>0,\\ 0, & \text{其他}.\end{cases}$$

已知某顾客在窗口等待服务，若等待时间超过 10 min，他就离开. 该顾客一个月要到银行 5 次，以随机变量 Y 表示一个月内他未等到服务而离开的次数，写出 Y 的分布律，并求 $P\{Y \geqslant 1\}$.

8. 有 2 500 名同一年龄和同社会阶层的人参加了保险公司的人寿保险. 在一年中每个人死亡的概率为 0.002，每个参加保险的人在 1 月 1 日需交 12 元保险费，而在死亡时家属可从保险公司领取 2 000 元赔偿金. 求：

(1) 保险公司亏本的概率；

(2) 保险公司获利分别不少于 10 000 元、20 000 元的概率.

9. 一工厂生产的电子管寿命(单位：h)$X \sim N(160, \sigma^2)$，若要求 $P\{120 < X \leqslant 200\} \geqslant 0.8$，允许 σ 最大不超过多少？

10. 随机数字序列要多长才能使数字 0 至少出现一次的概率不小于 0.9？

11. 已知

$$F(x) = \begin{cases} 0, & x < 0, \\ x + \dfrac{1}{2}, & 0 \leqslant x < \dfrac{1}{2}, \\ 1, & x \geqslant \dfrac{1}{2}, \end{cases}$$

则 $F(x)$ 是(　　)随机变量的分布函数.

(A) 连续型　　(B) 离散型　　(C) 非连续亦非离散型

12. 设在区间 $[a,b]$ 上，随机变量 X 的概率密度为 $f(x) = \sin x$，而在 $[a,b]$ 外，$f(x) = 0$，则区间 $[a,b]$ 为(　　).

(A) $\left[0, \dfrac{\pi}{2}\right]$　　(B) $[0, \pi]$　　(C) $\left[-\dfrac{\pi}{2}, 0\right]$　　(D) $\left[0, \dfrac{3}{2}\pi\right]$

13. 设随机变量 $X \sim N(0, \sigma^2)$，问：当 σ 取何值时，X 落入区间 $(1,3)$ 的概率最大？

14. 设在一段时间内进入某一商店的顾客人数 $X \sim P(\lambda)$，每个顾客购买某种物品的概率为 p，且各顾客是否购买该种物品相互独立，求进入商店的顾客购买这种物品的人数 Y 的分布律.

15. 设随机变量 X 的分布函数为

$$F(x) = \begin{cases} 0, & x < -1, \\ 0.4, & -1 \leqslant x < 1, \\ 0.8, & 1 \leqslant x < 3, \\ 1, & x \geqslant 3. \end{cases}$$

求 X 的概率分布.

16. 设在 3 次独立试验中，事件 A 发生的概率相等. 若已知 A 至少发生 1 次的概率为 $\dfrac{19}{27}$，求 A 在 1 次试验中发生的概率.

17. 若随机变量 X 在区间 $(1,6)$ 上服从均匀分布，求方程 $y^2 + Xy + 1 = 0$ 有实根的概率.

18. 假设一厂家生产的每台仪器，以概率 0.7 可以直接出厂；以概率 0.3 需进一步调试，经调试后以概率 0.8 可以出厂，以概率 0.2 定为不合格品不能出厂. 现该厂新生产了 $n(n \geqslant 2)$ 台仪器(假设各台仪器的生产过程相互独立). 求：

(1) 全部能出厂的概率 α；

(2) 其中恰好有 2 台不能出厂的概率 β；

(3) 其中至少有 2 台不能出厂的概率 θ.

19. 在电源电压不超过 200 V，200 ~ 240 V 和超过 240 V 三种情形下，某种电子元件损坏的概率分别为 0.1，0.001 和 0.2(假设电源电压(单位：V)$X \sim N(220, 25^2)$). 试求：

(1) 该电子元件损坏的概率 α；

(2) 该电子元件损坏时,电源电压在 200 ~ 240 V 的概率 β.

20. 设随机变量 X 的绝对值不大于 1,$P\{X=-1\}=\frac{1}{8}$,$P\{X=1\}=\frac{1}{4}$. 在事件$\{-1<X<1\}$发生的条件下,X 在$(-1,1)$内任一子区间上取值的条件概率与该子区间的长度成正比,试求 X 的分布函数 $F(x)=P\{X\leqslant x\}$.

---

21. 设随机变量 X 的概率密度为

$$f(x)=\begin{cases}\frac{1}{3}, & 0\leqslant x\leqslant 1,\\ \frac{2}{9}, & 3\leqslant x\leqslant 6,\\ 0, & 其他.\end{cases}$$

若 k 使得 $P\{X\geqslant k\}=\frac{2}{3}$,则 k 的取值范围为________. (2000 研考)

22. 设随机变量 $X\sim N(\mu_1,\sigma_1^2)$,$Y\sim N(\mu_2,\sigma_2^2)$,且 $P\{|X-\mu_1|<1\}>P\{|Y-\mu_2|<1\}$,则必有(　　).

(A) $\sigma_1<\sigma_2$　　(B) $\sigma_1>\sigma_2$　　(C) $\mu_1<\mu_2$　　(D) $\mu_1>\mu_2$　　(2006 研考)

23. 设 $F_1(x)$ 与 $F_2(x)$ 为两个随机变量的分布函数,其相应的概率密度 $f_1(x)$ 和 $f_2(x)$ 是连续函数,则下列(　　)必为概率密度.

(A) $f_1(x)f_2(x)$　　(B) $2f_2(x)F_1(x)$

(C) $f_1(x)F_2(x)$　　(D) $f_1(x)F_2(x)+f_2(x)F_1(x)$　　(2011 研考)

第三章

多维随机变量

在实际问题中，除经常用到一个随机变量的情形外，还常用到多个随机变量的情形. 例如，观察炮弹在地面弹着点 e 的位置，需要用它的横坐标 $X(e)$ 与纵坐标 $Y(e)$ 来确定，而横坐标和纵坐标是定义在同一个样本空间 $\Omega=\{e\}=\{$所有可能的弹着点$\}$ 上的两个随机变量. 又如，某钢铁厂炼钢时必须考察炼出的钢 e 的硬度 $X(e)$、含碳量 $Y(e)$ 和含硫量 $Z(e)$ 的情况，它们也是定义在同一个样本空间 $\Omega=\{e\}$ 上的三个随机变量. 因此在实用上，有时只用一个随机变量是不够的，要考虑多个随机变量及其相互联系. 本章以两个随机变量的情形为代表，讲述多个随机变量的一些基本内容.

第一节　二维随机变量及其分布

1. 二维随机变量的定义及分布函数

定义 3.1　设 E 是一个随机试验，它的样本空间是 $\Omega=\{e\}$. 若 $X(e)$ 与 $Y(e)$ 是定义在同一个样本空间 Ω 上的两个随机变量，则称 $(X(e),Y(e))$ 为 Ω 上的二维随机变量或二维随机向量，简记为 (X,Y).

类似地，可定义 n 维随机变量或 n 维随机向量 $(n>2)$.

设 E 是一个随机试验，它的样本空间是 $\Omega=\{e\}$. 若 $X_1(e),X_2(e),\cdots,X_n(e)$ 是定义在同一个样本空间 Ω 上的 n 个随机变量，则称 $(X_1(e),X_2(e),\cdots,X_n(e))$ 为 Ω 上的 n 维随机变量或 n 维随机向量，简记为 $(X_1,X_2,\cdots,X_n)$.

与一维随机变量的情形类似，对于二维随机变量，也通过分布函数来描述其概率分布. 考虑到两个随机变量的相互关系，我们需要将 (X,Y) 作为一个整体来进行研究.

定义 3.2　设 (X,Y) 是二维随机变量，对于任意实数 x 和 y，称二元函数

$$F(x,y)=P\{X\leqslant x,Y\leqslant y\} \tag{3-1}$$

为二维随机变量 (X,Y) 的分布函数，或称为随机变量 X 和 Y 的联合分布函数.

类似地，可定义 n 维随机变量 $(X_1,X_2,\cdots,X_n)$ 的分布函数.

设 $(X_1,X_2,\cdots,X_n)$ 是 n 维随机变量，对于任意实数 $x_1,x_2,\cdots,x_n$，称 n 元函数

$$F(x_1,x_2,\cdots,x_n)=P\{X_1\leqslant x_1,X_2\leqslant x_2,\cdots,X_n\leqslant x_n\}$$

为 n 维随机变量 $(X_1,X_2,\cdots,X_n)$ 的分布函数.

下面给出分布函数的几何解释：如果把二维随机变量 (X,Y) 看成平面上随机点的坐标，那么分布函数 $F(x,y)$ 在点 (x,y) 处的函数值就是随机点 (X,Y) 落在直线 $X=x$ 的左侧和直线 $Y=y$ 的下方的无穷矩形域内的概率(见图 3-1).

根据以上几何解释并借助图 3-2，可以算出随机点 (X,Y) 落在矩形域 $\{x_1<X\leqslant x_2,y_1<Y\leqslant y_2\}$ 内的概率为

$$\begin{aligned}&P\{x_1<X\leqslant x_2,y_1<Y\leqslant y_2\}\\&\quad=F(x_2,y_2)-F(x_2,y_1)-F(x_1,y_2)+F(x_1,y_1).\end{aligned} \tag{3-2}$$

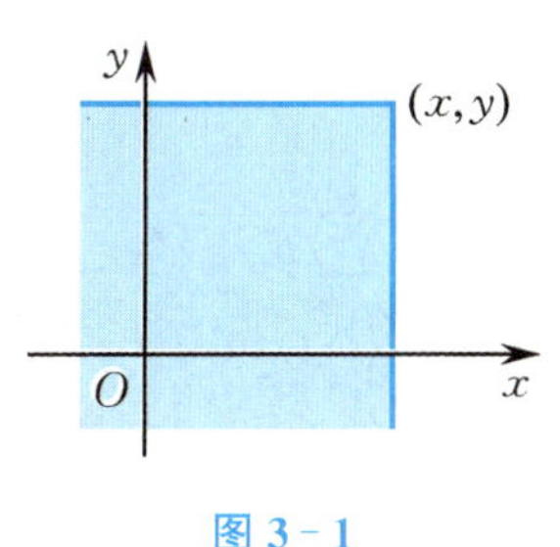

图 3-1

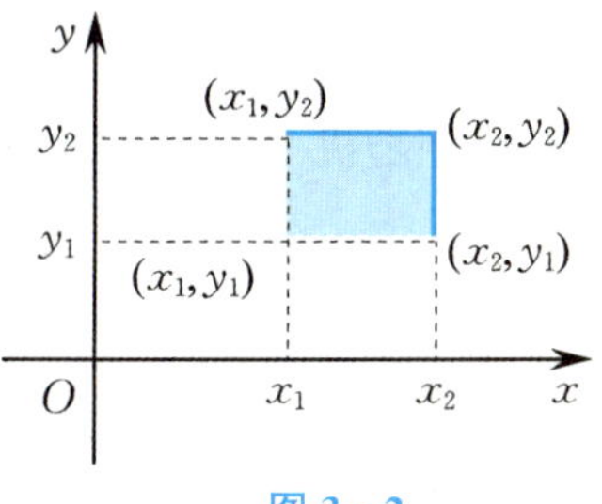

图 3-2

容易证明,分布函数 $F(x,y)$ 具有以下基本性质:

1° $F(x,y)$ 是变量 x 和 y 的不减函数,即对于任意固定的 y,当 $x_2>x_1$ 时,$F(x_2,y)\geqslant F(x_1,y)$;对于任意固定的 x,当 $y_2>y_1$ 时,$F(x,y_2)\geqslant F(x,y_1)$.

2° $0\leqslant F(x,y)\leqslant 1$,且对于任意固定的 y;$F(-\infty,y)=0$,对于任意固定的 x,$F(x,-\infty)=0$,$F(-\infty,-\infty)=0$,$F(+\infty,+\infty)=1$.

3° $F(x,y)$ 关于 x 和 y 是右连续的,即

$$F(x,y)=F(x+0,y),\quad F(x,y)=F(x,y+0).$$

4° 对于任意 (x_1,y_1),(x_2,y_2),$x_1<x_2$,$y_1<y_2$,下述不等式成立:

$$F(x_2,y_2)-F(x_2,y_1)-F(x_1,y_2)+F(x_1,y_1)\geqslant 0.$$

与一维随机变量一样,经常讨论的二维随机变量有两种类型:离散型与连续型.

2. 二维离散型随机变量

定义 3.3 若二维随机变量 (X,Y) 的所有可能取值是有限对或可列无穷多对,则称 (X,Y) 为二维离散型随机变量.

设二维离散型随机变量 (X,Y) 的所有可能取值为 (x_i,y_j),$i,j=1,2,\cdots$,且 (X,Y) 取各对可能值的概率为

$$P\{X=x_i,Y=y_j\}=p_{ij},\quad i,j=1,2,\cdots, \tag{3-3}$$

称(3-3)式为 (X,Y) 的分布律,或称为 X 和 Y 的联合分布律.二维离散型随机变量 (X,Y) 的分布律也可用表 3-1 表示.

表 3-1

Y	X				
	x_1	x_2	$\cdots$	x_i	$\cdots$
y_1	p_{11}	p_{21}	$\cdots$	p_{i1}	$\cdots$
y_2	p_{12}	p_{22}	$\cdots$	p_{i2}	$\cdots$
$\vdots$	$\vdots$	$\vdots$		$\vdots$	
y_j	p_{1j}	p_{2j}	$\cdots$	p_{ij}	$\cdots$
$\vdots$	$\vdots$	$\vdots$		$\vdots$	

由概率的定义可知 p_{ij} 具有如下性质.

1° 非负性:$p_{ij}\geqslant 0$,$i,j=1,2,\cdots$;

2° 规范性：$\sum_{i,j} p_{ij}=1$.

二维离散型随机变量(X,Y)的分布函数为

$$F(x,y)=P\{X\leqslant x,Y\leqslant y\}=\sum_{x_i\leqslant x}\sum_{y_j\leqslant y}p_{ij},\tag{3-4}$$

其中和式是对一切满足$x_i\leqslant x,y_j\leqslant y$的$i,j$来求和的.

例 3.1 设二维随机变量(X,Y)的分布律如表 3-2 所示，求$P\{X>1,Y\geqslant 3\}$及$P\{X=1\}$.

表 3-2

Y	X		
	1	2	3
1	0.1	0.3	0
2	0	0	0.2
3	0.1	0.1	0
4	0	0.2	0

解

$$\begin{aligned}P\{X>1,Y\geqslant 3\}&=P\{X=2,Y=3\}+P\{X=2,Y=4\}\\&\quad+P\{X=3,Y=3\}+P\{X=3,Y=4\}\\&=0.3,\end{aligned}$$

$$\begin{aligned}P\{X=1\}&=P\{X=1,Y=1\}+P\{X=1,Y=2\}\\&\quad+P\{X=1,Y=3\}+P\{X=1,Y=4\}\\&=0.2.\end{aligned}$$

例 3.2 设随机变量X在1,2,3,4这4个整数中等可能地取值，另一个随机变量Y在$1\sim X$中等可能地取一整数值，试求二维随机变量(X,Y)的分布律.

解 由乘法公式容易求得(X,Y)的分布律. 易知$\{X=i,Y=j\}$的取值情况是：$i=1,2,3,4$，j取不大于i的正整数，且

$$\begin{aligned}P\{X=i,Y=j\}&=P\{Y=j\mid X=i\}P\{X=i\}\\&=\frac{1}{i}\cdot\frac{1}{4},\quad i=1,2,3,4;j\leqslant i.\end{aligned}$$

于是，(X,Y)的分布律如表 3-3 所示.

表 3-3

Y	X			
	1	2	3	4
1	$\frac{1}{4}$	$\frac{1}{8}$	$\frac{1}{12}$	$\frac{1}{16}$
2	0	$\frac{1}{8}$	$\frac{1}{12}$	$\frac{1}{16}$
3	0	0	$\frac{1}{12}$	$\frac{1}{16}$
4	0	0	0	$\frac{1}{16}$

3. 二维连续型随机变量

定义 3.4　设随机变量(X,Y)的分布函数为$F(x,y)$. 若存在一个非负可积函数$f(x,y)$,使得对于任意实数x,y,有

$$F(x,y)=P\{X\leqslant x,Y\leqslant y\}=\int_{-\infty}^{y}\left(\int_{-\infty}^{x}f(u,v)\mathrm{d}u\right)\mathrm{d}v, \tag{3-5}$$

则称(X,Y)为二维连续型随机变量,$f(x,y)$称为(X,Y)的概率密度,或称为X和Y的联合概率密度.

按定义,概率密度$f(x,y)$具有如下性质:

1° $f(x,y)\geqslant 0,\quad -\infty<x,y<+\infty$;

2° $\int_{-\infty}^{+\infty}\left(\int_{-\infty}^{+\infty}f(u,v)\mathrm{d}u\right)\mathrm{d}v=1$;

3° 若$f(x,y)$在点(x,y)处连续,则有

$$\frac{\partial^2F(x,y)}{\partial x\partial y}=f(x,y);$$

4° 设G为xOy平面上的任一区域,随机点(X,Y)落在G内的概率为

$$P\{(X,Y)\in G\}=\iint_G f(x,y)\mathrm{d}x\mathrm{d}y. \tag{3-6}$$

在几何上,概率密度$z=f(x,y)$表示空间一曲面,介于它和xOy平面的空间区域的立体体积等于1;$P\{(X,Y)\in G\}$的值等于以G为底、以曲面$z=f(x,y)$为顶的曲顶柱体体积.

与一维随机变量相似,有如下常用的二维均匀分布和二维正态分布.

设G为平面上的有界区域,其面积为A. 若二维随机变量(X,Y)具有概率密度

$$f(x,y)=\begin{cases}\dfrac{1}{A}, & (x,y)\in G,\\ 0, & \text{其他},\end{cases}$$

则称(X,Y)在G上服从二维均匀分布.

类似地,设G为空间中的有界区域,其体积为A. 若三维随机变量(X,Y,Z)具有概率密度

$$f(x,y,z)=\begin{cases}\dfrac{1}{A}, & (x,y,z)\in G,\\ 0, & \text{其他},\end{cases}$$

则称(X,Y,Z)在G上服从三维均匀分布.

设二维随机变量(X,Y)具有概率密度

$$f(x,y)=\frac{1}{2\pi\sigma_1\sigma_2\sqrt{1-\rho^2}}\mathrm{e}^{-\frac{1}{2(1-\rho^2)}\left[\frac{(x-\mu_1)^2}{\sigma_1^2}-2\rho\frac{(x-\mu_1)(y-\mu_2)}{\sigma_1\sigma_2}+\frac{(y-\mu_2)^2}{\sigma_2^2}\right]},$$

$$-\infty<x<+\infty,\quad -\infty<y<+\infty,$$

其中 $\mu_1,\mu_2,\sigma_1,\sigma_2,\rho$ 均为常数,且 $\sigma_1>0,\sigma_2>0,-1<\rho<1$,则称 (X,Y) 服从参数为 $\mu_1,\mu_2,\sigma_1,\sigma_2,\rho$ 的二维正态分布,记作

$$(X,Y)\sim N(\mu_1,\mu_2,\sigma_1^2,\sigma_2^2,\rho).$$

这时,(X,Y) 称为二维正态随机变量.

例 3.3 设二维随机变量 (X,Y) 在圆域 $x^2+y^2\leqslant 4$ 上服从均匀分布,求:

(1) (X,Y) 的概率密度;

(2) $P\{0<X<1,0<Y<1\}$.

解 (1) 因圆域 $x^2+y^2\leqslant 4$ 的面积 $A=4\pi$,故 (X,Y) 的概率密度为

$$f(x,y)=\begin{cases}\dfrac{1}{4\pi}, & x^2+y^2\leqslant 4,\\ 0, & \text{其他}.\end{cases}$$

(2) 设 G 为不等式 $0<x<1,0<y<1$ 所确定的区域,则

$$P\{0<X<1,0<Y<1\}=\iint\limits_G f(x,y)\,\mathrm{d}x\,\mathrm{d}y=\int_0^1\mathrm{d}x\int_0^1\frac{1}{4\pi}\mathrm{d}y=\frac{1}{4\pi}.$$

例 3.4 设二维随机变量 (X,Y) 的概率密度为

$$f(x,y)=\begin{cases}k\mathrm{e}^{-(2x+3y)}, & x>0,y>0,\\ 0, & \text{其他}.\end{cases}$$

(1) 确定常数 k.

(2) 求 (X,Y) 的分布函数.

(3) 求 $P\{X<Y\}$.

解 (1) 由概率密度的性质,有

$$\begin{aligned}\int_{-\infty}^{+\infty}\left(\int_{-\infty}^{+\infty}f(x,y)\mathrm{d}x\right)\mathrm{d}y&=\int_0^{+\infty}\left[\int_0^{+\infty}k\mathrm{e}^{-(2x+3y)}\mathrm{d}x\right]\mathrm{d}y=k\int_0^{+\infty}\mathrm{e}^{-2x}\mathrm{d}x\int_0^{+\infty}\mathrm{e}^{-3y}\mathrm{d}y\\&=k\left(-\frac{1}{2}\mathrm{e}^{-2x}\right)\Big|_0^{+\infty}\cdot\left(-\frac{1}{3}\mathrm{e}^{-3y}\right)\Big|_0^{+\infty}=k\cdot\frac{1}{6}=1,\end{aligned}$$

于是 $k=6$.

(2) 由分布函数的定义,有

$$\begin{aligned}F(x,y)&=\int_{-\infty}^{y}\left(\int_{-\infty}^{x}f(u,v)\mathrm{d}u\right)\mathrm{d}v\\&=\begin{cases}\displaystyle\int_0^y\left[\int_0^x 6\mathrm{e}^{-(2u+3v)}\mathrm{d}u\right]\mathrm{d}v=(1-\mathrm{e}^{-2x})(1-\mathrm{e}^{-3y}), & x>0,y>0,\\ 0, & \text{其他}.\end{cases}\end{aligned}$$

(3) $$\begin{aligned}P\{X<Y\}&=\iint\limits_{x<y}f(x,y)\mathrm{d}x\,\mathrm{d}y=\int_0^{+\infty}\left[\int_0^y 6\mathrm{e}^{-(2x+3y)}\mathrm{d}x\right]\mathrm{d}y\\&=\int_0^{+\infty}3\mathrm{e}^{-3y}(1-\mathrm{e}^{-2y})\mathrm{d}y=\frac{2}{5}.\end{aligned}$$

例 3.5 设二维随机变量 $(X,Y)\sim N(0,0,\sigma^2,\sigma^2,0)$,求 $P\{X<Y\}$.

解　易知

$$f(x,y)=\frac{1}{2\pi\sigma^2}\mathrm{e}^{-\frac{x^2+y^2}{2\sigma^2}},\quad -\infty<x,y<+\infty,$$

所以

$$P\{X<Y\}=\iint\limits_{x<y}\frac{1}{2\pi\sigma^2}\mathrm{e}^{-\frac{x^2+y^2}{2\sigma^2}}\mathrm{d}x\,\mathrm{d}y.$$

引进极坐标

$$x=r\cos\theta,\quad y=r\sin\theta,$$

则

$$P\{X<Y\}=\int_{\frac{\pi}{4}}^{\frac{5}{4}\pi}\left(\int_0^{+\infty}\frac{1}{2\pi\sigma^2}r\mathrm{e}^{-\frac{r^2}{2\sigma^2}}\mathrm{d}r\right)\mathrm{d}\theta=\frac{1}{2}.$$

习题 3.1

1. 将一枚硬币抛 3 次，以随机变量 X 表示在 3 次中出现正面的次数，以随机变量 Y 表示在 3 次中出现正面次数与出现反面次数之差的绝对值. 试写出 (X,Y) 的分布律.

2. 一盒中装有 3 只黑球、2 只红球、2 只白球，在其中任取 4 只球，以 X 表示取到黑球的只数，以 Y 表示取到红球的只数. 求：

(1) (X,Y) 的分布律；

(2) $P\{X>Y\}$，$P\{Y=2X\}$，$P\{X+Y=3\}$，$P\{X+Y<3\}$.

3. 设二维随机变量 (X,Y) 的概率密度为

$$f(x,y)=\begin{cases}Axy^2, & 0<x<1,0<y<1,\\ 0, & \text{其他}.\end{cases}$$

确定常数 A.

4. 设二维随机变量 (X,Y) 的概率密度为

$$f(x,y)=\begin{cases}k(6-x-y), & 0<x<2,2<y<4,\\ 0, & \text{其他}.\end{cases}$$

(1) 确定常数 k.

(2) 求 $P\{X<1,Y<3\}$.

(3) 求 $P\{X<1.5\}$.

第二节　边缘分布

二维随机变量 (X,Y) 作为一个整体，它具有分布函数 $F(x,y)$. 而 X 和 Y 也都是随机变量，它们各自也具有分布函数，将它们分别记为 $F_X(x)$ 和 $F_Y(y)$，

依次称为二维随机变量(X,Y)关于X和关于Y的边缘分布函数. 边缘分布函数可以由(X,Y)的分布函数$F(x,y)$来确定. 事实上,

$$F_X(x)=P\{X\leqslant x\}=P\{X\leqslant x,Y<+\infty\}=F(x,+\infty), \quad (3-7)$$

$$F_Y(y)=P\{Y\leqslant y\}=P\{X<+\infty,Y\leqslant y\}=F(+\infty,y). \quad (3-8)$$

下面分别讨论二维离散型随机变量与二维连续型随机变量的边缘分布.

1. 二维离散型随机变量的边缘分布

设(X,Y)是二维离散型随机变量,其分布律为

$$P\{X=x_i,Y=y_j\}=p_{ij}, \quad i,j=1,2,\cdots,$$

于是有边缘分布函数

$$F_X(x)=F(x,+\infty)=\sum_{x_i\leqslant x}\sum_j p_{ij}.$$

由此可知,X的分布律为

$$P\{X=x_i\}=\sum_j p_{ij}, \quad i=1,2,\cdots, \quad (3-9)$$

称其为(X,Y)关于X的边缘分布律. 同理,(X,Y)关于Y的边缘分布律为

$$P\{Y=y_j\}=\sum_i p_{ij}, \quad j=1,2,\cdots. \quad (3-10)$$

例 3.6 设袋中有4个白球及5个红球,现从中随机地抽取两次,每次取一个,定义随机变量X,Y如下:

$$X=\begin{cases}0, & 第一次取出白球,\\ 1, & 第一次取出红球,\end{cases} \quad Y=\begin{cases}0, & 第二次取出白球,\\ 1, & 第二次取出红球.\end{cases}$$

试写出下列两种试验的随机变量(X,Y)的分布律与边缘分布律:

(1) 有放回取球;

(2) 不放回取球.

解 (1) 采取有放回取球时,(X,Y)的分布律与边缘分布律由表3-4给出.

表3-4

Y	X: 0	X: 1	$P\{Y=y_j\}$
0	$\frac{4}{9}\times\frac{4}{9}$	$\frac{5}{9}\times\frac{4}{9}$	$\frac{4}{9}$
1	$\frac{4}{9}\times\frac{5}{9}$	$\frac{5}{9}\times\frac{5}{9}$	$\frac{5}{9}$
$P\{X=x_i\}$	$\frac{4}{9}$	$\frac{5}{9}$	

(2) 采取不放回取球时,(X,Y)的分布律与边缘分布律由表3-5给出.

表 3-5

Y	X		$P\{Y=y_j\}$
	0	1	
0	$\frac{4}{9}\times\frac{3}{8}$	$\frac{5}{9}\times\frac{4}{8}$	$\frac{4}{9}$
1	$\frac{4}{9}\times\frac{5}{8}$	$\frac{5}{9}\times\frac{4}{8}$	$\frac{5}{9}$
$P\{X=x_i\}$	$\frac{4}{9}$	$\frac{5}{9}$	

在表 3-4 和表 3-5 中,中间部分是(X,Y)的分布律,而边缘部分是 X 和 Y 的边缘分布律,它们由 X 和 Y 的分布律经同一行或同一列的和而得到. 显然,二维离散型随机变量的边缘分布律也是离散的. 另外,例 3.6 的(1) 和(2) 中的 X 和 Y 的边缘分布律是相同的,但它们的联合分布律却完全不同. 由此可见,联合分布不能由边缘分布唯一确定,即二维随机变量的性质不能由它的两个分量的个别性质确定. 此外,还必须考虑它们之间的联系,这进一步说明了多维随机变量的作用. 在什么情况下,二维随机变量的联合分布可由两个随机变量的边缘分布确定,这是本章第四节将要学习的内容.

2. 二维连续型随机变量的边缘分布

设(X,Y)是二维连续型随机变量,其概率密度为 $f(x,y)$,由

$$F_X(x)=F(x,+\infty)=\int_{-\infty}^{x}\left(\int_{-\infty}^{+\infty}f(x,y)\mathrm{d}y\right)\mathrm{d}x$$

知,X 是一个连续型随机变量,且其概率密度为

$$f_X(x)=\frac{\mathrm{d}F_X(x)}{\mathrm{d}x}=\int_{-\infty}^{+\infty}f(x,y)\mathrm{d}y. \tag{3-11}$$

同理,Y 也是一个连续型随机变量,且其概率密度为

$$f_Y(y)=\frac{\mathrm{d}F_Y(y)}{\mathrm{d}y}=\int_{-\infty}^{+\infty}f(x,y)\mathrm{d}x. \tag{3-12}$$

分别称 $f_X(x)$,$f_Y(y)$ 为(X,Y)关于 X 和关于 Y 的边缘概率密度或边缘分布密度.

例 3.7 设二维随机变量(X,Y)具有概率密度

$$f(x,y)=\begin{cases}6, & x^2\leqslant y\leqslant x,\\0, & \text{其他},\end{cases}$$

求边缘概率密度 $f_X(x)$,$f_Y(y)$.

解 $f_X(x)=\int_{-\infty}^{+\infty}f(x,y)\mathrm{d}y=\begin{cases}\int_{x^2}^{x}6\mathrm{d}y=6(x-x^2), & 0\leqslant x\leqslant 1,\\ 0, & \text{其他},\end{cases}$

$$f_Y(y)=\int_{-\infty}^{+\infty}f(x,y)\mathrm{d}x=\begin{cases}\int_{y}^{\sqrt{y}}6\mathrm{d}x=6(\sqrt{y}-y), & 0\leqslant y\leqslant 1,\\ 0, & \text{其他}.\end{cases}$$

例 3.8 求二维正态随机变量的边缘概率密度.

解 $f_X(x)=\int_{-\infty}^{+\infty}f(x,y)\mathrm{d}y$，且

$$\frac{(y-\mu_2)^2}{\sigma_2^2}-2\rho\frac{(x-\mu_1)(y-\mu_2)}{\sigma_1\sigma_2}=\left(\frac{y-\mu_2}{\sigma_2}-\rho\frac{x-\mu_1}{\sigma_1}\right)^2-\rho^2\frac{(x-\mu_1)^2}{\sigma_1^2},$$

于是

$$f_X(x)=\frac{1}{2\pi\sigma_1\sigma_2\sqrt{1-\rho^2}}\mathrm{e}^{-\frac{(x-\mu_1)^2}{2\sigma_1^2}}\int_{-\infty}^{+\infty}\mathrm{e}^{-\frac{1}{2(1-\rho^2)}\left(\frac{y-\mu_2}{\sigma_2}-\rho\frac{x-\mu_1}{\sigma_1}\right)^2}\mathrm{d}y.$$

令

$$t=\frac{1}{\sqrt{1-\rho^2}}\left(\frac{y-\mu_2}{\sigma_2}-\rho\frac{x-\mu_1}{\sigma_1}\right),$$

则有

$$f_X(x)=\frac{1}{2\pi\sigma_1}\mathrm{e}^{-\frac{(x-\mu_1)^2}{2\sigma_1^2}}\int_{-\infty}^{+\infty}\mathrm{e}^{-\frac{t^2}{2}}\mathrm{d}t=\frac{1}{\sqrt{2\pi}\sigma_1}\mathrm{e}^{-\frac{(x-\mu_1)^2}{2\sigma_1^2}},\quad -\infty<x<+\infty.$$

同理，

$$f_Y(y)=\frac{1}{\sqrt{2\pi}\sigma_2}\mathrm{e}^{-\frac{(y-\mu_2)^2}{2\sigma_2^2}},\quad -\infty<y<+\infty.$$

由此看到，二维正态分布的两个边缘分布都是一维正态分布，并且都不依赖于ρ，即对于给定的$\mu_1,\mu_2,\sigma_1,\sigma_2$，不同的$\rho$对应不同的二维正态分布，它们的边缘分布却都是一样的. 这一事实表明，对于连续型随机变量，单由关于X和关于Y的边缘分布，一般也不能确定X和Y的联合分布.

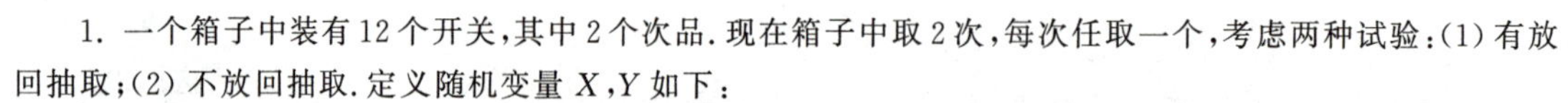

1. 一个箱子中装有12个开关，其中2个次品. 现在箱子中取2次，每次任取一个，考虑两种试验：(1) 有放回抽取；(2) 不放回抽取. 定义随机变量X,Y如下：

$$X=\begin{cases}0, & \text{第一次取出的是正品},\\ 1, & \text{第一次取出的是次品},\end{cases}\quad Y=\begin{cases}0, & \text{第二次取出的是正品},\\ 1, & \text{第二次取出的是次品}.\end{cases}$$

求二维随机变量(X,Y)的边缘分布律.

2. 设$P\{X=x_i,Y=y_j\}=P\{X=x_i\}P\{Y=y_j\}(i=1,2;j=1,2,3)$，表3-6列出了二维随机变量$(X,Y)$的分布律及关于$X$和关于$Y$的边缘分布律中的部分数值. 试将其余数值填入表中的空白处.

表 3-6

Y	X		$P\{Y=y_j\}$
	x_1	x_2	
y_1		$\frac{1}{8}$	$\frac{1}{6}$
y_2	$\frac{1}{8}$		
y_3			
$P\{X=x_i\}$			

3. 设二维随机变量 (X,Y) 的概率密度为

$$f(x,y)=\begin{cases}4.8y(2-x), & 0\leqslant x\leqslant 1,0\leqslant y\leqslant x,\\0, & \text{其他},\end{cases}$$

求边缘概率密度 $f_X(x),f_Y(y)$.

4. 设二维随机变量 (X,Y) 的概率密度为

$$f(x,y)=\begin{cases}\mathrm{e}^{-y}, & 0<x<y,\\0, & \text{其他},\end{cases}$$

求边缘概率密度 $f_X(x),f_Y(y)$.

5. 设二维随机变量 (X,Y) 的概率密度为

$$f(x,y)=\begin{cases}cx^2y, & x^2\leqslant y\leqslant 1,\\0, & \text{其他}.\end{cases}$$

(1) 确定常数 c.

(2) 求边缘概率密度 $f_X(x),f_Y(y)$.

第三节　条件分布

由条件概率的定义,我们可以定义多维随机变量的条件分布.下面分别讨论二维离散型随机变量和二维连续型随机变量的条件分布.

1. 二维离散型随机变量的条件分布

定义 3.5　设 (X,Y) 是二维离散型随机变量.对于固定的 j,若 $P\{Y=y_j\}>0$,则称

$$P\{X=x_i\mid Y=y_j\}=\frac{P\{X=x_i,Y=y_j\}}{P\{Y=y_j\}},\quad i=1,2,\cdots$$

为在 $Y=y_j$ 的条件下随机变量 X 的条件分布律.

同样,对于固定的 i,若 $P\{X=x_i\}>0$,则称

$$P\{Y=y_j\mid X=x_i\}=\frac{P\{X=x_i,Y=y_j\}}{P\{X=x_i\}},\quad j=1,2,\cdots$$

为在 $X=x_i$ 的条件下随机变量 Y 的条件分布律.

例 3.9 已知二维随机变量(X,Y)的分布律如表 3-7 所示. 求:

(1) 在$Y=1$的条件下X的条件分布律;

(2) 在$X=2$的条件下Y的条件分布律.

表 3-7

Y	X				$P\{Y=y_j\}$
	1	2	3	4	
1	$\frac{1}{4}$	$\frac{1}{8}$	$\frac{1}{12}$	$\frac{1}{16}$	$\frac{25}{48}$
2	0	$\frac{1}{8}$	$\frac{1}{12}$	$\frac{1}{16}$	$\frac{13}{48}$
3	0	0	$\frac{1}{12}$	$\frac{2}{16}$	$\frac{10}{48}$
$P\{X=x_i\}$	$\frac{1}{4}$	$\frac{1}{4}$	$\frac{1}{4}$	$\frac{1}{4}$	

解 (1) 由表 3-7 可知边缘分布律,于是

$$P\{X=1\mid Y=1\}=\frac{1}{4}\Big/\frac{25}{48}=\frac{12}{25},$$

$$P\{X=2\mid Y=1\}=\frac{1}{8}\Big/\frac{25}{48}=\frac{6}{25},$$

$$P\{X=3\mid Y=1\}=\frac{1}{12}\Big/\frac{25}{48}=\frac{4}{25},$$

$$P\{X=4\mid Y=1\}=\frac{1}{16}\Big/\frac{25}{48}=\frac{3}{25},$$

即在$Y=1$的条件下X的条件分布律如表 3-8 所示.

表 3-8

X	1	2	3	4
p_k	$\frac{12}{25}$	$\frac{6}{25}$	$\frac{4}{25}$	$\frac{3}{25}$

(2) 同理,可求得在$X=2$的条件下Y的条件分布律如表 3-9 所示.

表 3-9

Y	1	2	3
p_k	$\frac{1}{2}$	$\frac{1}{2}$	0

例 3.10 一射手进行射击,击中的概率为p,$0<p<1$,射击到击中目标两次为止. 记X表示首次击中目标时的射击次数,Y表示射击的总次数. 试求(X,Y)的分布律与条件分布律.

解 依题意,事件$\{X=m,Y=n\}$表示"前$m-1$次不中,第m次击中,接着又$n-1-m$次不中,第n次击中". 因各次射击是独立的,故(X,Y)的分布律为

$$P\{X=m,Y=n\}=p^2(1-p)^{n-2},\quad m=1,2,\cdots,n-1;n=2,3,\cdots.$$

又因

$$P\{X=m\}=\sum_{n=m+1}^{\infty}P\{X=m,Y=n\}=\sum_{n=m+1}^{\infty}p^2(1-p)^{n-2}$$
$$=p^2\sum_{n=m+1}^{\infty}(1-p)^{n-2}=p(1-p)^{m-1},\quad m=1,2,\cdots,$$
$$P\{Y=n\}=(n-1)p^2(1-p)^{n-2},\quad n=2,3,\cdots,$$

故所求的条件分布律分别为

当 $n=2,3,\cdots$ 时,

$$P\{X=m\mid Y=n\}=\frac{P\{X=m,Y=n\}}{P\{Y=n\}}=\frac{1}{n-1},\quad m=1,2,\cdots,n-1;$$

当 $m=1,2,\cdots$ 时,

$$P\{Y=n\mid X=m\}=\frac{P\{X=m,Y=n\}}{P\{X=m\}}=p(1-p)^{n-m-1},\quad n=m+1,m+2,\cdots.$$

2. 二维连续型随机变量的条件分布

对于连续型随机变量(X,Y),因为$P\{X=x,Y=y\}=0$,所以不能直接由定义 3.5 来定义条件分布,但是对于任意的$\varepsilon>0$,若$P\{y-\varepsilon<Y\leqslant y+\varepsilon\}>0$,则可以考虑

$$P\{X\leqslant x\mid y-\varepsilon<Y\leqslant y+\varepsilon\}=\frac{P\{X\leqslant x,y-\varepsilon<Y\leqslant y+\varepsilon\}}{P\{y-\varepsilon<Y\leqslant y+\varepsilon\}}.$$

如果上述条件概率当$\varepsilon\to 0^+$时的极限存在,自然可以将此极限值定义为在$Y=y$的条件下X的条件分布.

定义 3.6　设对于任何固定的正数ε,$P\{y-\varepsilon<Y\leqslant y+\varepsilon\}>0$.若

$$\lim_{\varepsilon\to 0^+}P\{X\leqslant x\mid y-\varepsilon<Y\leqslant y+\varepsilon\}=\lim_{\varepsilon\to 0^+}\frac{P\{X\leqslant x,y-\varepsilon<Y\leqslant y+\varepsilon\}}{P\{y-\varepsilon<Y\leqslant y+\varepsilon\}}$$

存在,则称此极限值为在$Y=y$的条件下X的条件分布函数,记作

$$P\{X\leqslant x\mid Y=y\}\quad 或\quad F_{X|Y}(x\mid y).$$

设二维连续型随机变量(X,Y)的分布函数为$F(x,y)$,概率密度为$f(x,y)$,且$f(x,y)$和边缘概率密度$f_Y(y)$连续,$f_Y(y)>0$,则不难验证,在$Y=y$的条件下X的条件分布函数为

拓展知识

$$F_{X|Y}(x\mid y)=\int_{-\infty}^{x}\frac{f(u,y)}{f_Y(y)}\mathrm{d}u.$$

若记$f_{X|Y}(x\mid y)$为在$Y=y$的条件下X的条件概率密度,则

$$f_{X|Y}(x\mid y)=\frac{f(x,y)}{f_Y(y)}.$$

类似地,若边缘概率密度$f_X(x)$连续,$f_X(x)>0$,则在$X=x$的条件下Y的条件分布函数为

$$F_{Y|X}(y\mid x)=\int_{-\infty}^{y}\frac{f(x,v)}{f_X(x)}\mathrm{d}v.$$

若记 $f_{Y|X}(y \mid x)$ 为在 $X=x$ 的条件下 Y 的条件概率密度,则

$$f_{Y|X}(y \mid x)=\frac{f(x,y)}{f_X(x)}.$$

例 3.11 设二维随机变量 $(X,Y)\sim N(0,0,1,1,\rho)$,求 $f_{X|Y}(x \mid y)$ 与 $f_{Y|X}(y \mid x)$.

解 易知 $f(x,y)=\dfrac{1}{2\pi\sqrt{1-\rho^2}}\mathrm{e}^{-\frac{x^2-2\rho xy+y^2}{2(1-\rho^2)}}$ $(-\infty<x,y<+\infty)$,所以

$$f_{X|Y}(x \mid y)=\frac{f(x,y)}{f_Y(y)}=\frac{1}{\sqrt{2\pi(1-\rho^2)}}\mathrm{e}^{-\frac{(x-\rho y)^2}{2(1-\rho^2)}},$$

$$f_{Y|X}(y \mid x)=\frac{f(x,y)}{f_X(x)}=\frac{1}{\sqrt{2\pi(1-\rho^2)}}\mathrm{e}^{-\frac{(y-\rho x)^2}{2(1-\rho^2)}}.$$

例 3.12 设随机变量 $X\sim U(0,1)$,当观察到 $X=x(0<x<1)$ 时,$Y\sim U(x,1)$,求 Y 的概率密度 $f_Y(y)$.

解 按题意,X 具有概率密度

$$f_X(x)=\begin{cases}1, & 0<x<1,\\ 0, & \text{其他}.\end{cases}$$

类似地,对于任意给定的值 x,$0<x<1$,在 $X=x$ 的条件下 Y 的条件概率密度为

$$f_{Y|X}(y \mid x)=\begin{cases}\dfrac{1}{1-x}, & x<y<1,\\ 0, & \text{其他}.\end{cases}$$

因此,(X,Y) 的概率密度为

$$f(x,y)=f_{Y|X}(y \mid x)f_X(x)=\begin{cases}\dfrac{1}{1-x}, & 0<x<y<1,\\ 0, & \text{其他}.\end{cases}$$

于是,可得关于 Y 的边缘概率密度为

$$f_Y(y)=\int_{-\infty}^{+\infty}f(x,y)\mathrm{d}x=\begin{cases}\displaystyle\int_0^y\frac{1}{1-x}\mathrm{d}x=-\ln(1-y), & 0<y<1,\\ 0, & \text{其他}.\end{cases}$$

习题 3.3

1. 设二维随机变量 (X,Y) 的概率密度为

$$f(x,y)=\begin{cases}A\mathrm{e}^{-(2x+y)}, & x>0,y>0,\\ 0, & \text{其他}.\end{cases}$$

(1) 确定常数 A.

(2) 求 $f_{X|Y}(x \mid y)$,$f_{Y|X}(y \mid x)$.

(3) 求 $P\{X\leqslant 2 \mid Y\leqslant 1\}$.

第四节　随机变量的独立性

前面已经知道,随机事件的独立性在概率的计算中起着很大的作用.下面介绍随机变量的独立性,它在概率论和数理统计的研究中占有十分重要的地位.

定义 3.7　设 X 和 Y 为两个随机变量.若对于任意的 x 和 y,有

$$P\{X \leqslant x, Y \leqslant y\} = P\{X \leqslant x\}P\{Y \leqslant y\},$$

则称 X,Y 相互独立.

若二维随机变量 (X,Y) 的分布函数为 $F(x,y)$,其边缘分布函数分别为 $F_X(x)$ 和 $F_Y(y)$,则上述独立性条件等价于对于所有的 x 和 y,有

$$F(x,y) = F_X(x)F_Y(y). \tag{3-13}$$

对于二维离散型随机变量,上述独立性条件等价于对于 (X,Y) 的任何可能的取值 (x_i, y_j),有

$$P\{X = x_i, Y = y_j\} = P\{X = x_i\}P\{Y = y_j\}. \tag{3-14}$$

对于二维连续型随机变量,上述独立性条件等价于对于一切的 x 和 y,有

$$f(x,y) = f_X(x)f_Y(y). \tag{3-15}$$

这里,$f(x,y)$ 为 (X,Y) 的概率密度,而 $f_X(x)$ 和 $f_Y(y)$ 分别是关于 X 和关于 Y 的边缘概率密度.

如在例 3.6 中,有放回取球时,X,Y 相互独立;而不放回取球时,X,Y 不相互独立.

例 3.13　设二维随机变量 (X,Y) 在圆域 $x^2+y^2 \leqslant 1$ 上服从均匀分布,问:X,Y 是否相互独立?

解　(X,Y) 的概率密度为

$$f(x,y) = \begin{cases} \dfrac{1}{\pi}, & x^2+y^2 \leqslant 1, \\ 0, & \text{其他}. \end{cases}$$

由此可得

$$f_X(x) = \int_{-\infty}^{+\infty} f(x,y)\mathrm{d}y = \begin{cases} \dfrac{2}{\pi}\sqrt{1-x^2}, & -1 \leqslant x \leqslant 1, \\ 0, & \text{其他}, \end{cases}$$

$$f_Y(y) = \int_{-\infty}^{+\infty} f(x,y)\mathrm{d}x = \begin{cases} \dfrac{2}{\pi}\sqrt{1-y^2}, & -1 \leqslant y \leqslant 1, \\ 0, & \text{其他}. \end{cases}$$

可见在圆域 $x^2+y^2 \leqslant 1$ 上,$f(x,y) \neq f_X(x)f_Y(y)$,故 X,Y 不相互独立.

例 3.14　设随机变量 X 和 Y 分别表示两个元件的寿命(单位:h),X,Y 相互独立,且它们的概率密度分别为

$$f_X(x)=\begin{cases}e^{-x}, & x>0,\\0, & \text{其他},\end{cases}\quad f_Y(y)=\begin{cases}e^{-y}, & y>0,\\0, & \text{其他}.\end{cases}$$

求(X,Y)的概率密度$f(x,y)$.

解 由X,Y相互独立,可知

$$f(x,y)=f_X(x)f_Y(y)=\begin{cases}e^{-(x+y)}, & x>0,y>0,\\0, & \text{其他}.\end{cases}$$

习题 3.4

1. 一个箱子中装有12个开关,其中2个次品.现在箱子中取2次,每次任取一个,考虑两种试验:(1)有放回抽取;(2)不放回抽取.定义随机变量X,Y如下:

$$X=\begin{cases}0, & \text{第一次取出的是正品},\\1, & \text{第一次取出的是次品},\end{cases}\quad Y=\begin{cases}0, & \text{第二次取出的是正品},\\1, & \text{第二次取出的是次品}.\end{cases}$$

问:X,Y是否相互独立?

2. 一袋中有5个号码1,2,3,4,5,从中任取3个,记这3个号码中最小的号码为X,最大的号码为Y.

(1) 求(X,Y)的分布律.

(2) 问:X,Y是否相互独立?

3. 设二维随机变量(X,Y)的概率密度为

$$f(x,y)=\begin{cases}c\mathrm{e}^{-(3x+4y)}, & x>0,y>0,\\0, & \text{其他}.\end{cases}$$

(1) 确定常数c.

(2) 求(X,Y)的分布函数$F(x,y)$.

(3) 讨论X和Y的独立性.

4. 设二维随机变量(X,Y)的概率密度为

$$f(x,y)=A\mathrm{e}^{-ax^2+bxy-cy^2},$$

问:在什么条件下X,Y相互独立?

5. 设X,Y是两个相互独立的随机变量,且X在区间$(0,1)$上服从均匀分布,Y的概率密度为

$$f_Y(y)=\begin{cases}\dfrac{1}{2}\mathrm{e}^{-\frac{y}{2}}, & y>0,\\0, & y\leqslant 0.\end{cases}$$

(1) 求二维随机变量(X,Y)的概率密度$f(x,y)$.

(2) 设含有a的二次方程为$a^2+2Xa+Y=0$,试求该方程有实根的概率.

第五节 两个随机变量函数的分布

下面讨论两个随机变量函数的分布问题,即已知二维随机变量(X,Y)的分布律或概率密度,求$Z=\varphi(X,Y)$的分布律或概率密度.

1. 二维离散型随机变量函数的分布

设(X,Y)为二维离散型随机变量，则函数$Z=\varphi(X,Y)$仍然是离散型随机变量．下面举例说明如何求二维离散型随机变量函数的分布律．

例 3.15　设二维随机变量(X,Y)的分布律如表 3-10 所示，求$Z=X+Y$和$Z=XY$的分布律．

表 3-10

Y	X	
	-1	2
-1	$\frac{5}{20}$	$\frac{3}{20}$
1	$\frac{2}{20}$	$\frac{3}{20}$
2	$\frac{6}{20}$	$\frac{1}{20}$

解　先列出表 3-11.

表 3-11

p_k	$\frac{5}{20}$	$\frac{2}{20}$	$\frac{6}{20}$	$\frac{3}{20}$	$\frac{3}{20}$	$\frac{1}{20}$
(X,Y)	$(-1,-1)$	$(-1,1)$	$(-1,2)$	$(2,-1)$	$(2,1)$	$(2,2)$
$X+Y$	-2	0	1	1	3	4
XY	1	-1	-2	-2	2	4

从表中看出$Z=X+Y$的所有可能取值为$-2,0,1,3,4$，且

$$P\{Z=-2\}=P\{X+Y=-2\}=P\{X=-1,Y=-1\}=\frac{5}{20},$$

$$P\{Z=0\}=P\{X+Y=0\}=P\{X=-1,Y=1\}=\frac{2}{20},$$

$$P\{Z=1\}=P\{X+Y=1\}=P\{X=-1,Y=2\}+P\{X=2,Y=-1\}$$
$$=\frac{6}{20}+\frac{3}{20}=\frac{9}{20},$$

$$P\{Z=3\}=P\{X+Y=3\}=P\{X=2,Y=1\}=\frac{3}{20},$$

$$P\{Z=4\}=P\{X+Y=4\}=P\{X=2,Y=2\}=\frac{1}{20}.$$

于是，得$Z=X+Y$的分布律如表 3-12 所示．

表 3-12

$X+Y$	-2	0	1	3	4
p_k	$\frac{5}{20}$	$\frac{2}{20}$	$\frac{9}{20}$	$\frac{3}{20}$	$\frac{1}{20}$

同理,可得 $Z=XY$ 的分布律如表 3-13 所示.

表 3-13

XY	-2	-1	1	2	4
p_k	$\frac{9}{20}$	$\frac{2}{20}$	$\frac{5}{20}$	$\frac{3}{20}$	$\frac{1}{20}$

例 3.16 设随机变量 X,Y 相互独立,且分别服从参数为 λ_1 与 λ_2 的泊松分布,求证: $Z=X+Y$ 服从参数为 $\lambda_1+\lambda_2$ 的泊松分布.

证 Z 的所有可能取值为 $0,1,2,\cdots$,Z 的分布律为

$$
\begin{aligned}
P\{Z=k\}&=P\{X+Y=k\}=\sum_{i=0}^{k}P\{X=i\}P\{Y=k-i\}\\
&=\sum_{i=0}^{k}\frac{\lambda_1^i\lambda_2^{k-i}}{i!(k-i)!}\mathrm{e}^{-\lambda_1}\mathrm{e}^{-\lambda_2}\\
&=\frac{1}{k!}\mathrm{e}^{-(\lambda_1+\lambda_2)}(\lambda_1+\lambda_2)^k,\quad k=0,1,2,\cdots,
\end{aligned}
$$

所以 $Z=X+Y$ 服从参数为 $\lambda_1+\lambda_2$ 的泊松分布.

例 3.16 说明,若随机变量 X,Y 相互独立,且 $X\sim P(\lambda_1)$,$Y\sim P(\lambda_2)$,则 $X+Y\sim P(\lambda_1+\lambda_2)$. 这种性质称为分布的可加性. 泊松分布是一个可加性分布. 类似地,可以证明二项分布也是一个可加性分布. 若随机变量 X,Y 相互独立,且 $X\sim b(n_1,p)$,$Y\sim b(n_2,p)$,则$X+Y\sim b(n_1+n_2,p)$.

2. 二维连续型随机变量函数的分布

设(X,Y) 为二维连续型随机变量,若函数 $Z=\varphi(X,Y)$ 仍然是连续型随机变量,则存在概率密度 $f_Z(z)$. 求概率密度 $f_Z(z)$ 的一般方法如下:

首先,求出 $Z=\varphi(X,Y)$ 的分布函数

$$
\begin{aligned}
F_Z(z)&=P\{Z\leqslant z\}=P\{\varphi(X,Y)\leqslant z\}\\
&=P\{(X,Y)\in G\}=\iint_G f(u,v)\mathrm{d}u\mathrm{d}v,
\end{aligned}
$$

其中 $f(x,y)$ 是(X,Y) 的概率密度,$G=\{(x,y)\mid\varphi(x,y)\leqslant z\}$.

其次,利用分布函数与概率密度的关系,对分布函数求导数,就可得 $f_Z(z)$.

下面讨论两个具体的连续型随机变量函数的分布.

(1) $Z=X+Y$ 的分布. 设二维随机变量(X,Y) 的概率密度为 $f(x,y)$,则

$Z=X+Y$ 的分布函数为

$$F_Z(z)=P\{Z\leqslant z\}=\iint\limits_{x+y\leqslant z} f(x,y)\mathrm{d}x\mathrm{d}y.$$

这里,积分区域 $G:x+y\leqslant z$ 是直线 $x+y=z$ 左下方的半平面,上式化成累次积分得

$$F_Z(z)=\int_{-\infty}^{+\infty}\left(\int_{-\infty}^{z-y} f(x,y)\mathrm{d}x\right)\mathrm{d}y.$$

固定 z 和 y,对积分 $\int_{-\infty}^{z-y} f(x,y)\mathrm{d}x$ 做变量变换,令 $x=u-y$,得

$$\int_{-\infty}^{z-y} f(x,y)\mathrm{d}x=\int_{-\infty}^{z} f(u-y,y)\mathrm{d}u,$$

于是

$$F_Z(z)=\int_{-\infty}^{+\infty}\left(\int_{-\infty}^{z} f(u-y,y)\mathrm{d}u\right)\mathrm{d}y=\int_{-\infty}^{z}\left(\int_{-\infty}^{+\infty} f(u-y,y)\mathrm{d}y\right)\mathrm{d}u.$$

由概率密度的定义,得 Z 的概率密度为

$$f_Z(z)=\int_{-\infty}^{+\infty} f(z-y,y)\mathrm{d}y. \tag{3-16}$$

由 X,Y 的对称性,$f_Z(z)$ 又可写成

$$f_Z(z)=\int_{-\infty}^{+\infty} f(x,z-x)\mathrm{d}x. \tag{3-17}$$

这样,即得到了两个连续型随机变量和的概率密度的一般公式.

特别地,当 X,Y 相互独立时,设 (X,Y) 关于 X,Y 的边缘概率密度分别为 $f_X(x),f_Y(y)$,则有

$$f_Z(z)=\int_{-\infty}^{+\infty} f_X(z-y)f_Y(y)\mathrm{d}y, \tag{3-18}$$

$$f_Z(z)=\int_{-\infty}^{+\infty} f_X(x)f_Y(z-x)\mathrm{d}x. \tag{3-19}$$

这两个公式称为卷积公式,记为 f_X*f_Y,即

$$f_X*f_Y=\int_{-\infty}^{+\infty} f_X(z-y)f_Y(y)\mathrm{d}y=\int_{-\infty}^{+\infty} f_X(x)f_Y(z-x)\mathrm{d}x.$$

例 3.17　设 X 和 Y 是两个相互独立的随机变量,它们都服从 $N(0,1)$,求 $Z=X+Y$ 的概率密度.

解　由题设知,X,Y 的概率密度分别为

$$f_X(x)=\frac{1}{\sqrt{2\pi}}\mathrm{e}^{-\frac{x^2}{2}},\quad -\infty<x<+\infty,$$

$$f_Y(y)=\frac{1}{\sqrt{2\pi}}\mathrm{e}^{-\frac{y^2}{2}},\quad -\infty<y<+\infty.$$

由卷积公式知

$$f_Z(z)=\int_{-\infty}^{+\infty} f_X(x)f_Y(z-x)\mathrm{d}x=\frac{1}{2\pi}\int_{-\infty}^{+\infty}\mathrm{e}^{-\frac{x^2}{2}}\mathrm{e}^{-\frac{(z-x)^2}{2}}\mathrm{d}x$$

$$=\frac{1}{2\pi}e^{-\frac{z^2}{4}}\int_{-\infty}^{+\infty}e^{-\left(x-\frac{z}{2}\right)^2}dx.$$

令 $t=x-\frac{z}{2}$,得 Z 的概率密度为

$$f_Z(z)=\frac{1}{2\pi}e^{-\frac{z^2}{4}}\int_{-\infty}^{+\infty}e^{-t^2}dt=\frac{1}{2\pi}e^{-\frac{z^2}{4}}\sqrt{\pi}=\frac{1}{2\sqrt{\pi}}e^{-\frac{z^2}{4}},$$

即 $Z\sim N(0,2)$.

一般地,设随机变量 X,Y 相互独立且 $X\sim N(\mu_1,\sigma_1^2)$,$Y\sim N(\mu_2,\sigma_2^2)$,由公式(3-19)经过计算知,$Z=X+Y$ 仍然服从正态分布,且有 $Z\sim N(\mu_1+\mu_2,\sigma_1^2+\sigma_2^2)$. 这个结论还能推广到 n 个相互独立的正态随机变量之和的情况. 若随机变量 $X_i\sim N(\mu_i,\sigma_i^2)$,$i=1,2,\cdots,n$,且它们相互独立,则它们的和 $Z=X_1+X_2+\cdots+X_n$ 仍然服从正态分布,且有

$$Z\sim N\left(\sum_{i=1}^{n}\mu_i,\sum_{i=1}^{n}\sigma_i^2\right).$$

更一般地,可以证明有限个相互独立的正态随机变量的线性组合仍服从正态分布.

例 3.18 设 X 和 Y 是两个相互独立的随机变量,其概率密度分别为

$$f_X(x)=\begin{cases}1, & 0\leqslant x\leqslant 1,\\ 0, & \text{其他},\end{cases}\qquad f_Y(y)=\begin{cases}e^{-y}, & y>0,\\ 0, & \text{其他}.\end{cases}$$

求 $Z=X+Y$ 的概率密度.

解 因为 X,Y 相互独立,所以由卷积公式知

$$f_Z(z)=\int_{-\infty}^{+\infty}f_X(x)f_Y(z-x)dx.$$

由题设知,$f_X(x)f_Y(y)$ 只有当 $0\leqslant x\leqslant 1$,$y>0$,即 $0\leqslant x\leqslant 1$ 且 $z-x>0$ 时才不等于零. 现在所求的积分变量为 x,z 当作参数,当积分变量满足 x 的不等式组

$$\begin{cases}0\leqslant x\leqslant 1,\\ x<z\end{cases}$$

时,被积函数 $f_X(x)f_Y(z-x)\neq 0$. 下面针对参数 z 的不同取值范围来计算积分.

当 $z<0$ 时,上述不等式组无解,故 $f_X(x)f_Y(z-x)=0$;当 $0\leqslant z\leqslant 1$ 时,不等式组的解为 $0\leqslant x<z$;当 $z>1$ 时,不等式组的解为 $0\leqslant x\leqslant 1$. 因此,Z 的概率密度为

$$f_Z(z)=\begin{cases}\int_0^z e^{-(z-x)}dx=1-e^{-z}, & 0\leqslant z\leqslant 1,\\ \int_0^1 e^{-(z-x)}dx=e^{-z}(e-1), & z>1,\\ 0, & \text{其他}.\end{cases}$$

例 3.19　设随机变量 X,Y 相互独立,其中 X 的分布律如表 3-14 所示.而 Y 的概率密度为 $f_Y(y)$,$f_Y(y)$ 为定义在$(-\infty,+\infty)$上的连续函数.求 $Z=X+Y$ 的概率密度.

表 3-14

X	x_1	x_2
p_k	$1-p$	p

解　设 $F_Y(y)$ 为 Y 的分布函数,则由全概率公式,知 Z 的分布函数为

$$\begin{aligned}F_Z(z)&=P\{X+Y\leqslant z\}\\&=(1-p)P\{X+Y\leqslant z\mid X=x_1\}+pP\{X+Y\leqslant z\mid X=x_2\}\\&=(1-p)P\{Y\leqslant z-x_1\mid X=x_1\}+pP\{Y\leqslant z-x_2\mid X=x_2\}.\end{aligned}$$

由 X,Y 相互独立,得

$$\begin{aligned}F_Z(z)&=(1-p)P\{Y\leqslant z-x_1\}+pP\{Y\leqslant z-x_2\}\\&=(1-p)F_Y(z-x_1)+pF_Y(z-x_2).\end{aligned}$$

由于 $f_Y(y)$ 连续,因此 $F_Y(y)$ 可导,于是得 Z 的概率密度为

$$f_Z(z)=F'_Z(z)=(1-p)f_Y(z-x_1)+pf_Y(z-x_2).$$

(2) $Z=\dfrac{X}{Y}$ 的分布.设二维随机变量(X,Y)的概率密度为 $f(x,y)$,则 $Z=\dfrac{X}{Y}$ 的分布函数为

$$F_Z(z)=P\{Z\leqslant z\}=P\left\{\frac{X}{Y}\leqslant z\right\}=\iint\limits_{\frac{x}{y}\leqslant z}f(x,y)\mathrm{d}x\,\mathrm{d}y.$$

令 $u=y,v=\dfrac{x}{y}$,即 $x=uv,y=u$,这一变换的雅可比行列式为

$$J=\begin{vmatrix}v & u\\1 & 0\end{vmatrix}=-u.$$

于是,将上式代入分布函数得

$$F_Z(z)=\iint\limits_{v\leqslant z}f(uv,u)\mid J\mid\mathrm{d}u\,\mathrm{d}v=\int_{-\infty}^{z}\left(\int_{-\infty}^{+\infty}f(uv,u)\mid u\mid\mathrm{d}u\right)\mathrm{d}v.$$

这就是说,Z 的概率密度为

$$f_Z(z)=\int_{-\infty}^{+\infty}f(zu,u)\mid u\mid\mathrm{d}u.\tag{3-20}$$

特别地,当 X,Y 相互独立时,有

$$f_Z(z)=\int_{-\infty}^{+\infty}f_X(zu)f_Y(u)\mid u\mid\mathrm{d}u,\tag{3-21}$$

其中 $f_X(x)$,$f_Y(y)$ 分别为(X,Y)关于 X 和关于 Y 的边缘概率密度.

例 3.20　设随机变量 X,Y 相互独立,且均服从 $N(0,1)$,求 $Z=\dfrac{X}{Y}$ 的概率密度.

解 由(3-21)式有

$$f_Z(z)=\int_{-\infty}^{+\infty}f_X(zu)f_Y(u)\mid u\mid \mathrm{d}u=\frac{1}{2\pi}\int_{-\infty}^{+\infty}\mathrm{e}^{-\frac{u^2(1+z^2)}{2}}\mid u\mid \mathrm{d}u$$

$$=\frac{1}{\pi}\int_0^{+\infty}u\mathrm{e}^{-\frac{u^2(1+z^2)}{2}}\mathrm{d}u=\frac{1}{\pi(1+z^2)},\quad -\infty<z<+\infty.$$

例 3.21 设随机变量 X,Y 分别表示两只不同型号的灯泡的寿命(单位:h),X,Y 相互独立,且它们的概率密度分别为

$$f(x)=\begin{cases}\mathrm{e}^{-x}, & x>0,\\ 0, & 其他,\end{cases}\quad g(y)=\begin{cases}2\mathrm{e}^{-2y}, & y>0,\\ 0, & 其他.\end{cases}$$

求 $Z=\dfrac{X}{Y}$ 的概率密度.

解 当 $z>0$ 时,

$$f_Z(z)=\int_0^{+\infty}y\mathrm{e}^{-yz}\cdot 2\mathrm{e}^{-2y}\mathrm{d}y=\int_0^{+\infty}2y\mathrm{e}^{-(2+z)y}\mathrm{d}y=\frac{2}{(2+z)^2};$$

当 $z\leqslant 0$ 时,$f_Z(z)=0$.

综上,Z 的概率密度为

$$f_Z(z)=\begin{cases}\dfrac{2}{(2+z)^2}, & z>0,\\ 0, & z\leqslant 0.\end{cases}$$

(3) $M=\max\{X,Y\}$ 及 $N=\min\{X,Y\}$ 的分布. 设 X,Y 相互独立,且它们分别有分布函数 $F_X(x)$ 与 $F_Y(y)$. 求 X,Y 的最大值、最小值:$M=\max\{X,Y\}$,$N=\min\{X,Y\}$ 的分布函数 $F_M(z)$,$F_N(z)$.

由于 $M=\max\{X,Y\}$ 不大于 z 等价于 X 和 Y 都不大于 z,即 $P\{M\leqslant z\}=P\{X\leqslant z,Y\leqslant z\}$,且 X,Y 相互独立,因此

$$\begin{aligned}F_M(z)&=P\{M\leqslant z\}=P\{X\leqslant z,Y\leqslant z\}\\&=P\{X\leqslant z\}P\{Y\leqslant z\}=F_X(z)F_Y(z).\end{aligned}\tag{3-22}$$

类似地,可得 $N=\min\{X,Y\}$ 的分布函数为

$$\begin{aligned}F_N(z)&=P\{N\leqslant z\}=1-P\{N>z\}=1-P\{X>z,Y>z\}\\&=1-P\{X>z\}P\{Y>z\}=1-[1-F_X(z)][1-F_Y(z)].\end{aligned}\tag{3-23}$$

以上结果容易推广到 n 个相互独立的随机变量的情况. 设 $X_1,X_2,\cdots,X_n$ 是 n 个相互独立的随机变量,它们的分布函数分别为 $F_{X_i}(x_i)$,$i=1,2,\cdots,n$,则 $M=\max\{X_1,X_2,\cdots,X_n\}$ 及 $N=\min\{X_1,X_2,\cdots,X_n\}$ 的分布函数分别为

$$F_M(z)=F_{X_1}(z)F_{X_2}(z)\cdots F_{X_n}(z),\tag{3-24}$$

$$F_N(z)=1-[1-F_{X_1}(z)][1-F_{X_2}(z)]\cdots[1-F_{X_n}(z)].\tag{3-25}$$

特别地,当 $X_1,X_2,\cdots,X_n$ 相互独立且有相同的分布函数 $F(x)$ 时,有

$$F_M(z)=[F(z)]^n,\tag{3-26}$$

$$F_N(z)=1-[1-F(z)]^n.\tag{3-27}$$

例 3.22　设随机变量 X,Y 相互独立，且都服从参数为 1 的指数分布，求 $Z=\max\{X,Y\}$ 的概率密度.

解　设 X,Y 的分布函数为 $F(x)$，则

$$F(x)=\begin{cases}1-e^{-x}, & x>0,\\ 0, & x\leqslant 0.\end{cases}$$

由于 Z 的分布函数为

$$\begin{aligned}F_Z(z)&=P\{Z\leqslant z\}=P\{X\leqslant z,Y\leqslant z\}\\ &=P\{X\leqslant z\}P\{Y\leqslant z\}=[F(z)]^2,\end{aligned}$$

因此，Z 的概率密度为

$$f_Z(z)=F'_Z(z)=2F(z)F'(z)=\begin{cases}2e^{-z}(1-e^{-z}), & z>0,\\ 0, & z\leqslant 0.\end{cases}$$

下面再举一个由两个随机变量的分布函数求两个随机变量函数的概率密度的一般例子.

例 3.23　设随机变量 X,Y 相互独立，且都服从 $N(0,\sigma^2)$，求 $Z=\sqrt{X^2+Y^2}$ 的概率密度.

解　先求分布函数

$$F_Z(z)=P\{Z\leqslant z\}=P\{\sqrt{X^2+Y^2}\leqslant z\}.$$

当 $z\leqslant 0$ 时，$F_Z(z)=0$；

当 $z>0$ 时，

$$F_Z(z)=P\{\sqrt{X^2+Y^2}\leqslant z\}=\iint\limits_{\sqrt{x^2+y^2}\leqslant z}\frac{1}{2\pi\sigma^2}e^{-\frac{x^2+y^2}{2\sigma^2}}\,dx\,dy.$$

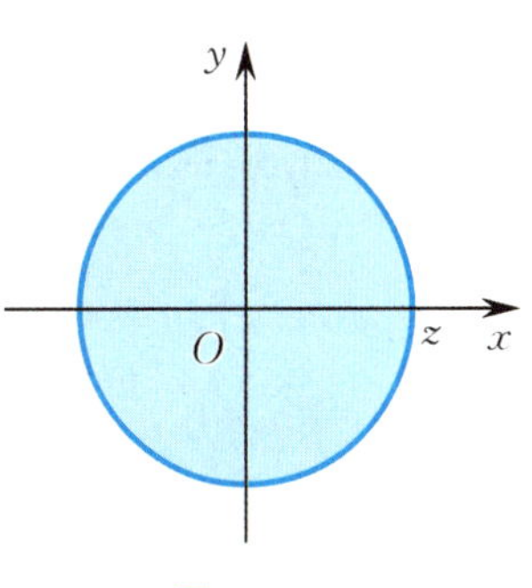

图 3-3

做极坐标变换 $x=r\cos\theta,y=r\sin\theta,0\leqslant r\leqslant z,0\leqslant\theta<2\pi$（见图 3-3），于是有

$$F_Z(z)=\frac{1}{2\pi\sigma^2}\int_0^{2\pi}d\theta\int_0^z re^{-\frac{r^2}{2\sigma^2}}\,dr=1-e^{-\frac{z^2}{2\sigma^2}}.$$

故 Z 的概率密度为

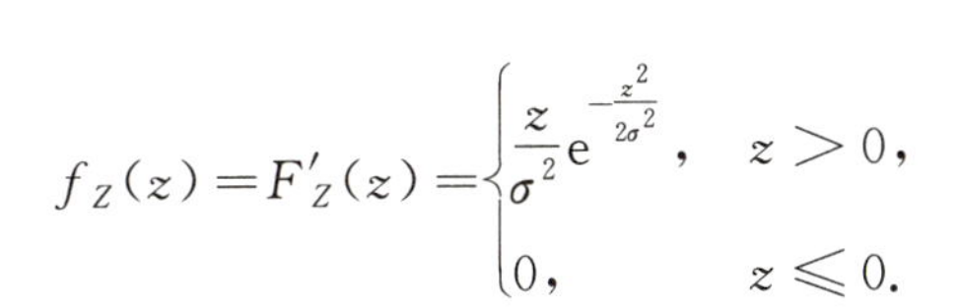

$$f_Z(z)=F'_Z(z)=\begin{cases}\dfrac{z}{\sigma^2}e^{-\frac{z^2}{2\sigma^2}}, & z>0,\\ 0, & z\leqslant 0.\end{cases}$$

例 3.23 中 Z 服从的分布称为瑞利分布，它实际应用很广. 例如，炮弹弹着点的坐标为 (X,Y)，设横向偏差 $X\sim N(0,\sigma^2)$，纵向偏差 $Y\sim N(0,\sigma^2)$，X,Y 相

互独立,那么弹着点到原点(目标点)的距离 D 便服从瑞利分布. 瑞利分布还在噪声、海浪等理论研究中得到应用.

习题 3.5

1. 设 X 和 Y 分别表示两个不同电子元件的寿命(单位:h),X,Y 相互独立,且服从同一分布,其概率密度为

$$f(x)=\begin{cases}\dfrac{1\,000}{x^2}, & x>1\,000,\\ 0, & \text{其他}.\end{cases}$$

求 $Z=\dfrac{X}{Y}$ 的概率密度 $f_Z(z)$.

2. 设随机变量 X,Y 相互独立,且均在区间$[0,1]$上服从均匀分布,求 $Z=X+Y$ 的概率密度 $f_Z(z)$.

3. 设随机变量 X,Y 相互独立,且均服从同一指数分布,概率密度为

$$f(x)=\begin{cases}\lambda e^{-\lambda x}, & x\geqslant 0,\\ 0, & x<0,\end{cases}$$

求 $Z=\dfrac{X}{Y}$ 的概率密度 $f_Z(z)$.

4. 设随机变量 X,Y 相互独立,且均服从标准正态分布 $N(0,1)$,求 $Z=X^2+Y^2$ 的概率密度 $f_Z(z)$.

5. 设某种型号的电子管的寿命(单位:h)近似服从 $N(160,20^2)$,随机选取 4 个,求其中没有一个电子管的寿命小于 180 h 的概率.

6. 设二维随机变量(X,Y)的概率密度为

$$f(x,y)=\begin{cases}be^{-(x+y)}, & 0<x<1,0<y<+\infty,\\ 0, & \text{其他}.\end{cases}$$

(1) 确定常数 b.

(2) 求边缘概率密度 $f_X(x),f_Y(y)$.

(3) 求 $U=\max\{X,Y\}$ 的分布函数 $F_U(u)$.

小结

对一维随机变量的概念加以扩充,就得到多维随机变量的概念,我们着重讨论了二维随机变量.

(1) 二维随机变量(X,Y)的分布函数:

$$F(x,y)=P\{X\leqslant x,Y\leqslant y\},\quad -\infty<x<+\infty,\ -\infty<y<+\infty.$$

1° 离散型随机变量(X,Y)定义的分布律:

$$P\{X=x_i,Y=y_j\}=p_{ij},\quad i,j=1,2,\cdots;\ \sum_{i,j}p_{ij}=1.$$

2° 连续型随机变量(X,Y)的概率密度 $f(x,y)$($f(x,y)\geqslant 0$):

$$F(x,y)=\int_{-\infty}^{y}\left(\int_{-\infty}^{x}f(x,y)\mathrm{d}x\right)\mathrm{d}y,\quad \text{对于任意的 } x,y.$$

一般地,我们都是利用分布律或概率密度(不是利用分布函数)来描述和研究二维随机变量的.

(2) 二维随机变量的分布律或概率密度的性质与一维的类似. 特别地,对于二维连续型随机变量,有公式

$$P\{(X,Y)\in G\}=\iint_G f(x,y)\mathrm{d}x\,\mathrm{d}y,$$

其中 G 是平面上的某区域. 这一公式常用来求随机变量的不等式成立的概率,例如,

$$P\{Y\leqslant X\}=P\{(X,Y)\in G\}=\iint_G f(x,y)\mathrm{d}x\,\mathrm{d}y,$$

其中 G 为半平面 $y\leqslant x$.

(3) 研究二维随机变量 (X,Y) 时,除讨论上述与一维随机变量类似的内容外,还讨论了以下新的内容:边缘分布、条件分布、随机变量的独立性等.

1° 对 (X,Y) 而言,由 (X,Y) 的分布可以确定关于 X 和关于 Y 的边缘分布. 反之,由 X 和 Y 的边缘分布一般是不能确定 (X,Y) 的分布的. 只有当 X,Y 相互独立时,由两个边缘分布才能确定 (X,Y) 的分布.

2° 随机变量的独立性是随机事件独立性的扩充. 我们也常利用问题的实际意义去判断两个随机变量的独立性. 例如,若 X,Y 分别表示两个工厂生产的显像管的寿命,则可以认为 X,Y 是相互独立的.

3° 讨论了 $Z=X+Y$, $Z=\dfrac{X}{Y}$, $M=\max\{X,Y\}$, $N=\min\{X,Y\}$ 的分布的求法(设 X,Y 的分布已知),这是很有用的.

(4) 本章在进行各种问题的计算$\Big($如在求边缘概率密度、求条件概率密度、求 $Z=X+Y$ 的概率密度或在计算概率 $P\{(X,Y)\in G\}=\iint_G f(x,y)\mathrm{d}x\,\mathrm{d}y\Big)$ 时,要用到二重积分,或者用到二元函数固定其中一个变量对另一个变量的积分. 此时千万要搞清楚积分变量的变化范围. 题目做错,往往是由于在做积分运算时,将有关的积分区间或积分区域搞错了. 在做题时,画出有关函数的积分区域的图形,对于正确确定积分上下限肯定是有帮助的. 另外,所求得的边缘概率密度、条件概率密度或 $Z=X+Y$ 的概率密度,往往是分段函数,正确写出分段函数的表达式当然是必需的.

重要术语及主题

二维随机变量 (X,Y)　　　(X,Y) 的分布函数

离散型随机变量 (X,Y) 的分布律

连续型随机变量 (X,Y) 的概率密度

离散型随机变量 (X,Y) 的边缘分布律

连续型随机变量 (X,Y) 的边缘概率密度

条件分布函数　　　条件分布律

条件概率密度　　　两个随机变量 X,Y 的独立性

$Z=X+Y$ 的概率密度　　　$Z=\dfrac{X}{Y}$ 的概率密度

$M=\max\{X,Y\}$, $N=\min\{X,Y\}$ 的概率密度

复习题三

1. 设二维随机变量(X,Y)的分布律如表3-15所示,求:

(1) 在$X=0$的条件下Y的条件分布律;

(2) 在$Y=-1$的条件下X的条件分布律.

表3-15

Y	X	
	0	1
-1	$\frac{1}{12}$	$\frac{5}{12}$
0	$\frac{1}{6}$	$\frac{1}{12}$
2	$\frac{1}{4}$	0

2. 设二维随机变量(X,Y)的分布函数的部分表达式为

$$F(x,y)=\sin x\sin y,\quad 0\leqslant x\leqslant\frac{\pi}{2},0\leqslant y\leqslant\frac{\pi}{2},$$

求(X,Y)在长方形域$\left\{0<x\leqslant\frac{\pi}{4},\frac{\pi}{6}<y\leqslant\frac{\pi}{3}\right\}$内的概率.

3. 设二维随机变量(X,Y)的概率密度为

$$f(x,y)=\begin{cases}1, & |y|<x,0<x<1,\\0, & \text{其他}.\end{cases}$$

求$f_{Y|X}(y\mid x),f_{X|Y}(x\mid y)$.

4. 设二维随机变量(X,Y)的分布律如表3-16所示.

(1) 求关于X和关于Y的边缘分布律.

(2) 问:X,Y是否相互独立?

表3-16

Y	X		
	2	5	8
0.4	0.15	0.30	0.35
0.8	0.05	0.12	0.03

5. 设X,Y是相互独立的随机变量,其分布律分别为

$$P\{X=k\}=p(k),\quad k=0,1,2,\cdots,$$

$$P\{Y=r\}=q(r),\quad r=0,1,2,\cdots.$$

证明:$Z=X+Y$的分布律为

$$P\{Z=i\}=\sum_{k=0}^{i}p(k)q(i-k),\quad i=0,1,2,\cdots.$$

6. 设 X,Y 是相互独立的随机变量，且均服从参数为 n,p 的二项分布，证明：$Z=X+Y$ 服从参数为 $2n$，p 的二项分布.

7. 设随机变量 X 以概率 1 取值 0，而 Y 是任意的随机变量，证明：X,Y 相互独立.

8. 设二维随机变量 (X,Y) 的分布律如表 3-17 所示，问：α,β 为何值时，X,Y 相互独立？

表 3-17

Y	X		
	1	2	3
1	$\frac{1}{6}$	$\frac{1}{9}$	$\frac{1}{18}$
2	$\frac{1}{3}$	α	β

9. 设二维随机变量 (X,Y) 的分布律如表 3-18 所示，求：

(1) $P\{X=2 \mid Y=2\}$，$P\{Y=3 \mid X=0\}$；

(2) $V=\max\{X,Y\}$ 的分布律；

(3) $U=\min\{X,Y\}$ 的分布律；

(4) $W=X+Y$ 的分布律.

表 3-18

Y	X					
	0	1	2	3	4	5
0	0	0.01	0.03	0.05	0.07	0.09
1	0.01	0.02	0.04	0.05	0.06	0.08
2	0.01	0.03	0.05	0.05	0.05	0.06
3	0.01	0.02	0.04	0.06	0.06	0.05

10. 在区间 $[0,1]$ 上随机投掷两点，试求这两点间距离的概率密度.

11. 设某班车起点站上车人数 X 服从参数为 $\lambda(\lambda>0)$ 的泊松分布，每位乘客在中途下车的概率为 p，$0<p<1$，且中途下车与否相互独立，以 Y 表示在中途下车的人数，求：

(1) 在发车时有 n 个乘客的条件下，中途有 m 人下车的概率；

(2) 二维随机变量 (X,Y) 的分布律.　　(2001 研考)

12. 设随机变量 X,Y 相互独立，其中 X 的分布律为 $\begin{pmatrix} 1 & 2 \\ 0.3 & 0.7 \end{pmatrix}$，而 Y 的概率密度为 $f(y)$，求 $U=X+Y$ 的概率密度 $g(u)$.　　(2003 研考)

13. 设随机变量 X,Y 相互独立，且均服从区间 $[0,3]$ 上的均匀分布，则 $P\{\max\{X,Y\}\leqslant 1\}=$ ________.　　(2006 研考)

14. 设二维随机变量 (X,Y) 的概率密度为

$$f(x,y)=\begin{cases} 2-x-y, & 0<x<1,0<y<1, \\ 0, & \text{其他}. \end{cases}$$

求：

(1) $P\{X>2Y\}$；

(2) $Z=X+Y$ 的概率密度 $f_Z(z)$. (2007 研考)

15. 设随机变量 X,Y 相互独立，X 的分布律为 $P\{X=i\}=\dfrac{1}{3}, i=-1,0,1$，$Y$ 的概率密度为

$$f_Y(y)=\begin{cases}1, & 0\leqslant y<1,\\ 0, & \text{其他},\end{cases}$$

记 $Z=X+Y$. 求：

(1) $P\left\{Z\leqslant\dfrac{1}{2}\,\middle|\,X=0\right\}$；

(2) Z 的概率密度 $f_Z(z)$. (2008 研考)

16. 一袋中有 1 只红球、2 只黑球、3 只白球，现有放回地从袋中取两次，每次取 1 只球. 以 X,Y,Z 分别表示两次取球所得的红球、黑球与白球的只数. 求：

(1) $P\{X=1\mid Z=0\}$；

(2) 二维随机变量 (X,Y) 的分布律. (2009 研考)

17. 设二维随机变量 (X,Y) 的概率密度为

$$f(x,y)=A\mathrm{e}^{-2x^2+2xy-y^2},\quad -\infty<x,y<+\infty,$$

求常数 A 及条件概率 $f_{Y|X}(y\mid x)$. (2010 研考)

18. 设随机变量 X 与 Y 的分布律分别如表 3－19 和表 3－20 所示，且 $P\{X^2=Y^2\}=1$. 求：

(1) 二维随机变量 (X,Y) 的分布律；

(2) $Z=XY$ 的分布律.

表 3－19

X	0	1
p_k	$\dfrac{1}{3}$	$\dfrac{2}{3}$

表 3－20

Y	-1	0	1
p_k	$\dfrac{1}{3}$	$\dfrac{1}{3}$	$\dfrac{1}{3}$

(2011 研考)

19. 设随机变量 X 的概率密度为

$$f(x)=\begin{cases}\dfrac{1}{9}x^2, & 0<x<3,\\ 0, & \text{其他}.\end{cases}$$

令随机变量 $Y=\begin{cases}2, & X\leqslant 1,\\ X, & 1<X<2,\\ 1, & X\geqslant 2.\end{cases}$ 求：

(1) Y 的分布函数 $F_Y(y)$；

(2) $P\{X\leqslant Y\}$. (2013 研考)

20. 设二维随机变量$(X,Y) \sim N(1,0,1,1,0)$,则$P\{XY-Y<0\}=$________. （2015研考）

21. 设二维随机变量(X,Y)在区域$D=\{(x,y) \mid 0<x<1,x^2<y<\sqrt{x}\}$上服从均匀分布,令

$$U=\begin{cases}1, & X \leqslant Y, \\ 0, & X>Y.\end{cases}$$

(1) 求(X,Y)的概率密度.

(2) 问:U,X是否相互独立?说明理由.

(3) 求$Z=X+U$的分布函数$F(z)$. （2016研考）

22. 设随机变量X_1,X_2,X_3相互独立,其中X_1,X_2均服从标准正态分布,X_3的分布律为$P\{X_3=0\}=P\{X_3=1\}=\dfrac{1}{2}$,令$Y=X_3X_1+(1-X_3)X_2$.

(1) 求二维随机变量(X_1,Y)的分布函数,结果用标准正态分布函数$\Phi(x)$表示.

(2) 证明:随机变量Y服从标准正态分布. （2020研考）

23. 设随机变量X,Y相互独立,且$X \sim b\left(1,\dfrac{1}{3}\right)$,$Y \sim b\left(2,\dfrac{1}{2}\right)$,则$P\{X=Y\}=$________.

（2023研考）

第四章

随机变量的数字特征

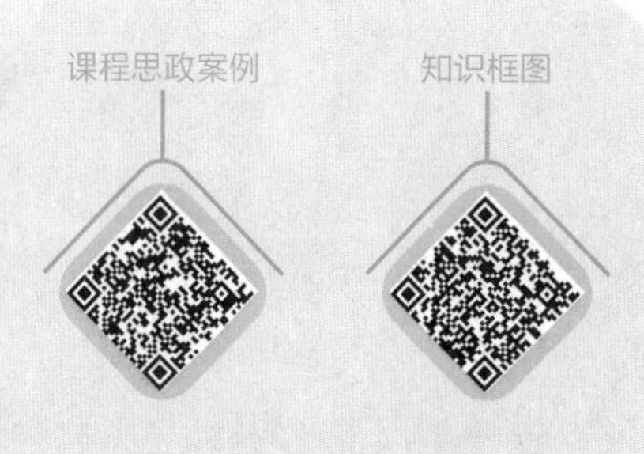

前面讨论了随机变量的分布函数,我们知道分布函数全面描述了随机变量的统计特性.但是在实际问题中,一方面,求分布函数并非易事;另一方面,往往不需要去全面考察随机变量的变化情况而只须知道随机变量的某些特征就足够了.例如,在考察一个班级学生的学习成绩时,只要知道这个班级的平均成绩及成绩的分散程度就可以对该班的学习情况给出比较客观的评判.这样的平均值及表示分散程度的数字虽然不能完整地描述随机变量的统计特性,但能更突出地描述随机变量在某些方面的重要特征,我们称它们为随机变量的数字特征.本章将介绍随机变量的常用数字特征:数学期望、方差、协方差、相关系数和矩等.

第一节 数学期望

1. 数学期望的定义

简略地说，数学期望就是随机变量取值的平均数. 在给出数学期望的概念之前，先看一个例子.

要评判一名射手的射击水平，需要知道射手的平均命中环数. 设射手在同样的条件下进行射击，命中的环数 X 是一随机变量，其分布律如表 4-1 所示.

表 4-1

X	10	9	8	7	6	5	0
p_k	0.1	0.1	0.2	0.3	0.1	0.1	0.1

由 X 的分布律可知，若该射手共射击 N 次，在 N 次射击中，大约有 $0.1\times N$ 次击中 10 环，$0.1\times N$ 次击中 9 环，$0.2\times N$ 次击中 8 环，$0.3\times N$ 次击中 7 环，$0.1\times N$ 次击中 6 环，$0.1\times N$ 次击中 5 环，$0.1\times N$ 次脱靶. 于是在这 N 次射击中，射手击中的环数之和为

$$10\times0.1N+9\times0.1N+8\times0.2N$$
$$+7\times0.3N+6\times0.1N+5\times0.1N+0\times0.1N,$$

平均每次击中的环数约为

$$\begin{aligned}&\frac{1}{N}(10\times0.1N+9\times0.1N+8\times0.2N\\&\quad+7\times0.3N+6\times0.1N+5\times0.1N+0\times0.1N)\\&=10\times0.1+9\times0.1+8\times0.2\\&\quad+7\times0.3+6\times0.1+5\times0.1+0\times0.1=6.7(\text{环}).\end{aligned}$$

由这样一个问题的启发及频率的稳定性，得到一般随机变量取值的“平均数”，应是随机变量的所有可能取值与其相应的概率乘积之和，即以概率为权数的加权平均值，这就是所谓“数学期望” 的概念. 一般地，有如下定义.

定义 4.1 设离散型随机变量 X 的分布律为

$$P\{X=x_k\}=p_k,\quad k=1,2,\cdots.$$

若级数

$$\sum_{k=1}^{\infty}x_kp_k$$

绝对收敛,则称级数$\sum_{k=1}^{\infty} x_k p_k$的和为随机变量$X$的数学期望,记为$E(X)$,即

$$E(X)=\sum_{k=1}^{\infty} x_k p_k. \tag{4-1}$$

设连续型随机变量X的概率密度为$f(x)$.若积分

$$\int_{-\infty}^{+\infty} x f(x)\mathrm{d}x$$

绝对收敛,则称积分$\int_{-\infty}^{+\infty} x f(x)\mathrm{d}x$的值为随机变量$X$的数学期望,记为$E(X)$,即

$$E(X)=\int_{-\infty}^{+\infty} x f(x)\mathrm{d}x. \tag{4-2}$$

数学期望简称期望,又称为均值.

例 4.1 某商店在年末大甩卖中进行有奖销售,摇奖时从摇箱摇出的球的可能颜色为红、黄、蓝、白、黑 5 种,其对应的奖金额分别为 10 000 元、1 000 元、100 元、10 元、1 元.假定摇箱内装有很多球,其中红、黄、蓝、白、黑的比例分别为 0.01%,0.15%,1.34%,10%,88.5%,求每次摇奖摇出的奖金额X的数学期望.

解 每次摇奖摇出的奖金额(单位:元)X是一个随机变量,易知它的分布律如表 4-2 所示.

表 4-2

X	10 000	1 000	100	10	1
p_k	0.000 1	0.001 5	0.013 4	0.1	0.885

因此

$$E(X)=10\,000\times0.000\,1+1\,000\times0.001\,5+100\times0.013\,4+10\times0.1+1\times0.885=5.725(\text{元}).$$

可见,平均起来每次摇奖的奖金额不足 6 元.这个值对商店在做计划预算时是很重要的.

例 4.2 按规定,某车站每天 8:00—9:00,9:00—10:00 都有一辆客车到站,但到站的时刻是随机的,且两者到站的时间相互独立,其分布律如表 4-3 所示.现有一旅客 8:20 到达车站,求他候车时间的数学期望.

表 4-3

到站时刻	8:10,9:10	8:30,9:30	8:50,9:50
概率	$\frac{1}{6}$	$\frac{3}{6}$	$\frac{2}{6}$

解 设旅客候车时间(单位:min)为X,易知X的分布律如表 4-4 所示.

表 4-4

X	10	30	50	70	90
p_k	$\frac{3}{6}$	$\frac{2}{6}$	$\frac{1}{36}$	$\frac{3}{36}$	$\frac{2}{36}$

在表 4-4 中，p_k 的求法如下：例如，

$$P\{X=70\}=P(AB)=P(A)P(B)=\frac{1}{6}\times\frac{3}{6}=\frac{3}{36},$$

其中事件 A 表示“第一班车在 8:10 到站”，B 表示“第二班车在9:30 到站”.

于是，该旅客候车时间的数学期望为

$$E(X)=10\times\frac{3}{6}+30\times\frac{2}{6}+50\times\frac{1}{36}+70\times\frac{3}{36}+90\times\frac{2}{36}$$
$$\approx 27.22\ (\text{min}).$$

例 4.3 有5个相互独立工作的电子装置，它们的寿命 $X_k(k=1,2,3,4,5)$ 服从同一指数分布，其概率密度为

$$f(x)=\begin{cases}\frac{1}{\theta}\mathrm{e}^{-\frac{x}{\theta}}, & x>0,\theta>0,\\ 0, & x\leqslant 0.\end{cases}$$

(1) 若将这 5 个电子装置串联组成整机，求整机寿命 N 的数学期望.

(2) 若将这 5 个电子装置并联组成整机，求整机寿命 M 的数学期望.

解 $X_k(k=1,2,3,4,5)$ 的分布函数为

$$F(x)=\begin{cases}1-\mathrm{e}^{-\frac{x}{\theta}}, & x>0,\\ 0, & x\leqslant 0.\end{cases}$$

(1) 串联的情况. 由于当 5 个电子装置中有一个损坏时，整机就停止工作，因此这时整机寿命为

$$N=\min\{X_1,X_2,X_3,X_4,X_5\}.$$

又由于 X_1,X_2,X_3,X_4,X_5 相互独立，因此 $N=\min\{X_1,X_2,X_3,X_4,X_5\}$ 的分布函数为

$$F_N(x)=1-[1-F(x)]^5=\begin{cases}1-\mathrm{e}^{-\frac{5x}{\theta}}, & x>0,\\ 0, & x\leqslant 0.\end{cases}$$

故 N 的概率密度为

$$f_N(x)=\begin{cases}\frac{5}{\theta}\mathrm{e}^{-\frac{5x}{\theta}}, & x>0,\\ 0, & x\leqslant 0,\end{cases}$$

则 N 的数学期望为

$$E(N)=\int_{-\infty}^{+\infty}xf_N(x)\mathrm{d}x=\int_0^{+\infty}\frac{5x}{\theta}\mathrm{e}^{-\frac{5x}{\theta}}\mathrm{d}x=\frac{\theta}{5}.$$

(2) 并联的情况. 由于当且仅当 5 个电子装置都损坏时，整机才停止工作，因此这时整机寿命为

$$M=\max\{X_1,X_2,X_3,X_4,X_5\}.$$

又由于 X_1,X_2,X_3,X_4,X_5 相互独立,因此 M 的分布函数为

$$F_M(x)=[F(x)]^5=\begin{cases}(1-\mathrm{e}^{-\frac{x}{\theta}})^5, & x>0,\\ 0, & x\leqslant 0.\end{cases}$$

故 M 的概率密度为

$$f_M(x)=\begin{cases}\dfrac{5}{\theta}(1-\mathrm{e}^{-\frac{x}{\theta}})^4\mathrm{e}^{-\frac{x}{\theta}}, & x>0,\\ 0, & x\leqslant 0,\end{cases}$$

则 M 的数学期望为

$$E(M)=\int_{-\infty}^{+\infty}xf_M(x)\mathrm{d}x=\int_0^{+\infty}\frac{5x}{\theta}(1-\mathrm{e}^{-\frac{x}{\theta}})^4\mathrm{e}^{-\frac{x}{\theta}}\mathrm{d}x=\frac{137}{60}\theta.$$

此例说明 5 个电子装置并联连接工作的平均寿命要大于串联连接工作的平均寿命.

例 4.4 设随机变量 X 服从柯西分布,其概率密度为

名人简介

$$f(x)=\frac{1}{\pi(1+x^2)},\quad -\infty<x<+\infty,$$

证明:$E(X)$ 不存在.

证 由于

$$\int_{-\infty}^{+\infty}|x|f(x)\mathrm{d}x=\int_{-\infty}^{+\infty}|x|\frac{1}{\pi(1+x^2)}\mathrm{d}x=+\infty,$$

因此 $E(X)$ 不存在.

2. 随机变量函数的数学期望

在实际问题与理论研究中,我们经常需要求随机变量函数的数学期望. 这时,可以通过下面的定理来实现.

定理 4.1 设 Y 是随机变量 X 的函数 $Y=g(X)$(g 是连续函数).

1° X 是离散型随机变量,其分布律为 $P\{X=x_k\}=p_k,k=1,2,\cdots$. 若 $\sum_{k=1}^{\infty}g(x_k)p_k$ 绝对收敛,则有

$$E(Y)=E[g(X)]=\sum_{k=1}^{\infty}g(x_k)p_k. \tag{4-3}$$

2° X 是连续型随机变量,其概率密度为 $f(x)$. 若$\int_{-\infty}^{+\infty}g(x)f(x)\mathrm{d}x$ 绝对收敛,则有

$$E(Y)=E[g(X)]=\int_{-\infty}^{+\infty}g(x)f(x)\mathrm{d}x. \tag{4-4}$$

定理 4.1 的重要意义在于,当求 $E(Y)$ 时,不必知道 Y 的分布而只须知道 X 的分布就可以了. 当然,也可以由已知的 X 的分布,先求出其函数 $g(X)$ 的分布,再根据数学期望的定义去求 $E[g(X)]$. 然而,求 $Y=g(X)$ 的分布是不容易的,

所以一般不采用后一种方法.

上述定理还可以推广到两个或两个以上随机变量的函数情形.

例如,设 Z 是随机变量 X,Y 的函数 $Z=g(X,Y)$(g 是连续函数),则 Z 也是一个随机变量. 当 (X,Y) 是二维离散型随机变量,其分布律为 $P\{X=x_i,Y=y_j\}=p_{ij}(i,j=1,2,\cdots)$ 时,若 $\sum\limits_i\sum\limits_j g(x_i,y_j)p_{ij}$ 绝对收敛,则有

$$E(Z)=E[g(X,Y)]=\sum_i\sum_j g(x_i,y_j)p_{ij};\qquad(4-5)$$

当 (X,Y) 是二维连续型随机变量,其概率密度为 $f(x,y)$ 时,若 $\int_{-\infty}^{+\infty}\int_{-\infty}^{+\infty}g(x,y)\cdot f(x,y)\mathrm{d}x\mathrm{d}y$ 绝对收敛,则有

$$E(Z)=E[g(X,Y)]=\int_{-\infty}^{+\infty}\int_{-\infty}^{+\infty}g(x,y)f(x,y)\mathrm{d}x\mathrm{d}y.\qquad(4-6)$$

特别地,有

$$E(X)=\int_{-\infty}^{+\infty}\int_{-\infty}^{+\infty}xf(x,y)\mathrm{d}x\mathrm{d}y=\int_{-\infty}^{+\infty}xf_X(x)\mathrm{d}x,$$

$$E(Y)=\int_{-\infty}^{+\infty}\int_{-\infty}^{+\infty}yf(x,y)\mathrm{d}x\mathrm{d}y=\int_{-\infty}^{+\infty}yf_Y(y)\mathrm{d}y.$$

例 4.5　设随机变量 X 的分布律如表 4-5 所示,求 $E(X^2),E(-2X+1)$.

表 4-5

X	-1	0	2	3
p_k	$\frac{1}{8}$	$\frac{1}{4}$	$\frac{3}{8}$	$\frac{1}{4}$

解　由(4-5)式,得

$$E(X^2)=(-1)^2\times\frac{1}{8}+0^2\times\frac{1}{4}+2^2\times\frac{3}{8}+3^2\times\frac{1}{4}=\frac{31}{8},$$

$$\begin{aligned}E(-2X+1)&=[-2\times(-1)+1]\times\frac{1}{8}+(-2\times0+1)\times\frac{1}{4}\\&\quad+(-2\times2+1)\times\frac{3}{8}+(-2\times3+1)\times\frac{1}{4}=-\frac{7}{4}.\end{aligned}$$

例 4.6　近似测量球的直径,设其值均匀分布在区间 $[a,b]$ 内,求球体积的数学期望.

解　设随机变量 X 表示球的直径,Y 表示球的体积. 依题意,X 的概率密度为

$$f(x)=\begin{cases}\frac{1}{b-a}, & a\leqslant x\leqslant b,\\0, & \text{其他}.\end{cases}$$

球体积 $Y=\frac{1}{6}\pi X^3$,由(4-6)式,得

$$\begin{aligned}E(Y)&=E\left(\frac{1}{6}\pi X^3\right)=\int_a^b\frac{1}{6}\pi x^3\cdot\frac{1}{b-a}\mathrm{d}x\\&=\frac{\pi}{6(b-a)}\int_a^b x^3\mathrm{d}x=\frac{\pi}{24}(a+b)(a^2+b^2).\end{aligned}$$

例 4.7 设国际市场每年对我国某种出口商品的需求量(单位:t)X 服从区间 $[2\,000,4\,000]$ 上的均匀分布.若售出这种商品 1 t,可挣得外汇 3 万元,但如果销售不出而囤积于仓库,则每吨需保管费 1 万元.问:应预备多少吨这种商品,才能使国家的收益最大?

解 设预备这种商品 y t($2\,000 \leqslant y \leqslant 4\,000$),则收益(单位:万元)为

$$g(X)=\begin{cases}3y, & X \geqslant y,\\ 3X-(y-X), & X<y,\end{cases}$$

于是

$$\begin{aligned}E[g(X)]&=\int_{-\infty}^{+\infty} g(x) f(x) \mathrm{d} x=\int_{2\,000}^{4\,000} g(x) \cdot \frac{1}{4\,000-2\,000} \mathrm{d} x\\&=\frac{1}{2\,000} \int_{2\,000}^{y}[3 x-(y-x)] \mathrm{d} x+\frac{1}{2\,000} \int_{y}^{4\,000} 3 y \mathrm{d} x\\&=\frac{1}{1\,000}\left(-y^{2}+7\,000 y-4 \times 10^{6}\right).\end{aligned}$$

当 $y=3\,500$ 时,上式达到最大值.因此,预备 3 500 t 这种商品能使国家的收益最大.

例 4.8 设二维随机变量(X,Y) 在区域 A 上服从均匀分布,其中 A 为由 x 轴、y 轴及直线 $x+\frac{y}{2}=1$ 所围成的三角形域,求 $E(X),E(Y),E(XY)$.

解 因为(X,Y) 在 A 上服从均匀分布,所以其概率密度为

$$f(x, y)=\begin{cases}\dfrac{1}{A\text{ 的面积}}, & (x, y) \in A, \\ 0, & (x, y) \notin A\end{cases}=\begin{cases}1, & (x, y) \in A, \\ 0, & (x, y) \notin A .\end{cases}$$

于是

$$E(X)=\int_{-\infty}^{+\infty} \int_{-\infty}^{+\infty} x f(x, y) \mathrm{d} x \mathrm{d} y=\iint_{A} x \mathrm{d} x \mathrm{d} y=\int_{0}^{1} x \mathrm{d} x \int_{0}^{2(1-x)} \mathrm{d} y=\frac{1}{3},$$

$$E(Y)=\int_{-\infty}^{+\infty} \int_{-\infty}^{+\infty} y f(x, y) \mathrm{d} x \mathrm{d} y=\iint_{A} y \mathrm{d} x \mathrm{d} y=\int_{0}^{2} y \mathrm{d} y \int_{0}^{1-\frac{y}{2}} \mathrm{d} x=\frac{2}{3},$$

$$E(XY)=\int_{-\infty}^{+\infty} \int_{-\infty}^{+\infty} x y f(x, y) \mathrm{d} x \mathrm{d} y=\int_{0}^{1} x \mathrm{d} x \int_{0}^{2(1-x)} y \mathrm{d} y=2 \int_{0}^{1} x(1-x)^{2} \mathrm{d} x=\frac{1}{6}.$$

3. 数学期望的性质

下面讨论数学期望的几个重要性质.

定理 4.2 设随机变量 X,Y 的数学期望 $E(X),E(Y)$ 存在.

1° $E(c)=c$,其中 c 为常数;

2° $E(cX)=cE(X)$,其中 c 为常数;

3° $E(X+Y)=E(X)+E(Y)$;

4° 若 X,Y 相互独立,则有 $E(XY)=E(X)E(Y)$.

证 就连续型的情况我们来证明性质 3°、性质 4°,离散型情况和其他性质的

证明留给读者.

3° 设二维随机变量(X,Y)的概率密度为$f(x,y)$,其边缘概率密度分别为$f_X(x)$,$f_Y(y)$,则

$$\begin{aligned}E(X+Y)&=\int_{-\infty}^{+\infty}\int_{-\infty}^{+\infty}(x+y)f(x,y)\mathrm{d}x\,\mathrm{d}y\\&=\int_{-\infty}^{+\infty}\int_{-\infty}^{+\infty}xf(x,y)\mathrm{d}x\,\mathrm{d}y+\int_{-\infty}^{+\infty}\int_{-\infty}^{+\infty}yf(x,y)\mathrm{d}x\,\mathrm{d}y\\&=\int_{-\infty}^{+\infty}xf_X(x)\mathrm{d}x+\int_{-\infty}^{+\infty}yf_Y(y)\mathrm{d}y=E(X)+E(Y).\end{aligned}$$

4° 若X,Y相互独立,此时

$$f(x,y)=f_X(x)f_Y(y),$$

故

$$\begin{aligned}E(XY)&=\int_{-\infty}^{+\infty}\int_{-\infty}^{+\infty}xyf(x,y)\mathrm{d}x\,\mathrm{d}y\\&=\int_{-\infty}^{+\infty}\int_{-\infty}^{+\infty}xyf_X(x)f_Y(y)\mathrm{d}x\,\mathrm{d}y\\&=\int_{-\infty}^{+\infty}xf_X(x)\mathrm{d}x\cdot\int_{-\infty}^{+\infty}yf_Y(y)\mathrm{d}y\\&=E(X)E(Y).\end{aligned}$$

性质3°可推广到任意有限个随机变量之和的情形;性质4°可推广到任意有限个相互独立的随机变量之积的情形.

例 4.9 设一电路中电流(单位:A)I与电阻(单位:Ω)R是两个相互独立的随机变量,其概率密度分别为

$$g(i)=\begin{cases}2i, & 0\leqslant i\leqslant 1,\\0, & \text{其他},\end{cases}\qquad h(r)=\begin{cases}\dfrac{r^2}{9}, & 0\leqslant r\leqslant 3,\\0, & \text{其他}.\end{cases}$$

求电压(单位:V)$V=IR$的均值.

解 $E(V)=E(IR)=E(I)E(R)=\int_{-\infty}^{+\infty}ig(i)\mathrm{d}i\cdot\int_{-\infty}^{+\infty}rh(r)\mathrm{d}r$

$$=\int_0^1 2i^2\mathrm{d}i\cdot\int_0^3\frac{r^3}{9}\mathrm{d}r=\frac{3}{2}.$$

例 4.10 设对某一目标进行射击,命中n次才能彻底摧毁该目标,假定各次射击相互独立,并且每次射击命中的概率为p,求彻底摧毁这一目标平均消耗的炮弹数.

解 设X为n次击中目标所消耗的炮弹数(单位:个),X_k表示第$k-1$次击中后至第k次击中目标之间所消耗的炮弹数,这样X_k的所有可能取值为1,2,…,其分布律如表4-6所示,其中$q=1-p$.

表 4-6

X_k	1	2	…	m	…
$P\{X_k=m\}$	p	pq	…	pq^{m-1}	…

X_1 为第一次击中目标所消耗的炮弹数,则 n 次击中目标所消耗的炮弹数为

$$X = X_1 + X_2 + \cdots + X_n.$$

由数学期望的性质可得

$$E(X) = E(X_1) + E(X_2) + \cdots + E(X_n) = nE(X_1).$$

又

$$E(X_1) = \sum_{k=1}^{\infty} kpq^{k-1} = \frac{1}{p},$$

故

$$E(X) = \frac{n}{p},$$

即彻底摧毁这一目标平均消耗的炮弹数为 $\frac{n}{p}$ 个.

4. 常用分布的数学期望

(1)(0－1)分布.设随机变量 X 服从参数为 p 的(0－1)分布,其分布律如表 4－7 所示,则 X 的数学期望为

$$E(X) = 0 \times (1-p) + 1 \times p = p.$$

表 4－7

X	0	1
p_k	$1-p$	p

(2) 二项分布.设随机变量 X 服从参数为 n,p 的二项分布,其分布律为

$$P\{X=k\} = \mathrm{C}_n^k p^k (1-p)^{n-k}, \quad k = 0,1,2,\cdots,n,$$

则 X 的数学期望为

$$\begin{aligned} E(X) &= \sum_{k=0}^{n} k\mathrm{C}_n^k p^k (1-p)^{n-k} = \sum_{k=0}^{n} k \frac{n!}{k!(n-k)!} p^k (1-p)^{n-k} \\ &= np \sum_{k=1}^{n} \frac{(n-1)!}{(k-1)![(n-1)-(k-1)]!} p^{k-1} (1-p)^{[(n-1)-(k-1)]}. \end{aligned}$$

令 $k-1=t$,则

$$\begin{aligned} E(X) &= np \sum_{t=0}^{n-1} \frac{(n-1)!}{t![(n-1)-t]!} p^t (1-p)^{[(n-1)-t]} \\ &= np[p+(1-p)]^{n-1} = np. \end{aligned}$$

若利用数学期望的性质,将二项分布表示为 n 个相互独立的(0－1)分布的和,计算过程将简单得多.事实上,若设 X 表示在 n 次独立重复试验中事件 A 发生的次数,$X_i(i=1,2,\cdots,n)$ 表示 A 在第 i 次试验中发生的次数,则有

$$X = \sum_{i=1}^{n} X_i.$$

显然,这里 $X_i(i=1,2,\cdots,n)$ 服从(0－1)分布,其分布律如表 4－8 所示,所以

$$E(X_i) = p, \quad i = 1,2,\cdots,n.$$

表 4-8

X_i	1	0
p_k	p	$1-p$

由数学期望的性质,有

$$E(X)=E\left(\sum_{i=1}^{n}X_i\right)=\sum_{i=1}^{n}E(X_i)=np.$$

(3) 泊松分布. 设随机变量 X 服从参数为λ 的泊松分布,其分布律为

$$P\{X=k\}=\frac{\lambda^k}{k!}e^{-\lambda},\quad k=0,1,2,\cdots,$$

则 X 的数学期望为

$$E(X)=\sum_{k=0}^{\infty}k\frac{\lambda^k}{k!}e^{-\lambda}=\lambda e^{-\lambda}\sum_{k=1}^{\infty}\frac{\lambda^{k-1}}{(k-1)!}.$$

令 $k-1=t$,则有

$$E(X)=\lambda e^{-\lambda}\sum_{t=0}^{\infty}\frac{\lambda^t}{t!}=\lambda e^{-\lambda}\cdot e^{\lambda}=\lambda.$$

(4) 均匀分布. 设随机变量 X 服从区间(a,b)上的均匀分布,其概率密度为

$$f(x)=\begin{cases}\dfrac{1}{b-a}, & a<x<b,\\ 0, & \text{其他},\end{cases}$$

则 X 的数学期望为

$$E(X)=\int_{-\infty}^{+\infty}xf(x)dx=\int_a^b\frac{x}{b-a}dx=\frac{a+b}{2}.$$

(5) 指数分布. 设随机变量 X 服从参数为λ 的指数分布,其概率密度为

$$f(x)=\begin{cases}\lambda e^{-\lambda x}, & x>0,\\ 0, & x\leqslant 0,\end{cases}$$

则 X 的数学期望为

$$E(X)=\int_{-\infty}^{+\infty}xf(x)dx=\int_0^{+\infty}x\cdot\lambda e^{-\lambda x}dx=\frac{1}{\lambda}.$$

(6) 正态分布. 设随机变量 $X\sim N(\mu,\sigma^2)$,其概率密度为

$$f(x)=\frac{1}{\sqrt{2\pi}\sigma}e^{-\frac{(x-\mu)^2}{2\sigma^2}},\quad -\infty<x<+\infty,$$

则 X 的数学期望为

$$E(X)=\int_{-\infty}^{+\infty}xf(x)dx=\frac{1}{\sqrt{2\pi}\sigma}\int_{-\infty}^{+\infty}xe^{-\frac{(x-\mu)^2}{2\sigma^2}}dx.$$

令$\dfrac{x-\mu}{\sigma}=t$,则

$$E(X)=\frac{1}{\sqrt{2\pi}}\int_{-\infty}^{+\infty}(\mu+\sigma t)e^{-\frac{t^2}{2}}dt.$$

注意到

$$\frac{\mu}{\sqrt{2\pi}}\int_{-\infty}^{+\infty} e^{-\frac{t^2}{2}} dt = \mu, \quad \frac{1}{\sqrt{2\pi}}\int_{-\infty}^{+\infty} \sigma t e^{-\frac{t^2}{2}} dt = 0,$$

故有

$$E(X) = \mu.$$

习题 4.1

1. 设随机变量 X 的分布律如表 4-9 所示,求 $E(X)$,$E(X^2)$,$E(2X+3)$.

表 4-9

X	-1	0	1	2
p_k	$\frac{1}{8}$	$\frac{1}{2}$	$\frac{1}{8}$	$\frac{1}{4}$

2. 设随机变量 X 的分布律如表 4-10 所示,且 $E(X)=0.1$,$E(X^2)=0.9$,求 p_1,p_2,p_3.

表 4-10

X	-1	0	1
p_k	p_1	p_2	p_3

3. 设随机变量 X 的分布律如表 4-11 所示,求 $E(X)$,$E(2-3X)$,$E(X^2)$,$E(X^2-2X+3)$.

表 4-11

X	-2	0	1	5
p_k	0.2	0.3	0.1	0.4

4. 设随机变量 X 的概率密度为

$$f(x)=\begin{cases} a+bx^2, & 0 \leqslant x \leqslant 1, \\ 0, & \text{其他}, \end{cases}$$

且 $E(X)=\frac{2}{3}$,求 a 和 b.

5. 设随机变量 X 的概率密度为

$$f(x)=\begin{cases} \frac{3}{8}x^2, & 0<x<2, \\ 0, & \text{其他}, \end{cases}$$

求 $E(X)$,$E\left(\frac{1}{X}\right)$.

6. 设随机变量 X,Y,Z 相互独立,且 $E(X)=5$,$E(Y)=11$,$E(Z)=8$,求下列随机变量的数学期望:

(1) $U=2X+3Y+1$;

(2) $V=YZ-4X$.

7. 设二维随机变量 (X,Y) 的概率密度为

$$f(x,y)=\begin{cases} k, & 0<x<1, 0<y<x, \\ 0, & \text{其他}, \end{cases}$$

试确定常数 k,并求 $E(XY)$.

8. 设随机变量 $X \sim U(0,1)$,$Y \sim U(0,1)$,且 X,Y 相互独立,求 $E(|X-Y|)$.

第二节　方　差

1. 方差的定义

数学期望描述了随机变量取值的“平均数”，但有时仅知道这个平均值还是不够的. 例如，有甲、乙两名射手，他们每次射击命中的环数分别为 X，Y，已知 X，Y 的分布律分别如表 4-12 和表 4-13 所示.

表 4-12

X	8	9	10
p_k	0.2	0.6	0.2

表 4-13

Y	8	9	10
p_k	0.1	0.8	0.1

由于 $E(X)=E(Y)=9$(环)，可见从平均值的角度分不出谁的射击技术更高，因此还需考虑其他的因素. 通常的想法是：在射击的平均环数相等的条件下进一步衡量谁的射击技术更稳定些，即看谁命中的环数比较集中于平均值的附近. 通常人们会采用命中的环数 X 与它的平均值 $E(X)$ 之间的离差 $|X-E(X)|$ 的平均值 $E[|X-E(X)|]$ 来度量，$E[|X-E(X)|]$ 越小，表明 X 的值越集中于 $E(X)$ 的附近，即技术稳定；$E[|X-E(X)|]$ 越大，表明 X 的值越分散，即技术不稳定. 但由于 $E[|X-E(X)|]$ 带有绝对值，运算不便，因此通常采用 X 与 $E(X)$ 的离差 $|X-E(X)|$ 的平方平均值 $E\{[X-E(X)]^2\}$ 来度量随机变量 X 取值的分散程度. 此例中，

$$\begin{aligned}E\{[X-E(X)]^2\}&=0.2\times(8-9)^2+0.6\times(9-9)^2+0.2\times(10-9)^2\\&=0.4,\end{aligned}$$

$$\begin{aligned}E\{[Y-E(Y)]^2\}&=0.1\times(8-9)^2+0.8\times(9-9)^2+0.1\times(10-9)^2\\&=0.2.\end{aligned}$$

由此可见射手乙的技术更稳定些.

定义 4.2　设 X 是一个随机变量. 若

$$E\{[X-E(X)]^2\}$$

存在，则称 $E\{[X-E(X)]^2\}$ 为 X 的方差，记为 $D(X)$，即

$$D(X)=E\{[X-E(X)]^2\}. \tag{4-7}$$

称 $\sqrt{D(X)}$ 为 X 的标准差或均方差，记为 $\sigma(X)$.

根据定义可知，随机变量 X 的方差反映了随机变量的取值与其数学期望的偏离程度. 若 X 取值比较集中，则 $D(X)$ 较小；若 X 取值比较分散，则 $D(X)$ 较大.

由于方差是随机变量 X 的函数 $g(X)=[X-E(X)]^2$ 的数学期望，因此若离散型随机变量 X 的分布律为 $P\{X=x_k\}=p_k$，$k=1,2,\cdots$，则

$$D(X)=\sum_{k=1}^{\infty}[x_k-E(X)]^2 p_k;\tag{4-8}$$

若连续型随机变量 X 的概率密度为 $f(x)$,则

$$D(X)=\int_{-\infty}^{+\infty}[x-E(X)]^2 f(x)\mathrm{d}x.\tag{4-9}$$

由此可见,方差 $D(X)$ 是一个常数,它由随机变量的分布唯一确定.

根据数学期望的性质可得

$$\begin{aligned}D(X)&=E\{[X-E(X)]^2\}=E\{X^2-2XE(X)+[E(X)]^2\}\\&=E(X^2)-2E(X)E(X)+[E(X)]^2\\&=E(X^2)-[E(X)]^2.\end{aligned}$$

于是,得到计算方差的简便公式

$$D(X)=E(X^2)-[E(X)]^2.\tag{4-10}$$

例 4.11 设有甲、乙两个品种的棉花,从中各抽取等量的样品进行检验,结果如表 4-14 和表 4-15 所示,其中 X,Y 分别表示甲、乙两个品种的棉花的纤维长度(单位:mm),求 $D(X)$ 与 $D(Y)$,并评定它们的质量.

表 4-14

X	28	29	30	31	32
p_k	0.1	0.15	0.5	0.15	0.1

表 4-15

Y	28	29	30	31	32
p_k	0.13	0.17	0.4	0.17	0.13

解 由于

$$E(X)=28\times0.1+29\times0.15+30\times0.5+31\times0.15+32\times0.1=30,$$
$$E(Y)=28\times0.13+29\times0.17+30\times0.4+31\times0.17+32\times0.13=30,$$

因此得

$$\begin{aligned}D(X)&=(28-30)^2\times0.1+(29-30)^2\times0.15+(30-30)^2\times0.5\\&\quad+(31-30)^2\times0.15+(32-30)^2\times0.1\\&=4\times0.1+1\times0.15+0\times0.5+1\times0.15+4\times0.1=1.1,\\D(Y)&=(28-30)^2\times0.13+(29-30)^2\times0.17+(30-30)^2\times0.4\\&\quad+(31-30)^2\times0.17+(32-30)^2\times0.13\\&=4\times0.13+1\times0.17+0\times0.4+1\times0.17+4\times0.13=1.38.\end{aligned}$$

因 $D(X)<D(Y)$,即甲种棉花纤维长度的方差小些,说明其纤维比较均匀,故甲种棉花质量较好.

例 4.12 设随机变量 X 的概率密度为

$$f(x)=\begin{cases}1+x, & -1\leqslant x<0,\\1-x, & 0\leqslant x<1,\\0, & \text{其他},\end{cases}$$

求 $D(X)$.

解 $E(X)=\int_{-1}^{0}x(1+x)\mathrm{d}x+\int_{0}^{1}x(1-x)\mathrm{d}x=0,$

$$E(X^2)=\int_{-1}^{0}x^2(1+x)\mathrm{d}x+\int_{0}^{1}x^2(1-x)\mathrm{d}x=\frac{1}{6},$$

于是

$$D(X)=E(X^2)-[E(X)]^2=\frac{1}{6}.$$

2. 方差的性质

由数学期望的性质及方差的定义,我们可以得到关于方差的几条重要性质.

定理 4.3 设随机变量 X 与 Y 的方差存在,则

1° $D(c)=0$,其中 c 为常数;

2° $D(cX)=c^2D(X)$,其中 c 为常数;

3° $D(X\pm Y)=D(X)+D(Y)\pm 2E\{[X-E(X)][Y-E(Y)]\}$;

4° 若 X,Y 相互独立,则 $D(X\pm Y)=D(X)+D(Y)$;

5° 对于任意常数 $c\neq E(X)$,有 $D(X)<E[(X-c)^2]$.

证 仅证性质 4°、性质 5°.

4°
$$\begin{aligned}D(X\pm Y)&=E\{[(X\pm Y)-E(X\pm Y)]^2\}\\&=E\{\{[X-E(X)]\pm[Y-E(Y)]\}^2\}\\&=E\{[X-E(X)]^2\}\pm 2E\{[X-E(X)][Y-E(Y)]\}\\&\quad+E\{[Y-E(Y)]^2\}\\&=D(X)+D(Y)\pm 2E\{[X-E(X)][Y-E(Y)]\}.\end{aligned}$$

当 X,Y 相互独立时,$X-E(X),Y-E(Y)$ 也相互独立,由数学期望的性质,有

$$E\{[X-E(X)][Y-E(Y)]\}=E[X-E(X)]E[Y-E(Y)]=0.$$

因此有

$$D(X\pm Y)=D(X)+D(Y).$$

性质 4° 可以推广到任意有限多个相互独立的随机变量之和的情况.

5° 对于任意常数 c,有

$$\begin{aligned}E[(X-c)^2]&=E\{[X-E(X)+E(X)-c]^2\}\\&=E\{[X-E(X)]^2\}+2[E(X)-c]E[X-E(X)]\\&\quad+[E(X)-c]^2\\&=D(X)+[E(X)-c]^2.\end{aligned}$$

故对于任意常数 $c\neq E(X)$,有 $D(X)<E[(X-c)^2]$.

例 4.13 设随机变量 X 的数学期望为 $E(X)$,方差 $D(X)=\sigma^2,\sigma>0$,令 $Y=\dfrac{X-E(X)}{\sigma}$,求 $E(Y),D(Y)$.

解 $E(Y)=E\left[\dfrac{X-E(X)}{\sigma}\right]=\dfrac{1}{\sigma}E[X-E(X)]=\dfrac{1}{\sigma}[E(X)-E(X)]=0,$

$$D(Y)=D\left[\frac{X-E(X)}{\sigma}\right]=\frac{1}{\sigma^2}D[X-E(X)]=\frac{1}{\sigma^2}D(X)=\frac{\sigma^2}{\sigma^2}=1.$$

常称 Y 为 X 的标准化随机变量.

例 4.14 设随机变量 $X_1,X_2,\cdots,X_n$ 相互独立,且服从同一 $(0-1)$ 分布,其分布律为

$$P\{X_i=0\}=1-p,$$
$$P\{X_i=1\}=p,\quad i=1,2,\cdots,n.$$

证明:$X=X_1+X_2+\cdots+X_n$ 服从参数为 n,p 的二项分布,并求 $E(X)$ 和 $D(X)$.

解 X 的所有可能取值为 $0,1,2,\cdots,n$,由独立性知 X 以特定的方式(如前 k 个取 1,后 $n-k$ 个取 0)取 $k(0\leqslant k\leqslant n)$ 的概率为 $p^k(1-p)^{n-k}$,而 X 取 k 的两两互不相容的方式共有 C_n^k 种,故

$$P\{X=k\}=C_n^k p^k(1-p)^{n-k},\quad k=0,1,2,\cdots,n,$$

即 X 服从参数为 n,p 的二项分布.

由于

$$E(X_i)=0\times(1-p)+1\times p=p,$$
$$D(X_i)=(0-p)^2\times(1-p)+(1-p)^2\times p$$
$$=p(1-p),\quad i=1,2,\cdots,n,$$

因此有

$$E(X)=E\left(\sum_{i=1}^n X_i\right)=\sum_{i=1}^n E(X_i)=np,$$

又由 $X_1,X_2,\cdots,X_n$ 相互独立,得

$$D(X)=D\left(\sum_{i=1}^n X_i\right)=\sum_{i=1}^n D(X_i)=np(1-p).$$

3. 常用分布的方差

(1) $(0-1)$ 分布.设随机变量 X 服从参数为 p 的 $(0-1)$ 分布,其分布律如表 4-16 所示,由例 4.14,知

$$D(X)=p(1-p).$$

表 4-16

X	0	1
p_k	$1-p$	p

(2) 二项分布.设随机变量 X 服从参数为 n,p 的二项分布,由例 4.14,知

$$D(X)=np(1-p).$$

(3) 泊松分布.设随机变量 X 服从参数为 λ 的泊松分布,由本章第一节知 $E(X)=\lambda$,且

$$E(X^2)=E[X(X-1)+X]=E[X(X-1)]+E(X)$$
$$=\sum_{k=2}^{\infty}k(k-1)\frac{\lambda^k}{k!}e^{-\lambda}+\lambda=\lambda^2e^{-\lambda}\sum_{k=2}^{\infty}\frac{\lambda^{k-2}}{(k-2)!}+\lambda$$

$$=\lambda^2 e^{-\lambda}\cdot e^{\lambda}+\lambda=\lambda^2+\lambda,$$

所以

$$D(X)=E(X^2)-[E(X)]^2=\lambda^2+\lambda-\lambda^2=\lambda.$$

(4) 均匀分布. 设随机变量 X 服从区间 (a,b) 上的均匀分布, 由本章第一节知 $E(X)=\frac{a+b}{2}$, 且

$$E(X^2)=\int_a^b \frac{x^2}{b-a}dx=\frac{a^2+ab+b^2}{3},$$

所以

$$\begin{aligned}D(X)&=E(X^2)-[E(X)]^2\\&=\frac{1}{3}(a^2+ab+b^2)-\frac{1}{4}(a+b)^2\\&=\frac{(b-a)^2}{12}.\end{aligned}$$

(5) 指数分布. 设随机变量 X 服从参数为 λ 的指数分布, 由本章第一节知 $E(X)=\frac{1}{\lambda}$, 且

$$E(X^2)=\int_0^{+\infty} x^2\cdot\lambda e^{-\lambda x}dx=\frac{2}{\lambda^2},$$

所以

$$D(X)=E(X^2)-[E(X)]^2=\frac{2}{\lambda^2}-\left(\frac{1}{\lambda}\right)^2=\frac{1}{\lambda^2}.$$

(6) 正态分布. 设随机变量 $X\sim N(\mu,\sigma^2)$, 由本章第一节知 $E(X)=\mu$, 从而

$$\begin{aligned}D(X)&=\int_{-\infty}^{+\infty}[x-E(X)]^2 f(x)dx\\&=\int_{-\infty}^{+\infty}(x-\mu)^2\cdot\frac{1}{\sqrt{2\pi}\sigma}e^{-\frac{(x-\mu)^2}{2\sigma^2}}dx.\end{aligned}$$

令 $\frac{x-\mu}{\sigma}=t$, 则

$$\begin{aligned}D(X)&=\frac{\sigma^2}{\sqrt{2\pi}}\int_{-\infty}^{+\infty}t^2 e^{-\frac{t^2}{2}}dt=\frac{\sigma^2}{\sqrt{2\pi}}\left(-te^{-\frac{t^2}{2}}\Big|_{-\infty}^{+\infty}+\int_{-\infty}^{+\infty}e^{-\frac{t^2}{2}}dt\right)\\&=\frac{\sigma^2}{\sqrt{2\pi}}(0+\sqrt{2\pi})=\sigma^2.\end{aligned}$$

由此可知, 正态分布的概率密度中的两个参数 μ 和 σ 分别是该分布的数学期望和标准差, 因此正态分布完全可由它的数学期望和方差所确定. 再者, 由第三章第五节例 3.17 知道, 若随机变量 $X_i\sim N(\mu_i,\sigma_i^2)$, $i=1,2,\cdots,n$, 且它们相互独立, 则它们的线性组合 $c_1X_1+c_2X_2+\cdots+c_nX_n$ ($c_1,c_2,\cdots,c_n$ 是不全为零的常数) 仍然服从正态分布. 于是, 由数学期望和方差的性质可知

$$c_1X_1+c_2X_2+\cdots+c_nX_n\sim N\left(\sum_{i=1}^{n}c_i\mu_i,\sum_{i=1}^{n}c_i^2\sigma_i^2\right).$$

这是一个重要的结果.

例 4.15 设活塞的直径(单位:cm)$X\sim N(22.40,(0.03)^2)$,汽缸的直径(单位:cm)$Y\sim N(22.50,(0.04)^2)$,X,Y 相互独立. 任取一只活塞和一只汽缸,求活塞能装入汽缸的概率.

解 依题意,需求 $P\{X<Y\}=P\{X-Y<0\}$. 令 $Z=X-Y$,则

$$E(Z)=E(X)-E(Y)=22.40-22.50=-0.10,$$

$$D(Z)=D(X)+D(Y)=(0.03)^2+(0.04)^2=(0.05)^2,$$

即

$$Z\sim N(-0.10,(0.05)^2).$$

故有

$$P\{X<Y\}=P\{Z<0\}=P\left\{\frac{Z-(-0.10)}{0.05}<\frac{0-(-0.10)}{0.05}\right\}$$

$$=\Phi\left(\frac{0.10}{0.05}\right)=\Phi(2)=0.9772.$$

习题 4.2

1. 已知 100 个产品中有 10 个次品,求任意取出的 5 个产品中的次品数的数学期望和方差.

2. 设随机变量 X 的概率密度为

$$f(x)=\begin{cases}x, & 0\leqslant x<1,\\ 2-x, & 1\leqslant x\leqslant 2,\\ 0, & \text{其他},\end{cases}$$

求 $E(X),D(X)$.

3. 已知 $E(X)=-2,E(X^2)=5$,求 $D(1-3X)$.

4. 设随机变量 X 的概率密度为

$$f(x)=\begin{cases}cx\mathrm{e}^{-k^2x^2}, & x\geqslant 0,\\ 0, & x<0.\end{cases}$$

求:

(1) 常数 c;

(2) $E(X)$;

(3) $D(X)$.

5. 设随机变量 $X\sim N(0,2^2)$,$Y\sim U(0,4)$,且 X,Y 相互独立,求 $D(X+Y)$,$D(2X-3Y)$.

6. 一袋中有12个零件,其中9个合格品、3个废品. 安装机器时,从袋中逐个地取出(取出后不放回),设在取出合格品之前已取出的废品数为随机变量 X,求 $E(X)$,$D(X)$.

7. 设随机变量 X 的概率密度为

$$f(x)=\begin{cases}1+x, & -1<x\leqslant 0,\\ 1-x, & 0<x\leqslant 1,\\ 0, & \text{其他},\end{cases}$$

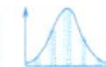

求 $D(3X-5)$.

8. 设随机变量 X 的概率密度为

$$f(x)=\begin{cases}ax+bx^2, & 0<x<1,\\ 0, & \text{其他},\end{cases}$$

且 $E(X)=0.5$,求 $D(X)$.

9. 设考生的外语成绩(百分制)X 服从正态分布,平均成绩(参数 μ 的值)为 72 分,已知成绩在 96 分以上的人数占考生总数的 2.28%. 现任取 100 名考生的成绩,以 Y 表示成绩在 60 分至 84 分之间的人数,求 $E(Y)$, $D(Y)$.

第三节 协方差与相关系数

对于二维随机变量 (X,Y),数学期望 $E(X)$,$E(Y)$ 只反映了 X 和 Y 各自的平均值,而 $D(X)$,$D(Y)$ 反映的是 X 和 Y 各自偏离平均值的程度,它们都没有反映 X 与 Y 之间的关系. 在实际问题中,每对随机变量往往相互影响、相互联系,如人的年龄与身高、某种产品的产量与价格等. 随机变量的这种相互联系称为相关关系,它们也是一类重要的数字特征,本节讨论有关这方面的数字特征.

定义 4.3 设 (X,Y) 为二维随机变量,称

$$E\{[X-E(X)][Y-E(Y)]\}$$

为随机变量 X,Y 的协方差,记为 $\operatorname{cov}(X,Y)$,即

$$\operatorname{cov}(X,Y)=E\{[X-E(X)][Y-E(Y)]\}. \tag{4-11}$$

而 $\dfrac{\operatorname{cov}(X,Y)}{\sqrt{D(X)}\sqrt{D(Y)}}$ 称为随机变量 X,Y 的相关系数或标准协方差,记为 ρ_{XY},即

$$\rho_{XY}=\frac{\operatorname{cov}(X,Y)}{\sqrt{D(X)}\sqrt{D(Y)}}. \tag{4-12}$$

特别地,

$$\operatorname{cov}(X,X)=E\{[X-E(X)][X-E(X)]\}=D(X),$$
$$\operatorname{cov}(Y,Y)=E\{[Y-E(Y)][Y-E(Y)]\}=D(Y).$$

故方差 $D(X)$,$D(Y)$ 是协方差的特例.

由上述定义及方差的性质可得

$$D(X\pm Y)=D(X)+D(Y)\pm 2\operatorname{cov}(X,Y).$$

由协方差的定义及数学期望的性质可得实用计算公式

$$\operatorname{cov}(X,Y)=E(XY)-E(X)E(Y). \tag{4-13}$$

若 (X,Y) 为二维离散型随机变量,其分布律为 $P\{X=x_i,Y=y_j\}=p_{ij}$,i, $j=1,2,\cdots$,则有

$$\operatorname{cov}(X,Y)=\sum_i\sum_j[x_i-E(X)][y_j-E(Y)]p_{ij}. \tag{4-14}$$

若 (X,Y) 为二维连续型随机变量,其概率密度为 $f(x,y)$,则有

$$\operatorname{cov}(X,Y)=\int_{-\infty}^{+\infty}\int_{-\infty}^{+\infty}[x-E(X)][y-E(Y)]f(x,y)\mathrm{d}x\mathrm{d}y. \quad (4-15)$$

例 4.16 设二维随机变量(X,Y)的分布律如表 4-17 所示,其中$0<p<1$,求$\operatorname{cov}(X,Y)$和ρ_{XY}.

表 4-17

Y	X: 0	X: 1
0	$1-p$	0
1	0	p

解 易知X的分布律为

$$P\{X=1\}=p,\quad P\{X=0\}=1-p,$$

故

$$E(X)=p,\quad D(X)=p(1-p).$$

同理$E(Y)=p,D(Y)=p(1-p)$,易得$E(XY)=p$.因此

$$\operatorname{cov}(X,Y)=E(XY)-E(X)E(Y)=p-p^2=p(1-p),$$

而

$$\rho_{XY}=\frac{\operatorname{cov}(X,Y)}{\sqrt{D(X)}\sqrt{D(Y)}}=\frac{p(1-p)}{\sqrt{p(1-p)}\sqrt{p(1-p)}}=1.$$

例 4.17 设二维随机变量(X,Y)的概率密度为

$$f(x,y)=\begin{cases}x+y, & 0<x<1,0<y<1,\\0, & \text{其他},\end{cases}$$

求$\operatorname{cov}(X,Y)$.

解 由于

$$f_X(x)=\begin{cases}x+\dfrac{1}{2}, & 0<x<1,\\0, & \text{其他},\end{cases}$$

$$f_Y(y)=\begin{cases}y+\dfrac{1}{2}, & 0<y<1,\\0, & \text{其他},\end{cases}$$

则

$$E(X)=\int_0^1 x\left(x+\frac{1}{2}\right)\mathrm{d}x=\frac{7}{12},$$

$$E(Y)=\int_0^1 y\left(y+\frac{1}{2}\right)\mathrm{d}y=\frac{7}{12},$$

$$E(XY)=\int_0^1\left[\int_0^1 xy(x+y)\mathrm{d}x\right]\mathrm{d}y=\int_0^1\left(\int_0^1 x^2y\mathrm{d}x\right)\mathrm{d}y+\int_0^1\left(\int_0^1 xy^2\mathrm{d}x\right)\mathrm{d}y=\frac{1}{3}.$$

因此

$$\operatorname{cov}(X,Y)=E(XY)-E(X)E(Y)=\frac{1}{3}-\frac{7}{12}\times\frac{7}{12}=-\frac{1}{144}.$$

协方差具有下列性质：

1° 若 X,Y 相互独立，则 $\mathrm{cov}(X,Y)=0$；

2° $\mathrm{cov}(X,Y)=\mathrm{cov}(Y,X)$；

3° $\mathrm{cov}(aX,bY)=ab\,\mathrm{cov}(X,Y)$，其中 a,b 为常数；

4° $\mathrm{cov}(X_1+X_2,Y)=\mathrm{cov}(X_1,Y)+\mathrm{cov}(X_2,Y)$.

证　仅证性质 4°，其余留给读者.

$$
\begin{aligned}
\mathrm{cov}(X_1+X_2,Y)&=E[(X_1+X_2)Y]-E(X_1+X_2)E(Y)\\
&=E(X_1Y)+E(X_2Y)-E(X_1)E(Y)-E(X_2)E(Y)\\
&=[E(X_1Y)-E(X_1)E(Y)]+[E(X_2Y)-E(X_2)E(Y)]\\
&=\mathrm{cov}(X_1,Y)+\mathrm{cov}(X_2,Y).
\end{aligned}
$$

下面给出相关系数 ρ_{XY} 的重要性质，并说明 ρ_{XY} 的含义.

定理 4.4　设 $D(X)>0,D(Y)>0,\rho_{XY}$ 为 (X,Y) 的相关系数.

拓展知识

1° 若 X,Y 相互独立，则 $\rho_{XY}=0$；

2° $|\rho_{XY}|\leqslant 1$；

3° $|\rho_{XY}|=1$ 的充要条件是存在常数 a,b，使得

$$P\{Y=aX+b\}=1,\quad a\neq 0.$$

证　由协方差的性质及相关系数的定义可知 1° 成立.

2°　对于任意实数 t，有

$$
\begin{aligned}
D(Y-tX)&=E\{[(Y-tX)-E(Y-tX)]^2\}\\
&=E\{\{[Y-E(Y)]-t[X-E(X)]\}^2\}\\
&=E\{[Y-E(Y)]^2\}-2tE\{[Y-E(Y)][X-E(X)]\}\\
&\quad+t^2E\{[X-E(X)]^2\}\\
&=t^2D(X)-2t\,\mathrm{cov}(X,Y)+D(Y)\\
&=D(X)\left[t-\frac{\mathrm{cov}(X,Y)}{D(X)}\right]^2+D(Y)-\frac{[\mathrm{cov}(X,Y)]^2}{D(X)}.
\end{aligned}
$$

令 $t=\dfrac{\mathrm{cov}(X,Y)}{D(X)}=b$，于是

$$
\begin{aligned}
D(Y-bX)&=D(Y)-\frac{[\mathrm{cov}(X,Y)]^2}{D(X)}=D(Y)\left\{1-\frac{[\mathrm{cov}(X,Y)]^2}{D(X)D(Y)}\right\}\\
&=D(Y)(1-\rho_{XY}^2).
\end{aligned}
$$

因为方差不能为负，所以 $1-\rho_{XY}^2\geqslant 0$，从而

$$|\rho_{XY}|\leqslant 1.$$

性质 3° 的证明较复杂，从略.

当 $\rho_{XY}=0$ 时，称 X,Y 不相关，由定理 4.4 的性质 1° 可知，当 X,Y 相互独立时，$\rho_{XY}=0$，即 X,Y 不相关. 反之不一定成立，即 X,Y 不相关，X,Y 却不一定相互独立.

例 4.18 设随机变量 X 在区间 $[0,2\pi]$ 上服从均匀分布，$Y=\cos X$，$Z=\cos(X+a)$，其中 a 为常数，求 ρ_{YZ}，并说明其含义.

解 $E(Y)=\dfrac{1}{2\pi}\displaystyle\int_0^{2\pi}\cos x\,\mathrm{d}x=0$，$E(Z)=\dfrac{1}{2\pi}\displaystyle\int_0^{2\pi}\cos(x+a)\,\mathrm{d}x=0$，

$$D(Y)=E\{[Y-E(Y)]^2\}=\frac{1}{2\pi}\int_0^{2\pi}\cos^2 x\,\mathrm{d}x=\frac{1}{2},$$

$$D(Z)=E\{[Z-E(Z)]^2\}=\frac{1}{2\pi}\int_0^{2\pi}\cos^2(x+a)\,\mathrm{d}x=\frac{1}{2},$$

$$\begin{aligned}\operatorname{cov}(Y,Z)&=E\{[Y-E(Y)][Z-E(Z)]\}\\&=\frac{1}{2\pi}\int_0^{2\pi}\cos x\cdot\cos(x+a)\,\mathrm{d}x=\frac{1}{2}\cos a,\end{aligned}$$

因此

$$\rho_{YZ}=\frac{\operatorname{cov}(Y,Z)}{\sqrt{D(Y)}\sqrt{D(Z)}}=\frac{\frac{1}{2}\cos a}{\sqrt{1/2}\sqrt{1/2}}=\cos a.$$

① 当 $a=0$ 时，$\rho_{YZ}=1$，$Y=Z$，存在线性关系；

② 当 $a=\pi$ 时，$\rho_{YZ}=-1$，$Y=-Z$，存在线性关系；

③ 当 $a=\dfrac{\pi}{2}$ 或 $\dfrac{3\pi}{2}$ 时，$\rho_{YZ}=0$，Y,Z 不相关，但却有 $Y^2+Z^2=1$，因此 Y,Z 不相互独立.

例 4.18 说明，当两个随机变量不相关时，它们并不一定相互独立，它们之间还可能存在其他的函数关系.

定理 4.4 告诉我们，相关系数 ρ_{XY} 描述了随机变量 X,Y 的线性相关程度，$|\rho_{XY}|$ 越接近 1，则 X 与 Y 之间越接近线性关系. 当 $|\rho_{XY}|=1$ 时，X 与 Y 之间依概率 1 线性相关. 不过，当 (X,Y) 是二维正态随机变量时，X,Y 不相关与 X,Y 相互独立是等价的. 下面举例说明.

例 4.19 设二维随机变量 (X,Y) 服从二维正态分布，其概率密度为

$$f(x,y)=\frac{1}{2\pi\sigma_1\sigma_2\sqrt{1-\rho^2}}\cdot\exp\left\{-\frac{1}{2(1-\rho^2)}\left[\frac{(x-\mu_1)^2}{\sigma_1^2}-2\rho\frac{(x-\mu_1)(y-\mu_2)}{\sigma_1\sigma_2}+\frac{(y-\mu_2)^2}{\sigma_2^2}\right]\right\},$$

求 $\operatorname{cov}(X,Y)$ 和 ρ_{XY}.

解 (X,Y) 的边缘概率密度为

$$f_X(x)=\frac{1}{\sqrt{2\pi}\sigma_1}\mathrm{e}^{-\frac{(x-\mu_1)^2}{2\sigma_1^2}},\quad -\infty<x<+\infty,$$

$$f_Y(y)=\frac{1}{\sqrt{2\pi}\sigma_2}\mathrm{e}^{-\frac{(y-\mu_2)^2}{2\sigma_2^2}},\quad -\infty<y<+\infty,$$

故

$$E(X)=\mu_1,\quad E(Y)=\mu_2,\quad D(X)=\sigma_1^2,\quad D(Y)=\sigma_2^2.$$

而

$$\begin{aligned}\operatorname{cov}(X,Y)&=\int_{-\infty}^{+\infty}\int_{-\infty}^{+\infty}(x-\mu_1)(y-\mu_2)f(x,y)\mathrm{d}x\mathrm{d}y\\&=\frac{1}{2\pi\sigma_1\sigma_2\sqrt{1-\rho^2}}\int_{-\infty}^{+\infty}\int_{-\infty}^{+\infty}(x-\mu_1)(y-\mu_2)\mathrm{e}^{-\frac{(x-\mu_1)^2}{2\sigma_1^2}}\mathrm{e}^{-\frac{1}{2(1-\rho^2)}\left(\frac{y-\mu_2}{\sigma_2}-\rho\frac{x-\mu_1}{\sigma_1}\right)^2}\mathrm{d}x\mathrm{d}y,\end{aligned}$$

令 $t=\frac{1}{\sqrt{1-\rho^2}}\left(\frac{y-\mu_2}{\sigma_2}-\rho\frac{x-\mu_1}{\sigma_1}\right),u=\frac{x-\mu_1}{\sigma_1}$，则

$$\begin{aligned}\operatorname{cov}(X,Y)&=\frac{1}{2\pi}\int_{-\infty}^{+\infty}\int_{-\infty}^{+\infty}(\sigma_1\sigma_2\sqrt{1-\rho^2}\,tu+\rho\,\sigma_1\sigma_2u^2)\mathrm{e}^{-\frac{u^2}{2}-\frac{t^2}{2}}\mathrm{d}t\mathrm{d}u\\&=\frac{\sigma_1\sigma_2\rho}{2\pi}\int_{-\infty}^{+\infty}u^2\mathrm{e}^{-\frac{u^2}{2}}\mathrm{d}u\cdot\int_{-\infty}^{+\infty}\mathrm{e}^{-\frac{t^2}{2}}\mathrm{d}t+\frac{\sigma_1\sigma_2\sqrt{1-\rho^2}}{2\pi}\int_{-\infty}^{+\infty}u\mathrm{e}^{-\frac{u^2}{2}}\mathrm{d}u\cdot\int_{-\infty}^{+\infty}t\mathrm{e}^{-\frac{t^2}{2}}\mathrm{d}t\\&=\frac{\rho\,\sigma_1\sigma_2}{2\pi}\sqrt{2\pi}\cdot\sqrt{2\pi}=\rho\,\sigma_1\sigma_2.\end{aligned}$$

于是

$$\rho_{XY}=\frac{\operatorname{cov}(X,Y)}{\sqrt{D(X)}\sqrt{D(Y)}}=\rho.$$

例 4.19 说明，二维正态随机变量(X,Y)的概率密度中的参数ρ就是X和Y的相关系数，从而二维正态随机变量的分布完全可由X,Y的各自的数学期望、方差及它们的相关系数所确定.

由第三章讨论可知，若(X,Y)服从二维正态分布，那么X,Y相互独立的充要条件是$\rho=0$，即X,Y不相关. 因此，对二维正态随机变量(X,Y)来说，X,Y不相关与X,Y相互独立是等价的.

习题 4.3

1. 设$D(X)=25,D(Y)=36,\rho_{XY}=\frac{1}{6}$，求$D(X+Y),D(X-Y)$.

2. 设二维随机变量(X,Y)的概率密度为

$$f(x,y)=\begin{cases}1, & |y|<x,0<x<1,\\0, & 其他,\end{cases}$$

求$E(X),E(Y),\operatorname{cov}(X,Y)$.

3. 设随机变量X的数学期望存在，证明：X与任一常数a的协方差是零.

4. 设二维随机变量(X,Y)的概率密度为

$$f(x,y)=\begin{cases}\frac{1}{\pi}, & x^2+y^2\leqslant 1,\\0, & 其他,\end{cases}$$

证明:X,Y 不相关,但 X,Y 不相互独立.

5. 设二维随机变量(X,Y)的分布律如表 4-18 所示,证明:X,Y 不相关,但 X,Y 不相互独立.

表 4-18

Y	X		
	-1	0	1
-1	$\frac{1}{8}$	$\frac{1}{8}$	$\frac{1}{8}$
0	$\frac{1}{8}$	0	$\frac{1}{8}$
1	$\frac{1}{8}$	$\frac{1}{8}$	$\frac{1}{8}$

6. 设二维随机变量(X,Y)的概率密度为

$$f(x,y)=\begin{cases}e^{-(x+y)}, & x>0,y>0,\\ 0, & \text{其他},\end{cases}$$

求 $\operatorname{cov}(X,Y),\rho_{XY}$.

7. 设二维随机变量(X,Y)的概率密度为

$$f(x,y)=\begin{cases}\frac{1}{2}\sin(x+y), & 0\leqslant x\leqslant\frac{\pi}{2},0\leqslant y\leqslant\frac{\pi}{2},\\ 0, & \text{其他},\end{cases}$$

求 $\operatorname{cov}(X,Y),\rho_{XY}$.

8. 设随机变量 X 的概率密度为

$$f(x)=\frac{1}{2}e^{-|x|},\quad -\infty<x<+\infty,$$

(1) 求 $E(X),D(X)$.

(2) 求 $\operatorname{cov}(X,|X|)$,并问:$X,|X|$ 是否不相关?

(3) 问:$X,|X|$ 是否相互独立,为什么?

第四节　矩、协方差矩阵

数学期望、方差、协方差是随机变量最常用的数字特征,它们都是特殊的矩.矩是更广泛的数字特征.

定义 4.4　设 X 和 Y 是随机变量.若

$$E(X^k),\quad k=1,2,\cdots$$

存在,则称它为 X 的 k 阶原点矩,简称 k 阶矩.

若

$$E\{[X-E(X)]^k\},\quad k=1,2,\cdots$$

存在，则称它为 X 的 k 阶中心矩.

若

$$E(X^k Y^l),\quad k,l=1,2,\cdots$$

存在，则称它为 X 和 Y 的 $k+l$ 阶混合矩.

若

$$E\{[X-E(X)]^k[Y-E(Y)]^l\},\quad k,l=1,2,\cdots$$

存在，则称它为 X 和 Y 的 $k+l$ 阶混合中心矩.

显然，X 的数学期望 $E(X)$ 是 X 的一阶原点矩，方差 $D(X)$ 是 X 的二阶中心矩，协方差 $\mathrm{cov}(X,Y)$ 是 X 和 Y 的 $1+1$ 阶混合中心矩.

当 X 为离散型随机变量，其分布律为 $P\{X=x_i\}=p_i$ 时，有

$$E(X^k)=\sum_{i=1}^{\infty}x_i^k p_i,$$

$$E\{[X-E(X)]^k\}=\sum_{i=1}^{\infty}[x_i-E(X)]^k p_i.$$

当 X 为连续型随机变量，其概率密度为 $f(x)$ 时，有

$$E(X^k)=\int_{-\infty}^{+\infty}x^k f(x)\mathrm{d}x,$$

$$E\{[X-E(X)]^k\}=\int_{-\infty}^{+\infty}[x-E(X)]^k f(x)\mathrm{d}x.$$

下面介绍 n 维随机变量的协方差矩阵.

设 n 维随机变量 $(X_1,X_2,\cdots,X_n)$ 的 $1+1$ 阶混合中心矩

$$\begin{aligned}\sigma_{ij}&=\mathrm{cov}(X_i,X_j)\\&=E\{[X_i-E(X_i)][X_j-E(X_j)]\},\quad i,j=1,2,\cdots,n\end{aligned}$$

都存在，则称矩阵

$$\boldsymbol{\Sigma}=\begin{pmatrix}\sigma_{11}&\sigma_{12}&\cdots&\sigma_{1n}\\\sigma_{21}&\sigma_{22}&\cdots&\sigma_{2n}\\\vdots&\vdots&&\vdots\\\sigma_{n1}&\sigma_{n2}&\cdots&\sigma_{nn}\end{pmatrix}$$

为 n 维随机变量 $(X_1,X_2,\cdots,X_n)$ 的协方差矩阵.

由于 $\sigma_{ij}=\sigma_{ji},i,j=1,2,\cdots,n$，因此 $\boldsymbol{\Sigma}$ 是一个对称矩阵.

协方差矩阵给出了 n 维随机变量的全部方差及协方差，因此在研究 n 维随机变量的统计规律时，协方差矩阵是很重要的. 利用协方差矩阵还可以引入 n 维正态分布的概率密度.

首先用协方差矩阵重写二维正态随机变量 (X_1,X_2) 的概率密度

$$f(x_1,x_2)=\frac{1}{2\pi\sigma_1\sigma_2\sqrt{1-\rho^2}}\cdot \mathrm{e}^{-\frac{1}{2(1-\rho^2)}\left[\frac{(x_1-\mu_1)^2}{\sigma_1^2}-2\rho\frac{(x_1-\mu_1)(x_2-\mu_2)}{\sigma_1\sigma_2}+\frac{(x_2-\mu_2)^2}{\sigma_2^2}\right]}.$$

令 $\boldsymbol{X}=\begin{pmatrix}x_1\\x_2\end{pmatrix}$,$\boldsymbol{\mu}=\begin{pmatrix}\mu_1\\\mu_2\end{pmatrix}$,则$(X_1,X_2)$的协方差矩阵为

$$\boldsymbol{\Sigma}=\begin{pmatrix}\sigma_{11}&\sigma_{12}\\\sigma_{21}&\sigma_{22}\end{pmatrix}=\begin{pmatrix}\sigma_1^2&\rho\sigma_1\sigma_2\\\rho\sigma_1\sigma_2&\sigma_2^2\end{pmatrix},$$

它的行列式 $|\boldsymbol{\Sigma}|=\sigma_1^2\sigma_2^2(1-\rho^2)$,逆矩阵

$$\boldsymbol{\Sigma}^{-1}=\frac{1}{|\boldsymbol{\Sigma}|}\begin{pmatrix}\sigma_2^2&-\rho\sigma_1\sigma_2\\-\rho\sigma_1\sigma_2&\sigma_1^2\end{pmatrix}.$$

由于

$$\begin{aligned}&(\boldsymbol{X}-\boldsymbol{\mu})^{\mathrm{T}}\boldsymbol{\Sigma}^{-1}(\boldsymbol{X}-\boldsymbol{\mu})\\&=\frac{1}{|\boldsymbol{\Sigma}|}(x_1-\mu_1,x_2-\mu_2)\begin{pmatrix}\sigma_2^2&-\rho\sigma_1\sigma_2\\-\rho\sigma_1\sigma_2&\sigma_1^2\end{pmatrix}\begin{pmatrix}x_1-\mu_1\\x_2-\mu_2\end{pmatrix}\\&=\frac{1}{1-\rho^2}\left[\frac{(x_1-\mu_1)^2}{\sigma_1^2}-2\rho\frac{(x_1-\mu_1)(x_2-\mu_2)}{\sigma_1\sigma_2}+\frac{(x_2-\mu_2)^2}{\sigma_2^2}\right],\end{aligned}$$

因此(X_1,X_2)的概率密度可写成

$$f(x_1,x_2)=\frac{1}{2\pi\sqrt{|\boldsymbol{\Sigma}|}}\exp\left\{-\frac{1}{2}(\boldsymbol{X}-\boldsymbol{\mu})^{\mathrm{T}}\boldsymbol{\Sigma}^{-1}(\boldsymbol{X}-\boldsymbol{\mu})\right\}.$$

其次将上式推广到 n 维的情形.设$(X_1,X_2,\cdots,X_n)$是 n 维随机变量,令

$$\boldsymbol{X}=\begin{pmatrix}x_1\\x_2\\\vdots\\x_n\end{pmatrix},\quad\boldsymbol{\mu}=\begin{pmatrix}\mu_1\\\mu_2\\\vdots\\\mu_n\end{pmatrix}=\begin{pmatrix}E(X_1)\\E(X_2)\\\vdots\\E(X_n)\end{pmatrix},$$

定义 n 维正态随机变量$(X_1,X_2,\cdots,X_n)$的概率密度为

$$f(x_1,x_2,\cdots,x_n)=\frac{1}{(2\pi)^{\frac{n}{2}}\sqrt{|\boldsymbol{\Sigma}|}}\exp\left\{-\frac{1}{2}(\boldsymbol{X}-\boldsymbol{\mu})^{\mathrm{T}}\boldsymbol{\Sigma}^{-1}(\boldsymbol{X}-\boldsymbol{\mu})\right\},$$

其中 $\boldsymbol{\Sigma}$ 是$(X_1,X_2,\cdots,X_n)$的协方差矩阵.

n 维正态随机变量具有以下几条重要性质:

1° n 维随机变量$(X_1,X_2,\cdots,X_n)$服从 n 维正态分布的充要条件是 X_1,X_2,$\cdots$,X_n 的任意线性组合

$$l_1X_1+l_2X_2+\cdots+l_nX_n$$

服从一维正态分布,其中 $l_1,l_2,\cdots,l_n$ 不全为零.

2° 设$(X_1,X_2,\cdots,X_n)$服从 n 维正态分布,且 $Y_1,Y_2,\cdots,Y_k$ 是 $X_1,X_2,\cdots,X_n$ 的线性函数,则$(Y_1,Y_2,\cdots,Y_k)$服从 k 维正态分布.

3° 设$(X_1,X_2,\cdots,X_n)$服从 n 维正态分布,则 $X_1,X_2,\cdots,X_n$ 相互独立的充要条件是 $X_1,X_2,\cdots,X_n$ 两两不相关.

习题 4.4

1. 设随机变量 $X \sim U(a,b)$，对于任意正整数 k，求 $E(X^k)$，$E\{[X-E(X)]^k\}$.

2. 设 $X_1,X_2,\cdots,X_n$ 是相互独立的随机变量，且 $E(X_i)=\mu$，$D(X_i)=\sigma^2$，$i=1,2,\cdots,n$，记 $\overline{X}=\frac{1}{n}\sum_{i=1}^{n}X_i$，$S^2=\frac{1}{n-1}\sum_{i=1}^{n}(X_i-\overline{X})^2$. 证明：

(1) $E(\overline{X})=\mu$，$D(\overline{X})=\frac{\sigma^2}{n}$；

(2) $S^2=\frac{1}{n-1}\left(\sum_{i=1}^{n}X_i^2-n\overline{X}^2\right)$；

(3) $E(S^2)=\sigma^2$.

小结

随机变量的数字特征是由随机变量的分布确定的，能描述随机变量某一个方面的特征的常数. 最重要的数字特征是数学期望和方差. 数学期望 $E(X)$ 描述随机变量 X 取值的平均大小，方差 $D(X)=E\{[X-E(X)]^2\}$ 描述随机变量 X 与它自己的数学期望 $E(X)$ 的偏离程度. 数学期望和方差虽不能像分布函数、分布律、概率密度一样完整地描述随机变量，但它们能描述随机变量的重要方面或人们最关心方面的特征，因此它们在应用和理论上都非常重要.

要掌握随机变量的函数 $Y=g(X)$ 的数学期望 $E(Y)=E[g(X)]$ 的计算公式(4-3) 和 (4-4). 这两个公式的意义在于当求 $E(Y)$ 时，不必先求出 $Y=g(X)$ 的分布律或概率密度，而只须利用 X 的分布律或概率密度就可以了，这样做的好处是明显的.

我们常利用公式 $D(X)=E(X^2)-[E(X)]^2$ 来计算方差 $D(X)$，请注意这里 $E(X^2)$ 和 $[E(X)]^2$ 的区别.

要掌握数学期望和方差的性质，请注意：

(1) 当 X_1,X_2 相互独立或不相关时，才有 $E(X_1X_2)=E(X_1)E(X_2)$；

(2) 设 c 为常数，则有 $D(cX)=c^2D(X)$；

(3) $D(X_1\pm X_2)=D(X_1)+D(X_2)\pm 2\mathrm{cov}(X_1,X_2)$，当 X_1,X_2 相互独立或不相关时，才有

$$D(X_1\pm X_2)=D(X_1)+D(X_2).$$

例如，若 X_1,X_2 相互独立，则有 $D(2X_1-3X_2)=4D(X_1)+9D(X_2)$.

相关系数 ρ_{XY} 有时也称为线性相关系数，它是一个可以用来描述随机变量 (X,Y) 的两个分量 X,Y 之间的线性关系紧密程度的数字特征. 当 $|\rho_{XY}|$ 较小时 X,Y 的线性相关的程度较差；当 $\rho_{XY}=0$ 时 X,Y 不相关. 不相关是指 X,Y 之间不存在线性关系，它们还可能存在除线性关系外的关系. 又由于 X,Y 相互独立是对 X,Y 的一般关系而言的，因此有以下的结论：X,Y 相互独立则 X,Y 一定不相关；X,Y 不相关则 X,Y 不一定相互独立.

特别地，对于二维正态随机变量 $(X,Y,)$，X,Y 不相关与 X,Y 相互独立是等价的. 而二维正态随机变量的相关系数 ρ_{XY} 就是参数 ρ. 于是，用“$\rho=0$”是否成立来检验 X,Y 是否相互独立是很方便的.

重要术语及主题

数学期望	随机变量函数的数学期望	数学期望的性质
方差	标准差	方差的性质
协方差	相关系数	相关系数的性质
X,Y 不相关	矩	协方差矩阵

为了使用方便,下面列出常见分布及其数学期望和方差,如表 4－19 所示.

表 4－19

分布名称	分布律或概率密度	数学期望	方差	参数范围
(0－1) 分布	$P\{X=1\}=p,P\{X=0\}=q$	p	pq	$0<p<1$ $q=1-p$
二项分布 $X\sim b(n,p)$	$P\{X=k\}=C_n^k p^k q^{n-k}$ $(k=0,1,2,\cdots,n)$	np	npq	$0<p<1$ $q=1-p$ n 为自然数
泊松分布 $X\sim P(\lambda)$	$P\{X=k\}=\dfrac{\lambda^k}{k!}\mathrm{e}^{-\lambda}$ $(k=0,1,2,\cdots)$	λ	λ	$\lambda>0$
均匀分布 $X\sim U(a,b)$	$f(x)=\begin{cases}\dfrac{1}{b-a}, & a<x<b,\\ 0, & \text{其他}\end{cases}$	$\dfrac{a+b}{2}$	$\dfrac{(b-a)^2}{12}$	$b>a$
指数分布 $X\sim E(\lambda)$	$f(x)=\begin{cases}\lambda\mathrm{e}^{-\lambda x}, & x>0,\\ 0, & x\leqslant 0\end{cases}$	$\dfrac{1}{\lambda}$	$\dfrac{1}{\lambda^2}$	$\lambda>0$
正态分布 $X\sim N(\mu,\sigma^2)$	$f(x)=\dfrac{1}{\sqrt{2\pi}\sigma}\mathrm{e}^{-\frac{(x-\mu)^2}{2\sigma^2}}$ $(x\in\mathbf{R})$	μ	σ^2	μ 任意 $\sigma>0$

复习题四

1. 设一盒中有 5 只球,其中 2 只红球、3 只黑球. 现从中任意抽取 3 只球,令随机变量 X 表示取到的红球数,求 $E(X)$.

2. 一袋中有 N 只球,其中的白球数 X 为一随机变量. 已知 $E(X)=n$,求从袋中任取 1 只球为白球的概率.

3. 一工厂生产某种设备的寿命(单位:年)X 服从指数分布,概率密度为

$$f(x)=\begin{cases}\dfrac{1}{4}\mathrm{e}^{-\frac{x}{4}}, & x>0,\\ 0, & x\leqslant 0.\end{cases}$$

为确保消费者的利益，工厂规定出售的设备若在一年内损坏可以调换. 若售出一台设备，工厂获利 100 元，而调换一台则损失 200 元，试求工厂出售一台设备盈利的数学期望.

4. 设二维随机变量(X,Y)在以$(0,0)$，$(0,1)$，$(1,0)$为顶点的三角形域上服从均匀分布，求$\mathrm{cov}(X,Y)$，ρ_{XY}.

5. 已知二维随机变量(X,Y)的协方差矩阵为$\begin{pmatrix}1 & 1\\ 1 & 4\end{pmatrix}$，求$Z_1=X-2Y$和$Z_2=2X-Y$的相关系数.

6. 对于两个随机变量V,W，若$E(V^2)$，$E(W^2)$存在，证明：

$$[E(VW)]^2\leqslant E(V^2)E(W^2).$$

这一不等式称为柯西－施瓦茨不等式.

7. 假设由自动线加工的某种零件的内径(单位：mm)$X\sim N(\mu,1)$，内径小于 10 mm 或大于 12 mm 为不合格品，其余为合格品. 销售每件合格品获利，销售每件不合格品亏损，已知销售利润(单位：元)T与销售零件的内径X有如下关系：

$$T=\begin{cases}-1, & X<10,\\ 20, & 10\leqslant X\leqslant 12,\\ -5, & X>12.\end{cases}$$

问：平均直径μ取何值时，销售一个零件的平均利润最大？

8. 两台同样的自动记录仪，每台无故障工作的时间(单位：h)$T_i(i=1,2)$服从参数为 5 的指数分布，首先开动其中一台，当其发生故障时停用而另一台自动开启. 试求两台记录仪无故障工作的总时间$T=T_1+T_2$的概率密度$f_T(t)$及$E(T)$，$D(T)$.

9. 设随机变量X,Y相互独立，且均服从均值为 0、方差为$\frac{1}{2}$的正态分布，求$D(|X-Y|)$.

10. 某流水生产线上每个产品不合格的概率为$p(0<p<1)$，各产品合格与否相互独立，当出现 1 个不合格产品时，即停机检修. 设开机后第一次停机时已生产的产品个数为X，求$E(X)$，$D(X)$.

11. 设随机变量U在区间$[-2,2]$上服从均匀分布，且

$$X=\begin{cases}-1, & U\leqslant -1,\\ 1, & U>-1,\end{cases}\quad Y=\begin{cases}-1, & U\leqslant 1,\\ 1, & U>1.\end{cases}$$

求：

(1) (X,Y)的分布律；

(2) $D(X+Y)$.

12. 设随机变量X,Y分别服从$N(1,3^2)$和$N(0,4^2)$，且$\rho_{XY}=-\frac{1}{2}$，令$Z=\frac{X}{3}+\frac{Y}{2}$.

(1) 求$E(Z)$，$D(Z)$.

(2) 求ρ_{XZ}.

(3) 问：X,Z是否相互独立，为什么？

---

13. 将一枚硬币重复抛n次，以X和Y分别表示正面向上和反面向上的次数，则X,Y的相关系数为(　　).

(A) -1　　(B) 0　　(C) $\frac{1}{2}$　　(D) 1　　(2001 研考)

14. 设二维随机变量(X,Y)的分布律如表 4－20 所示，则$\mathrm{cov}(X^2,Y^2)=$________.

表 4-20

Y	X	
	0	1
−1	0.07	0.08
0	0.18	0.32
1	0.15	0.20

(2002 研考)

15. 设随机变量 X 的概率密度为

$$f(x)=\begin{cases}\frac{1}{2}\cos\frac{x}{2}, & 0\leqslant x\leqslant \pi,\\ 0, & \text{其他}.\end{cases}$$

对 X 独立重复地观察 4 次,用 Y 表示观察值大于$\frac{\pi}{3}$ 的次数,求 $E(Y^2)$. (2002 研考)

16. 设随机变量 X 的概率密度为

$$f_X(x)=\begin{cases}\frac{1}{2}, & -1<x<0,\\ \frac{1}{4}, & 0\leqslant x<2,\\ 0, & \text{其他}.\end{cases}$$

令 $Y=X^2$,$F(x,y)$ 为二维随机变量(X,Y) 的分布函数,求:

(1) Y 的概率密度 $f_Y(y)$;

(2) $\operatorname{cov}(X,Y)$;

(3) $F\left(-\frac{1}{2},4\right)$. (2006 研考)

17. 设随机变量 X_1,X_2 相互独立且方差均存在,它们的概率密度分别为 $f_1(x)$ 与 $f_2(x)$,随机变量 Y_1 的概率密度为 $f_{Y_1}(y)=\frac{1}{2}[f_1(y)+f_2(y)]$. 令 $Y_2=\frac{1}{2}(X_1+X_2)$,则(   ).

(A) $E(Y_1)>E(Y_2),D(Y_1)>D(Y_2)$

(B) $E(Y_1)=E(Y_2),D(Y_1)=D(Y_2)$

(C) $E(Y_1)=E(Y_2),D(Y_1)<D(Y_2)$

(D) $E(Y_1)=E(Y_2),D(Y_1)>D(Y_2)$ (2014 研考)

18. 设随机变量 X,Y 不相关,$E(X)=2,E(Y)=1,D(X)=3$,则 $E[X(X+Y-2)]=$(   ).

(A) -3 (B) 3 (C) -5 (D) 5 (2015 研考)

19. 设随机变量 X 的概率密度为

$$f(x)=\begin{cases}2^{-x}\ln 2, & x>0,\\ 0, & x\leqslant 0.\end{cases}$$

对 X 独立重复地观察,直到第二个大于 3 的观察值出现时停止,记 Y 为观察次数. 求:

(1) Y 的分布律;

(2) $E(Y)$. (2015 研考)

20. 随机试验 E 有三种两两不相容的结果 A_1,A_2,A_3,且三种结果发生的概率均为$\frac{1}{3}$,将试验 E 独立重复地做 2 次,X 表示 2 次试验中结果 A_1 发生的次数,Y 表示 2 次试验中结果 A_2 发生的次数,则 X,Y 的相关系数为(   ).

(A) $-\frac{1}{2}$ (B) $-\frac{1}{3}$ (C) $\frac{1}{3}$ (D) $\frac{1}{2}$ (2016 研考)

21. 设随机变量 X 的分布函数为 $F(x)=0.5\Phi(x)+0.5\Phi\left(\frac{x-4}{2}\right)$，其中 $\Phi(x)$ 为标准正态分布函数，则 $E(X)=$ ________.　　(2017 研考)

22. 设随机变量 X,Y 相互独立，且 X 的分布律为 $P\{X=0\}=P\{X=2\}=\frac{1}{2}$，$Y$ 的概率密度为

$$f(y)=\begin{cases}2y, & 0<y<1,\\ 0, & \text{其他}.\end{cases}$$

求：

(1) $P\{Y\leqslant E(Y)\}$；

(2) $Z=X+Y$ 的概率密度 $f_Z(z)$.　　(2017 研考)

23. 设随机变量 X,Y 相互独立，X 的分布律为 $P\{X=1\}=P\{X=-1\}=\frac{1}{2}$，$Y$ 服从参数为 λ 的泊松分布，令 $Z=XY$. 求：

(1) $\mathrm{cov}(X,Z)$；

(2) Z 的分布律.　　(2018 研考)

24. 设随机变量 X 的概率密度 $f(x)=\begin{cases}\frac{x}{2}, & 0<x<2,\\ 0, & \text{其他},\end{cases}$ $F(x)$ 为 X 的分布函数，$E(X)$ 为 X 的数学期望，则 $P\{F(X)>E(X)-1\}=$ ________.　　(2019 研考)

25. 设随机变量 X,Y 相互独立，X 服从参数为 1 的指数分布，Y 的分布律为 $P\{Y=-1\}=p$，$P\{Y=1\}=1-p\ (0<p<1)$，令 $Z=XY$.

(1) 求 Z 的概率密度 $f_Z(z)$.

(2) 问：p 为何值时，X,Z 不相关？

(3) 问：X,Z 是否相互独立？　　(2019 研考)

26. 设随机变量 X 服从区间 $\left(-\frac{\pi}{2},\frac{\pi}{2}\right)$ 上的均匀分布，$Y=\sin X$，则 $\mathrm{cov}(X,Y)=$ ________.

(2020 研考)

27. 在区间 $(0,2)$ 上随机取一点，将该区间分成两段，较短的一段的长度记为 X，较长的一段的长度记为 Y. 令 $Z=\frac{Y}{X}$，求：

(1) X 的概率密度 $f_X(x)$；

(2) Z 的概率密度 $f_Z(z)$；

(3) $E\left(\frac{X}{Y}\right)$.　　(2021 研考)

28. 设随机变量 $X\sim N(0,1)$，在 $X=x$ 的条件下 $Y\sim N(x,1)$，则 X,Y 的相关系数为(　　).

(A) 1　　(B) $\frac{1}{2}$　　(C) $\frac{\sqrt{3}}{3}$　　(D) $\frac{\sqrt{2}}{2}$　　(2022 研考)

29. 设随机变量 X 服从参数为 1 的泊松分布，则 $E[|X-E(X)|]=$(　　).

(A) $\frac{1}{\mathrm{e}}$　　(B) $\frac{1}{2}$　　(C) $\frac{2}{\mathrm{e}}$　　(D) 1　　(2023 研考)

30. 设二维随机变量 (X,Y) 的概率密度为

$$f(x,y)=\begin{cases}\frac{2}{\pi}(x^2+y^2), & x^2+y^2\leqslant 1,\\ 0, & \text{其他}.\end{cases}$$

(1) 求 $\mathrm{cov}(X,Y)$，$D(X)$，$D(Y)$.

(2) 问：X,Y 是否相互独立？

(3) 求 $Z=X^2+Y^2$ 的概率密度 $f_Z(z)$.　　(2023 研考)

第五章

大数定律与中心极限定理

第一节 大数定律

第一章已经指出,人们经过长期实践认识到,虽然个别随机现象在某次试验中可能发生也可能不发生,但是在大量重复试验中却呈现明显的规律性,即随着试验次数的增加,一个随机现象发生的频率在某一固定值附近摆动.这就是所谓的频率具有稳定性.同时,人们通过实践发现大量测量值的算术平均值也具有稳定性.也就是说,无论个别随机现象的结果如何,以及它们在进行过程中的个别特征如何,大量随机现象的平均值实际上是一个与个别现象的特征无关的量,几乎不再是随机的了.概率论中用来阐明大量随机现象的平均值的稳定性的一系列定律称为大数定律.

重点难点

在引入大数定律之前,我们先证明一个重要的不等式——切比雪夫不等式.

定理 5.1 (切比雪夫不等式)设随机变量 X 存在有限方差 $D(X)$,则对于任意 $\varepsilon>0$,有

$$P\{|X-E(X)|\geqslant\varepsilon\}\leqslant\frac{D(X)}{\varepsilon^2}. \tag{5-1}$$

拓展知识

证 若 X 为连续型随机变量,其概率密度为 $f(x)$,则有

$$\begin{aligned}P\{|X-E(X)|\geqslant\varepsilon\}&=\int_{|x-E(X)|\geqslant\varepsilon}f(x)\mathrm{d}x\\&\leqslant\int_{|x-E(X)|\geqslant\varepsilon}\frac{|x-E(X)|^2}{\varepsilon^2}f(x)\mathrm{d}x\\&\leqslant\frac{1}{\varepsilon^2}\int_{-\infty}^{+\infty}[x-E(X)]^2f(x)\mathrm{d}x\\&=\frac{D(X)}{\varepsilon^2}.\end{aligned}$$

请读者自行证明 X 为离散型随机变量的情形.

切比雪夫不等式也可表示成

$$P\{|X-E(X)|<\varepsilon\}\geqslant 1-\frac{D(X)}{\varepsilon^2}. \tag{5-2}$$

这个不等式给出了在随机变量 X 的分布未知的情况下事件 $\{|X-E(X)|<\varepsilon\}$ 的概率的下限估计.例如,在切比雪夫不等式中,令 $\varepsilon=3\sqrt{D(X)}$ 及 $4\sqrt{D(X)}$ 可分别得到

$$P\{|X-E(X)|<3\sqrt{D(X)}\}\geqslant 0.8889,$$
$$P\{|X-E(X)|<4\sqrt{D(X)}\}\geqslant 0.9375.$$

例 5.1 设 X 表示掷一颗骰子所出现的点数.若给定 $\varepsilon=1,2$,请实际计算

$P\{|X-E(X)|\geqslant\varepsilon\}$,并验证切比雪夫不等式成立.

解 因为 X 的分布律是 $P\{X=k\}=\dfrac{1}{6},k=1,2,\cdots,6$,所以

$$E(X)=\frac{7}{2},\quad D(X)=\frac{35}{12},$$

于是

$$P\left\{\left|X-\frac{7}{2}\right|\geqslant 1\right\}=P\{X=1\}+P\{X=2\}+P\{X=5\}+P\{X=6\}=\frac{2}{3},$$

$$P\left\{\left|X-\frac{7}{2}\right|\geqslant 2\right\}=P\{X=1\}+P\{X=6\}=\frac{1}{3}.$$

而

$$\varepsilon=1\text{ 时}\frac{D(X)}{\varepsilon^2}=\frac{35}{12}>\frac{2}{3},\quad \varepsilon=2\text{ 时}\frac{D(X)}{\varepsilon^2}=\frac{1}{4}\times\frac{35}{12}=\frac{35}{48}>\frac{1}{3},$$

可见切比雪夫不等式成立.

例 5.2 设电站供电网有 10 000 盏电灯,夜晚每一盏电灯开灯的概率都是0.7,而假定开、关时间彼此独立,估计夜晚同时开着的电灯数在 6 800 盏与 7 200 盏之间的概率.

解 设 X 表示夜晚同时开着的电灯的数目(单位:盏),它服从参数为 $n=10\,000,p=0.7$ 的二项分布.

若要准确计算,应该用伯努利公式:

$$P\{6\,800<X<7\,200\}=\sum_{k=6\,801}^{7\,199}\mathrm{C}_{10\,000}^{k}(0.7)^k(0.3)^{10\,000-k}.$$

若用切比雪夫不等式估计:

$$E(X)=np=10\,000\times0.7=7\,000,$$
$$D(X)=npq=10\,000\times0.7\times0.3=2\,100,$$
$$P\{6\,800<X<7\,200\}=P\{|X-7\,000|<200\}\geqslant1-\frac{2\,100}{200^2}\approx0.95.$$

由例 5.2 的结果可见,虽然有 10 000 盏电灯,但是只要有供应 7 200 盏电灯的电力就能够以相当大的概率保证够用.事实上,切比雪夫不等式的估计只说明概率大于0.95,后面将具体求出这个概率约为0.999 98.切比雪夫不等式在理论上具有重大意义,但估计的精确度不高.

拓展知识

切比雪夫不等式作为一个理论工具,在证明大数定律时,可使证明非常简洁.

定义 5.1 设 $Y_1,Y_2,\cdots,Y_n,\cdots$ 是一个随机变量序列,a 是一个常数.若对于任意正数 ε,有

$$\lim_{n\to\infty}P\{|Y_n-a|<\varepsilon\}=1,$$

则称序列 $Y_1,Y_2,\cdots,Y_n,\cdots$ 依概率收敛于 a,记为 $Y_n\xrightarrow{P}a$.

名人简介

定理 5.2 **(切比雪夫大数定律)设 $X_1,X_2,\cdots,X_n,\cdots$ 是相互独立的随机变量序列,各有数学期望 $E(X_1),E(X_2),\cdots,E(X_n),\cdots$ 及方差 $D(X_1)$,**

$D(X_2),\cdots,D(X_n),\cdots$，并且对于所有 $i=1,2,\cdots$，都有 $D(X_i)<l$，其中 l 是与 i 无关的常数，则对于任意 $\varepsilon>0$，有

$$\lim_{n\to\infty}P\left\{\left|\frac{1}{n}\sum_{i=1}^{n}X_i-\frac{1}{n}\sum_{i=1}^{n}E(X_i)\right|<\varepsilon\right\}=1. \tag{5-3}$$

证 因为 $X_1,X_2,\cdots,X_n,\cdots$ 相互独立，所以

$$D\left(\frac{1}{n}\sum_{i=1}^{n}X_i\right)=\frac{1}{n^2}\sum_{i=1}^{n}D(X_i)<\frac{1}{n^2}\cdot nl=\frac{l}{n}.$$

又因

$$E\left(\frac{1}{n}\sum_{i=1}^{n}X_i\right)=\frac{1}{n}\sum_{i=1}^{n}E(X_i),$$

故由(5-2)式，对于任意 $\varepsilon>0$，有

$$P\left\{\left|\frac{1}{n}\sum_{i=1}^{n}X_i-\frac{1}{n}\sum_{i=1}^{n}E(X_i)\right|<\varepsilon\right\}\geqslant 1-\frac{l}{n\varepsilon^2}.$$

但任何事件的概率都不超过1，即

$$1-\frac{l}{n\varepsilon^2}\leqslant P\left\{\left|\frac{1}{n}\sum_{i=1}^{n}X_i-\frac{1}{n}\sum_{i=1}^{n}E(X_i)\right|<\varepsilon\right\}\leqslant 1,$$

因此

$$\lim_{n\to\infty}P\left\{\left|\frac{1}{n}\sum_{i=1}^{n}X_i-\frac{1}{n}\sum_{i=1}^{n}E(X_i)\right|<\varepsilon\right\}=1.$$

切比雪夫大数定律说明，在该定律的条件下，当 n 充分大时，n 个独立随机变量的平均数这个随机变量的离散程度是很小的. 这意味着，经过算术平均后得到的随机变量 $\dfrac{\sum_{i=1}^{n}X_i}{n}$ 将比较紧密地聚集在它的数学期望 $\dfrac{\sum_{i=1}^{n}E(X_i)}{n}$ 的附近，它与数学期望之差依概率收敛于0.

推论 (切比雪夫大数定律的特殊情况) 设随机变量 $X_1,X_2,\cdots,X_n,\cdots$ 相互独立，且具有相同的数学期望 $E(X_k)=\mu$ 和方差 $D(X_k)=\sigma^2$，$k=1,2,\cdots$. 做前 n 个随机变量的算术平均 $Y_n=\dfrac{1}{n}\sum_{k=1}^{n}X_k$，则对于任意 $\varepsilon>0$，有

$$\lim_{n\to\infty}P\{|Y_n-\mu|<\varepsilon\}=1. \tag{5-4}$$

定理 5.3 (伯努利大数定律) 设 n_A 是 n 次独立重复试验中事件 A 发生的次数，p 是事件 A 在每次试验中发生的概率，则对于任意 $\varepsilon>0$，有

$$\lim_{n\to\infty}P\left\{\left|\frac{n_A}{n}-p\right|<\varepsilon\right\}=1 \tag{5-5}$$

或

$$\lim_{n\to\infty}P\left\{\left|\frac{n_A}{n}-p\right|\geqslant\varepsilon\right\}=0.$$

证 引入随机变量

$$X_k=\begin{cases}0, & \text{在第 } k \text{ 次试验中 } A \text{ 不发生},\\ 1, & \text{在第 } k \text{ 次试验中 } A \text{ 发生},\end{cases}\qquad k=1,2,\cdots,$$

显然

$$n_A=\sum_{k=1}^{n}X_k.$$

由于 X_k 只依赖于第 k 次试验,而各次试验是相互独立的,因此 $X_1,X_2,\cdots$ 是相互独立的. 又 X_k 服从 $(0-1)$ 分布,因此有

$$E(X_k)=p,\quad D(X_k)=p(1-p),\quad k=1,2,\cdots.$$

于是,由定理 5.2 的推论,有

$$\lim_{n\to\infty}P\left\{\left|\frac{1}{n}\sum_{k=1}^{n}X_k-p\right|<\varepsilon\right\}=1,$$

即

$$\lim_{n\to\infty}P\left\{\left|\frac{n_A}{n}-p\right|<\varepsilon\right\}=1.$$

伯努利大数定律说明,事件 A 发生的频率 $\frac{n_A}{n}$ 依概率收敛于事件 A 发生的概率 p,因此该定律从理论上证明了大量独立重复试验中,事件 A 发生的频率具有稳定性,正因为这种稳定性,概率的概念才有实际意义.

伯努利大数定律还提供了通过试验来确定事件的概率的方法,即既然频率 $\frac{n_A}{n}$ 与概率 p 有较大偏差的可能性很小,于是我们就可以通过做试验确定某事件发生的频率,并把它作为相应概率的估计. 因此,在实际应用中,如果试验的次数很大,就可以用事件发生的频率代替事件发生的概率.

定理 5.2 及其推论中要求随机变量 $X_k(k=1,2,\cdots)$ 的方差存在. 但在随机变量服从同一分布的情形下,并不需要这一要求,有以下定理.

名人简介

定理 5.4 (辛钦大数定律) 设随机变量 $X_1,X_2,\cdots,X_n,\cdots$ 相互独立,服从同一分布,且具有数学期望 $E(X_k)=\mu,k=1,2,\cdots$,则对于任意 $\varepsilon>0$,有

$$\lim_{n\to\infty}P\left\{\left|\frac{1}{n}\sum_{k=1}^{n}X_k-\mu\right|<\varepsilon\right\}=1. \tag{5-6}$$

显然,伯努利大数定律是辛钦大数定律的特殊情况. 辛钦大数定律在实际中应用很广泛.

拓展知识

辛钦大数定律使算术平均值的法则有了理论根据. 例如,要测定某一物理量 a,在不变的条件下重复测量 n 次,得观察值 $X_1,X_2,\cdots,X_n$,求得观察值的算术平均值 $\frac{1}{n}\sum_{i=1}^{n}X_i$. 根据该定律,当 n 足够大时,取 $\frac{1}{n}\sum_{i=1}^{n}X_i$ 作为 a 的近似值,可以认为所发生的误差是很小的. 因此,实用上往往用某物体的某一指标值的一系列观察值的算术平均值来作为该指标值的近似值.

习题 5.1

1. 一颗骰子连续掷 4 次,点数总和记为 X,估计 $P\{10<X<18\}$.
2. 利用切比雪夫不等式估计:随机变量与其数学期望的差的绝对值大于三倍标准差的概率.

3. 为了确定事件 A 的概率,进行 10 000 次独立重复试验,利用切比雪夫不等式估计:当用事件 A 在 10 000 次试验中发生的频率 $f_n(A)$ 作为事件 A 的概率的近似值时,误差小于 0.01 的概率.

第二节　中心极限定理

在客观实际中有许多随机变量,它们是由大量相互独立的偶然因素的综合影响所形成的,而每一个因素在总的影响中所起的作用是很小的,但总的来说,却对总和有显著影响.这种随机变量往往近似地服从正态分布,这种现象就是中心极限定理的客观背景.概率论中有关论证独立随机变量之和的极限分布是正态分布的一系列定理称为中心极限定理,现介绍几个常用的中心极限定理.

定理 5.5　(独立同分布的中心极限定理)设随机变量 $X_1, X_2, \cdots, X_n, \cdots$ 相互独立,服从同一分布,且具有数学期望 $E(X_k)=\mu$ 和方差 $D(X_k)=\sigma^2\neq 0, k=1,2,\cdots$,则随机变量

$$Y_n=\frac{\sum_{k=1}^{n}X_k-E\left(\sum_{k=1}^{n}X_k\right)}{\sqrt{D\left(\sum_{k=1}^{n}X_k\right)}}=\frac{\sum_{k=1}^{n}X_k-n\mu}{\sqrt{n}\sigma}$$

的分布函数 $F_n(x)$ 对于任意 x,满足

$$\lim_{n\to\infty}F_n(x)=\lim_{n\to\infty}P\left\{\frac{\sum_{k=1}^{n}X_k-n\mu}{\sqrt{n}\sigma}\leqslant x\right\}=\int_{-\infty}^{x}\frac{1}{\sqrt{2\pi}}e^{-\frac{t^2}{2}}dt. \quad (5-7)$$

从定理 5.5 的结论可知,当 n 充分大时,近似地有

$$Y_n=\frac{\sum_{k=1}^{n}X_k-n\mu}{\sqrt{n\sigma^2}}\sim N(0,1).$$

或者说,当 n 充分大时,近似地有

$$\sum_{k=1}^{n}X_k\sim N(n\mu, n\sigma^2). \quad (5-8)$$

如果用 $X_1, X_2, \cdots, X_n$ 表示相互独立的各随机因素,它们都服从相同的分布(不论服从什么分布),且都有有限的数学期望与方差(每个因素的影响有一定限度),则(5-8)式说明,作为总和 $\sum_{k=1}^{n}X_k$ 这个随机变量,当 n 充分大时,便近似服从正态分布.

例 5.3　一个螺丝钉的质量(单位:g)是一个随机变量,数学期望值是 100,标准差是 10.求一盒(100 个)同型号螺丝钉的质量超过 10.2 kg 的概率.

解 设一盒螺丝钉的质量为 X,盒中第 i 个螺丝钉的质量为 $X_i, i=1,2,\cdots,100$. X_1, $X_2,\cdots,X_{100}$ 相互独立,$E(X_i)=100$,$\sqrt{D(X_i)}=10$,则有 $X=\sum_{i=1}^{100}X_i$,且

$$E(X)=100E(X_i)=10\ 000,\quad \sqrt{D(X)}=10\sqrt{D(X_i)}=100.$$

因此,根据定理5.5,得所求概率为

$$P\{X>10\ 200\}=P\left\{\frac{X-10\ 000}{100}>\frac{10\ 200-10\ 000}{100}\right\}=1-P\left\{\frac{X-10\ 000}{100}\leqslant 2\right\}$$
$$\approx 1-\Phi(2)=1-0.977\ 2=0.022\ 8.$$

例 5.4 对敌人的防御地进行100次轰炸,每次轰炸命中目标的炸弹数目(单位:颗)是一个随机变量,其数学期望值是2,方差是1.69. 求在100次轰炸中有180颗到220颗炸弹命中目标的概率.

解 令第 i 次轰炸命中目标的炸弹数为 X_i,100次轰炸中命中目标的炸弹数 $X=\sum_{i=1}^{100}X_i$,应用定理5.5,X 近似服从正态分布,数学期望值为200,方差为169,标准差为13. 因此,所求概率为

$$P\{180\leqslant X\leqslant 220\}=P\{|X-200|\leqslant 20\}=P\left\{\left|\frac{X-200}{13}\right|\leqslant\frac{20}{13}\right\}$$
$$\approx 2\Phi(1.54)-1=0.876\ 4.$$

定理 5.6 (李雅普诺夫定理)设随机变量 $X_1,X_2,\cdots,X_n,\cdots$ 相互独立,它们具有数学期望 $E(X_k)=\mu_k$ 和方差 $D(X_k)=\sigma_k^2\neq 0, k=1,2,\cdots$. 记 $B_n^2=\sum_{k=1}^{n}\sigma_k^2$,若存在正数 δ,使得当 $n\to\infty$ 时,

名人简介

$$\frac{1}{B_n^{2+\delta}}\sum_{k=1}^{n}E(|X_k-\mu_k|^{2+\delta})\to 0,$$

则随机变量

$$Z_n=\frac{\sum_{k=1}^{n}X_k-E\left(\sum_{k=1}^{n}X_k\right)}{\sqrt{D\left(\sum_{k=1}^{n}X_k\right)}}=\frac{\sum_{k=1}^{n}X_k-\sum_{k=1}^{n}\mu_k}{B_n}$$

的分布函数 $F_n(x)$ 对于任意 x,满足

$$\lim_{n\to\infty}F_n(x)=\lim_{n\to\infty}P\left\{\frac{\sum_{k=1}^{n}X_k-\sum_{k=1}^{n}\mu_k}{B_n}\leqslant x\right\}=\int_{-\infty}^{x}\frac{1}{\sqrt{2\pi}}e^{-\frac{t^2}{2}}dt.\quad (5-9)$$

定理5.6说明,随机变量

$$Z_n=\frac{\sum_{k=1}^{n}X_k-\sum_{k=1}^{n}\mu_k}{B_n}$$

当 n 很大时,近似服从正态分布 $N(0,1)$. 因此,当 n 很大时,

$$\sum_{k=1}^{n} X_k = B_n Z_n + \sum_{k=1}^{n} \mu_k$$

近似服从正态分布 $N\left(\sum_{k=1}^{n}\mu_k, B_n^2\right)$. 这表明无论随机变量 $X_k(k=1,2,\cdots)$ 具有怎样的分布,只要满足该定理的条件,则它们的和 $\sum_{k=1}^{n} X_k$ 当 n 很大时,就近似服从正态分布. 而在许多实际问题中,所考虑的随机变量往往可以表示为多个独立随机变量之和,因而它们常常近似服从正态分布. 这就是为什么正态随机变量在概率论与数理统计中占有重要地位的主要原因.

在数理统计中我们将看到,中心极限定理是大样本统计推断的理论基础.

下面介绍另一个中心极限定理.

定理 5.7 设随机变量 X 服从参数为 $n, p\ (0<p<1)$ 的二项分布.

1° (拉普拉斯定理) 局部极限定理:当 $n \to \infty$ 时,

$$P\{X=k\} = \frac{1}{\sqrt{2\pi npq}} \mathrm{e}^{-\frac{(k-np)^2}{2npq}} = \frac{1}{\sqrt{npq}} \varphi\left(\frac{k-np}{\sqrt{npq}}\right), \tag{5-10}$$

其中 $p+q=1, k=0,1,2,\cdots,n, \varphi(x)=\frac{1}{\sqrt{2\pi}}\mathrm{e}^{-\frac{x^2}{2}}$.

2° (棣莫弗-拉普拉斯定理) 积分极限定理:对于任意 x,恒有

$$\lim_{n\to\infty} P\left\{\frac{X-np}{\sqrt{np(1-p)}} \leqslant x\right\} = \int_{-\infty}^{x} \frac{1}{\sqrt{2\pi}} \mathrm{e}^{-\frac{t^2}{2}} \mathrm{d}t. \tag{5-11}$$

定理 5.7 表明,二项分布以正态分布为极限. 当 n 充分大时,我们可以利用上两式来计算二项分布的概率.

例 5.5 10 台机器独立工作,每台停机的概率为 0.2,求 3 台机器同时停机的概率.

解 10 台机器中同时停机的数目 X 服从二项分布,$n=10, p=0.2$,则 $np=2, \sqrt{npq} \approx 1.265$.

若直接计算有

$$P\{X=3\} = \mathrm{C}_{10}^{3}(0.2)^3(0.8)^7 \approx 0.2013.$$

若用拉普拉斯定理近似计算,有

$$P\{X=3\} \approx \frac{1}{\sqrt{npq}}\varphi\left(\frac{k-np}{\sqrt{npq}}\right) = \frac{1}{1.265}\varphi\left(\frac{3-2}{1.265}\right) \approx \frac{1}{1.265}\varphi(0.79) \approx 0.2308.$$

此两种方法的计算结果相差较大,这是由于 n 不够大.

例 5.6 应用定理 5.7 计算本章第一节中例 5.2 的概率($\Phi(4.36)=0.99999$).

解 由 $np=7000, \sqrt{npq} \approx 45.83$,则

$$P\{6800 < X < 7200\} = P\{|X-7000| < 200\} \approx P\left\{\left|\frac{X-7000}{45.83}\right| < 4.36\right\}$$

$$\approx 2\Phi(4.36) - 1 = 0.99998.$$

例 5.7 产品为废品的概率为 $p=0.005$，求 10 000 件产品中废品数不大于 70 的概率.

解 10 000 件产品中的废品数 X 服从二项分布，$n=10\,000$，$p=0.005$，$np=50$，$\sqrt{npq}\approx 7.053$，则

$$P\{X\leqslant 70\}\approx\Phi\left(\frac{70-50}{7.053}\right)\approx\Phi(2.84)=0.997\,7.$$

正态分布和泊松分布虽然都是二项分布的极限分布，但后者以 $n\to\infty$，同时 $p\to 0$，$np\to\lambda$ 为条件，而前者则只要求 $n\to\infty$ 这一条件. 一般来说，对于 n 很大，p(或 q) 很小的二项分布($np\leqslant 5$)，用正态分布来近似计算不如用泊松分布计算精确.

例 5.8 每发炮弹命中飞机的概率为 0.01，求 500 发炮弹中命中 5 发的概率.

解 500 发炮弹中命中飞机的炮弹数目 X 服从二项分布，$n=500$，$p=0.01$，$np=5$，$\sqrt{npq}\approx 2.225$.

若用二项分布公式计算，有

$$P\{X=5\}=C_{500}^{5}(0.01)^5(0.99)^{495}\approx 0.176\,35.$$

若用泊松公式计算，直接查表有

$$np=\lambda=5,\quad k=5,\quad P_5(5)=0.175\,468.$$

若用拉普拉斯定理计算，有

$$P\{X=5\}\approx\frac{1}{\sqrt{npq}}\varphi\left(\frac{5-np}{\sqrt{npq}}\right)\approx 0.179\,3.$$

习题 5.2

1. 假设一条生产线生产的产品合格率是 0.8. 要使一批产品的合格率达到在 76% 与 84% 之间的概率不小于 90%，问：这批产品至少要生产多少件？

2. 某车间有同型号机床 200 台，每台机床开动的概率为 0.7，假定各机床开动与否互不影响，开动时每台机床消耗电能 15 单位. 问：至少供应多少单位电能才可以 95% 的概率保证不致因供电不足而影响生产？

3. 某药厂断言，该厂生产的某种药品对于医治一种疑难的血液病的治愈率为 0.8. 医院检验员任意抽查 100 个服用此药品的病人，如果其中多于 75 人治愈，就接受这一断言，否则拒绝这一断言.

(1) 若实际上此药品对这种疾病的治愈率是 0.8，求接受这一断言的概率.

(2) 若实际上此药品对这种疾病的治愈率是 0.7，求接受这一断言的概率.

4. 利用拉普拉斯定理近似计算从一批废品率为 0.05 的产品中，任取 1 000 件，其中有 20 件废品的概率.

5. 对一名学生而言，来参加家长会的家长人数是一个随机变量. 设一名学生无家长、1 位家长、2 位家长来参加家长会的概率分别为 0.05，0.8，0.15. 若学校共有 400 名学生，各学生参加家长会的家长数相互独立，且服从同一分布. 求：

(1) 参加家长会的家长数 X 超过 450 的概率；

(2) 有 1 位家长来参加家长会的学生数不多于 340 的概率.

小结

本章介绍了切比雪夫不等式、3 个大数定律和 3 个中心极限定理.

切比雪夫不等式给出了随机变量 X 的分布未知，只知道 $E(X)$ 和 $D(X)$ 的情况下，对事件 $\{|X-E(X)|<\varepsilon\}$ 概率的下限估计.

人们在长期实践中认识到频率具有稳定性，即当试验次数增加时，频率稳定在一个数的附近. 这一事实显示了可以用一个数来表征事件发生的可能性的大小. 这使人们认识到概率是客观存在的，进而由频率的 3 条性质的启发和抽象给出了概率的定义，因而频率的稳定性是概率定义的客观基础. 伯努利大数定律则以严密的数学形式论证了频率的稳定性.

中心极限定理表明，在相当一般的条件下，当独立随机变量的个数增加时，其和的分布趋于正态分布. 它阐明了正态分布的重要性. 中心极限定理也揭示了在实际应用中会经常遇到正态分布的原因，即揭示了产生正态随机变量的源泉. 另外，它还提供了独立同分布随机变量之和 $\sum\limits_{k=1}^{n} X_k$（其中 X_k 的方差存在）的近似分布，只要和式中加项的个数充分大，就可以不必考虑和式中的随机变量服从什么分布，都用正态分布来近似，这在应用上是有效和重要的.

中心极限定理的内容包含极限，因而称它为极限定理是很自然的. 又由于它在统计中的重要性，因此称它为中心极限定理，这是波利亚在 1920 年取的名字.

本章要求读者理解大数定律和中心极限定理的概率意义，并要求会使用中心极限定理估算有关事件的概率.

重要术语及主题

切比雪夫不等式	依概率收敛
切比雪夫大数定律及其特殊情况	伯努利大数定律
辛钦大数定律	独立同分布的中心极限定理
李雅普诺夫定理	棣莫弗-拉普拉斯定理

复习题五

1. 某公司有 200 名员工参加某资格证书考试，按照往年经验该考试通过率为 0.8，试计算这 200 名员工至少有 150 人考试通过的概率.

2. 一加法器同时收到 20 个噪声电压（单位：mV）$V_k\ (k=1,2,\cdots,20)$，设它们是相互独立的随机变量，且均在区间 $(0,10)$ 上服从均匀分布. 记 $V=\sum\limits_{k=1}^{20} V_k$，求 $P\{V>105\}$ 的近似值.

3. 设有 30 个电子元件，它们的使用寿命（单位：h）$T_1,T_2,\cdots,T_{30}$ 服从参数 $\lambda=0.1$ 的指数分布，其使用情况是第一个损坏则第二个立即使用，以此类推. 令 T 为 30 个元件使用的总计时间，求 T 超过 350 h 的概率.

4. 题 3 中的电子元件若每件为 a 元，问：在年计划中一年至少需多少元才能以 95% 的概率保证够用（假定一年有 306 个工作日，每个工作日为 8 h）？

5. 设有 1 000 人独立行动，每人能够按时进入掩蔽体的概率为 0.9. 以 95% 的概率估计，在一次行动中：

(1) 至少有多少人能够进入掩蔽体?

(2) 至多有多少人能够进入掩蔽体?

6. 在一家保险公司里有 10 000 人参加保险,每人每年付 12 元保险费,在一年内一人死亡的概率为 0.006,死亡者的家属可向保险公司领得 1 000 元赔偿费.求:

(1) 保险公司没有利润的概率;

(2) 保险公司一年的利润不少于 60 000 元的概率.

7. 设男孩出生率为 0.515,求在 10 000 个新生婴儿中女孩不少于男孩的概率.

8. 某保险公司多年统计资料表明,在索赔户中,被盗索赔户占 20%,以 X 表示在随机抽查的 100 个索赔户中,因被盗向保险公司索赔的户数.

(1) 写出 X 的分布律.

(2) 利用中心极限定理,求被盗索赔户不少于 14 个且不多于 30 个的概率近似值.

---

9. 设随机变量 X 和 Y 的数学期望都是 2,方差分别为 1 和 4,相关系数为 0.5.试根据切比雪夫不等式给出 $P\{|X-Y|\geqslant 6\}$ 的估计. (2001 研考)

10. 一生产线生产的产品成箱包装,每箱的质量是随机的.假设每箱平均重 50 kg,标准差为 5 kg,若用最大载重量为 5 t 的汽车承运,试利用中心极限定理说明每辆车最多可以装多少箱,才能保障不超载的概率大于 0.977. (2001 研考)

第六章

数理统计的基本概念

前面五章讲述了概率论的基本内容，随后的五章将讲述数理统计的基本理论与方法. 数理统计是以概率论为理论基础的一个数学分支，它从实际观察的数据出发研究随机现象的规律性. 在科学研究中，数理统计占据十分重要的位置，是多种试验设计方法和试验数据处理的理论基础.

数理统计的内容十分丰富，本书仅简单介绍参数估计、假设检验、方差分析及回归分析的部分内容.

本章首先讨论总体、随机样本及统计量等基本概念，然后着重介绍几个常用的统计量及抽样分布.

第一节 随机样本

假如要研究某企业所生产的一批电子元件的平均寿命,我们可从这批产品中随机抽取一部分进行寿命测试,并且根据这部分产品的寿命数据对整批产品的平均寿命做一统计推断.

在数理统计中,我们将研究对象的某项数量指标值的全体称为总体,总体中的每个元素称为个体. 例如,上述的一批电子元件寿命值的全体就组成一个总体,其中每一只电子元件的寿命就是一个个体. 要将一个总体的性质了解得十分清楚,初看起来,最理想的办法是对个体逐个进行观察,但实际上这样做往往是不现实的. 例如,要研究电子元件的寿命,由于寿命试验是破坏性的,一旦获得试验的所有结果,这批电子元件也全报废了,因此我们只能从整批电子元件中抽取一部分做寿命试验,并记录其结果,然后根据这部分数据来推断整批电子元件的寿命情况. 由于电子元件的寿命在随机抽样中是随机变量,为了便于数学处理,我们将总体定义为随机变量. 随机变量的分布称为总体分布.

一般地,我们都是从总体中抽取一部分个体进行观察,然后根据所得的数据来推断总体的性质. 被抽出的部分个体,叫作总体的一个样本.

所谓从总体抽取一个个体,就是对总体 X 进行一次观察(进行一次试验),并记录其结果. 在相同的条件下对总体 X 进行 n 次重复的、独立的观察,将 n 次观察结果按试验的次序记为 $X_1,X_2,\cdots,X_n$. 由于 $X_1,X_2,\cdots,X_n$ 是对随机变量 X 观察的结果,且各次观察是在相同的条件下独立进行的,于是引出以下定义.

定义 6.1 设总体 X 是具有分布函数 $F(x)$ 的随机变量. 若 $X_1,X_2,\cdots,X_n$ 是与 X 具有同一分布 $F(x)$ 且相互独立的随机变量,则称 $X_1,X_2,\cdots,X_n$ 为从总体 X 得到的容量为 n 的简单随机样本,简称样本.

当 n 次观察一经完成,我们就得到一组实数 $x_1,x_2,\cdots,x_n$. 它们依次是随机变量 $X_1,X_2,\cdots,X_n$ 的观察值,称为样本值.

对于有限总体,采用有放回抽样就能得到简单样本,当总体中个体的总数 N 比要得到的样本的容量 n 大得多时$\left(\text{一般当}\dfrac{N}{n}\geqslant 10\text{时}\right)$,在实际中可将不放回抽样近似当作有放回抽样来处理.

设 $X_1,X_2,\cdots,X_n$ 是来自总体 X 的一个样本. 若 X 的分布函数为 $F(x)$,则 $(X_1,X_2,\cdots,X_n)$ 的分布函数为

$$F^*(x_1,x_2,\cdots,x_n)=\prod_{i=1}^{n}F(x_i);$$

若 X 具有概率密度 $f(x)$,则 $(X_1,X_2,\cdots,X_n)$ 的概率密度为

$$f^*(x_1,x_2,\cdots,x_n)=\prod_{i=1}^{n}f(x_i).$$

搜集到的资料如果未经组织和整理，通常是没有什么价值的，为了把这些有差异的资料组织成有用的形式，我们应该编制频数表(频数分布表).

例 6.1　某工厂的劳资部门为了研究该厂工人的收入情况，收集了工人的收入资料，表 6－1 记录了该厂 30 名工人未经整理的收入数值.

表 6－1

工人序号	收入／元	工人序号	收入／元	工人序号	收入／元
1	5 300	11	5 950	21	4 800
2	4 200	12	4 350	22	5 250
3	5 500	13	4 900	23	5 350
4	4 550	14	4 850	24	6 050
5	5 450	15	5 150	25	5 250
6	4 550	16	5 300	26	4 750
7	5 500	17	4 250	27	5 300
8	5 350	18	5 300	28	6 400
9	4 950	19	5 050	29	5 550
10	4 700	20	5 250	30	5 050

以例 6.1 为例介绍频数分布表的制作方法. 表 6－1 是 30 名工人收入的原始资料，这些数据可以记为 $x_1,x_2,\cdots,x_{30}$，对于这些观察数据，进行如下操作.

第一步，确定最大值 $x_{\max}$ 和最小值 $x_{\min}$. 根据表 6－1，有

$$x_{\max}=6\,400,\quad x_{\min}=4\,200.$$

第二步，分组，即确定每一收入组的界限和组数. 在实际工作中，第一组下限一般取一个小于 $x_{\min}$ 的数，如取 4 000；最后一组上限取一个大于 $x_{\max}$ 的数，如取 6 500；然后从 4 000 元到 6 500 元分成相等的若干段，如分成 5 段，每一段就对应于一个收入组.

表 6－1 资料的频数分布表如表 6－2 所示.

表 6－2

组距	频数	累积频数
4 000 ～ 4 500	3	3
4 500 ～ 5 000	8	11
5 000 ～ 5 500	13	24
5 500 ～ 6 000	4	28
6 000 ～ 6 500	2	30

为了研究频数分布，我们可用图示法表示.

直方图是垂直条形图,条与条之间无间隔,用横轴上的点表示组限①,纵轴上的单位数表示频数. 与一个组对应的频数,用以组距为底的矩形(长条)的高度表示,表 6-2 资料的直方图如图 6-1 所示.

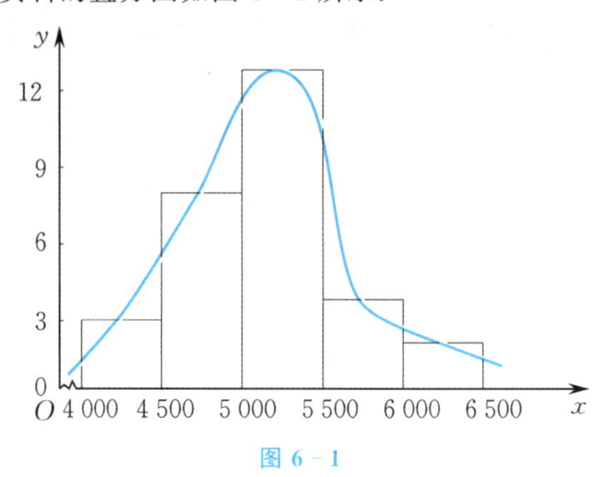

图 6-1

按上述方法对抽取的数据加以整理,编制频数分布表,作直方图,画出频率分布曲线,就可以直观地看到数据分布的情况,在什么范围,较大、较小的各有多少,在哪些地方分布得比较集中,以及分布图形是否对称等. 因此,样本的频率分布是总体概率分布的近似.

样本是总体的反映,但是样本所含的信息不能直接用于解决我们所要研究的问题,而需要把样本所含的信息进行数学上的加工,使其浓缩起来,从而解决问题. 针对不同的问题构造样本的适当函数,利用这些样本的函数进行统计推断.

定义 6.2 设 $X_1,X_2,\cdots,X_n$ 是来自总体 X 的一个样本,$g(X_1,X_2,\cdots,X_n)$ 是 $X_1,X_2,\cdots,X_n$ 的函数. 若 g 中不含任何未知参数,则称 $g(X_1,X_2,\cdots,X_n)$ 是一个统计量.

设 $x_1,x_2,\cdots,x_n$ 是相应于样本 $X_1,X_2,\cdots,X_n$ 的样本值,则称 $g(x_1,x_2,\cdots,x_n)$ 是 $g(X_1,X_2,\cdots,X_n)$ 的观察值.

下面定义一些常用的统计量. 设 $X_1,X_2,\cdots,X_n$ 是来自总体 X 的一个样本,$x_1,x_2,\cdots,x_n$ 是相应的样本值. 定义:

样本均值

$$\overline{X}=\frac{1}{n}\sum_{i=1}^{n}X_i;$$

样本方差

$$S^2=\frac{1}{n-1}\sum_{i=1}^{n}(X_i-\overline{X})^2=\frac{1}{n-1}\left(\sum_{i=1}^{n}X_i^2-n\overline{X}^2\right);$$

样本标准差

$$S=\sqrt{S^2}=\sqrt{\frac{1}{n-1}\sum_{i=1}^{n}(X_i-\overline{X})^2};$$

① 组限是指在组距式分组中,表示各组变动范围的两端的数值,其中每组的最小值称为下(组)限,每组的最大值称为上(组)限.

样本 k 阶(原点)矩

$$A_k=\frac{1}{n}\sum_{i=1}^{n}X_i^k,\quad k=1,2,\cdots;$$

样本 k 阶中心矩

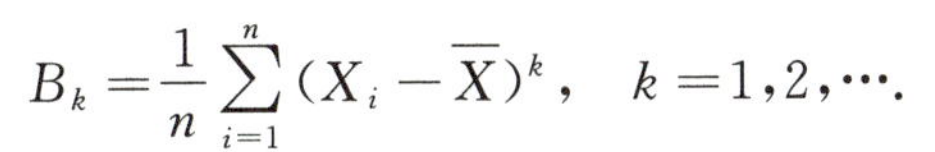

$$B_k=\frac{1}{n}\sum_{i=1}^{n}(X_i-\overline{X})^k,\quad k=1,2,\cdots.$$

它们的观察值分别为

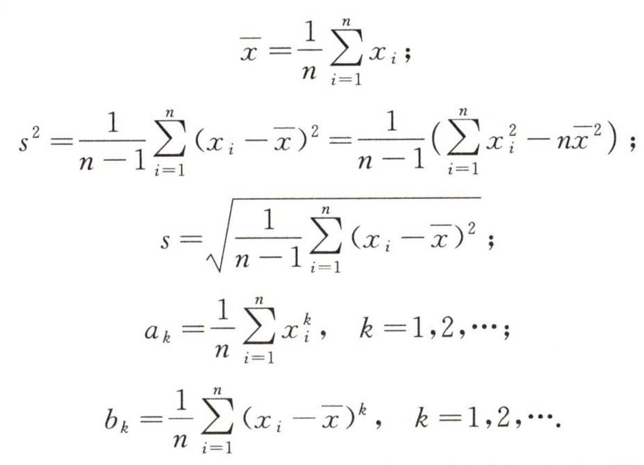

$$\overline{x}=\frac{1}{n}\sum_{i=1}^{n}x_i;$$

$$s^2=\frac{1}{n-1}\sum_{i=1}^{n}(x_i-\overline{x})^2=\frac{1}{n-1}\left(\sum_{i=1}^{n}x_i^2-n\overline{x}^2\right);$$

$$s=\sqrt{\frac{1}{n-1}\sum_{i=1}^{n}(x_i-\overline{x})^2};$$

$$a_k=\frac{1}{n}\sum_{i=1}^{n}x_i^k,\quad k=1,2,\cdots;$$

$$b_k=\frac{1}{n}\sum_{i=1}^{n}(x_i-\overline{x})^k,\quad k=1,2,\cdots.$$

这些观察值仍分别称为样本均值、样本方差、样本标准差、样本 k 阶矩、样本 k 阶中心矩.

习题 6.1

1. 设总体 $X\sim N(\mu,\sigma^2)$,其中 μ 已知,σ^2 未知,$X_1,X_2,\cdots,X_n$ 是来自 X 的一个样本,试问:$X_1+X_2+X_3$,$X_2+3\mu$,$\max\{X_1,X_2,\cdots,X_n\}$,$\dfrac{X_1^2+X_2^2+\cdots+X_n^2}{\sigma^2}$ 中哪些是统计量,哪些不是统计量,为什么?

2. 设 X_1,X_2,X_3,X_4,X_5 是来自总体 $X\sim b(1,p)$ 的一个样本,其中 p 是未知参数.

(1) 指出 $X_1+X_2+X_3$,X_5-p,$\max\limits_{1\leqslant i\leqslant 5}\{X_i\}$,$(X_4-3X_1)^2$ 中哪些是统计量.

(2) 如果 X_1,X_2,X_3,X_4,X_5 的一个样本值是 0,1,0,1,1,计算样本均值和样本方差.

3. 对某地落叶松 16 个样品的木材密度(单位:g/cm^3)进行试验,结果如下:

48, 50, 50, 51, 51, 48, 49, 50, 49, 51, 51, 50, 50, 51, 52, 50.

求样本均值和样本方差.

4. 对下列样本值,计算样本均值、样本方差和样本标准差:

(1) 54, 67, 68, 78, 70, 66, 67, 69, 71;

(2) 51, 64, 53, 50, 51, 52, 66, 67.

5. 某厂生产的电子元件的使用寿命(单位:h)X 服从参数为 λ 的指数分布,其中 λ 未知. 现抽查 n 个电子元件,观察它们的使用寿命,试确定此问题的总体、样本和样本概率密度.

6. 从某厂生产的某种零件中随机抽取 120 个,测得其质量(单位:g) 如表 6-3 所示,试列出频数分布表,并作直方图.

表 6-3

200	202	203	208	216	206	222	213	209	219
216	203	197	208	206	209	206	208	202	203
206	213	218	207	208	202	194	203	213	211
193	213	208	208	204	206	204	206	208	209
213	203	206	207	196	201	208	207	213	208
210	208	211	211	214	220	211	203	216	221
211	209	218	214	219	211	208	221	211	218
218	190	219	211	208	199	214	207	207	214
206	217	214	201	212	213	211	212	216	206
210	216	204	221	208	209	214	214	199	204
211	201	216	211	209	208	209	202	211	207
220	205	206	216	213	206	206	207	200	198

第二节　抽样分布

统计量是样本的函数,它是一个随机变量.统计量的分布称为抽样分布.在使用统计量进行统计推断时常需知道它的分布.当总体的分布函数已知时,抽样分布是确定的,然而即使知道总体的分布,要求出统计量的精确分布,一般来说也是困难的.本节介绍来自正态总体的几个常用的统计量的分布.

1. χ^2 分布

设 $X_1,X_2,\cdots,X_n$ 是来自总体 $X\sim N(0,1)$ 的样本,则统计量

$$\chi^2=X_1^2+X_2^2+\cdots+X_n^2$$

所服从的分布称为自由度为 n 的 χ^2 分布,记为 $\chi^2\sim\chi^2(n)$.

$\chi^2(n)$ 分布的概率密度为

$$f(y)=\begin{cases}\dfrac{1}{2^{n/2}\Gamma(n/2)}y^{n/2-1}\mathrm{e}^{-y/2}, & y>0,\\ 0, & \text{其他},\end{cases}$$

$f(y)$ 的图形如图 6-2 所示.

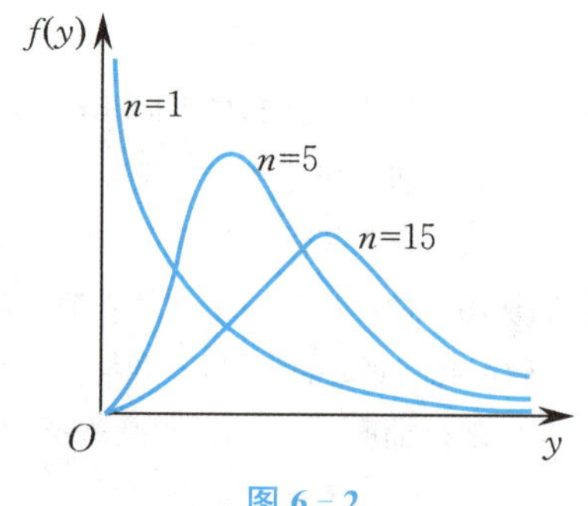

图 6-2

χ^2 分布具有以下性质:

1° 如果 $\chi_1^2 \sim \chi^2(n_1)$, $\chi_2^2 \sim \chi^2(n_2)$,且它们相互独立,则有

$$\chi_1^2+\chi_2^2 \sim \chi^2(n_1+n_2).$$

这一性质称为 χ^2 分布的可加性.

2° 如果 $\chi^2 \sim \chi^2(n)$,则有

$$E(\chi^2)=n, \quad D(\chi^2)=2n.$$

证 只证 2° 因为 $X_i \sim N(0,1)$,所以

$$E(X_i^2)=D(X_i)=1, \quad E(X_i^4)=\frac{1}{\sqrt{2\pi}}\int_{-\infty}^{+\infty} x^4 e^{-\frac{x^2}{2}} dx=3,$$

$$D(X_i^2)=E(X_i^4)-[E(X_i^2)]^2=3-1=2, \quad i=1,2,\cdots,n.$$

于是

$$E(\chi^2)=E\left(\sum_{i=1}^n X_i^2\right)=\sum_{i=1}^n E(X_i^2)=n,$$

$$D(\chi^2)=D\left(\sum_{i=1}^n X_i^2\right)=\sum_{i=1}^n D(X_i^2)=2n.$$

对于给定的 α, $0<\alpha<1$,称满足条件

$$P\{\chi^2>\chi_\alpha^2(n)\}=\int_{\chi_\alpha^2(n)}^{+\infty} f(y)dy=\alpha$$

的点 $\chi_\alpha^2(n)$ 为 $\chi^2(n)$ 分布的上 α 分位点(见图6-3).对于不同的 α, n,上 α 分位点的值已制成表格,可以查用(见附表 5).例如,对于 $\alpha=0.05$, $n=16$,查附表得 $\chi_{0.05}^2(16)=26.296$.但该表只详列到 $n=45$ 为止.当 $n>45$ 时,近似地有

$$\chi_\alpha^2(n) \approx \frac{1}{2}(z_\alpha+\sqrt{2n-1})^2,$$

其中 z_α 是标准正态分布的上 α 分位点.例如,

$$\chi_{0.05}^2(50) \approx \frac{1}{2}(1.645+\sqrt{99})^2 \approx 67.221.$$

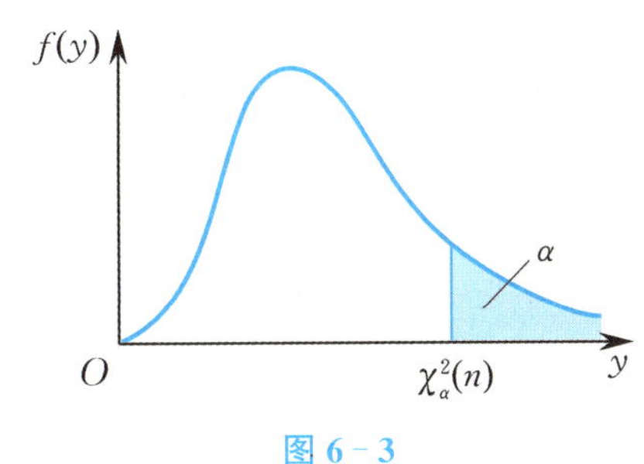

图 6-3

2. t 分布

设 $X \sim N(0,1)$, $Y \sim \chi^2(n)$,且 X, Y 相互独立,则称随机变量

$$t=\frac{X}{\sqrt{Y/n}}$$

服从自由度为 n 的 t 分布,记为 $t \sim t(n)$.

$t(n)$ 分布的概率密度为

$$h(t)=\frac{\Gamma((n+1)/2)}{\sqrt{n\pi}\,\Gamma(n/2)}\left(1+\frac{t^2}{n}\right)^{-(n+1)/2},\quad -\infty<t<+\infty,$$

$h(t)$ 的图形如图 6-4 所示. $h(t)$ 的图形关于 $t=0$ 对称,当 n 充分大时,其图形类似于标准正态随机变量概率密度的图形. 但对于较小的 n,t 分布与 $N(0,1)$ 相差很大(见附表 2 与附表 4).

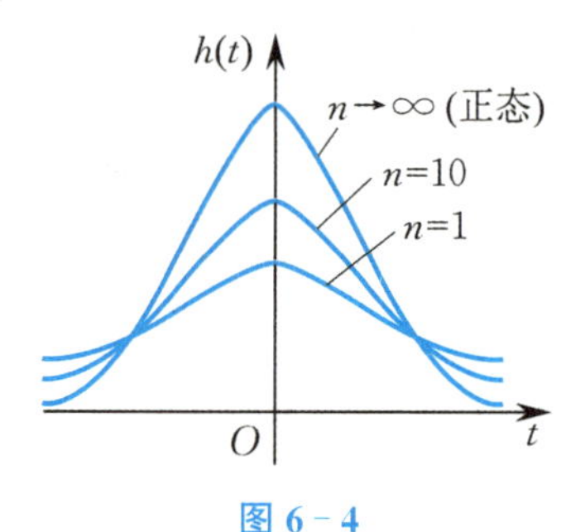

图 6-4

对于给定的 α,$0<\alpha<1$,称满足条件

$$P\{t>t_\alpha(n)\}=\int_{t_\alpha(n)}^{+\infty}h(t)\mathrm{d}t=\alpha$$

的点 $t_\alpha(n)$ 为 $t(n)$ 分布的上 α 分位点(见图 6-5).

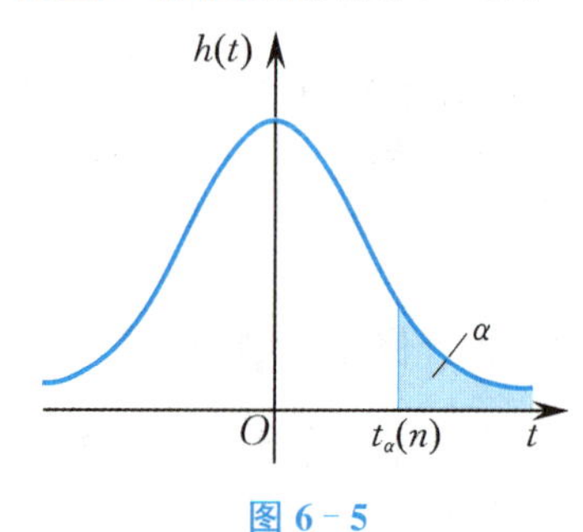

图 6-5

由 t 分布的上 α 分位点的定义及 $h(t)$ 图形的对称性知

$$t_{1-\alpha}(n)=-t_\alpha(n).$$

t 分布的上 α 分位点可从附表 4 查得. 在 $n>45$ 时,t 分布就用正态分布近似:

$$t_\alpha(n)\approx z_\alpha.$$

3. F 分布

设 $U\sim\chi^2(n_1)$,$V\sim\chi^2(n_2)$,且 U,V 相互独立,则称随机变量

$$F=\frac{U/n_1}{V/n_2}$$

服从自由度为(n_1,n_2) 的 F 分布,记为 $F\sim F(n_1,n_2)$.

$F(n_1,n_2)$ 分布的概率密度为

$$\psi(y)=\begin{cases}\dfrac{\Gamma((n_1+n_2)/2)(n_1/n_2)^{n_1/2}y^{(n_1/2)-1}}{\Gamma(n_1/2)\Gamma(n_2/2)[1+(n_1y/n_2)]^{(n_1+n_2)/2}}, & y>0,\\ 0, & 其他,\end{cases}$$

$\psi(y)$ 的图形如图 6-6 所示.

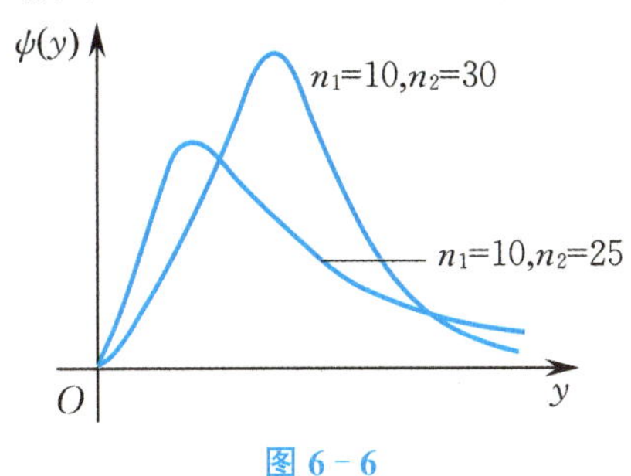

图 6-6

F 分布经常被用来对两个样本方差进行比较. 它是方差分析的一个基本分布,也被用于回归分析中的显著性检验.

对于给定的 α,$0<\alpha<1$,称满足条件

$$P\{F>F_\alpha(n_1,n_2)\}=\int_{F_\alpha(n_1,n_2)}^{+\infty}\psi(y)\mathrm{d}y=\alpha$$

的点 $F_\alpha(n_1,n_2)$ 为 $F(n_1,n_2)$ 分布的上 α 分位点(见图 6-7). F 分布的上α 分位点可查表(见附表 6).

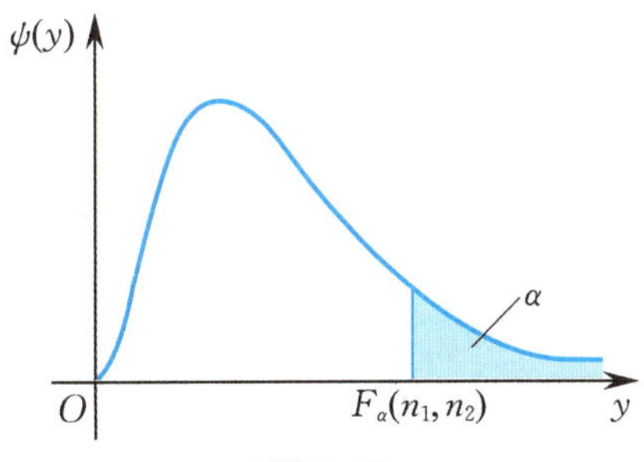

图 6-7

F 分布的上 α 分位点有如下的性质:

$$F_{1-\alpha}(n_1,n_2)=\frac{1}{F_\alpha(n_2,n_1)}.$$

这个性质常用来求附表 6 中没有包括的数值. 例如,查附表得 $F_{0.05}(9,12)=2.80$,则可利用上述性质求得

$$F_{0.95}(12,9)=\frac{1}{F_{0.05}(9,12)}=\frac{1}{2.80}\approx 0.357.$$

4. 正态总体的样本均值与样本方差的分布

设正态总体 X 的均值为 μ,方差为 σ^2,$X_1,X_2,\cdots,X_n$ 是来自 X 的一个样本,则总有

$$E(\overline{X})=\mu,\quad D(\overline{X})=\sigma^2/n,$$

$$\overline{X} \sim N(\mu, \sigma^2/n).$$

对于正态总体 $N(\mu,\sigma^2)$，我们有以下性质.

定理 6.1 设 $X_1,X_2,\cdots,X_n$ 是来自总体 $X \sim N(\mu,\sigma^2)$ 的一个样本，$\overline{X},S^2$ 分别是样本均值和样本方差，则有

1° $\dfrac{(n-1)S^2}{\sigma^2} \sim \chi^2(n-1)$；

2° $\overline{X},S^2$ 相互独立.

定理 6.2 设 $X_1,X_2,\cdots,X_n$ 是来自总体 $X \sim N(\mu,\sigma^2)$ 的一个样本，$\overline{X},S^2$ 分别是样本均值和样本方差，则有

$$\frac{\overline{X}-\mu}{S/\sqrt{n}} \sim t(n-1).$$

证 因为

$$\frac{\overline{X}-\mu}{\sigma/\sqrt{n}} \sim N(0,1), \quad \frac{(n-1)S^2}{\sigma^2} \sim \chi^2(n-1),$$

且两者相互独立，由 t 分布的定义知

$$\frac{\overline{X}-\mu}{\sigma/\sqrt{n}} \Big/ \sqrt{\frac{(n-1)S^2}{\sigma^2(n-1)}} \sim t(n-1).$$

化简上式左边，即得

$$\frac{\overline{X}-\mu}{S/\sqrt{n}} \sim t(n-1).$$

定理 6.3 设 $X_1,X_2,\cdots,X_{n_1}$ 与 $Y_1,Y_2,\cdots,Y_{n_2}$ 分别是来自总体 $X \sim N(\mu_1,\sigma_1^2)$，$Y \sim N(\mu_2,\sigma_2^2)$ 的两个样本，且这两个样本相互独立，$\overline{X}=\dfrac{1}{n_1}\sum\limits_{i=1}^{n_1}X_i$，$\overline{Y}=\dfrac{1}{n_2}\sum\limits_{i=1}^{n_2}Y_i$ 分别是这两个样本的样本均值，$S_1^2=\dfrac{1}{n_1-1}\sum\limits_{i=1}^{n_1}(X_i-\overline{X})^2$，$S_2^2=\dfrac{1}{n_2-1}\sum\limits_{i=1}^{n_2}(Y_i-\overline{Y})^2$ 分别是这两个样本的样本方差，则有

1° $\dfrac{(\overline{X}-\overline{Y})-(\mu_1-\mu_2)}{\sqrt{\sigma_1^2/n_1+\sigma_2^2/n_2}} \sim N(0,1)$；

2° 当 $\sigma_1^2=\sigma_2^2=\sigma^2$ 时，

$$\frac{(\overline{X}-\overline{Y})-(\mu_1-\mu_2)}{S_\omega\sqrt{1/n_1+1/n_2}} \sim t(n_1+n_2-2),$$

其中

$$S_\omega^2=\frac{(n_1-1)S_1^2+(n_2-1)S_2^2}{n_1+n_2-2};$$

3° $\dfrac{S_1^2}{\sigma_1^2}\Big/\dfrac{S_2^2}{\sigma_2^2} \sim F(n_1-1,n_2-1)$；

4° $\sum_{i=1}^{n_1}\frac{(X_i-\mu_1)^2}{n_1\sigma_1^2}\Big/\sum_{i=1}^{n_2}\frac{(Y_i-\mu_2)^2}{n_2\sigma_2^2}\sim F(n_1,n_2)$.

本节所介绍的3个分布及3个定理，在后述各章中都起着重要的作用．应注意，它们都是在总体服从正态分布这一基本假定下得到的．

例 6.2 设总体 $X\sim N(62,10^2)$，为使样本均值大于60的概率不小于0.95，问：样本容量 n 至少应取多大？

解 设需要样本容量为 n，则

$$\frac{\overline{X}-\mu}{\sigma/\sqrt{n}}=\frac{\overline{X}-\mu}{\sigma}\sqrt{n}\sim N(0,1),$$

从而

$$P\{\overline{X}>60\}=P\left\{\frac{\overline{X}-62}{10}\sqrt{n}>\frac{60-62}{10}\sqrt{n}\right\}\geqslant 0.95.$$

查标准正态分布表，得 $\Phi(1.645)=0.95$，所以

$$0.2\sqrt{n}\geqslant 1.645,\quad n\geqslant 67.65.$$

故样本容量至少应取68.

习题 6.2

1. 设随机变量 X,Y 都服从标准正态分布，则(　　).

(A) $X+Y$ 服从正态分布　　(B) X^2+Y^2 服从 χ^2 分布

(C) X^2 和 Y^2 都服从 χ^2 分布　　(D) $\frac{X^2}{Y^2}$ 服从 F 分布

2. 设随机变量 $X\sim t(n)(n>1)$，$Y=\frac{1}{X^2}$，则有(　　).

(A) $Y\sim\chi^2(n)$　　(B) $Y\sim\chi^2(n-1)$

(C) $Y\sim F(n,1)$　　(D) $Y\sim F(1,n)$

3. 设 $X_1,X_2,\cdots,X_n$ 是来自总体 $X\sim N(\mu,\sigma^2)$ 的一个样本，$\overline{X}$ 是样本均值，记

$$S_1^2=\frac{1}{n-1}\sum_{i=1}^{n}(X_i-\overline{X})^2,\quad S_2^2=\frac{1}{n}\sum_{i=1}^{n}(X_i-\overline{X})^2,$$

$$S_3^2=\frac{1}{n-1}\sum_{i=1}^{n}(X_i-\mu)^2,\quad S_4^2=\frac{1}{n}\sum_{i=1}^{n}(X_i-\mu)^2,$$

则下列随机变量中，(　　)服从自由度为 $n-1$ 的 t 分布.

(A) $t=\frac{\overline{X}-\mu}{S_1/\sqrt{n-1}}$　　(B) $t=\frac{\overline{X}-\mu}{S_2/\sqrt{n-1}}$

(C) $t=\frac{\overline{X}-\mu}{S_3/\sqrt{n}}$　　(D) $t=\frac{\overline{X}-\mu}{S_4/\sqrt{n}}$

4. 设 X_1,X_2,X_3,X_4 是来自总体 $X\sim N(0,2^2)$ 的一个样本，问：a,b 取何值时，统计量

$$Y=a(X_1-3X_2)^2+b(2X_3-4X_4)^2$$

服从 χ^2 分布？

5. 设总体 X 服从标准正态分布，$X_1,X_2,\cdots,X_n$ 是来自 X 的一个样本，问：统计量

$$Y=\frac{\left(\frac{n}{5}-1\right)\sum_{i=1}^{5}X_i^2}{\sum_{i=6}^{n}X_i^2},\quad n>5$$

服从何种分布?

6. 求来自总体 $X\sim N(20,(\sqrt{3})^2)$ 的容量分别为 10,15 的两个独立样本均值差的绝对值大于 0.3 的概率.

7. 已知随机变量 $X\sim t(n)$，证明：$X^2\sim F(1,n)$.

8. 设 $X_1,X_2,\cdots,X_n,X_{n+1}$ 是来自总体 $X\sim N(\mu,\sigma^2)$ 的一个样本，

$$\overline{X}=\frac{1}{n}\sum_{i=1}^{n}X_i,\quad S^2=\frac{1}{n-1}\sum_{i=1}^{n}(X_i-\overline{X})^2,$$

证明：统计量 $Y=\dfrac{X_{n+1}-\overline{X}}{S}\sqrt{\dfrac{n}{n+1}}\sim t(n-1)$.

9. 设样本 $X_1,X_2,\cdots,X_n$ 和 $Y_1,Y_2,\cdots,Y_n$ 分别来自总体 $X\sim N(\mu_1,\sigma^2)$ 和 $Y\sim N(\mu_2,\sigma^2)$，且 X,Y 相互独立，求下列统计量所服从的分布：

(1) $\dfrac{(n-1)(S_1^2+S_2^2)}{\sigma^2}$;

(2) $\dfrac{n\left[(\overline{X}-\overline{Y})-(\mu_1-\mu_2)\right]^2}{S_1^2+S_2^2}$.

小结

在数理统计中往往研究有关对象的某一项数量指标. 对这一数量指标进行试验，将试验的全部可能的观察值称为总体，每个观察值称为个体. 总体中的每个个体是某一随机变量 X 的值，因此一个总体对应于一个随机变量 X，我们笼统称为总体 X. 随机变量 X 服从什么分布就称总体服从什么分布.

若 $X_1,X_2,\cdots,X_n$ 是相同条件下对总体 X 进行 n 次独立重复的观察所得到的 n 个结果，称随机变量 $X_1,X_2,\cdots,X_n$ 是来自总体 X 的一个样本，它具有以下两条性质：

1° $X_1,X_2,\cdots,X_n$ 都与总体具有相同的分布；

2° $X_1,X_2,\cdots,X_n$ 相互独立.

我们就是利用来自样本的信息推断总体，从而得到有关总体分布的种种结论.

完全由样本 $X_1,X_2,\cdots,X_n$ 所确定的函数 $g=g(X_1,X_2,\cdots,X_n)$ 称为统计量. 统计量是一个随机变量，它是统计推断的一个重要工具，在数理统计中的地位相当重要，相当于随机变量在概率论中的地位.

样本均值

$$\overline{X}=\frac{1}{n}\sum_{i=1}^{n}X_i$$

和样本方差

$$S^2=\frac{1}{n-1}\sum_{k=1}^{n}(X_k-\overline{X})^2$$

是两个最重要的统计量. 统计量的分布称为抽样分布，读者需要掌握统计学中三大抽样分布：

χ^2 分布， t 分布， F 分布.

读者学习后续内容还需要掌握以下重要结论：

(1) 设总体 X 的一个样本为 $X_1,X_2,\cdots,X_n$，且 X 的均值和方差存在. 记 $\mu=E(X),\sigma^2=D(X)$，则

$$E(\overline{X})=\mu,\quad D(\overline{X})=\sigma^2/n,\quad E(S^2)=\sigma^2.$$

(2) 设总体 $X\sim N(\mu,\sigma^2)$，$X_1,X_2,\cdots,X_n$ 是来自 X 的一个样本，则

1° $\overline{X}\sim N(\mu,\sigma^2/n)$；

2° $\dfrac{(n-1)S^2}{\sigma^2}\sim\chi^2(n-1)$；

3° $\overline{X},S^2$ 相互独立；

4° $\dfrac{\overline{X}-\mu}{S/\sqrt{n}}\sim t(n-1)$.

(3) 定理 6.3 的结论.

重要术语及主题

总体　　样本　　统计量

χ^2 分布、t 分布、F 分布的定义及上 α 分位点

复习题六

1. 设 $X_1,X_2,\cdots,X_n$ 是来自总体 $X\sim N(\mu,2^2)$（μ 未知）的一个样本，下列变量中，（　　）不是统计量.

(A) $\sum\limits_{i=1}^{n}(X_i-3)^2$　　(B) $\sum\limits_{i=1}^{n}\dfrac{(X_i-\mu)^2}{4}$

(C) $\mu+\min\{X_1-\mu,\cdots,X_n-\mu\}$　　(D) $\sum\limits_{i=1}^{n}(X_i-\mu)^2-n(\overline{X}-\mu)^2$

2. 设总体 $X\sim N(0,1)$，$X_1,X_2,\cdots,X_n$ 是来自 X 的一个样本，$\overline{X}$ 和 S^2 分别是样本均值和样本方差，则（　　）.

(A) $\sqrt{n}X\sim t(n-1)$　　(B) $\overline{X}\sim N(0,1)$

(C) $\dfrac{\overline{X}}{S}\sim t(n-1)$　　(D) $\sum\limits_{i=1}^{n}(X_i-\overline{X})^2\sim\chi^2(n-1)$

3. 从总体 $X\sim N(60,15^2)$ 中抽取一个容量为 100 的样本，求样本均值与总体均值之差的绝对值大于 3 的概率.

4. 从总体 $X\sim N(4.2,5^2)$ 中抽取一个容量为 n 的样本，若要求其样本均值在区间 (2.2,6.2) 内的概率不小于 0.95，则样本容量 n 至少取多大?

5. 设某厂生产的灯泡的使用寿命(单位:h) $X\sim N(1\,000,\sigma^2)$，随机抽取一个容量为 9 的样本，并测得样本均值及样本方差. 但是由于工作上的失误，事后失去了此试验的结果，只记得样本方差为 $S^2=100^2$，试求 $P\{\overline{X}>1\,062\}$.

6. 从一正态总体中抽取一个容量为 10 的样本，假定有 2% 的样本均值与总体均值之差的绝对值在 4 以上，求总体的标准差.

7. 从总体 $X \sim N(\mu,\sigma^2)$ 中抽取一个容量为 16 的样本,其中 μ,σ^2 均未知,求 $P\left\{\frac{S^2}{\sigma^2} \leqslant 2.041\right\}$,其中 S^2 为样本方差.

---

8. 设总体 $X \sim N(0,\sigma^2)$,$X_1,X_2,\cdots,X_{15}$ 是来自 X 的一个样本,则统计量 $Y = \frac{X_1^2+X_2^2+\cdots+X_{10}^2}{2(X_{11}^2+X_{12}^2+X_{13}^2+X_{14}^2+X_{15}^2)}$ 服从________分布,参数为________. (2001 研考)

9. 设总体 $X \sim N(\mu,\sigma^2)$,$X_1,X_2,\cdots,X_{2n}(n \geqslant 2)$ 是来自 X 的一个样本,$\overline{X} = \frac{1}{2n}\sum_{i=1}^{2n} X_i$. 令 $Y = \sum_{i=1}^{n}(X_i + X_{n+i} - 2\overline{X})^2$,求 $E(Y)$. (2001 研考)

10. 设总体 $X \sim N(\mu_1,\sigma^2)$,总体 $Y \sim N(\mu_2,\sigma^2)$,$X_1,X_2,\cdots,X_{n_1}$ 和 $Y_1,Y_2,\cdots,X_{n_2}$ 分别是来自 X 和 Y 的两个样本,则

$$E\left[\frac{\sum_{i=1}^{n_1}(X_i-\overline{X})^2+\sum_{j=1}^{n_2}(Y_j-\overline{Y})^2}{n_1+n_2-2}\right] = \_\_\_\_\_\_\_\_.$$

(2004 研考)

11. 设总体 X 的概率密度为

$$f(x) = \frac{1}{2}e^{-|x|}, \quad -\infty < x < +\infty,$$

$X_1,X_2,\cdots,X_n$ 是来自 X 的一个样本,其样本方差为 S^2,则 $E(S^2) = $________. (2006 研考)

12. 设 $X_1,X_2,\cdots,X_n(n \geqslant 2)$ 是来自总体 $X \sim N(\mu,1)$ 的一个样本,$\overline{X} = \frac{1}{n}\sum_{i=1}^{n} X_i$,则下列结论中不正确的是( ).

(A) $\sum_{i=1}^{n}(X_i-\mu)^2$ 服从 χ^2 分布　　(B) $2(X_n-X_1)^2$ 服从 χ^2 分布

(C) $\sum_{i=1}^{n}(X_i-\overline{X})^2$ 服从 χ^2 分布　　(D) $n(\overline{X}-\mu)^2$ 服从 χ^2 分布 (2017 研考)

13. 设 $X_1,X_2,\cdots,X_n$ 是来自总体 $X \sim N(\mu_1,\sigma^2)$ 的一个样本,$Y_1,Y_2,\cdots,Y_m$ 是来自总体 $Y \sim N(\mu_2,2\sigma^2)$ 的一个样本,且两样本相互独立,记 $\overline{X} = \frac{1}{n}\sum_{i=1}^{n}X_i$,$\overline{Y} = \frac{1}{m}\sum_{i=1}^{m}Y_i$,$S_1^2 = \frac{1}{n-1}\sum_{i=1}^{n}(X_i-\overline{X})^2$,$S_2^2 = \frac{1}{m-1}\sum_{i=1}^{m}(Y_i-\overline{Y})^2$,则( ).

(A) $\frac{S_1^2}{S_2^2} \sim F(n,m)$　　(B) $\frac{S_1^2}{S_2^2} \sim F(n-1,m-1)$

(C) $\frac{2S_1^2}{S_2^2} \sim F(n,m)$　　(D) $\frac{2S_1^2}{S_2^2} \sim F(n-1,m-1)$ (2023 研考)

第七章

参数估计

在许多实际问题中，根据历史经验我们往往可以确定所研究的总体分布类型，但是分布中会包含一个或多个未知参数. 那么，如何根据样本来估计未知参数，这就是所谓的参数估计. 参数估计是数理统计研究的主要问题之一.

例如，假设总体 $X \sim N(\mu, \sigma^2)$，μ, σ^2 是未知参数，$X_1, X_2, \cdots, X_n$ 是来自 X 的一个样本，样本值是 $x_1, x_2, \cdots, x_n$，我们要由样本值来确定 μ 和 σ^2 的估计值，这就是参数估计问题. 参数估计分为点估计和区间估计.

第一节 点估计

所谓点估计,是指把总体的未知参数估计为某个确定的值或在某个确定的点上,故点估计又称定值估计.

定义 7.1 设总体 X 的分布函数为 $F(x;\theta)$,θ 是未知参数,$X_1,X_2,\cdots,X_n$ 是来自 X 的一个样本,样本值为 $x_1,x_2,\cdots,x_n$,构造一个统计量 $\hat{\theta}(X_1,X_2,\cdots,X_n)$,用它的观察值 $\hat{\theta}(x_1,x_2,\cdots,x_n)$ 作为 θ 的近似值,这种问题称为点估计问题.

习惯上,称随机变量 $\hat{\theta}(X_1,X_2,\cdots,X_n)$ 为 θ 的估计量,称 $\hat{\theta}(x_1,x_2,\cdots,x_n)$ 为 θ 的估计值.

人们基于不同的理由或原理,构造不同的估计量,因而构造估计量 $\hat{\theta}(X_1,X_2,\cdots,X_n)$ 的方法很多,下面仅介绍矩估计法和最(极)大似然估计法.

1. 矩估计法

矩估计法是一种古老的估计方法.它是由英国统计学家皮尔逊于 1894 年首创的.它虽然古老,但目前仍常用.

矩估计法是用样本矩作为总体矩的估计的方法.用矩估计法确定的估计量称为矩估计量,相应的估计值称为矩估计值.矩估计量与矩估计值统称为矩估计.

矩估计的一般做法:设总体 X 的分布函数为 $F(x;\theta_1,\theta_2,\cdots,\theta_l)$,其中参数 $\theta_1,\theta_2,\cdots,\theta_l$ 均未知.

(1) 若总体 X 的 k 阶矩 $\mu_k=E(X^k)$,$1\leqslant k\leqslant l$ 均存在,则

$$\mu_k=\mu_k(\theta_1,\theta_2,\cdots,\theta_l),\quad 1\leqslant k\leqslant l;$$

(2) 建立方程组

$$\begin{cases}\mu_1(\theta_1,\theta_2,\cdots,\theta_l)=A_1,\\ \mu_2(\theta_1,\theta_2,\cdots,\theta_l)=A_2,\\ \quad\cdots\cdots\\ \mu_l(\theta_1,\theta_2,\cdots,\theta_l)=A_l,\end{cases}$$

其中 $A_k(1\leqslant k\leqslant l)$ 为样本 k 阶矩.

求出方程组的解 $\hat{\theta}_1,\hat{\theta}_2,\cdots,\hat{\theta}_l$,我们称 $\hat{\theta}_k=\hat{\theta}_k(X_1,X_2,\cdots,X_n)$ 为参数 θ_k $(1\leqslant k\leqslant l)$ 的矩估计量,$\hat{\theta}_k=\hat{\theta}_k(x_1,x_2,\cdots,x_n)$ 为参数 θ_k 的矩估计值.

例 7.1 设总体 X 的概率密度为

$$f(x)=\begin{cases}(\alpha+1)x^{\alpha}, & 0<x<1,\\ 0, & 其他,\end{cases}$$

其中 $\alpha>-1$ 为未知参数，$X_1,X_2,\cdots,X_n$ 是来自 X 的一个样本，求 α 的矩估计量.

解 $A_1=\overline{X}$. 由 $\mu_1=A_1$ 及

$$\mu_1=E(X)=\int_{-\infty}^{+\infty}xf(x)\mathrm{d}x=\int_0^1 x(\alpha+1)x^{\alpha}\mathrm{d}x=\frac{\alpha+1}{\alpha+2},$$

有 $\overline{X}=\dfrac{\alpha+1}{\alpha+2}$，得 $\hat{\alpha}=\dfrac{1-2\overline{X}}{\overline{X}-1}$.

例 7.2 设总体 X 的均值 μ 及方差 σ^2 都存在，且有 $\sigma^2>0$，但 μ,σ^2 均未知，X_1，$X_2,\cdots,X_n$ 是来自 X 的一个样本，试求参数 μ,σ^2 的矩估计量.

解

$$\mu_1=E(X)=A_1=\frac{1}{n}\sum_{i=1}^{n}X_i,$$

$$\mu_2=E(X^2)=A_2=\frac{1}{n}\sum_{i=1}^{n}X_i^2.$$

又 $E(X)=\mu$，$E(X^2)=D(X)+[E(X)]^2=\sigma^2+\mu^2$，那么

$$\hat{\mu}=\overline{X},\quad \hat{\sigma}^2=\frac{1}{n}\sum_{i=1}^{n}X_i^2-\overline{X}^2=\frac{1}{n}\sum_{i=1}^{n}(X_i-\overline{X})^2.$$

例 7.2 表明，不管总体服从什么分布，总体均值和方差的矩估计分别是样本均值和样本二阶中心矩.

例 7.3 在某班期末数学考试成绩中随机抽取 9 人的成绩，结果如表 7-1 所示. 试求该班数学成绩的平均分数、标准差的矩估计值.

表 7-1

序号	1	2	3	4	5	6	7	8	9
分数	94	89	85	78	75	71	65	63	55

解 设 X 为该班数学成绩，$\mu=E(X)$，$\sigma^2=D(X)$. 又

$$\overline{x}=\frac{1}{9}\sum_{i=1}^{9}x_i=\frac{1}{9}(94+89+\cdots+55)=75,$$

$$\sqrt{\frac{1}{9}\sum_{i=1}^{9}(x_i-\overline{x})^2}\approx 12.14.$$

于是，由例 7.2 可知，该班数学成绩的平均分数的矩估计值为 $\hat{\mu}=\overline{x}=75$(分)，标准差的矩估计值为 $\hat{\sigma}=\sqrt{\dfrac{1}{9}\sum_{i=1}^{9}(x_i-\overline{x})^2}=12.14$(分).

一般来说，在进行矩估计时无须知道总体的概率分布，只要知道总体矩即可. 但矩估计量有时不唯一，如总体 X 服从参数为 λ 的泊松分布时，因为 $E(X)=D(X)=\lambda$，$\overline{X}$ 和 B_2 都是参数 λ 的矩估计量.

2. 最(极)大似然估计法

最大似然估计法是在已知总体分布的前提下进行估计的. 为了对它的思想有所了解,先看下面的例子.

例 7.4 假定一个盒子里装有许多大小相同的黑球和白球,并且假定它们的数目之比为 3∶1,但不知是白球多还是黑球多. 现在有放回地从盒中抽了 3 只球,试根据所抽 3 只球中黑球的数目确定是白球多还是黑球多.

解 设所抽 3 只球中黑球数为 X,摸到黑球的概率为 p,则 X 服从二项分布,其分布律为

$$P\{X=k\}=C_3^k p^k(1-p)^{3-k}, \quad k=0,1,2,3.$$

问题是 $p=\frac{1}{4}$ 还是 $p=\frac{3}{4}$? 现根据样本中黑球数对未知参数 p 进行估计. 抽样后,共有 4 种可能结果,其概率如表 7-2 所示.

表 7-2

X	0	1	2	3
$p=\frac{1}{4}$ 时,$P\{X=k\}$	$\frac{27}{64}$	$\frac{27}{64}$	$\frac{9}{64}$	$\frac{1}{64}$
$p=\frac{3}{4}$ 时,$P\{X=k\}$	$\frac{1}{64}$	$\frac{9}{64}$	$\frac{27}{64}$	$\frac{27}{64}$

假如某次抽样中,只出现一只黑球,即 $X=1$,$p=\frac{1}{4}$ 时,$P\{X=1\}=\frac{27}{64}$;$p=\frac{3}{4}$ 时,$P\{X=1\}=\frac{9}{64}$,这时我们就会选择 $p=\frac{1}{4}$,即黑球数比白球数为1∶3. 因为在一次试验中,事件"1 只黑球"发生了,我们认为它应有较大的概率 $\frac{27}{64}\left(\frac{27}{64}>\frac{9}{64}\right)$,而 $\frac{27}{64}$ 对应着参数 $p=\frac{1}{4}$. 同样可以考虑 $X=0,2,3$ 的情形,最后可得

$$p=\begin{cases}\frac{1}{4}, & \text{当 } X=0,1 \text{ 时},\\ \frac{3}{4}, & \text{当 } X=2,3 \text{ 时}.\end{cases}$$

(1) 似然函数. 在最大似然估计法中,最关键的问题是如何求得似然函数(定义下文给出),有了似然函数,问题就简单了. 下面分两种情形来介绍如何求似然函数.

(a) 离散型总体. 设总体 X 为离散型,其分布律为 $P\{X=x\}=p(x;\theta)$,其中 θ 为待估计的未知参数. 假定 $x_1,x_2,\cdots,x_n$ 为样本 $X_1,X_2,\cdots,X_n$ 的一组观

察值,则

$$P\{X_1=x_1,X_2=x_2,\cdots,X_n=x_n\}$$
$$=P\{X_1=x_1\}P\{X_2=x_2\}\cdots P\{X_n=x_n\}$$
$$=p(x_1;\theta)p(x_2;\theta)\cdots p(x_n;\theta)=\prod_{i=1}^{n}p(x_i;\theta).$$

将 $\prod_{i=1}^{n}p(x_i;\theta)$ 看作参数 θ 的函数,记为 $L(\theta)$,即

$$L(\theta)=\prod_{i=1}^{n}p(x_i;\theta). \tag{7-1}$$

(b) 连续型总体. 设总体 X 为连续型,其概率密度为 $f(x;\theta)$,其中 θ 为待估计的未知参数,则样本 $(X_1,X_2,\cdots,X_n)$ 的概率密度为

$$f(x_1;\theta)f(x_2;\theta)\cdots f(x_n;\theta)=\prod_{i=1}^{n}f(x_i;\theta).$$

将 $\prod_{i=1}^{n}f(x_i;\theta)$ 也看作参数 θ 的函数,记为 $L(\theta)$,即

$$L(\theta)=\prod_{i=1}^{n}f(x_i;\theta). \tag{7-2}$$

由此可见,不管是离散型总体,还是连续型总体,只要知道它的分布律或概率密度,我们总可以得到一个关于参数 θ 的函数 $L(\theta)$,称 $L(\theta)$ 为似然函数.

(2) 最大似然估计. 最大似然估计法的主要思想是:如果随机抽样得到的样本值为 $x_1,x_2,\cdots,x_n$,则应当这样来选取未知参数 θ 的值,使得出现该样本值的可能性最大,即使得似然函数 $L(\theta)$ 取最大值,从而求参数 θ 的最大似然估计 $\hat{\theta}$ 的问题就转化为求似然函数 $L(\theta)$ 的极值点的问题. 一般来说,这个问题可以通过求解下面的方程来解决:

拓展知识

$$\frac{\mathrm{d}L(\theta)}{\mathrm{d}\theta}=0. \tag{7-3}$$

然而,$L(\theta)$ 是 n 个函数的连乘积,求导数比较复杂. 因为 $\ln L(\theta)$ 是 $L(\theta)$ 的单调递增函数,所以 $L(\theta)$ 与 $\ln L(\theta)$ 在 θ 的同一点处取得极大值. 于是,求解方程(7-3) 可转化为求解

$$\frac{\mathrm{d}\ln L(\theta)}{\mathrm{d}\theta}=0. \tag{7-4}$$

称 $\ln L(\theta)$ 为对数似然函数,方程(7-4) 称为对数似然方程,求解此方程就可得到参数 θ 的最大似然估计.

若总体 X 的分布中含有 k 个未知参数 $\theta_1,\theta_2,\cdots,\theta_k$,则最大似然估计法也适用. 此时,所得的似然函数是关于 $\theta_1,\theta_2,\cdots,\theta_k$ 的多元函数 $L(\theta_1,\theta_2,\cdots,\theta_k)$,解下列方程组,就可得到 $\theta_1,\theta_2,\cdots,\theta_k$ 的最大似然估计:

$$\begin{cases} \dfrac{\partial \ln L(\theta_1,\theta_2,\cdots,\theta_k)}{\partial \theta_1}=0, \\ \dfrac{\partial \ln L(\theta_1,\theta_2,\cdots,\theta_k)}{\partial \theta_2}=0, \\ \cdots\cdots \\ \dfrac{\partial \ln L(\theta_1,\theta_2,\cdots,\theta_k)}{\partial \theta_k}=0. \end{cases} \tag{7-5}$$

例 7.5 在泊松总体 X 中抽取样本,其样本值为 $x_1,x_2,\cdots,x_n$,试求泊松分布的未知参数 λ 的最大似然估计量.

解 因泊松总体 X 为离散型,其分布律为

$$P\{X=x\}=\frac{\lambda^x}{x!}\mathrm{e}^{-\lambda},$$

故似然函数为

$$L(\lambda)=\prod_{i=1}^{n}\frac{\lambda^{x_i}}{x_i!}\mathrm{e}^{-\lambda}=\mathrm{e}^{-\lambda n}\cdot\lambda^{\sum\limits_{i=1}^{n}x_i}\cdot\prod_{i=1}^{n}\frac{1}{x_i!}.$$

两边取对数,得

$$\ln L(\lambda)=-n\lambda+\sum_{i=1}^{n}x_i\ln\lambda-\ln\prod_{i=1}^{n}(x_i!).$$

又

$$\frac{\mathrm{d}\ln L(\lambda)}{\mathrm{d}\lambda}=-n+\frac{1}{\lambda}\sum_{i=1}^{n}x_i,$$

令 $\dfrac{\mathrm{d}\ln L(\lambda)}{\mathrm{d}\lambda}=0$,得

$$-n+\frac{1}{\lambda}\sum_{i=1}^{n}x_i=0,$$

所以 $\hat{\lambda}_L=\dfrac{1}{n}\sum\limits_{i=1}^{n}x_i=\overline{x}$,即 λ 的最大似然估计量为 $\hat{\lambda}_L=\overline{X}$(为了和 λ 的矩估计区别起见,我们将 λ 的最大似然估计记为 $\hat{\lambda}_L$).

例 7.6 设一大批产品含有次品,现从中随机抽出 100 件,发现其中有 8 件次品,试求次品率 θ 的最大似然估计值.

解 用最大似然估计法时必须明确总体的分布,现在题目并没有说明这一点,故应先确定总体的分布. 设

$$X_i=\begin{cases}1, & 第\ i\ 次取得次品, \\ 0, & 第\ i\ 次取得正品,\end{cases} \quad i=1,2,\cdots,100,$$

则 X_i 服从两点分布,其分布律如表 7-3 所示.

表 7-3

X_i	1	0
p_k	θ	$1-\theta$

设 $x_1,x_2,\cdots,x_{100}$ 为样本，则

$$p(x_i;\theta)=P\{X_i=x_i\}=\theta^{x_i}(1-\theta)^{1-x_i},\quad x_i=0,1,$$

故似然函数为

$$L(\theta)=\prod_{i=1}^{100}\theta^{x_i}(1-\theta)^{1-x_i}=\theta^{\sum\limits_{i=1}^{100}x_i}(1-\theta)^{100-\sum\limits_{i=1}^{100}x_i}.$$

由题设知 $\sum\limits_{i=1}^{100}x_i=8$，所以

$$L(\theta)=\theta^8(1-\theta)^{92}.$$

两边取对数，得

$$\ln L(\theta)=8\ln\theta+92\ln(1-\theta).$$

对数似然方程为

$$\frac{\mathrm{d}\ln L(\theta)}{\mathrm{d}\theta}=\frac{8}{\theta}-\frac{92}{1-\theta}=0.$$

解得 $\hat{\theta}_L=0.08$.

例 7.7　设 $x_1,x_2,\cdots,x_n$ 是来自总体 $X\sim N(\mu,\sigma^2)$ 的样本值，试求总体未知参数 μ，σ^2 的最大似然估计量.

解　因正态总体 X 为连续型，其概率密度为

$$f(x)=\frac{1}{\sqrt{2\pi}\,\sigma}\mathrm{e}^{-\frac{(x-\mu)^2}{2\sigma^2}},$$

故似然函数为

$$\begin{aligned}L(\mu,\sigma^2)&=\prod_{i=1}^{n}\frac{1}{\sqrt{2\pi}\,\sigma}\exp\left\{-\frac{(x_i-\mu)^2}{2\sigma^2}\right\}\\&=\left(\frac{1}{\sqrt{2\pi}\,\sigma}\right)^n\exp\left\{-\frac{1}{2\sigma^2}\sum_{i=1}^{n}(x_i-\mu)^2\right\}.\end{aligned}$$

两边取对数，得

$$\ln L(\mu,\sigma^2)=-\frac{n}{2}\ln 2\pi-\frac{n}{2}\ln\sigma^2-\frac{1}{2\sigma^2}\sum_{i=1}^{n}(x_i-\mu)^2.$$

对数似然方程组为

$$\begin{cases}\dfrac{\partial\ln L(\mu,\sigma^2)}{\partial\mu}=\dfrac{1}{\sigma^2}\sum\limits_{i=1}^{n}(x_i-\mu)=0,\\[2ex]\dfrac{\partial\ln L(\mu,\sigma^2)}{\partial\sigma^2}=-\dfrac{n}{2\sigma^2}+\dfrac{1}{2\sigma^4}\sum\limits_{i=1}^{n}(x_i-\mu)^2=0,\end{cases}$$

解得

$$\begin{cases}\hat{\mu}_L=\dfrac{1}{n}\sum\limits_{i=1}^{n}x_i=\overline{x},\\[2ex]\hat{\sigma}_L^2=\dfrac{1}{n}\sum\limits_{i=1}^{n}(x_i-\mu)^2=\dfrac{1}{n}\sum\limits_{i=1}^{n}(x_i-\overline{x})^2=b_2,\end{cases}$$

即

$$\begin{cases}\hat{\mu}_L=\overline{X},\\ \hat{\sigma}_L^2=B_2.\end{cases}$$

例 7.8 设总体 X 服从区间 $[0,\theta]$ 上的均匀分布，$X_1,X_2,\cdots,X_n$ 是来自 X 的一个样本，求 θ 的矩估计量和最大似然估计量.

解 因为 $E(X)=\frac{\theta}{2}$，令 $\overline{X}=E(X)$，得

$$\hat{\theta}_{矩}=2\overline{X}.$$

又 X 的概率密度为

$$f(x)=\begin{cases}\frac{1}{\theta}, & 0\leqslant x\leqslant\theta,\\ 0, & 其他,\end{cases}$$

所以

$$L(\theta)=\frac{1}{\theta^n},\quad 0\leqslant x_i\leqslant\theta, i=1,2,\cdots,n.$$

要 $L(\theta)$ 最大，θ 必须尽可能小，但由条件有 $x_i\leqslant\theta, i=1,2,\cdots,n$，所以

$$\hat{\theta}_L=\max_{1\leqslant i\leqslant n}\{X_i\}.$$

习题 7.1

1. 设总体 X 以等概率 $\frac{1}{\theta}$ 取值 $1,2,\cdots,\theta$，$X_1,X_2,\cdots,X_n$ 是来自 X 的一个样本，求 θ 的矩估计量.

2. 设总体 $X\sim b(n,p)$，n 已知，$X_1,X_2,\cdots,X_n$ 是来自 X 的一个样本，求 p 的矩估计量.

3. 设总体 X 的概率密度为

$$f(x;\theta)=\begin{cases}\frac{2}{\theta^2}(\theta-x), & 0<x<\theta,\\ 0, & 其他,\end{cases}$$

$X_1,X_2,\cdots,X_n$ 是来自 X 的一个样本，求 θ 的矩估计量.

4. 设总体 X 的概率密度为

$$f(x;\theta)=\begin{cases}(\theta+1)x^\theta, & 0<x<1,\\ 0, & 其他,\end{cases}$$

其中 $\theta>-1$ 为未知参数，$X_1,X_2,\cdots,X_n$ 是来自 X 的一个样本，求 θ 的最大似然估计量.

5. 设总体 X 的概率密度为

$$f(x;\theta)=\begin{cases}e^{-(x-\theta)}, & x\geqslant\theta,\\ 0, & 其他,\end{cases}$$

$X_1,X_2,\cdots,X_n$ 是来自 X 的一个样本，求 θ 的最大似然估计值.

6. 设总体 X 的概率密度为

$$f(x;\alpha,\beta)=\begin{cases}\frac{\beta^\alpha}{\Gamma(\alpha)}x^{\alpha-1}e^{-\beta x}, & x>0,\\ 0, & x\leqslant 0,\end{cases}$$

其中参数 $\alpha>0,\beta>0$，并取得样本值为 $x_1,x_2,\cdots,x_n$.

(1) 求 α 和 β 的矩估计值.

(2) 当 $\alpha=\alpha_0$ 时,求 β 的最大似然估计值.

第二节　估计量的评价标准

设总体 X 服从区间$[0,\theta]$上的均匀分布,由本章第一节例 7.8 可知,$\hat{\theta}_{矩}=2\overline{X}$,$\hat{\theta}_L=\max\limits_{1\leqslant i\leqslant n}\{X_i\}$都是$\theta$的估计量,这两个估计量哪一个更好?下面首先讨论衡量估计量好坏的标准问题.

1. 无偏性

定义 7.2　若估计量$\hat{\theta}=\hat{\theta}(X_1,X_2,\cdots,X_n)$的数学期望等于未知参数$\theta$,即

$$E(\hat{\theta})=\theta, \tag{7-6}$$

则称$\hat{\theta}$ 为θ 的无偏估计量.

估计量$\hat{\theta}$ 的值不一定就是θ 的真值,因为它是一个随机变量.若$\hat{\theta}$ 是θ 的无偏估计量,则尽管$\hat{\theta}$ 的值随样本值的不同而变化,但平均来说它会等于 θ 的真值.

例 7.9　设 $X_1,X_2,\cdots,X_n$ 是来自总体 X 的一个样本,$E(X)=\mu$,证明:样本均值 $\overline{X}=\dfrac{1}{n}\sum\limits_{i=1}^{n}X_i$ 是μ 的无偏估计量.

证　因为 $E(X)=\mu$,所以 $E(X_i)=\mu$,$i=1,2,\cdots,n$,于是

$$E(\overline{X})=E\left(\frac{1}{n}\sum_{i=1}^{n}X_i\right)=\frac{1}{n}\sum_{i=1}^{n}E(X_i)=\mu,$$

即 $\overline{X}$ 是μ 的无偏估计量.

例 7.10　设有总体 X,$E(X)=\mu$,$D(X)=\sigma^2$,$X_1,X_2,\cdots,X_n$ 是来自 X 的一个样本,问:样本方差 S^2 及样本二阶中心矩 $B_2=\dfrac{1}{n}\sum\limits_{i=1}^{n}(X_i-\overline{X})^2$ 是否为总体方差σ^2 的无偏估计量?

解　因为 $E(S^2)=\sigma^2$,所以 S^2 是 σ^2 的一个无偏估计量,这也是我们称 S^2 为样本方差的理由.又因为

$$B_2=\frac{n-1}{n}S^2,$$

那么

$$E(B_2)=\frac{n-1}{n}E(S^2)=\frac{n-1}{n}\sigma^2,$$

所以 B_2 不是 σ^2 的一个无偏估计量.

还须指出:一般来说,无偏估计量的函数并不是未知参数相应函数的无偏估计量.例如,当总体 $X\sim N(\mu,\sigma^2)$ 时,$\overline{X}$ 是 μ 的无偏估计量,但 $\overline{X}^2$ 不是 μ^2 的无偏估计量,事实上,

$$E(\overline{X}^2)=D(\overline{X})+[E(\overline{X})]^2=\frac{\sigma^2}{n}+\mu^2\neq\mu^2.$$

2. 有效性

对于未知参数 θ,如果有两个无偏估计量 $\hat{\theta}_1$ 与 $\hat{\theta}_2$,即 $E(\hat{\theta}_1)=E(\hat{\theta}_2)=\theta$,那么在 $\hat{\theta}_1$,$\hat{\theta}_2$ 中哪一个更好呢?此时我们自然希望 $\hat{\theta}$ 对 θ 的平均偏差 $E[(\hat{\theta}_1-\theta)^2]$ 越小越好,即一个好的估计量应该有尽可能小的方差,这就是有效性.

定义 7.3 设 $\hat{\theta}_1$ 和 $\hat{\theta}_2$ 都是未知参数 θ 的无偏估计量.若对于任意参数 θ,有

$$D(\hat{\theta}_1)\leqslant D(\hat{\theta}_2),\tag{7-7}$$

则称 $\hat{\theta}_1$ 比 $\hat{\theta}_2$ 有效.

尽管 $\hat{\theta}_1$ 比 $\hat{\theta}_2$ 有效,但 $\hat{\theta}_1$ 仍然还不是 θ 的真值,只是 $\hat{\theta}_1$ 在 θ 附近取值的密集程度较 $\hat{\theta}_2$ 高,即用 $\hat{\theta}_1$ 估计 θ 的精度要高些.

例如,对于总体 $X\sim N(\mu,\sigma^2)$,$\overline{X}=\frac{1}{n}\sum_{i=1}^{n}X_i$,$X_i$ 和 $\overline{X}$ 都是 $E(X)=\mu$ 的无偏估计量,但

$$D(\overline{X})=\frac{\sigma^2}{n}\leqslant D(X_i)=\sigma^2,$$

故 $\overline{X}$ 较个别观察值 X_i 有效.实际应用中也是如此,如要估计某个班学生的平均成绩,可用两种方法进行估计:一种方法是在该班任意抽一个同学,就以该同学的成绩作为全班的平均成绩;另一种方法是在该班抽取 n 个同学,以这 n 个同学的平均成绩作为全班的平均成绩.显然第二种方法比第一种方法好.

3. 一致性

无偏性、有效性都是在样本容量 n 一定的条件下进行讨论的,然而 $\hat{\theta}(X_1,X_2,\cdots,X_n)$ 不仅与样本值有关,而且与样本容量 n 有关,不妨记为 $\hat{\theta}_n$.很自然地,我们认为 n 越大时,$\hat{\theta}_n$ 对 θ 的估计应该越精确.

定义 7.4　若$\hat{\theta}_n$依概率收敛于θ,即 $\forall \varepsilon > 0$,有

$$\lim_{n\to\infty} P\{|\hat{\theta}_n - \theta| < \varepsilon\} = 1, \tag{7-8}$$

则称$\hat{\theta}_n$为θ 的一致估计量.

由辛钦大数定律可以证明,样本均值$\overline{X}$是总体均值μ 的一致估计量,样本方差 S^2 及样本二阶中心矩 B_2 都是总体方差 σ^2 的一致估计量.

习题 7.2

1. 证明:若已知总体X的均值为μ,则 $\hat{\sigma}^2 = \frac{1}{n}\sum_{i=1}^{n}(X_i - \mu)^2$ 为总体方差的无偏估计量,其中$X_1, X_2, \cdots$, X_n 是来自 X 的一个样本.

2. 设 $X_1, X_2, \cdots, X_n$ 是来自总体X 的一个样本,且 $E(X) = \mu, D(X) = \sigma^2$,试确定常数 c,使得:

(1) $c\sum_{i=1}^{n-1}(X_{i+1} - X_i)^2$ 为σ^2 的无偏估计量;

(2) $\overline{X}^2 - cS^2$ 为 μ^2 的无偏估计量.

3. 设随机变量 X 服从区间$[0,\theta]$上的均匀分布,现得 X 的样本值:0.9,0.8,0.2,0.8,0.4,0.4,0.7,0.6,求θ 的矩估计值和最大似然估计值,并说明它们相应的估计量是否为θ 的无偏估计量.

4. 设总体 $X \sim E\left(\frac{1}{\lambda}\right)$,其中 $\lambda > 0$,从 X 中抽取一个样本 $X_1, X_2, \cdots, X_n$. 证明:

(1) $\overline{X}$ 是λ 的无偏估计量,$\overline{X}^2$ 不是 λ^2 的无偏估计量;

(2) $\frac{n}{n+1}\overline{X}^2$ 是 λ^2 的无偏估计量.

5. 从总体 X 中抽取一个样本 $X_1, X_2, \cdots, X_n$,设 $c_1, c_2, \cdots, c_n$ 为常数,且$\sum_{i=1}^{n} c_i = 1$. 证明:

(1) $\hat{\mu} = \sum_{i=1}^{n} c_i X_i$ 是总体均值μ 的无偏估计量;

(2) 在所有这些无偏估计量 $\hat{\mu} = \sum_{i=1}^{n} c_i X_i$ 中,样本均值 $\overline{X} = \frac{1}{n}\sum_{i=1}^{n} X_i$ 的方差最小.

6. 设 X_1, X_2 是来自总体 $X \sim N(\mu, \sigma^2)$ 的一个样本,且

$$\hat{\mu}_1 = \frac{2}{3}X_1 + \frac{1}{3}X_2, \quad \hat{\mu}_2 = \frac{1}{4}X_1 + \frac{3}{4}X_2, \quad \hat{\mu}_3 = \frac{1}{2}X_1 + \frac{1}{2}X_2,$$

证明:$\hat{\mu}_1, \hat{\mu}_2, \hat{\mu}_3$都是 μ 的无偏估计量,并求出各估计量的方差.

第三节　区间估计

本章第一节介绍了参数的点估计,假设总体 $X \sim N(\mu, \sigma^2)$,对于样本 X_1, $X_2, \cdots, X_n$,$\hat{\mu} = \overline{X}$ 是参数μ 的矩估计和最大似然估计,并且满足无偏性和一致性. 但实际上 $\overline{X} = \mu$ 的可能性有多大呢? 由于 $\overline{X}$ 是连续型随机变量,因此 $P\{\overline{X} = \mu\} = 0$,即$\hat{\mu} = \mu$ 的可能性为0. 也就是说,$\hat{\mu} = \mu$ 是一个小概率事件,几乎

拓展知识

不可能发生. 而对于连续型随机变量,它取任意一点的值的概率都为 0,为此,我们希望给出 μ 的一个大致范围,使得 μ 有较高的概率位于这个范围内,这就是区间估计问题.

定义 7.5 设 $\hat{\theta}_1=\hat{\theta}_1(X_1,X_2,\cdots,X_n)$ 及 $\hat{\theta}_2=\hat{\theta}_2(X_1,X_2,\cdots,X_n)$ 是两个统计量. 若对于给定的概率 $1-\alpha$, $0<\alpha<1$,有

$$P\{\hat{\theta}_1<\theta<\hat{\theta}_2\}=1-\alpha, \tag{7-9}$$

则称随机区间$(\hat{\theta}_1,\hat{\theta}_2)$为参数 θ 的置信区间,$\hat{\theta}_1$称为置信下限,$\hat{\theta}_2$称为置信上限,$1-\alpha$ 称为置信概率或置信度.

定义中的随机区间$(\hat{\theta}_1,\hat{\theta}_2)$的大小依赖于随机抽取的样本值,它可能包含 θ,也可能不包含 θ. (7-9) 式的意义是指随机区间$(\hat{\theta}_1,\hat{\theta}_2)$以 $1-\alpha$ 的概率包含 θ. 例如,若取 $\alpha=0.05$,则置信概率为 $1-\alpha=0.95$,这时置信区间$(\hat{\theta}_1,\hat{\theta}_2)$的意义是指:在 100 次重复抽样中所得到的 100 个置信区间中,大约有 95 个区间包含参数真值 θ,有 5 个区间不包含真值 θ,即随机区间$(\hat{\theta}_1,\hat{\theta}_2)$包含参数 θ 真值的频率近似为 0.95.

例 7.11 设总体 $X\sim N(\mu,\sigma^2)$,μ 未知,σ^2 已知,$X_1,X_2,\cdots,X_n$ 是来自 X 的一个样本,求 μ 的置信概率为 $1-\alpha$ 的置信区间.

解 因为 $X_1,X_2,\cdots,X_n$ 是来自 X 的一个样本,而 $X\sim N(\mu,\sigma^2)$,所以

$$Z=\frac{\overline{X}-\mu}{\sigma/\sqrt{n}}\sim N(0,1).$$

对于给定的 α,查附表 2 可得上$\frac{\alpha}{2}$ 分位点 $z_{\frac{\alpha}{2}}$,使得

$$P\left\{\left|\frac{\overline{X}-\mu}{\sigma/\sqrt{n}}\right|<z_{\frac{\alpha}{2}}\right\}=1-\alpha,$$

即

$$P\left\{\overline{X}-z_{\frac{\alpha}{2}}\frac{\sigma}{\sqrt{n}}<\mu<\overline{X}+z_{\frac{\alpha}{2}}\frac{\sigma}{\sqrt{n}}\right\}=1-\alpha.$$

于是,μ 的置信概率为 $1-\alpha$ 的置信区间为

$$\left(\overline{X}-z_{\frac{\alpha}{2}}\frac{\sigma}{\sqrt{n}},\overline{X}+z_{\frac{\alpha}{2}}\frac{\sigma}{\sqrt{n}}\right). \tag{7-10}$$

由(7-10)式可知,置信区间的长度为 $2z_{\frac{\alpha}{2}}\frac{\sigma}{\sqrt{n}}$. 若 n 越大,则置信区间越短;若置信概率 $1-\alpha$ 越大,则 α 越小,$z_{\frac{\alpha}{2}}$ 越大,从而置信区间越长.

由于在大多数情况下,我们所遇到的总体是服从正态分布的(有的是近似服从正态分布),因此现在来重点讨论正态总体参数的区间估计问题.

1. 单个正态总体参数的区间估计

首先讨论单个正态总体下的未知参数的区间估计.

在下面的讨论中,总假定总体 $X\sim N(\mu,\sigma^2)$,$X_1,X_2,\cdots,X_n$ 是来自 X 的一个样本.

(1) 对 μ 的区间估计.分两种情况进行讨论.

(a) σ^2 已知.此时就是例 7.11 的情形,结论是:μ 的置信区间为

$$\left(\overline{X}-z_{\frac{\alpha}{2}}\frac{\sigma}{\sqrt{n}},\overline{X}+z_{\frac{\alpha}{2}}\frac{\sigma}{\sqrt{n}}\right),$$

置信概率为 $1-\alpha$.

(b) σ^2 未知.当 σ^2 未知时,因为 $\overline{X}\pm z_{\frac{\alpha}{2}}\frac{\sigma}{\sqrt{n}}$ 含有未知参数 σ,不是统计量,所以不能使用(7-10)式作为置信区间.考虑到 $S^2=\frac{1}{n-1}\sum_{i=1}^{n}(X_i-\overline{X})^2$ 是 σ^2 的无偏估计量,将 $\frac{\overline{X}-\mu}{\sigma/\sqrt{n}}$ 中的 σ 换成 S,得

$$t=\frac{\overline{X}-\mu}{S/\sqrt{n}}\sim t(n-1).$$

对于给定的 α,查附表 4 可得上 $\frac{\alpha}{2}$ 分位点 $t_{\frac{\alpha}{2}}(n-1)$,使得

$$P\left\{\left|\frac{\overline{X}-\mu}{S/\sqrt{n}}\right|<t_{\frac{\alpha}{2}}(n-1)\right\}=1-\alpha,$$

即

$$P\left\{\overline{X}-t_{\frac{\alpha}{2}}(n-1)\frac{S}{\sqrt{n}}<\mu<\overline{X}+t_{\frac{\alpha}{2}}(n-1)\frac{S}{\sqrt{n}}\right\}=1-\alpha.$$

所以,μ 的置信概率为 $1-\alpha$ 的置信区间为

$$\left(\overline{X}-t_{\frac{\alpha}{2}}(n-1)\frac{S}{\sqrt{n}},\overline{X}+t_{\frac{\alpha}{2}}(n-1)\frac{S}{\sqrt{n}}\right).\qquad(7-11)$$

又因为 $\frac{S}{\sqrt{n}}=\frac{S_0}{\sqrt{n-1}}$,$S_0=\sqrt{\frac{1}{n}\sum_{i=1}^{n}(X_i-\overline{X})^2}$,所以 μ 的置信区间也可写成

$$\left(\overline{X}-t_{\frac{\alpha}{2}}(n-1)\frac{S_0}{\sqrt{n-1}},\overline{X}+t_{\frac{\alpha}{2}}(n-1)\frac{S_0}{\sqrt{n-1}}\right).\qquad(7-12)$$

例 7.12　某车间生产滚珠,已知其直径(单位:mm)$X\sim N(\mu,\sigma^2)$,现从某一天生产的滚珠中随机地抽出 6 个,测得直径如下:

14.6,　15.1,　14.9,　14.8,　15.2,　15.1,

试求滚珠直径 X 的均值 μ 的置信概率为 0.95 的置信区间.

解 $\overline{x}=\frac{1}{n}\sum_{i=1}^{n}x_i=\frac{1}{6}(14.6+15.1+14.9+14.8+15.2+15.1)=14.95$,

$s_0=\sqrt{\frac{1}{n}\sum_{i=1}^{n}(x_i-\overline{x})^2}\approx 0.2062$,

$t_{\frac{\alpha}{2}}(n-1)=t_{0.025}(5)=2.5706$,

则

$$t_{\frac{\alpha}{2}}(n-1)\frac{s_0}{\sqrt{n-1}}=2.5706\times\frac{0.2062}{\sqrt{6-1}}\approx 0.24.$$

于是,μ 的置信概率为 0.95 的置信区间为(14.95−0.24,14.95+0.24),即(14.71,15.19).

(2) 对 σ^2 的区间估计.我们只考虑 μ 未知的情形.

此时由于 $S^2=\frac{1}{n-1}\sum_{i=1}^{n}(X_i-\overline{X})^2$ 是 σ^2 的无偏估计量,我们考虑 $\frac{(n-1)S^2}{\sigma^2}$.由于

$$\chi^2=\frac{(n-1)S^2}{\sigma^2}\sim\chi^2(n-1),$$

因此对于给定的 α,有

$$P\left\{\chi^2_{1-\frac{\alpha}{2}}(n-1)<\frac{(n-1)S^2}{\sigma^2}<\chi^2_{\frac{\alpha}{2}}(n-1)\right\}=1-\alpha,$$

即

$$P\left\{\frac{(n-1)S^2}{\chi^2_{\frac{\alpha}{2}}(n-1)}<\sigma^2<\frac{(n-1)S^2}{\chi^2_{1-\frac{\alpha}{2}}(n-1)}\right\}=1-\alpha.$$

于是,σ^2 的置信概率为 $1-\alpha$ 的置信区间为

$$\left(\frac{(n-1)S^2}{\chi^2_{\frac{\alpha}{2}}(n-1)}\ \frac{(n-1)S^2}{\chi^2_{1-\frac{\alpha}{2}}(n-1)}\right) \qquad (7-13)$$

或

$$\left(\frac{nS_0^2}{\chi^2_{\frac{\alpha}{2}}(n-1)},\frac{nS_0^2}{\chi^2_{1-\frac{\alpha}{2}}(n-1)}\right),$$

其中 $S_0^2=\frac{1}{n}\sum_{i=1}^{n}(X_i-\overline{X})^2$.

例 7.13 某种钢丝的折断力服从正态分布,现从一批钢丝中任取10根试验其折断力,得数据(单位:kg)如下:

572, 570, 578, 568, 596, 576, 584, 572, 580, 566,

试求钢丝折断力 X 的方差 σ^2 的置信概率为 0.9 的置信区间.

解 因为

$$\overline{x}=\frac{1}{n}\sum_{i=1}^{n}x_i=\frac{1}{10}(572+570+\cdots+566)=576.2,$$

$$s_0^2=\frac{1}{n}\sum_{i=1}^{n}(x_i-\overline{x})^2=71.56,$$

且 $\alpha=0.1, n-1=9$，查附表 5，得

$$\chi^2_{\frac{\alpha}{2}}(n-1)=\chi^2_{0.05}(9)=16.919,$$

$$\chi^2_{1-\frac{\alpha}{2}}(n-1)=\chi^2_{0.95}(9)=3.325,$$

则

$$\frac{ns_0^2}{\chi^2_{\frac{\alpha}{2}}(n-1)}=\frac{10\times 71.56}{16.919}\approx 42.30,$$

$$\frac{ns_0^2}{\chi^2_{1-\frac{\alpha}{2}}(n-1)}=\frac{10\times 71.56}{3.325}\approx 215.22.$$

于是，σ^2 的置信概率为 0.9 的置信区间为 $(42.30, 215.22)$.

以上仅介绍了正态总体的均值和方差两个参数的区间估计方法.

在有些问题中并不知道总体 X 服从什么分布，而要对 $E(X)=\mu$ 做区间估计，在这种情况下只要 X 的方差 σ^2 已知，并且样本容量 n 很大，由中心极限定理，$\dfrac{\overline{X}-\mu}{\sigma/\sqrt{n}}$ 近似服从标准正态分布 $N(0,1)$，因而 μ 的置信概率为 $1-\alpha$ 的近似置信区间为

$$\left(\overline{X}-z_{\frac{\alpha}{2}}\frac{\sigma}{\sqrt{n}}, \overline{X}+z_{\frac{\alpha}{2}}\frac{\sigma}{\sqrt{n}}\right).$$

2. 两个正态总体参数的区间估计

其次讨论两个正态总体下的未知参数的区间估计.

在下面的讨论中，设 $X_1, X_2, \cdots, X_{n_1}$ 和 $Y_1, Y_2, \cdots, Y_{n_2}$ 分别是来自总体 $X\sim N(\mu_1, \sigma_1^2)$ 和 $Y\sim N(\mu_2, \sigma_2^2)$ 的两个样本，且相互独立.

(1) 对 $\mu_1-\mu_2$ 的区间估计. 下面仅讨论两种特定情况.

(a) σ_1^2 和 σ_2^2 已知. 由于

$$Z=\frac{(\overline{X}-\overline{Y})-(\mu_1-\mu_2)}{\sqrt{\sigma_1^2/n_1+\sigma_2^2/n_2}}\sim N(0,1),$$

因此对于给定的 α，有

$$P\left\{\left|\frac{(\overline{X}-\overline{Y})-(\mu_1-\mu_2)}{\sqrt{\sigma_1^2/n_1+\sigma_2^2/n_2}}\right|<z_{\frac{\alpha}{2}}\right\}=1-\alpha,$$

即

$$P\left\{\overline{X}-\overline{Y}-z_{\frac{\alpha}{2}}\sqrt{\frac{\sigma_1^2}{n_1}+\frac{\sigma_2^2}{n_2}}<\mu_1-\mu_2<\overline{X}-\overline{Y}+z_{\frac{\alpha}{2}}\sqrt{\frac{\sigma_1^2}{n_1}+\frac{\sigma_2^2}{n_2}}\right\}=1-\alpha.$$

于是，$\mu_1-\mu_2$ 的置信概率为 $1-\alpha$ 的置信区间为

$$\left(\overline{X}-\overline{Y}-z_{\frac{\alpha}{2}}\sqrt{\frac{\sigma_1^2}{n_1}+\frac{\sigma_2^2}{n_2}}, \overline{X}-\overline{Y}+z_{\frac{\alpha}{2}}\sqrt{\frac{\sigma_1^2}{n_1}+\frac{\sigma_2^2}{n_2}}\right). \tag{7-14}$$

(b) σ_1^2 和 σ_2^2 未知，但 $\sigma_1^2=\sigma_2^2=\sigma^2$. 由于

$$t=\frac{(\overline{X}-\overline{Y})-(\mu_1-\mu_2)}{S_\omega\sqrt{\frac{1}{n_1}+\frac{1}{n_2}}}\sim t(n_1+n_2-2),$$

其中

$$S_\omega^2=\frac{(n_1-1)S_1^2+(n_2-1)S_2^2}{n_1+n_2-2},$$

$$S_1^2=\frac{1}{n_1-1}\sum_{i=1}^{n_1}(X_i-\overline{X})^2,$$

$$S_2^2=\frac{1}{n_2-1}\sum_{i=1}^{n_2}(Y_i-\overline{Y})^2,$$

因此对于给定的 α，有

$$P\left\{\left|\frac{(\overline{X}-\overline{Y})-(\mu_1-\mu_2)}{S_\omega\sqrt{\frac{1}{n_1}+\frac{1}{n_2}}}\right|<t_{\frac{\alpha}{2}}(n_1+n_2-2)\right\}=1-\alpha,$$

即

$$P\left\{\overline{X}-\overline{Y}-t_{\frac{\alpha}{2}}(n_1+n_2-2)S_\omega\sqrt{\frac{1}{n_1}+\frac{1}{n_2}}<\mu_1-\mu_2\right.$$
$$\left.<\overline{X}-\overline{Y}+t_{\frac{\alpha}{2}}(n_1+n_2-2)S_\omega\sqrt{\frac{1}{n_1}+\frac{1}{n_2}}\right\}=1-\alpha.$$

于是，$\mu_1-\mu_2$ 的置信概率为 $1-\alpha$ 的置信区间为

$$\left(\overline{X}-\overline{Y}\pm t_{\frac{\alpha}{2}}(n_1+n_2-2)S_\omega\sqrt{\frac{1}{n_1}+\frac{1}{n_2}}\right). \tag{7-15}$$

例 7.14 两台机床生产同一型号的钢珠，从甲机床生产的钢珠中抽取 8 个，从乙机床生产的钢珠中抽取 9 个，测得这些钢珠的直径(单位:mm) 如表 7-4 所示.

表 7-4

甲机床	15.0	14.8	15.2	15.4	14.9	15.1	15.2	14.8	
乙机床	15.2	15.0	14.8	15.1	15.0	14.6	14.8	15.1	14.5

设两台机床生产的钢珠直径 X,Y 均服从正态分布，求两台机床生产的钢珠直径均值差 $\mu_1-\mu_2$ 的置信概率为 0.9 的置信区间，如果：

(1) 已知两台机床生产的钢珠直径的标准差分别是 $\sigma_1=0.18$ 与 $\sigma_2=0.24$；

(2) σ_1 与 σ_2 未知，但假定 $\sigma_1=\sigma_2$.

解 $n_1=8,\quad \overline{x}=15.05,\quad s_1^2\approx 0.0457,$

$n_2=9,\quad \overline{y}=14.9,\quad s_2^2\approx 0.0575.$

(1) 查附表 2，得 $z_{\frac{\alpha}{2}}=z_{0.05}=1.645$，则

$$z_{\frac{\alpha}{2}}\sqrt{\frac{\sigma_1^2}{n_1}+\frac{\sigma_2^2}{n_2}}=1.645\times\sqrt{\frac{(0.18)^2}{8}+\frac{(0.24)^2}{9}}\approx 0.168.$$

于是,所求置信区间为

$$(15.05-14.9-0.168,15.05-14.9+0.168),$$

即$(-0.018,0.318)$.

(2) 经计算得

$$s_\omega=\sqrt{\frac{7\times 0.0457+8\times 0.0575}{8+9-2}}\approx 0.228.$$

查附表4,得$t_{\frac{\alpha}{2}}(n_1+n_2-2)=t_{0.05}(15)=1.7531$,则

$$t_{\frac{\alpha}{2}}(n_1+n_2-2)s_\omega\sqrt{\frac{1}{n_1}+\frac{1}{n_2}}=1.7531\times 0.228\times\sqrt{\frac{1}{8}+\frac{1}{9}}\approx 0.194.$$

于是,所求置信区间为

$$(15.05-14.9-0.194,15.05-14.9+0.194),$$

即$(-0.044,0.344)$.

(2) 对$\frac{\sigma_1^2}{\sigma_2^2}$的区间估计. 这里只考虑总体均值$\mu_1,\mu_2$未知的情形. 由于

$$F=\frac{S_1^2/S_2^2}{\sigma_1^2/\sigma_2^2}\sim F(n_1-1,n_2-1),$$

因此对于给定的α,有

$$P\left\{F_{1-\frac{\alpha}{2}}(n_1-1,n_2-1)<\frac{S_1^2/S_2^2}{\sigma_1^2/\sigma_2^2}<F_{\frac{\alpha}{2}}(n_1-1,n_2-1)\right\}=1-\alpha,$$

即

$$P\left\{\frac{S_1^2/S_2^2}{F_{\frac{\alpha}{2}}(n_1-1,n_2-1)}<\frac{\sigma_1^2}{\sigma_2^2}<\frac{S_1^2/S_2^2}{F_{1-\frac{\alpha}{2}}(n_1-1,n_2-1)}\right\}=1-\alpha.$$

于是,$\frac{\sigma_1^2}{\sigma_2^2}$的置信概率为$1-\alpha$的置信区间为

$$\left(\frac{S_1^2/S_2^2}{F_{\frac{\alpha}{2}}(n_1-1,n_2-1)},\frac{S_1^2/S_2^2}{F_{1-\frac{\alpha}{2}}(n_1-1,n_2-1)}\right).\tag{7-16}$$

不难得到$\frac{\sigma_1}{\sigma_2}$的置信概率为$1-\alpha$的置信区间为

$$\left(\frac{S_1/S_2}{\sqrt{F_{\frac{\alpha}{2}}(n_1-1,n_2-1)}},\frac{S_1/S_2}{\sqrt{F_{1-\frac{\alpha}{2}}(n_1-1,n_2-1)}}\right).\tag{7-17}$$

例 7.15　在例7.14中,求两台机床生产的钢珠直径方差比$\frac{\sigma_1^2}{\sigma_2^2}$的置信概率为0.9的置信区间.

解　查附表6,得

$$F_{\frac{\alpha}{2}}(n_1-1,n_2-1)=F_{0.05}(7,8)=3.50,$$

$$F_{1-\frac{\alpha}{2}}(n_1-1,n_2-1)=F_{0.95}(7,8)=\frac{1}{F_{0.05}(8,7)}=\frac{1}{3.73}\approx 0.268.$$

于是,所求置信区间为

$$\left(\frac{0.0457/0.0575}{3.50},\frac{0.0457/0.0575}{0.268}\right),$$

即(0.227,2.966).

习题 7.3

1. 设总体 X 的方差为 1,根据来自 X 的容量为 100 的一个样本测得样本均值为 5,求 X 均值的置信概率为 0.95 的置信区间.

2. 从某批元件中随机抽取 9 个,测得其直径(单位:mm) 如下:

14.6, 14.7, 15.1, 14.9, 14.8, 15.0, 15.1, 15.2, 14.8.

设元件直径服从 $N(\mu,\sigma^2)$,求下列情况下直径均值 μ 的置信概率为 0.95 的置信区间:

(1) 已知直径标准差 $\sigma=0.15$;

(2) σ 未知.

3. 设某种砖头的抗压强度(单位:$\mathrm{kg\cdot cm^{-2}}$)$X\sim N(\mu,\sigma^2)$,现随机抽取 20 块砖头,测得抗压强度数据如下:

64, 69, 49, 92, 55, 97, 41, 84, 88, 99,

84, 66, 100, 98, 72, 74, 87, 84, 48, 81.

求:

(1) μ 的置信概率为 0.95 的置信区间;

(2) σ^2 的置信概率为 0.95 的置信区间.

4. 生产一个产品所需时间(单位:s)$X\sim N(\mu,\sigma^2)$,观察 25 个产品的生产时间得 $\overline{x}=5.5$,$s=1.73$,求 μ 和 σ^2 的置信概率为 0.95 的置信区间.

5. 设来自总体 $X\sim N(\mu_1,4^2)$ 的容量为 15 的一个样本,其样本均值为 $\overline{x}=14.6$,来自总体 $Y\sim N(\mu_2,3^2)$ 的容量为 20 的一个样本,其样本均值为 $\overline{y}=13.2$,且两样本相互独立,求 $\mu_1-\mu_2$ 的置信概率为0.9 的置信区间.

6. 为了比较甲、乙两种显像管的使用寿命(单位:10^4 h)X 和 Y,随机抽取甲、乙两种显像管各 10 个,得数据 $x_1,x_2,\cdots,x_{10}$ 和 $y_1,y_2,\cdots,y_{10}$,且由此算得 $\overline{x}=2.33$,$\overline{y}=0.75$,$\sum\limits_{i=1}^{10}(x_i-\overline{x})^2=27.5$,$\sum\limits_{i=1}^{10}(y_i-\overline{y})^2=19.2$. 假定这两种显像管的使用寿命均服从正态分布,且由生产过程可知,它们的方差相等,试求两个总体均值差 $\mu_1-\mu_2$ 的置信概率为 0.95 的置信区间.

7. 为了比较 A,B 两种灯泡的寿命(单位:h),从 A 种灯泡中随机抽取 80 只,测得平均寿命 $\overline{x}=2\,000$,样本标准差 $s_1=80$;从 B 种灯泡中随机抽取 100 只,测得平均寿命 $\overline{y}=1\,900$,样本标准差 $s_2=100$. 假定这两种灯泡的寿命分别服从 $N(\mu_1,\sigma_1^2)$ 和 $N(\mu_2,\sigma_2^2)$ 且相互独立,试求:

(1) $\mu_1-\mu_2$ 的置信概率为 0.99 的置信区间;

(2) $\dfrac{\sigma_1^2}{\sigma_2^2}$ 的置信概率为 0.9 的置信区间(已知 $F_{0.05}(79,99)=1.42$,$F_{0.05}(99,79)=1.43$).

 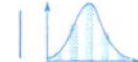

参数估计问题分为点估计和区间估计.

设 θ 是总体 X 的待估计参数. 用统计量 $\hat{\theta}=\hat{\theta}(X_1,X_2,\cdots,X_n)$ 来估计 θ,称 $\hat{\theta}$ 为 θ 的估计量,点估计只给出未知参数 θ 的单一估计.

本章介绍了两种点估计的方法:矩估计法和最大似然估计法.

矩估计法的做法:设总体 $X\sim F(x;\theta_1,\theta_2,\cdots,\theta_l)$,其中 $\theta_k(1\leqslant k\leqslant l)$ 为未知参数.

(1) 求总体 X 的 $k(1\leqslant k\leqslant l)$ 阶矩 $E(X^k)$;

(2) 求方程组

$$\begin{cases}\mu_1(\theta_1,\theta_2,\cdots,\theta_l)=E(X)=A_1,\\ \mu_2(\theta_1,\theta_2,\cdots,\theta_l)=E(X^2)=A_2,\\ \qquad\qquad\cdots\cdots\\ \mu_l(\theta_1,\theta_2,\cdots,\theta_l)=E(X^l)=A_l\end{cases}$$

的一组解 $\hat{\theta}_1,\hat{\theta}_2,\cdots,\hat{\theta}_l$,那么 $\hat{\theta}_k=\hat{\theta}_k(X_1,X_2,\cdots,X_n)(1\leqslant k\leqslant l)$ 为 θ_k 的矩估计量,$\hat{\theta}_k(x_1,x_2,\cdots,x_n)$ 为 θ_k 的矩估计值.

最大似然估计法的思想是:若已观察到样本值为 $x_1,x_2,\cdots,x_n$,而取到这一样本值的概率为 $P=p(\theta_1,\theta_2,\cdots,\theta_l)$,则取 $\theta_k(1\leqslant k\leqslant l)$ 的估计值使概率 P 达到最大,其一般做法如下:

(1) 写出似然函数 $L=L(\theta_1,\theta_2,\cdots,\theta_l)$. 当总体 X 是离散型随机变量时,

$$L=\prod_{i=1}^{n}p(x_i;\theta_1,\theta_2,\cdots,\theta_l),$$

当总体 X 是连续型随机变量时,

$$L=\prod_{i=1}^{n}f(x_i;\theta_1,\theta_2,\cdots,\theta_l);$$

(2) 对 L 取对数:

$$\ln L=\sum_{i=1}^{n}\ln p(x_i;\theta_1,\theta_2,\cdots,\theta_l)$$

或

$$\ln L=\sum_{i=1}^{n}\ln f(x_i;\theta_1,\theta_2,\cdots,\theta_l);$$

(3) 求出方程组

$$\frac{\partial\ln L}{\partial\theta_k}=0,\quad k=1,2,\cdots,l$$

的一组解 $\hat{\theta}_k$,即 $\hat{\theta}_k=\hat{\theta}_k(x_1,x_2,\cdots,x_n)(1\leqslant k\leqslant l)$ 为未知参数 θ 的最大似然估计值,$\hat{\theta}_k=\hat{\theta}_k(X_1,X_2,\cdots,X_n)$ 为 θ_k 的最大似然估计量.

在统计问题中往往先使用最大似然估计法,在此法使用不方便时,再用矩估计法进行未知参数的点估计.

对于一个未知参数,可以提出不同的估计量,那么就需要给出评价估计量好坏的标准. 本章介绍了三个标准:无偏性、有效性和一致性. 重点是无偏性.

点估计不能反映估计的精度,从而引入区间估计.

设 θ 是总体 X 的未知参数,$\hat{\theta}_1,\hat{\theta}_2$ 均是样本 $X_1,X_2,\cdots,X_n$ 的统计量. 若对给定值 α,$0<\alpha<1$,满足 $P\{\hat{\theta}_1<\theta<\hat{\theta}_2\}=1-\alpha$,则称 $1-\alpha$ 为置信概率或置信度,$(\hat{\theta}_1,\hat{\theta}_2)$ 为 θ 的置信概

率为 $1-\alpha$ 的置信区间.

参数的区间估计中,一个典型、重要的问题是正态总体的未知参数的区间估计,其置信区间如表 7-5 所示.

表 7-5

	待估参数	其他参数	统计量	置信区间
单个正态总体	μ	σ^2 已知	$Z=\dfrac{\overline{X}-\mu}{\sigma/\sqrt{n}}\sim N(0,1)$	$\left(\overline{X}\pm z_{\frac{\alpha}{2}}\dfrac{\sigma}{\sqrt{n}}\right)$
	μ	σ^2 未知	$t=\dfrac{\overline{X}-\mu}{S/\sqrt{n}}\sim t(n-1)$	$\left(\overline{X}\pm t_{\frac{\alpha}{2}}(n-1)\dfrac{S}{\sqrt{n}}\right)$
	σ^2	μ 未知	$\chi^2=\dfrac{(n-1)S^2}{\sigma^2}\sim\chi^2(n-1)$	$\left(\dfrac{(n-1)S^2}{\chi^2_{\frac{\alpha}{2}}(n-1)},\dfrac{(n-1)S^2}{\chi^2_{1-\frac{\alpha}{2}}(n-1)}\right)$
两个正态总体	$\mu_1-\mu_2$	σ_1^2,σ_2^2 已知	$Z=\dfrac{(\overline{X}-\overline{Y})-(\mu_1-\mu_2)}{\sqrt{\dfrac{\sigma_1^2}{n_1}+\dfrac{\sigma_2^2}{n_2}}}\sim N(0,1)$	$\left(\overline{X}-\overline{Y}\pm z_{\frac{\alpha}{2}}\sqrt{\dfrac{\sigma_1^2}{n_1}+\dfrac{\sigma_2^2}{n_2}}\right)$
	$\mu_1-\mu_2$	$\sigma_1^2=\sigma_2^2=\sigma^2$ 未知	$t=\dfrac{(\overline{X}-\overline{Y})-(\mu_1-\mu_2)}{S_\omega\sqrt{\dfrac{1}{n_1}+\dfrac{1}{n_2}}}\sim t(n_1+n_2-2)$ $S_\omega^2=\dfrac{(n_1-1)S_1^2+(n_2-1)S_2^2}{n_1+n_2-2}$	$\left(\overline{X}-\overline{Y}\pm t_{\frac{\alpha}{2}}(n_1+n_2-2)\cdot S_\omega\sqrt{\dfrac{1}{n_1}+\dfrac{1}{n_2}}\right)$
	$\dfrac{\sigma_1^2}{\sigma_2^2}$	μ_1,μ_2 未知	$F=\dfrac{S_1^2/S_2^2}{\sigma_1^2/\sigma_2^2}\sim F(n_1-1,n_2-1)$	$\left(\dfrac{S_1^2/S_2^2}{F_{\frac{\alpha}{2}}(n_1-1,n_2-1)},\dfrac{S_1^2/S_2^2}{F_{1-\frac{\alpha}{2}}(n_1-1,n_2-1)}\right)$

区间估计给出了估计的精度(置信区间长度)与置信概率$(1-\alpha)$,其精度与置信概率是相互制约的,即精度越高(置信区间长度越小),置信概率越低;反之亦然. 在实际中,应先固定置信概率,再估计精度.

重要术语及主题

矩估计　最大似然估计　估计量的评选标准:无偏性、有效性、一致性

参数 θ 的置信概率为 $1-\alpha$ 的置信区间　单个正态总体均值、方差的区间估计

两个正态总体均值差、方差比的区间估计

复习题七

1. 设总体 X 的概率密度为

$$f(x;\theta)=\begin{cases}\dfrac{6x}{\theta^3}(\theta-x), & 0<x<\theta,\\ 0, & \text{其他},\end{cases}$$

$X_1,X_2,\cdots,X_n$ 是来自 X 的一个样本.求:

(1) θ 的矩估计量 $\hat{\theta}$;

(2) $D(\hat{\theta})$.

2. 设总体 X 的概率密度为下列 $f(x;\theta)$,$X_1,X_2,\cdots,X_n$ 是来自 X 的一个样本,求 θ 的最大似然估计:

(1) $f(x;\theta)=\begin{cases}\theta e^{-\theta x}, & x\geqslant 0,\\ 0, & x<0;\end{cases}$

(2) $f(x;\theta)=\begin{cases}\theta x^{\theta-1}, & 0<x<1,\\ 0, & \text{其他}.\end{cases}$

3. 从总体 $X\sim N(3.4,6^2)$ 中抽取容量为 n 的一个样本,如果其样本均值位于区间(1.4,5.4)内的概率不小于 0.95,问:n 至少应取多大(表 7-6 为部分标准正态分布表数值)?

表 7-6

$$\Phi(z)=\int_{-\infty}^{z}\frac{1}{\sqrt{2\pi}}e^{-\frac{t^2}{2}}dt$$

z	1.28	1.645	1.96	2.33
$\Phi(z)$	0.9	0.95	0.975	0.99

4. 设某种电子元件的使用寿命(单位:h)X 的概率密度为

$$f(x;\theta)=\begin{cases}2e^{-2(x-\theta)}, & x\geqslant\theta,\\ 0, & x<\theta,\end{cases}$$

其中 $\theta>0$ 为未知参数,$x_1,x_2,\cdots,x_n$ 是来自 X 的一个样本值,求 θ 的最大似然估计值. (2000 研考)

5. 设总体 X 的分布律如表 7-7 所示,其中 $\theta\left(0<\theta<\dfrac{1}{2}\right)$ 为未知参数,利用来自该总体的一个样本值:3,1,3,0,3,1,2,3,求 θ 的矩估计值和最大似然估计值. (2002 研考)

表 7-7

X	0	1	2	3
p_k	θ^2	$2\theta(1-\theta)$	θ^2	$1-2\theta$

6. 设总体 X 的分布函数为

$$F(x;\alpha,\beta)=\begin{cases}1-\dfrac{\alpha^\beta}{x^\beta}, & x>\alpha,\\ 0, & x\leqslant\alpha,\end{cases}$$

其中未知参数 $\alpha>0,\beta>1$,$X_1,X_2,\cdots,X_n$ 是来自 X 的一个样本.

(1) 当 $\alpha=1$ 时,求 β 的矩估计量.

(2) 当 $\alpha=1$ 时,求 β 的最大似然估计量.

(3) 当 $\beta = 2$ 时,求 α 的最大似然估计量. (2004 研考)

7. 设总体 X 的概率密度为

$$f(x;\theta) = \begin{cases} \theta, & 0 < x < 1, \\ 1-\theta, & 1 \leqslant x < 2, \\ 0, & \text{其他}, \end{cases}$$

其中 $\theta(0 < \theta < 1)$ 为未知参数,$X_1, X_2, \cdots, X_n$ 是来自总体 X 的一个样本,记 N 为样本值 $x_1, x_2, \cdots, x_n$ 中小于 1 的个数. 求:

(1) θ 的矩估计量;

(2) θ 的最大似然估计量. (2006 研考)

8. 设总体 X 的概率密度为

$$f(x;\theta) = \begin{cases} \dfrac{1}{2\theta}, & 0 < x < \theta, \\ \dfrac{1}{2(1-\theta)}, & \theta \leqslant x < 1, \\ 0, & \text{其他}, \end{cases}$$

其中 $\theta(0 < \theta < 1)$ 为未知参数,$X_1, X_2, \cdots, X_n$ 是来自 X 的一个样本,$\overline{X}$ 是样本均值.

(1) 求 θ 的矩估计量 $\hat{\theta}$.

(2) 判断 $4\overline{X}^2$ 是否为 θ^2 的无偏估计量,并说明理由. (2007 研考)

9. 设 $X_1, X_2, \cdots, X_n$ 是来自总体 $X \sim N(\mu, \sigma^2)$ 的一个样本,记

$$\overline{X} = \frac{1}{n}\sum_{i=1}^{n} X_i, \quad S^2 = \frac{1}{n-1}\sum_{i=1}^{n}(X_i - \overline{X})^2, \quad T = \overline{X}^2 - \frac{1}{n}S^2.$$

(1) 证明:T 是 μ^2 的无偏估计量.

(2) 当 $\mu = 0, \sigma = 1$ 时,求 $D(T)$.

10. 设总体 X 的概率密度为

$$f(x;\lambda) = \begin{cases} \lambda^2 x \mathrm{e}^{-\lambda x}, & x > 0, \\ 0, & \text{其他}, \end{cases}$$

其中未知参数 $\lambda > 0$,$X_1, X_2, \cdots, X_n$ 是来自 X 的一个样本. 求:

(1) λ 的矩估计量;

(2) λ 的最大似然估计量. (2009 研考)

11. 设总体 X 的分布律如表 7-8 所示,其中未知参数 $\theta \in (0,1)$. 以 N_i 表示来自 X 的一个样本(样本容量为 n)中等于 i 的个数($i = 1,2,3$),试确定常数 a_1, a_2, a_3,使得 $T = \sum_{i=1}^{3} a_i N_i$ 为 θ 的无偏估计量,并求 T 的方差.

表 7-8

X	1	2	3
p_k	$1-\theta$	$\theta-\theta^2$	θ^2

(2010 研考)

12. 设 $X_1, X_2, \cdots, X_n$ 是来自总体 $X \sim N(\mu_0, \sigma^2)$ 的一个样本,其中 μ_0 已知,$\sigma^2 > 0$ 未知. $\overline{X}$ 和 S^2 分别表示样本均值和样本方差.

(1) 求参数 σ^2 的最大似然估计 $\hat{\sigma}^2$.

(2) 计算 $E(\hat{\sigma}^2)$ 和 $D(\hat{\sigma}^2)$. (2011 研考)

13. 设随机变量 X, Y 相互独立,且分别服从正态分布 $N(\mu, \sigma^2)$ 和 $N(\mu, 2\sigma^2)$,其中未知参数 $\sigma > 0$. 令

$Z=X-Y$.

(1) 求 Z 的概率密度 $f(z;\sigma^2)$.

(2) 设 $Z_1,Z_2,\cdots,Z_n$ 是来自总体 Z 的一个样本,求 σ^2 的最大似然估计量 $\hat{\sigma}^2$.

(3) 证明:$\hat{\sigma}^2$ 为 σ^2 的无偏估计量. (2012 研考)

14. 设总体 X 的概率密度为

$$f(x;\theta)=\begin{cases}\dfrac{\theta^2}{x^3}e^{-\frac{\theta}{x}}, & x>0,\\ 0, & \text{其他},\end{cases}$$

其中未知参数 $\theta>0$,$X_1,X_2,\cdots,X_n$ 是来自 X 的一个样本.求:

(1) θ 的矩估计量;

(2) θ 的最大似然估计量. (2013 研考)

15. 设总体 X 的分布函数为

$$F(x;\theta)=\begin{cases}1-e^{-\frac{x^2}{\theta}}, & x\geqslant 0,\\ \theta, & x<0,\end{cases}$$

其中未知参数 $\theta>0$,$X_1,X_2,\cdots,X_n$ 是来自 X 的一个样本.

(1) 求 $E(X)$,$E(X^2)$.

(2) 求 θ 的最大似然估计量 $\hat{\theta}_n$.

(3) 是否存在实数 a,使得对于任何 $\varepsilon>0$,都有 $\lim\limits_{n\to\infty}P\{|\hat{\theta}_n-a|\geqslant\varepsilon\}=0$? (2014 研考)

16. 设总体 X 的概率密度为

$$f(x;\theta)=\begin{cases}\dfrac{1}{1-\theta}, & \theta\leqslant x\leqslant 1,\\ 0, & \text{其他},\end{cases}$$

其中 θ 为未知参数,$X_1,X_2,\cdots,X_n$ 是来自 X 的一个样本.求:

(1) θ 的矩估计量;

(2) θ 的最大似然估计量. (2015 研考)

17. 设 $X_1,X_2,\cdots,X_n$ 是来自总体 $X\sim N(\mu,\sigma^2)$ 的一个样本,样本均值 $\bar{x}=9.5$,参数 μ 的置信概率为 0.95 的双侧置信区间的置信上限为 10.8,则 μ 的置信概率为 0.95 的双侧置信区间为________. (2016 研考)

18. 设总体 X 的概率密度为

$$f(x;\theta)=\begin{cases}\dfrac{3x^2}{\theta^3}, & 0<x<\theta,\\ 0, & \text{其他},\end{cases}$$

其中未知参数 $\theta\in(0,+\infty)$,X_1,X_2,X_3 是来自 X 的一个样本.令 $T=\max\{X_1,X_2,X_3\}$.

(1) 求 T 的概率密度 $f(t)$;

(2) 确定常数 a,使得 $E(aT)=\theta$. (2016 研考)

19. 某工程师为了解一台天平的精度,用该天平对一物体的质量做 n 次测量,该物体的质量 μ 是已知的.设 n 次测量结果 $X_1,X_2,\cdots,X_n$ 相互独立且均服从 $N(\mu,\sigma^2)$,该工程师记录的是 n 次测量的绝对误差 $Z_i=|X_i-\mu|(i=1,2,\cdots,n)$.利用 $Z_1,Z_2,\cdots,Z_n$ 估计 σ.

(1) 求 Z 的概率密度 $f(z)$.

(2) 利用一阶矩求 σ 的矩估计量.

(3) 求 σ 的最大似然估计量. (2017 研考)

20. 设总体 X 的概率密度为

$$f(x;\sigma)=\frac{1}{2\sigma}\mathrm{e}^{-\frac{|x|}{\sigma}},\quad -\infty<x<+\infty,$$

其中未知参数 $\sigma\in(0,+\infty)$,$X_1,X_2,\cdots,X_n$ 是来自 X 的一个样本.记 σ 的最大似然估计量为 $\hat{\sigma}$.求:

(1) $\hat{\sigma}$;

(2) $E(\hat{\sigma})$ 和 $D(\hat{\sigma})$. (2018 研考)

21. 设总体 X 的概率密度为

$$f(x;\sigma^2)=\begin{cases}\dfrac{A}{\sigma}\mathrm{e}^{-\frac{(x-\mu)^2}{2\sigma^2}}, & x\geqslant\mu,\\ 0, & x<\mu,\end{cases}$$

其中 μ 为已知参数,$\sigma>0$ 为未知参数,$X_1,X_2,\cdots,X_n$ 是来自 X 的一个样本.求:

(1) 常数 A;

(2) σ^2 的最大似然估计量. (2019 研考)

22. 设某种元件的使用寿命(单位:h)T 的分布函数为

$$F(t;\theta,m)=\begin{cases}1-\mathrm{e}^{-\left(\frac{t}{\theta}\right)^m}, & t\geqslant 0,\\ 0, & \text{其他},\end{cases}$$

其中 θ,m 为参数且均大于零.

(1) 求 $P\{T>t\}$ 与 $P\{T>s+t \mid T>s\}$,其中 $s>0,t>0$.

(2) 任取 n 个这种元件做寿命试验,测得它们的寿命分别为 $t_1,t_2,\cdots,t_n$,若 m 已知,求 θ 的最大似然估计值. (2020 研考)

23. 设$(X_1,Y_1),(X_2,Y_2),\cdots,(X_n,Y_n)$ 是来自总体 $X\sim N(\mu_1,\mu_2,\sigma_1^2,\sigma_2^2,\rho)$ 的一个样本.令 $\theta=\mu_1-\mu_2$,$\overline{X}=\frac{1}{n}\sum\limits_{i=1}^{n}X_i$,$\overline{Y}=\frac{1}{n}\sum\limits_{i=1}^{n}Y_i$,$\hat{\theta}=\overline{X}-\overline{Y}$,则( ).

(A) $\hat{\theta}$ 是 θ 的无偏估计量,$D(\hat{\theta})=\dfrac{\sigma_1^2+\sigma_2^2}{n}$

(B) $\hat{\theta}$ 不是 θ 的无偏估计量,$D(\hat{\theta})=\dfrac{\sigma_1^2+\sigma_2^2}{n}$

(C) $\hat{\theta}$ 是 θ 的无偏估计量,$D(\hat{\theta})=\dfrac{\sigma_1^2+\sigma_2^2-2\rho\sigma_1\sigma_2}{n}$

(D) $\hat{\theta}$ 不是 θ 的无偏估计量,$D(\hat{\theta})=\dfrac{\sigma_1^2+\sigma_2^2-2\rho\sigma_1\sigma_2}{n}$ (2021 研考)

24. 设 $X_1,X_2,\cdots,X_n$ 是来自数学期望为 θ 的指数分布总体 X 的一个样本,$Y_1,Y_2,\cdots,Y_m$ 是来自数学期望为 2θ 的指数分布总体 Y 的一个样本,且两个样本相互独立,其中未知参数 $\theta>0$,求 θ 的最大似然估计量 $\hat{\theta}$,以及 $D(\hat{\theta})$. (2022 研考)

25. 设 X_1,X_2 是来自总体 $X\sim N(\mu,\sigma^2)$ 的一个样本,其中未知参数 $\sigma>0$.若 $\hat{\sigma}=a|X_1-X_2|$ 是 σ 的无偏估计量,则 $a=$( ).

(A) $\dfrac{\sqrt{\pi}}{2}$ (B) $\dfrac{\sqrt{2\pi}}{2}$ (C) $\sqrt{\pi}$ (D) $\sqrt{2\pi}$ (2023 研考)

第八章

假设检验

第一节　概　述

统计推断中的另一类重要问题是假设检验. 当总体的分布函数未知或只知其形式而不知它的参数的情况时,我们常需要判断总体是否具有我们所感兴趣的某些特性. 这样,我们就提出某些关于总体分布或关于总体参数的假设,然后根据样本对所提出的假设做出判断:是接受还是拒绝. 这就是本章所要讨论的假设检验问题. 现在先从下面的例子来说明假设检验的一般提法.

例 8.1 某工厂用包装机包装奶粉,额定标准为每袋净重0.5 kg. 设包装机称得奶粉质量(单位:kg)$X \sim N(\mu,\sigma^2)$,根据长期的经验知其标准差 $\sigma=0.015$. 为检验某台包装机的工作是否正常,随机抽取 9 袋包装的奶粉,称得净重为

$$0.499,\quad 0.515,\quad 0.508,\quad 0.512,\quad 0.498,\quad 0.515,\quad 0.516,\quad 0.513,\quad 0.524,$$

问:该包装机的工作是否正常?

由于长期实践表明标准差比较稳定,因此假设 $X \sim N(\mu,(0.015)^2)$. 如果奶粉质量 X 的均值 μ 等于 0.5 kg,则认为包装机的工作是正常的. 于是,提出假设:

$$H_0:\mu=\mu_0=0.5;\quad H_1:\mu\neq\mu_0.$$

1. 统计假设

关于总体 X 的分布(或随机事件的概率)的各种推断叫作统计假设,简称假设,用"H"表示. 例如,

(1) 对于某个总体 X 的分布,可以提出假设:

$$H_0:X\text{ 服从正态分布};\quad H_1:X\text{ 不服从正态分布}.$$

$$H_0:X\text{ 服从泊松分布};\quad H_1:X\text{ 不服从泊松分布}.$$

(2) 对于总体 X 的分布的参数,若检验均值,可以提出假设:

$$H_0:\mu=\mu_0;\quad H_1:\mu\neq\mu_0.$$

$$H_0:\mu\leqslant\mu_0;\quad H_1:\mu>\mu_0.$$

若检验标准差,可提出假设:

$$H_0:\sigma=\sigma_0;\quad H_1:\sigma\neq\sigma_0.$$

$$H_0:\sigma\geqslant\sigma_0;\quad H_1:\sigma<\sigma_0.$$

这里 μ_0,σ_0 是已知数,而 $\mu=E(X),\sigma^2=D(X)$ 是未知参数.

上面对于总体 X 的每个推断,我们都提出了两个互相对立的假设:H_0 和 H_1. 显然,H_0 与 H_1 只有一个成立(或 H_0 真 H_1 假,或 H_0 假 H_1 真),其中假设 H_0 称为原假设(又叫作零假设,也称为基本假设),而 H_1 称为 H_0 的备择假设(又叫作对立假设).

在处理实际问题时，通常把希望得到的陈述视为备择假设，而把这一陈述的否定作为原假设. 例如在例 8.1 中，$H_0:\mu=\mu_0=0.5$ 为原假设，它的备择假设是 $H_1:\mu\neq\mu_0$.

假设提出之后，我们关心的是它的真伪. 所谓对假设 H_0 的检验，就是根据来自总体的样本，按照一定的规则对 H_0 做出判断：是接受还是拒绝. 这个用来对假设做出判断的规则叫作检验准则，简称检验. 如何对统计假设进行检验呢? 下面结合例 8.1 来说明假设检验的基本思想和做法.

2. 假设检验的基本思想

在例 8.1 中所提假设是

$$H_0:\mu=\mu_0=0.5(\text{备择假设 } H_1:\mu\neq\mu_0).$$

由于要检验的假设涉及总体均值 μ，因此首先想到是否可借助样本均值 $\overline{X}$ 这一统计量来进行判断. 从抽样的结果来看，样本均值

$$\overline{X}=\frac{1}{9}(0.499+0.515+0.508+0.512+0.498+0.515+0.516+0.513+0.524)\approx0.5111,$$

$\overline{X}$ 与 $\mu_0=0.5$ 之间有差异. 对于 $\overline{X}$ 与 μ_0 之间的差异可以有两种不同的解释.

(1) 原假设 H_0 为真，即 $\mu=\mu_0=0.5$，只是由于抽样的随机性造成了 $\overline{X}$ 与 μ_0 之间的差异；

(2) 备择假设 H_1 为真，即 $\mu\neq\mu_0=0.5$，由于系统误差，即包装机工作不正常，造成了 $\overline{X}$ 与 μ_0 之间的差异.

对于这两种解释到底哪一种比较合理呢? 为了回答这个问题，适当选择一个小正数 α($\alpha=0.1,0.05$ 等)，叫作显著性水平. 在假设 H_0 为真的条件下，确定统计量 $\overline{X}-\mu_0$ 的临界值 λ_α，使得事件 $\{|\overline{X}-\mu_0|>\lambda_\alpha\}$ 为小概率事件，即

$$P\{|\overline{X}-\mu_0|>\lambda_\alpha\}=\alpha. \tag{8-1}$$

例如，取定显著性水平 $\alpha=0.05$. 现在来确定临界值 $\lambda_{0.05}$.

因为总体 $X\sim N(\mu,\sigma^2)$，当 $H_0:\mu=\mu_0=0.5$ 为真时，有 $X\sim N(\mu_0,\sigma^2)$，从而

$$\overline{X}=\frac{1}{n}\sum_{i=1}^{n}X_i\sim N\left(\mu_0,\frac{\sigma^2}{n}\right),$$

即

$$Z=\frac{\overline{X}-\mu_0}{\sqrt{\sigma^2/n}}=\frac{\overline{X}-\mu_0}{\sigma/\sqrt{n}}\sim N(0,1),$$

所以

$$P\{|Z|>z_{\frac{\alpha}{2}}\}=\alpha.$$

由(8-1)式，有

$$P\left\{|Z|>\frac{\lambda_\alpha}{\sigma/\sqrt{n}}\right\}=\alpha,$$

因此

$$\frac{\lambda_\alpha}{\sigma/\sqrt{n}}=z_{\frac{\alpha}{2}},\quad \lambda_\alpha=z_{\frac{\alpha}{2}}\frac{\sigma}{\sqrt{n}},$$

即

$$\lambda_{0.05}=z_{0.025}\times\frac{0.015}{\sqrt{9}}=1.96\times\frac{0.015}{3}=0.0098.$$

故有

$$P\{|\overline{X}-\mu_0|>0.0098\}=0.05.$$

因为 $\alpha=0.05$ 很小,根据实际推断原理,即“小概率事件在一次试验中几乎是不可能发生的”,我们认为当 H_0 为真时,事件 $\{|\overline{X}-\mu_0|>0.0098\}$ 是小概率事件,实际上是不可能发生的.现在抽样的结果是

$$|\overline{X}-\mu_0|=|0.5111-0.5|=0.0111>0.0098.$$

也就是说,小概率事件 $\{|\overline{X}-\mu_0|>0.0098\}$ 居然在一次抽样中发生了,这说明抽样得到的结果与原假设 H_0 不相符,因而不能不使人怀疑原假设 H_0 的正确性.因此,在显著性水平 $\alpha=0.05$ 下,拒绝 H_0,接受 H_1,即认为这一天包装机的工作是不正常的.

通过例 8.1 的分析,我们知道假设检验的基本思想是小概率事件原理,检验的基本步骤是:

(1) 根据实际问题的要求,提出原假设 H_0 及备择假设 H_1;

(2) 选取适当的显著性水平 α(通常 $\alpha=0.1,0.05$ 等) 及样本容量 n;

(3) 构造检验用的统计量 U,当 H_0 为真时,U 的分布要已知,找出临界值 λ_α,使 $P\{|U|>\lambda_\alpha\}=\alpha$,称 $|U|>\lambda_\alpha$ 所确定的区域为 H_0 的拒绝域,记作 W;

(4) 取样,根据样本值计算统计量 U 的观察值 u_0;

(5) 做出判断,将 U 的观察值 u_0 与临界值 λ_α 比较,若 u_0 落入拒绝域 W 内,则拒绝 H_0 接受 H_1,否则接受 H_0.

3. 假设检验的两类错误

假设检验的主要依据是实际推断原理,即小概率事件在一次试验中几乎不可能发生.但小概率事件并非不可能事件.由于我们是根据样本做出接受 H_0 或拒绝 H_0 的决定,而样本具有随机性,因此在进行判断时,我们可能会犯两个方面的错误.

一类错误是,当 H_0 为真时,而检验统计量的观察值落入拒绝域 W 中,按给定的检验法则,我们拒绝了 H_0.这类错误称为第一类错误,其发生的概率称为犯第一类错误的概率或称弃真概率,通常记为 α,即

$$P\{\text{拒绝 } H_0 \mid H_0 \text{ 为真}\}=\alpha.$$

另一类错误是,当 H_0 不真时,而检验统计量的观察值落在拒绝域 W 外,按

给定的检验法则，我们接受了 H_0. 这类错误称为第二类错误，其发生的概率称为犯第二类错误的概率或称取伪概率，通常记为 β，即

$$P\{接受 H_0 \mid H_0 不真\}=\beta.$$

这里的 α 就是检验的显著性水平. 总体与样本各种情况的搭配如表 8－1 所示.

表 8－1

H_0	判断结论		犯错误的概率
真	接受	正确	0
	拒绝	犯第一类错误	α
不真	接受	犯第二类错误	β
	拒绝	正确	0

对于给定的一对 H_0 和 H_1，总可以找到许多拒绝域 W. 当然我们希望寻找这样的拒绝域 W，使得犯两类错误的概率 α 与 β 都很小. 但是在样本容量 n 固定时，要使 α 与 β 都很小是不可能的. 一般情形下，减小犯其中一类错误的概率，会增加犯另一类错误的概率，它们之间的关系犹如区间估计问题中置信概率与置信区间的长度的关系那样. 通常的做法是控制犯第一类错误的概率不超过某个事先指定的显著性水平 $\alpha(0<\alpha<1)$，而使犯第二类错误的概率也尽可能地小. 具体实行这个原则会有许多困难，因而有时把这个原则简化成只要求犯第一类错误的概率等于 α，称这类假设检验问题为显著性检验问题，相应的检验为显著性检验. 在一般情况下，显著性检验法则是较容易找到的，我们将在以后各节中详细讨论.

在实际问题中，要确定一个检验问题的原假设，一方面要根据问题分析要求检验的是什么，另一方面要使原假设尽量简单. 这是因为在以后将讨论的检验法中，必须要了解某统计量在原假设为真时的精确分布或近似分布.

在接下来的讨论中，将先介绍正态总体下参数的几种显著性检验，再介绍总体分布函数的假设检验.

第二节　单个正态总体的假设检验

1. 单个正态总体均值的假设检验

(1) 方差 σ^2 已知，关于均值 μ 的假设检验. 设总体 $X\sim N(\mu,\sigma^2)$，方差 σ^2 已知，检验假设：

$$H_0:\mu=\mu_0;\quad H_1:\mu\neq\mu_0\quad (\mu_0 为已知常数).$$

由

$$\overline{X}\sim N\left(\mu,\frac{\sigma^2}{n}\right),\quad \frac{\overline{X}-\mu}{\sigma/\sqrt{n}}\sim N(0,1),$$

选取

$$Z=\frac{\overline{X}-\mu_0}{\sigma/\sqrt{n}} \tag{8-2}$$

作为此假设检验的统计量,显然当原假设 H_0 为真($\mu=\mu_0$ 成立)时,$Z\sim N(0,1)$. 于是,对于给定的显著性水平 α,可求 $z_{\frac{\alpha}{2}}$,使得

$$P\{|Z|>z_{\frac{\alpha}{2}}\}=\alpha$$

(见图 8-1),即

$$P\{Z<-z_{\frac{\alpha}{2}}\}+P\{Z>z_{\frac{\alpha}{2}}\}=\alpha,$$

从而有

$$P\{Z>z_{\frac{\alpha}{2}}\}=\frac{\alpha}{2},$$

$$P\{Z\leqslant z_{\frac{\alpha}{2}}\}=1-\frac{\alpha}{2}.$$

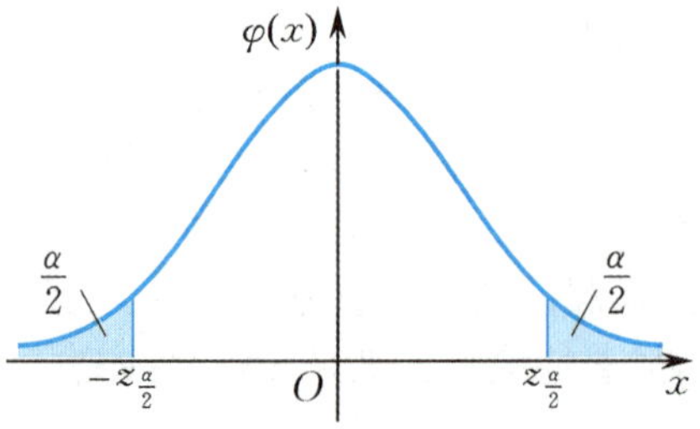

图 8-1

利用概率 $1-\frac{\alpha}{2}$,反查标准正态分布函数值表,得临界值 $z_{\frac{\alpha}{2}}$,即双侧 α 分位点.

利用样本值 $x_1,x_2,\cdots,x_n$ 计算统计量 Z 的观察值

$$z_0=\frac{\overline{x}-\mu_0}{\sigma/\sqrt{n}}. \tag{8-3}$$

因此,若 $|z_0|>z_{\frac{\alpha}{2}}$,则在显著性水平 α 下,拒绝 H_0(接受 H_1),所以 $\{|Z|>z_{\frac{\alpha}{2}}\}$ 便是 H_0 的拒绝域;若 $|z_0|\leqslant z_{\frac{\alpha}{2}}$,则在显著性水平 α 下,接受 H_0.

这里是利用 H_0 为真时服从 $N(0,1)$ 的统计量 Z 来确定拒绝域的,这种检验法称为 Z 检验法(或称 U 检验法). 例 8.1 中所用的方法就是 Z 检验法. 为了熟悉这类假设检验的具体做法,现在再看下面的例子.

例 8.2 根据长期经验和资料的分析,某砖厂生产的砖的抗断强度(单位:$\mathrm{kg\cdot cm^{-2}}$)X 服从正态分布,方差 $\sigma^2=1.21$. 从该厂某批砖中随机抽取 6 块,测得抗断强度如下:

32.56, 29.66, 31.64, 30.00, 31.87, 31.03,

检验这批砖的平均抗断强度为 32.50 $\mathrm{kg\cdot cm^{-2}}$ 是否成立(取 $\alpha=0.05$,并假设砖的抗断强度的方差不会有什么变化).

解 提出假设:

$$H_0:\mu=\mu_0=32.50;\quad H_1:\mu\neq\mu_0.$$

选取统计量

$$Z=\frac{\overline{X}-\mu_0}{\sigma/\sqrt{n}},$$

若 H_0 为真，则 $Z\sim N(0,1)$.

对于给定的显著性水平 $\alpha=0.05$，求 $z_{\frac{\alpha}{2}}$ 使

$$P\{|Z|>z_{\frac{\alpha}{2}}\}=\alpha,$$

这里 $z_{\frac{\alpha}{2}}=z_{0.025}=1.96$.

计算统计量 Z 的观察值

$$z_0=\frac{\overline{x}-\mu_0}{\sigma/\sqrt{n}}\approx\frac{31.13-32.50}{1.1/\sqrt{6}}\approx-3.05.$$

做出判断：由于 $|z_0|=3.05>z_{0.025}=1.96$，因此在显著性水平 $\alpha=0.05$ 下拒绝 H_0，即不能认为这批砖的平均抗断强度是32.50 kg·cm^{-2}.

把上面的检验过程加以概括，就可得到关于方差 σ^2 已知的正态总体均值 μ 的检验步骤：

(a) 提出假设：

$$H_0:\mu=\mu_0;\quad H_1:\mu\neq\mu_0.$$

(b) 构造统计量 Z，并计算其观察值 z_0：

$$Z=\frac{\overline{X}-\mu_0}{\sigma/\sqrt{n}},\quad z_0=\frac{\overline{x}-\mu_0}{\sigma/\sqrt{n}}.$$

(c) 对于给定的显著性水平 α，根据

$$P\{|Z|>z_{\frac{\alpha}{2}}\}=\alpha,$$

$$P\{Z>z_{\frac{\alpha}{2}}\}=\frac{\alpha}{2},$$

$$P\{Z\leqslant z_{\frac{\alpha}{2}}\}=1-\frac{\alpha}{2},$$

查标准正态分布表，得双侧 α 分位点 $z_{\frac{\alpha}{2}}$.

(d) 做出判断(根据 H_0 的拒绝域)：

若 $|z_0|>z_{\frac{\alpha}{2}}$，则拒绝 H_0，接受 H_1；

若 $|z_0|\leqslant z_{\frac{\alpha}{2}}$，则接受 H_0.

(2) 方差 σ^2 未知，关于均值 μ 的假设检验. 设总体 $X\sim N(\mu,\sigma^2)$，方差 σ^2 未知，检验假设：

$$H_0:\mu=\mu_0;\quad H_1:\mu\neq\mu_0.$$

由于 σ^2 未知，$\dfrac{\overline{X}-\mu_0}{\sigma/\sqrt{n}}$ 便不是统计量. 这时，我们自然想到用 σ^2 的无偏估计量——样本方差 S^2 代替 σ^2. 由于

$$\frac{\overline{X}-\mu}{S/\sqrt{n}} \sim t(n-1),$$

因此选取样本的函数

$$t=\frac{\overline{X}-\mu_0}{S/\sqrt{n}} \tag{8-4}$$

作为统计量. 当 H_0 为真($\mu=\mu_0$)时,$t \sim t(n-1)$,对于给定的显著性水平 α,由

$$P\{|t|>t_{\frac{\alpha}{2}}(n-1)\}=\alpha,$$

$$P\{t>t_{\frac{\alpha}{2}}(n-1)\}=\frac{\alpha}{2},$$

直接查 t 分布表(见附表 4) 得双侧 α 分位点 $t_{\frac{\alpha}{2}}(n-1)$(见图 8-2).

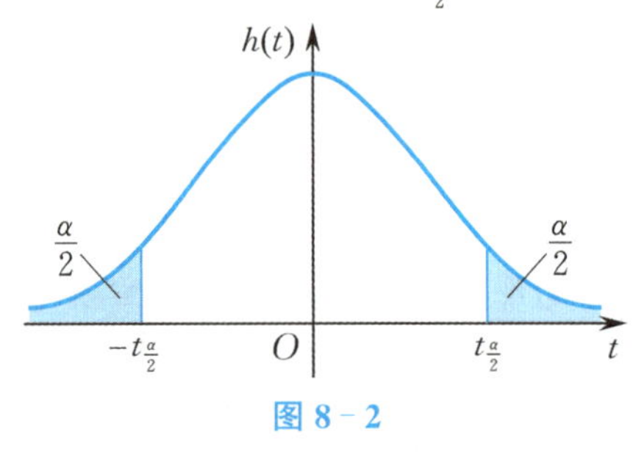

图 8-2

利用样本值计算统计量 t 的观察值

$$t_0=\frac{\overline{x}-\mu_0}{s/\sqrt{n}}.$$

原假设 H_0 的拒绝域为

$$\left\{|t|=\left|\frac{\overline{X}-\mu_0}{S/\sqrt{n}}\right|>t_{\frac{\alpha}{2}}(n-1)\right\}. \tag{8-5}$$

因此,若 $|t_0|>t_{\frac{\alpha}{2}}(n-1)$,则拒绝 H_0,接受 H_1;若 $|t_0|\leqslant t_{\frac{\alpha}{2}}(n-1)$,则接受 H_0.

上述利用 t 统计量得出拒绝域的检验法称为 t 检验法. 在实际中,正态总体的方差常为未知,所以我们常用 t 检验法来检验关于正态总体均值的问题.

例 8.3 用某仪器间接测量温度,重复 5 次,所得的数据(单位:℃) 如下:

1 250, 1 265, 1 245, 1 260, 1 275,

而用别的精确办法测得温度为 1 277 ℃(可看作温度的真值),问:此仪器间接测量有无系统偏差? 这里假设测量值 $X \sim N(\mu,\sigma^2)$,取 $\alpha=0.05$.

解 问题是要检验假设:

$$H_0:\mu=\mu_0=1\,277; \quad H_1:\mu\neq\mu_0.$$

由于 σ^2 未知(仪器的精度不知道),因此选取统计量

$$t=\frac{\overline{X}-\mu_0}{S/\sqrt{n}}.$$

当 H_0 为真时,$t \sim t(n-1)$,t 的观察值为

$$t_0=\frac{\overline{x}-\mu_0}{s/\sqrt{n}}=\frac{1\,259-1\,277}{\sqrt{142.5/5}}\approx -3.37.$$

对于给定的显著性水平 $\alpha=0.05$，由

$$P\{|t|>t_{\frac{\alpha}{2}}(n-1)\}=\alpha,$$

$$P\{t>t_{\frac{\alpha}{2}}(n-1)\}=\frac{\alpha}{2},$$

$$P\{t>t_{0.025}(4)\}=0.025,$$

查 t 分布表得双侧 α 分位点

$$t_{\frac{\alpha}{2}}(n-1)=t_{0.025}(4)=2.776\,4.$$

因为 $|t_0|=3.37>t_{0.025}(4)=2.776\,4$，所以应拒绝 H_0，认为该仪器间接测量有系统偏差.

(3) 双边检验与单边检验. 在上面讨论的假设检验中，备择假设 $H_1:\mu\neq\mu_0$ 的意思是 μ 可能大于 μ_0，也可能小于 μ_0，称为双边备择假设，而形如 $H_0:\mu=\mu_0$，$H_1:\mu\neq\mu_0$ 的假设检验称为双边检验. 有时我们只关心总体均值是否增大，例如检验某种新工艺是否可以提高材料的强度，这时所考虑的总体的均值应该越大越好，如果能判断在新工艺下总体均值较以往正常生产的大，则可考虑采用新工艺. 此时，需要检验假设：

$$H_0:\mu\leqslant\mu_0;\quad H_1:\mu>\mu_0 \tag{8-6}$$

(这里做了不言而喻的假定，即新工艺不可能比旧的更差)，形如(8-6)式的假设检验，称为右边检验. 类似地，有时需要检验假设：

$$H_0:\mu\geqslant\mu_0;\quad H_1:\mu<\mu_0, \tag{8-7}$$

形如(8-7)式的假设检验，称为左边检验. 右边检验与左边检验统称为单边检验.

下面来讨论单边检验的拒绝域.

设总体 $X\sim N(\mu,\sigma^2)$，σ^2 为已知，$X_1,X_2,\cdots,X_n$ 是来自 X 的一个样本. 给定显著性水平 α，先求检验问题

$$H_0:\mu\leqslant\mu_0;\quad H_1:\mu>\mu_0$$

的拒绝域.

取检验统计量 $Z=\dfrac{\overline{X}-\mu_0}{\sigma/\sqrt{n}}$，当 H_0 为真时，Z 不应太大，而在 H_1 为真时，由于 $\overline{X}$ 是 μ 的无偏估计量，当 μ 偏大时，$\overline{X}$ 也偏大，从而 Z 往往偏大，因此拒绝域的形式为

$$\left\{Z=\frac{\overline{X}-\mu_0}{\sigma/\sqrt{n}}>k\right\},\quad k\text{ 待定.}$$

因为 $\dfrac{\overline{X}-\mu}{\sigma/\sqrt{n}}\sim N(0,1)$，所以当 H_0 为真时，由

$$P\{\text{拒绝 }H_0\mid H_0\text{ 为真}\}=P\left\{\frac{\overline{X}-\mu_0}{\sigma/\sqrt{n}}>k\right\}\leqslant P\left\{\frac{\overline{X}-\mu}{\sigma/\sqrt{n}}>k\right\}=\alpha,$$

得 $k=z_\alpha$，故拒绝域为

$$\left\{Z=\frac{\overline{X}-\mu_0}{\sigma/\sqrt{n}}>z_\alpha\right\}. \tag{8-8}$$

类似地,左边检验问题

$$H_0:\mu \geqslant \mu_0;\quad H_1:\mu < \mu_0$$

的拒绝域为

$$\left\{Z=\frac{\overline{X}-\mu_0}{\sigma/\sqrt{n}}<-z_\alpha\right\}. \tag{8-9}$$

例 8.4 从甲地发送一个信号到乙地,设发送的信号值为μ.当信号传送时有噪声叠加到信号上,这个噪声是随机的,它服从正态分布$N(0,2^2)$,从而乙地收到的信号值是一个服从正态分布$N(\mu,2^2)$的随机变量.现甲地发送某信号5次,乙地收到的信号值为

$$8.4,\quad 10.5,\quad 9.1,\quad 9.6,\quad 9.9.$$

由以往经验,信号值为8,于是乙方猜测甲地发送的信号值为8,问:能否接受这种猜测(取$\alpha=0.05$)?

解 按题意需检验假设:

$$H_0:\mu \leqslant 8;\quad H_1:\mu > 8.$$

这是右边检验问题,其拒绝域如(8-8)式所示,即

$$\left\{Z=\frac{\overline{X}-\mu_0}{\sigma/\sqrt{n}}>z_{0.05}=1.645\right\}.$$

而此时

$$z_0=\frac{9.5-8}{2/\sqrt{5}}\approx 1.68>1.645,$$

所以拒绝H_0,认为发送的信号值$\mu>8$.

2. 单个正态总体方差的假设检验

(1) 双边检验.设总体$X\sim N(\mu,\sigma^2)$,μ未知,检验假设:

$$H_0:\sigma^2=\sigma_0^2;\quad H_1:\sigma^2\neq\sigma_0^2,$$

其中σ_0^2为已知常数.

由于样本方差S^2是σ^2的无偏估计量,因此当H_0为真时,一般来说,比值$\frac{S^2}{\sigma_0^2}$应在1的附近摆动,而不应过分大于1或过分小于1.由第六章知,当H_0为真时,

$$\chi^2=\frac{(n-1)S^2}{\sigma_0^2}\sim\chi^2(n-1), \tag{8-10}$$

于是对于给定的显著性水平α,有(见图8-3)

$$P\{\chi^2_{1-\frac{\alpha}{2}}(n-1)\leqslant\chi^2\leqslant\chi^2_{\frac{\alpha}{2}}(n-1)\}=1-\alpha. \tag{8-11}$$

对于给定的α,查χ^2分布表可求得χ^2分布的分位点$\chi^2_{1-\frac{\alpha}{2}}(n-1)$与$\chi^2_{\frac{\alpha}{2}}(n-1)$.

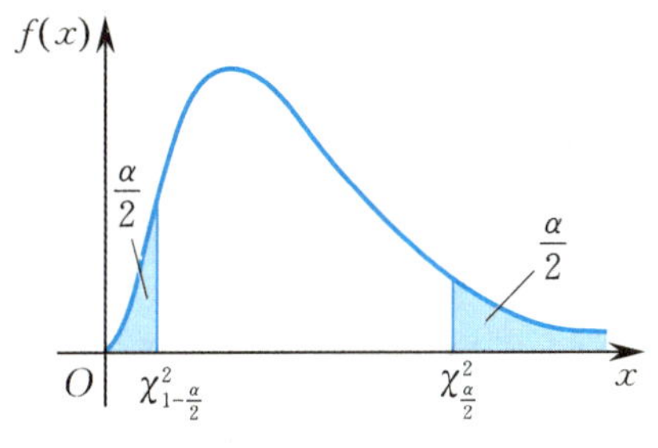

图 8-3

由(8-11)式知，H_0 的接受域为

$$\{\chi^2_{1-\frac{\alpha}{2}}(n-1) \leqslant \chi^2 \leqslant \chi^2_{\frac{\alpha}{2}}(n-1)\}, \tag{8-12}$$

拒绝域为

$$\{\chi^2 < \chi^2_{1-\frac{\alpha}{2}}(n-1) \text{ 或 } \chi^2 > \chi^2_{\frac{\alpha}{2}}(n-1)\}. \tag{8-13}$$

这种利用服从 χ^2 分布的统计量对单个正态总体方差进行假设检验的方法，称为 χ^2 检验法.

例 8.5 某厂生产的某种型号的电池，其寿命(单位:h)服从方差 $\sigma^2=5\,000$ 的正态分布. 现有一批这种电池，从它的生产情况来看，寿命的波动性有所改变，随机抽取 26 只电池，测得其寿命的样本方差 $s^2=9\,200$. 问:根据这一数据能否推断这批电池的寿命的波动性较以往有显著的变化(取 $\alpha=0.02$)?

解 本题要求在 $\alpha=0.02$ 下检验假设:

$$H_0:\sigma^2=5\,000; \quad H_1:\sigma^2 \neq 5\,000.$$

这里 $n=26$，且

$$\chi^2_{\frac{\alpha}{2}}(n-1)=\chi^2_{0.01}(25)=44.314,$$

$$\chi^2_{1-\frac{\alpha}{2}}(n-1)=\chi^2_{0.99}(25)=11.524,$$

$$\sigma_0^2=5\,000.$$

由(8-13)式，拒绝域为

$$\left\{\frac{(n-1)S^2}{\sigma_0^2}>44.314 \text{ 或 } \frac{(n-1)S^2}{\sigma_0^2}<11.524\right\}.$$

由观察值 $s^2=9\,200$，得 $\dfrac{(n-1)s^2}{\sigma_0^2}=46>\chi^2_{0.01}(25)=44.314$，所以拒绝 H_0，认为这批电池寿命的波动性较以往有显著的变化.

(2) 单边检验(右边检验或左边检验). 设总体 $X\sim N(\mu,\sigma^2)$，μ 未知，检验假设:

$$H_0:\sigma^2 \leqslant \sigma_0^2; \quad H_1:\sigma^2>\sigma_0^2 \quad (\text{右边检验}).$$

由于 $X\sim N(\mu,\sigma^2)$，因此随机变量

$$\chi^{*2}=\frac{(n-1)S^2}{\sigma^2}\sim\chi^2(n-1).$$

当 H_0 为真时，统计量

$$\chi^2=\frac{(n-1)S^2}{\sigma_0^2}\leqslant\chi^{*2}.$$

对于显著性水平 α,有(见图 8-4)

$$P\{\chi^{*2}>\chi_\alpha^2(n-1)\}=\alpha,$$

于是有

$$P\{\chi^2>\chi_\alpha^2(n-1)\}\leqslant P\{\chi^{*2}>\chi_\alpha^2(n-1)\}=\alpha.$$

可见,当 α 很小时,$\{\chi^2>\chi_\alpha^2(n-1)\}$ 是小概率事件,在一次抽样中认为不可能发生,所以 H_0 的拒绝域为

$$\left\{\chi^2=\frac{(n-1)S^2}{\sigma_0^2}>\chi_\alpha^2(n-1)\right\}. \tag{8-14}$$

类似地,左边检验假设:$H_0:\sigma^2\geqslant\sigma_0^2$;$H_1:\sigma^2<\sigma_0^2$ 的拒绝域为

$$\{\chi^2<\chi_{1-\alpha}^2(n-1)\}. \tag{8-15}$$

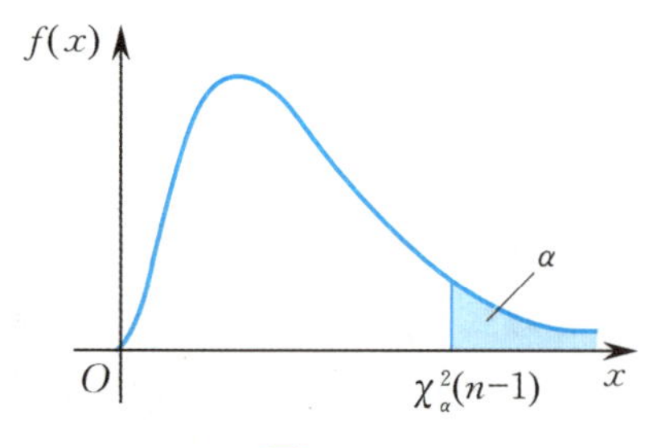

图 8-4

例 8.6 现进行某项工艺革新,从革新后的产品中抽取 25 个零件,测量其直径(单位:mm),计算得样本方差为 $s^2=0.000\,66$.已知革新前零件直径的方差为 $\sigma^2=0.001\,2$,设零件直径服从正态分布,问:革新后生产的零件直径的方差是否显著减小(取 $\alpha=0.05$)?

解 提出假设:

$$H_0:\sigma^2\geqslant\sigma_0^2=0.001\,2;\quad H_1:\sigma^2<\sigma_0^2.$$

选取统计量

$$\chi^2=\frac{(n-1)S^2}{\sigma_0^2}.$$

$\chi^{*2}=\dfrac{(n-1)S^2}{\sigma^2}\sim\chi^2(n-1)$,且当 H_0 为真时,$\chi^{*2}\leqslant\chi^2$.

对于显著性水平 $\alpha=0.05$,查 χ^2 分布表得

$$\chi_{1-\alpha}^2(n-1)=\chi_{0.95}^2(24)=13.848.$$

当 H_0 为真时,

$$P\{\chi^2<\chi_{1-\alpha}^2(n-1)\}\leqslant P\left\{\frac{(n-1)S^2}{\sigma^2}<\chi_{1-\alpha}^2(n-1)\right\}=\alpha,$$

故拒绝域为

$$\{\chi^2<\chi_{1-\alpha}^2(n-1)=13.848\}.$$

根据样本值计算 χ^2 的观察值

$$\chi_0^2=\frac{(n-1)s^2}{\sigma_0^2}=\frac{24\times 0.000\,66}{0.001\,2}=13.2.$$

做出判断：由于 $\chi_0^2=13.2<\chi_{0.95}^2(24)=13.848$，即 χ^2 落入拒绝域中，因此拒绝 H_0，认为革新后生产的零件直径的方差小于革新前生产的零件直径的方差.

最后我们指出，以上讨论的是在均值未知的情况下对方差的假设检验. 至于均值已知的情况下对方差的假设检验，其方法类似，只是所选取的统计量为

$$\chi^2=\frac{\sum_{i=1}^{n}(X_i-\mu)^2}{\sigma_0^2}.$$

拓展知识

当 $\sigma^2=\sigma_0^2$ 为真时，$\chi^2\sim\chi^2(n)$.

关于单个正态总体的假设检验可列表 8-2.

表 8-2

检验参数	条件	H_0	H_1	H_0 的拒绝域	检验用的统计量	自由度	分位点
均值	σ^2 已知	$\mu=\mu_0$ $\mu\leqslant\mu_0$ $\mu\geqslant\mu_0$	$\mu\neq\mu_0$ $\mu>\mu_0$ $\mu<\mu_0$	$\{\lvert Z\rvert>z_{\frac{\alpha}{2}}\}$ $\{Z>z_\alpha\}$ $\{Z<-z_\alpha\}$	$Z=\dfrac{\overline{X}-\mu_0}{\sigma/\sqrt{n}}$		$\pm z_{\frac{\alpha}{2}}$ z_α $-z_\alpha$
	σ^2 未知	$\mu=\mu_0$ $\mu\leqslant\mu_0$ $\mu\geqslant\mu_0$	$\mu\neq\mu_0$ $\mu>\mu_0$ $\mu<\mu_0$	$\{\lvert t\rvert>t_{\frac{\alpha}{2}}\}$ $\{t>t_\alpha\}$ $\{t<-t_\alpha\}$	$t=\dfrac{\overline{X}-\mu_0}{S/\sqrt{n}}$	$n-1$	$\pm t_{\frac{\alpha}{2}}$ t_α $-t_\alpha$
方差	μ 未知	$\sigma^2=\sigma_0^2$ $\sigma^2\leqslant\sigma_0^2$ $\sigma^2\geqslant\sigma_0^2$	$\sigma^2\neq\sigma_0^2$ $\sigma^2>\sigma_0^2$ $\sigma^2<\sigma_0^2$	$\{\chi^2>\chi_{\frac{\alpha}{2}}^2$ 或 $\chi^2<\chi_{1-\frac{\alpha}{2}}^2\}$ $\{\chi^2>\chi_\alpha^2\}$ $\{\chi^2<\chi_{1-\alpha}^2\}$	$\chi^2=\dfrac{(n-1)S^2}{\sigma_0^2}$	$n-1$	$\chi_{\frac{\alpha}{2}}^2$ 或 $\chi_{1-\frac{\alpha}{2}}^2$ χ_α^2 $\chi_{1-\alpha}^2$
	μ 已知	$\sigma^2=\sigma_0^2$ $\sigma^2\leqslant\sigma_0^2$ $\sigma^2\geqslant\sigma_0^2$	$\sigma^2\neq\sigma_0^2$ $\sigma^2>\sigma_0^2$ $\sigma^2<\sigma_0^2$	$\{\chi^2>\chi_{\frac{\alpha}{2}}^2$ 或 $\chi^2<\chi_{1-\frac{\alpha}{2}}^2\}$ $\{\chi^2>\chi_\alpha^2\}$ $\{\chi^2<\chi_{1-\alpha}^2\}$	$\chi^2=\dfrac{\sum_{i=1}^{n}(X_i-\mu)^2}{\sigma_0^2}$	n	$\chi_{\frac{\alpha}{2}}^2$ 或 $\chi_{1-\frac{\alpha}{2}}^2$ χ_α^2 $\chi_{1-\alpha}^2$

注：上表中 H_0 中的不等号改成等号，所得的拒绝域不变.

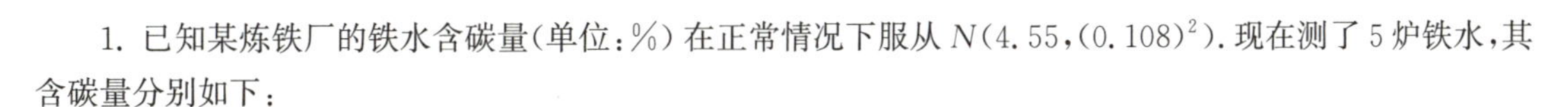

习题 8.2

1. 已知某炼铁厂的铁水含碳量（单位：%）在正常情况下服从 $N(4.55,(0.108)^2)$. 现在测了 5 炉铁水，其含碳量分别如下：

$$4.28,\quad 4.40,\quad 4.42,\quad 4.35,\quad 4.37.$$

问：若标准差不改变，总体均值有无显著的变化（取 $\alpha=0.05$）？

2. 长期统计表明，某地区轻工产品月产值占该地区工业产品总月产值的百分比 X 服从正态分布，方差

$\sigma^2 = 1.21$,再任意抽查 10 个月,得到轻工产品月产值的百分比如下:

31.31%, 31.10%, 32.16%, 32.50%, 29.66%,

31.64%, 30.00%, 31.87%, 31.03%, 30.95%.

问:在显著性水平 $\alpha = 0.05$ 下,可否认为该地区轻工产品月产值占该地区工业产品总月产值百分比的平均数为 32.50%?

3. 某批矿砂的 5 个样品中的含镍量(单位:%)经测定如下:

3.24, 3.26, 3.24, 3.27, 3.25.

设含镍量服从正态分布,问:在显著性水平 $\alpha = 0.01$ 下,可否认为这批矿砂的含镍量为 3.25%?

4. 打包机装糖入包,每包标准质量为 100 g,每天开工后,要检查所装糖包的总体均值是否合乎标准. 某日开工后,测得 9 包糖质量(单位:g) 如下:

99.3, 98.7, 100.5, 101.2, 98.3, 99.7, 99.5, 102.1, 100.5.

若打包机装糖的质量服从正态分布,问:该天打包机工作是否正常(取 $\alpha = 0.05$)?

5. 某特殊润滑油容器的容量(单位:L)服从正态分布,其方差为 0.03. 在显著性水平 $\alpha = 0.01$ 下,抽取 10 个样本,测得样本标准差 $s = 0.246$,试检验假设:

$$H_0:\sigma^2 = 0.03; \quad H_1:\sigma^2 \neq 0.03.$$

6. 测量某种溶液中的水分(单位:%),从它的 10 个测定值得出 $\overline{x} = 0.452$,$s = 0.037$. 设测定值总体服从正态分布,μ 为总体均值,σ 为总体标准差. 试在显著性水平 $\alpha = 0.05$ 下,检验假设:

(1) $H_0:\mu \geqslant 0.5$;$H_1:\mu < 0.5$.

(2) $H'_0:\sigma \geqslant 0.04$;$H'_1:\sigma < 0.04$.

第三节　两个正态总体的假设检验

第二节介绍了单个正态总体的均值与方差的检验问题,在实际工作中还常碰到两个正态总体的参数假设检验. 与单个正态总体的参数假设检验不同的是,我们所关注的不是某个单一参数的值的假设检验,而是着重考虑两个总体之间的差异,即两个正态总体参数比较的假设检验问题.

1. 两个正态总体均值的假设检验

(1) 方差 σ_1^2,σ_2^2 已知,关于均值 μ_1,μ_2 的假设检验(Z 检验法). 设总体 $X \sim N(\mu_1,\sigma_1^2)$,$Y \sim N(\mu_2,\sigma_2^2)$,且 X,Y 相互独立,σ_1^2 与 σ_2^2 已知,要检验的是

$$H_0:\mu_1 = \mu_2; \quad H_1:\mu_1 \neq \mu_2.$$

怎样寻找检验用的统计量呢? 从总体 X 与 Y 中分别抽取容量为 n_1,n_2 的样本 $X_1,X_2,\cdots,X_{n_1}$ 及 $Y_1,Y_2,\cdots,Y_{n_2}$,由于

$$\frac{(\overline{X}-\overline{Y})-(\mu_1-\mu_2)}{\sqrt{\sigma_1^2/n_1+\sigma_2^2/n_2}} \sim N(0,1),$$

于是按如下步骤检验:

(a) 选取统计量

$$Z=\frac{\overline{X}-\overline{Y}}{\sqrt{\sigma_1^2/n_1+\sigma_2^2/n_2}},\tag{8-16}$$

当 H_0 为真时，$Z\sim N(0,1)$.

(b) 对于给定的显著性水平 α，查标准正态分布表得 $z_{\frac{\alpha}{2}}$，从而

$$P\{|Z|>z_{\frac{\alpha}{2}}\}=\alpha \quad 或 \quad P\{Z\leqslant z_{\frac{\alpha}{2}}\}=1-\frac{\alpha}{2}.\tag{8-17}$$

(c) 由两个样本值计算 Z 的观察值

$$z_0=\frac{\overline{x}-\overline{y}}{\sqrt{\sigma_1^2/n_1+\sigma_2^2/n_2}}.$$

(d) 做出判断：

若 $|z_0|>z_{\frac{\alpha}{2}}$，则拒绝 H_0，接受 H_1；

若 $|z_0|\leqslant z_{\frac{\alpha}{2}}$，则接受 H_0.

例 8.7　A，B两台车床加工同一种轴，现在要测量轴的椭圆度(单位：mm). 设A车床加工的轴的椭圆度 $X\sim N(\mu_1,\sigma_1^2)$，B车床加工的轴的椭圆度 $Y\sim N(\mu_2,\sigma_2^2)$，且 $\sigma_1^2=0.0006$，$\sigma_2^2=0.0038$. 现从A，B两台车床加工的轴中分别测量了 $n_1=200$，$n_2=150$ 根轴的椭圆度，并计算得样本均值分别为 $\overline{x}=0.081$，$\overline{y}=0.060$. 问：这两台车床加工的轴的椭圆度是否有显著的差异(取 $\alpha=0.05$)？

解　提出假设：

$$H_0:\mu_1=\mu_2;\quad H_1:\mu_1\neq\mu_2.$$

选取统计量

$$Z=\frac{\overline{X}-\overline{Y}}{\sqrt{\sigma_1^2/n_1+\sigma_2^2/n_2}},$$

当 H_0 为真时，$Z\sim N(0,1)$.

给定显著性水平 $\alpha=0.05$，$\frac{\alpha}{2}=0.025$，由

$$P\{|Z|>z_{\frac{\alpha}{2}}\}=0.05,\quad P\{Z>z_{\frac{\alpha}{2}}\}=0.025,$$
$$P\{Z\leqslant z_{\frac{\alpha}{2}}\}=1-0.025=0.975,$$

查标准正态分布表，得

$$z_{\frac{\alpha}{2}}=z_{0.025}=1.96.$$

计算统计量 Z 的观察值 z_0：

$$z_0=\frac{\overline{x}-\overline{y}}{\sqrt{\sigma_1^2/n_1+\sigma_2^2/n_2}}=\frac{0.081-0.060}{\sqrt{0.0006/200+0.0038/150}}\approx 3.95.$$

做出判断：由于 $|z_0|=3.95>z_{0.025}=1.96$，因此拒绝 H_0，认为两台车床加工的轴的椭圆度有显著的差异.

用 Z 检验法对两个正态总体的均值做假设检验时，必须知道总体的方差，但

在许多实际问题中总体方差 σ_1^2 与 σ_2^2 往往是未知的,这时只能用如下的 t 检验法.

(2) 方差σ_1^2,σ_2^2未知,关于均值μ_1,μ_2的假设检验(t 检验法).设两个正态总体 X,Y 相互独立,$X\sim N(\mu_1,\sigma_1^2)$,$Y\sim N(\mu_2,\sigma_2^2)$,$\sigma_1^2,\sigma_2^2$ 未知,但已知$\sigma_1^2=\sigma_2^2$,检验假设:

$$H_0:\mu_1=\mu_2;\quad H_1:\mu_1\neq\mu_2.$$

从总体X,Y中分别抽取样本$X_1,X_2,\cdots,X_{n_1}$与$Y_1,Y_2,\cdots,Y_{n_2}$,则随机变量

$$t=\frac{(\overline{X}-\overline{Y})-(\mu_1-\mu_2)}{S_\omega\sqrt{1/n_1+1/n_2}}\sim t(n_1+n_2-2),$$

式中 $S_\omega^2=\dfrac{(n_1-1)S_1^2+(n_2-1)S_2^2}{n_1+n_2-2}$,$S_1^2,S_2^2$ 分别是 X 与 Y 的样本方差.

当 H_0 为真时,统计量

$$t=\frac{\overline{X}-\overline{Y}}{S_\omega\sqrt{1/n_1+1/n_2}}\sim t(n_1+n_2-2).\tag{8-18}$$

对于给定的显著性水平 α,查 t 分布表得 $t_{\frac{\alpha}{2}}(n_1+n_2-2)$,从而

$$P\{|t|>t_{\frac{\alpha}{2}}(n_1+n_2-2)\}=\alpha.\tag{8-19}$$

再由样本值计算 t 的观察值

$$t_0=\frac{\overline{x}-\overline{y}}{S_\omega\sqrt{1/n_1+1/n_2}}.\tag{8-20}$$

最后做出判断:

若 $|t_0|>t_{\frac{\alpha}{2}}(n_1+n_2-2)$,则拒绝 H_0,接受 H_1;

若 $|t_0|\leqslant t_{\frac{\alpha}{2}}(n_1+n_2-2)$,则接受 H_0.

例 8.8 在一台自动车床上加工直径为2.050 mm的轴,现在每相隔2 h,各取容量都为10的样本,所得数据(单位:mm)如表8-3所示.假设直径服从正态分布,由于样本是取自同一台车床,可以认为 $\sigma_1^2=\sigma_2^2=\sigma^2$,而 σ^2 为未知常数.问:这台自动车床的工作是否稳定(取 $\alpha=0.01$)?

表 8-3

零件加工编号	1	2	3	4	5	6	7	8	9	10
第一个样本	2.066	2.063	2.068	2.060	2.067	2.063	2.059	2.062	2.062	2.060
第二个样本	2.063	2.060	2.057	2.056	2.059	2.058	2.062	2.059	2.059	2.057

解 这里实际上是已知 $\sigma_1^2=\sigma_2^2=\sigma^2$,但 σ^2 未知的情况下检验假设:

$$H_0:\mu_1=\mu_2;\quad H_1:\mu_1\neq\mu_2.$$

用 t 检验法,由样本值算得

$$\overline{x}=2.063,\quad \overline{y}=2.059,$$
$$s_1^2\approx 0.000\,009\,56,\quad s_2^2\approx 0.000\,004\,89,$$

$$s_\omega^2 = \frac{9s_1^2 + 9s_2^2}{10+10-2} \approx 0.000\,007\,23.$$

由(8-20)式计算得

$$t_0 = \frac{2.063 - 2.059}{\sqrt{0.000\,007\,23 \times (2/10)}} \approx 3.3.$$

对于 $\alpha = 0.01$，查 t 分布表得 $t_{0.005}(18) = 2.878\,4$. 由于 $|t_0| = 3.3 > t_{0.005}(18) = 2.878\,4$，因此拒绝 H_0，认为两个样本在生产上是有差异的，可能这台自动车床受时间的影响而生产不稳定.

2. 两个正态总体方差的假设检验

(1) 双边检验. 设两个总体 $X \sim N(\mu_1, \sigma_1^2)$，$Y \sim N(\mu_2, \sigma_2^2)$，$X, Y$ 相互独立，$X_1, X_2, \cdots, X_{n_1}$ 与 $Y_1, Y_2, \cdots, Y_{n_2}$ 分别是来自这两个总体的两个样本，且 μ_1 与 μ_2 未知. 现在要检验假设：

$$H_0: \sigma_1^2 = \sigma_2^2; \quad H_1: \sigma_1^2 \neq \sigma_2^2.$$

当 H_0 为真时，两个样本方差的比值应该在 1 的附近随机摆动，所以这个比值不能太大也不能太小. 于是，选取统计量

$$F = \frac{S_1^2}{S_2^2}. \tag{8-21}$$

显然，只有当 F 接近 1 时，才认为有 $\sigma_1^2 = \sigma_2^2$.

因为随机变量

$$F^* = \frac{S_1^2/\sigma_1^2}{S_2^2/\sigma_2^2} \sim F(n_1 - 1, n_2 - 1),$$

所以当 H_0 为真时，统计量

$$F = \frac{S_1^2}{S_2^2} \sim F(n_1 - 1, n_2 - 1).$$

对于给定的显著性水平 α，可以由 F 分布表得临界值

$$F_{1-\frac{\alpha}{2}}(n_1 - 1, n_2 - 1) \text{ 与 } F_{\frac{\alpha}{2}}(n_1 - 1, n_2 - 1),$$

从而

$$P\{F_{1-\frac{\alpha}{2}}(n_1 - 1, n_2 - 1) \leqslant F \leqslant F_{\frac{\alpha}{2}}(n_1 - 1, n_2 - 1)\} = 1 - \alpha$$

(见图 8-5). 由此可知，H_0 的接受域为

$$\{F_{1-\frac{\alpha}{2}}(n_1 - 1, n_2 - 1) \leqslant F \leqslant F_{\frac{\alpha}{2}}(n_1 - 1, n_2 - 1)\};$$

而 H_0 的拒绝域为

$$\{F < F_{1-\frac{\alpha}{2}}(n_1 - 1, n_2 - 1) \text{或} F > F_{\frac{\alpha}{2}}(n_1 - 1, n_2 - 1)\}.$$

根据样本值计算统计量 F 的观察值，若 F 的观察值落入拒绝域中，则拒绝 H_0，接受 H_1；若 F 的观察值落入接受域中，则接受 H_0.

上述检验方法称为 F 检验法.

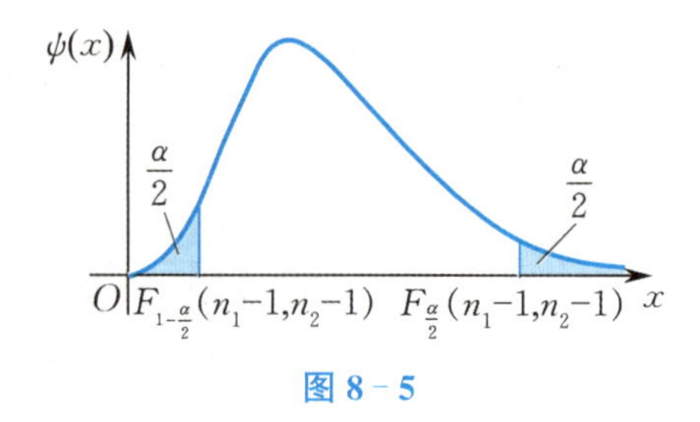

图 8-5

例 8.9 在例 8.8 中我们认为两个总体的方差 $\sigma_1^2=\sigma_2^2$,而它们是否真的相等呢?为此检验假设 $H_0:\sigma_1^2=\sigma_2^2$(取 $\alpha=0.1$).

解 这里 $n_1=n_2=10$,$s_1^2=0.000\,009\,56$,$s_2^2=0.000\,004\,89$,于是统计量 F 的观察值为

$$f=\frac{0.000\,009\,56}{0.000\,004\,89}\approx 1.96.$$

查 F 分布表得

$$F_{\frac{\alpha}{2}}(n_1-1,n_2-1)=F_{0.05}(9,9)=3.18,$$

$$F_{1-\frac{\alpha}{2}}(n_1-1,n_2-1)=F_{0.95}(9,9)=\frac{1}{F_{0.05}(9,9)}=\frac{1}{3.18}.$$

由样本值算出的 f 满足

$$F_{0.95}(9,9)=\frac{1}{3.18}<f=1.96<3.18=F_{0.05}(9,9),$$

可见它落在拒绝域外,因此接受 H_0,认为两个总体的方差无显著的差异.

注 当 μ_1 与 μ_2 已知时,要检验假设 $H_0:\sigma_1^2=\sigma_2^2$,其检验方法类似于均值未知的情况,只是所选取的统计量是

$$F=\frac{\frac{1}{n_1}\sum_{i=1}^{n_1}(X_i-\mu_1)^2}{\frac{1}{n_2}\sum_{i=1}^{n_2}(Y_i-\mu_2)^2}\sim F(n_1,n_2).$$

(2) 单边检验. 可进行类似的讨论,限于篇幅,这里不做介绍了.

关于两个正态总体的假设检验可列表 8-4.

表 8-4

检验参数	条件	H_0	H_1	H_0 的拒绝域	检验用的统计量	自由度	分位点
均值	σ_1^2,σ_2^2 已知	$\mu_1=\mu_2$ $\mu_1\leqslant\mu_2$ $\mu_1\geqslant\mu_2$	$\mu_1\neq\mu_2$ $\mu_1>\mu_2$ $\mu_1<\mu_2$	$\{\lvert Z\rvert>z_{\frac{\alpha}{2}}\}$ $\{Z>z_\alpha\}$ $\{Z<-z_\alpha\}$	$Z=\frac{\overline{X}-\overline{Y}}{\sqrt{\frac{\sigma_1^2}{n_1}+\frac{\sigma_2^2}{n_2}}}$		$\pm z_{\frac{\alpha}{2}}$ z_α $-z_\alpha$
	σ_1^2,σ_2^2 未知 $\sigma_1^2=\sigma_2^2$	$\mu_1=\mu_2$ $\mu_1\leqslant\mu_2$ $\mu_1\geqslant\mu_2$	$\mu_1\neq\mu_2$ $\mu_1>\mu_2$ $\mu_1<\mu_2$	$\{\lvert t\rvert>t_{\frac{\alpha}{2}}\}$ $\{t>t_\alpha\}$ $\{t<-t_\alpha\}$	$t=\frac{\overline{X}-\overline{Y}}{S_\omega\sqrt{\frac{1}{n_1}+\frac{1}{n_2}}}$	n_1+n_2-2	$\pm t_{\frac{\alpha}{2}}$ t_α $-t_\alpha$

续表

检验参数	条件	H_0	H_1	H_0 的拒绝域	检验用的统计量	自由度	分位点
方差	μ_1,μ_2 未知	$\sigma_1^2=\sigma_2^2$ $\sigma_1^2\leqslant\sigma_2^2$ $\sigma_1^2\geqslant\sigma_2^2$	$\sigma_1^2\neq\sigma_2^2$ $\sigma_1^2>\sigma_2^2$ $\sigma_1^2<\sigma_2^2$	$\{F>F_{\frac{\alpha}{2}}$ 或 $F<F_{1-\frac{\alpha}{2}}\}$ $\{F>F_\alpha\}$ $\{F<F_{1-\alpha}\}$	$F=\dfrac{S_1^2}{S_2^2}$	(n_1-1,n_2-1)	$F_{\frac{\alpha}{2}}$ 或 $F_{1-\frac{\alpha}{2}}$ F_α $F_{1-\alpha}$
	μ_1,μ_2 已知	$\sigma_1^2=\sigma_2^2$ $\sigma_1^2\leqslant\sigma_2^2$ $\sigma_1^2\geqslant\sigma_2^2$	$\sigma_1^2\neq\sigma_2^2$ $\sigma_1^2>\sigma_2^2$ $\sigma_1^2<\sigma_2^2$	$\{F>F_{\frac{\alpha}{2}}$ 或 $F<F_{1-\frac{\alpha}{2}}\}$ $\{F>F_\alpha\}$ $\{F<F_{1-\alpha}\}$	$F=\dfrac{\frac{1}{n_1}\sum_{i=1}^{n_1}(X_i-\mu_1)^2}{\frac{1}{n_2}\sum_{i=1}^{n_2}(Y_i-\mu_2)^2}$	(n_1,n_2)	$F_{\frac{\alpha}{2}}$ 或 $F_{1-\frac{\alpha}{2}}$ F_α $F_{1-\alpha}$

习题 8.3

1. 有两批棉纱，为比较其断裂强度(单位:kg)，从中各取一个样本，测试得到数据如下：

第一批棉纱样本：$n_1=200,\overline{x}=0.532,s_1=0.218$；

第二批棉纱样本：$n_2=200,\overline{y}=0.570,s_2=0.176$.

设两批棉纱的断裂强度总体均服从正态分布，方差未知但相等，问：两批棉纱的断裂强度均值有无显著的差异(取 $\alpha=0.05$)?

2. 某厂使用 A，B 两种不同的原料生产同一类型产品，分别在 A，B 生产的产品中取样测试，取 A 原料的样品 220 件，B 原料的样品 205 件，测得平均质量(单位:kg) 和质量的方差分别为

$$\text{A}:\quad \overline{x}_{\text{A}}=2.46,\quad s_{\text{A}}^2=(0.57)^2,\quad n_{\text{A}}=220,$$
$$\text{B}:\quad \overline{x}_{\text{B}}=2.55,\quad s_{\text{B}}^2=(0.48)^2,\quad n_{\text{B}}=205.$$

设两个总体都服从正态分布，且方差相同，问：在显著性水平 $\alpha=0.05$ 下，能否认为使用原料 B 的产品平均质量比使用原料 A 的要大?

3. 据推测，矮个子比高个子的寿命要长一些. 下面给出美国 31 位自然死亡的统计寿命(单位:年).

矮个子：85， 79， 67， 90， 80；

高个子：68， 53， 63， 70， 88， 74， 64， 66， 60， 60， 78， 71， 67，
90， 73， 71， 77， 72， 57， 78， 67， 56， 63， 64， 83， 65.

假设这两个总体均服从正态分布且方差相等，问：这组数据是否符合上述推测(取 $\alpha=0.05$)?

4. 随机选取 8 人，分别测量他们在早晨起床时和晚上就寝时的身高，得到数据(单位:cm) 如下：

早晨：172， 168， 180， 181， 160， 163， 165， 177；

晚上：172， 167， 177， 179， 159， 161， 166， 175.

设各对数据的差 Z_i 来自总体 $X\sim N(\mu_z,\sigma_z^2)$，$\mu_z,\sigma_z^2$ 均未知，问：可否认为早晨的身高比晚上的身高要高(取 $\alpha=0.05$)?

5. 酿造啤酒时，在麦芽干燥过程中会形成致癌物质. 后来人们开发了一种新的麦芽干燥过程，在老、新两

种过程中形成的致癌物质含量(以 11 亿份中的份数计) 如下：

老过程：6，4，5，5，6，5，5，6，4，6，7，4；

新过程：2，1，2，2，1，0，3，2，1，0，1，3.

设两个样本分别来自正态总体，但参数均未知，分别以 μ_1,μ_2 记对应于老、新过程的总体均值，试检验假设 $H_0:\mu_1-\mu_2\leqslant 2$；$H_1:\mu_1-\mu_2>2$(取 $\alpha=0.05$).

6. 化验员的技术水平可以用他们检测同一类产品的稳定性来刻画. 为了对比两位化验员 A，B 的技术水平有无显著性差异，让他们各自独立地用同一种方法对一种矿砂的含铁量(单位：%) 分别做 9 次分析，得到样本方差分别为 0.432 2 与 0.500 6. 假设 A，B 所得的测定值可认为来自两个正态总体，其方差分别为 σ_1^2,σ_2^2，试在显著性水平 $\alpha=0.05$ 下检验假设：

$$H_0:\sigma_1^2=\sigma_2^2;\quad H_1:\sigma_1^2\neq\sigma_2^2.$$

第四节　总体分布函数的假设检验

前两节中，我们在总体分布形式已知的前提下，讨论了参数的检验问题. 然而在实际问题中，有时不能确知总体服从什么类型的分布，此时就要根据样本来检验关于总体分布的假设. 例如，检验假设："总体服从正态分布" 等. 本节仅介绍 χ^2 检验法.

所谓 χ^2 检验法，是指在总体的分布未知时，根据样本值 $x_1,x_2,\cdots,x_n$ 来检验关于总体分布的假设：

$$H_0:\text{总体 } X \text{ 的分布函数为 } F(x) \tag{8-22}$$

的一种方法(这里的备择假设 H_1 可不必写出).

注　若总体 X 为离散型随机变量，则假设(8-22) 相当于

$$H_0:\text{总体 } X \text{ 的分布律为 } P\{X=x_i\}=p_i,i=1,2,\cdots; \tag{8-23}$$

若总体 X 为连续型随机变量，则假设(8-22) 相当于

$$H_0:\text{总体 } X \text{ 的概率密度为 } f(x). \tag{8-24}$$

在用 χ^2 检验法检验假设 H_0 时，若在假设 H_0 下 $F(x)$ 的形式已知，而其参数值未知，此时需先用最大似然估计法估计参数，然后检验.

χ^2 检验法的基本思想与方法如下：

(1) 将随机变量可能取值的全体 Ω 分为 k 个互不相交的子集

$$A_1,A_2,\cdots,A_k\left(\bigcup_{i=1}^{k}A_i=\Omega,A_iA_j=\varnothing,i\neq j;i,j=1,2,\cdots,k\right),$$

我们仍然用 $A_i(i=1,2,\cdots,k)$ 表示事件 $\{X\in A_i\}$，即随机变量 X 的取值落在子集 A_i 中的事件. 于是，当 H_0 为真时，可以计算概率

$$\hat{p}_i=P(A_i),\quad i=1,2,\cdots,k.$$

(2) 寻找用于检验的统计量及相应的分布，在 n 次试验中，用 $f_i(i=1,2,\cdots,k)$ 表示随机变量 X 的取值落入 A_i 的次数. 事件 A_i 发生的频率 $\dfrac{f_i}{n}$ 与概率 $\hat{p}_i$ 往往有差异，但由大数定律可以知道，如果样本容量 n 较大(一般要求 n 至少

为 50，最好在 100 以上），那么当 H_0 为真时，$\left(\frac{f_i}{n}-\hat{p}_i\right)^2$ 的值应该比较小. 基于这种想法，皮尔逊使用

$$\chi^2=\sum_{i=1}^{k}\frac{(f_i-n\hat{p}_i)^2}{n\hat{p}_i} \tag{8-25}$$

作为检验 H_0 的统计量，并证明了如下的定理.

定理 8.1　若 n 充分大（$n\geqslant 50$），则当 H_0 为真时（不论 H_0 中的分布属什么分布），统计量（8-25）总是近似服从自由度为 $k-r-1$ 的 χ^2 分布，其中 r 是被估计的参数的个数.

（3）对于给定的显著性水平 α，查表确定临界值 $\chi_\alpha^2(k-r-1)$，使

$$P\{\chi^2>\chi_\alpha^2(k-r-1)\}=\alpha,$$

从而得到 H_0 的拒绝域为

$$\{\chi^2>\chi_\alpha^2(k-r-1)\}.$$

（4）由样本值 $x_1,x_2,\cdots,x_n$ 计算 χ^2 的观察值，并与 $\chi_\alpha^2(k-r-1)$ 比较.

（5）做出判断：若 $\chi^2>\chi_\alpha^2(k-r-1)$，则拒绝 H_0，不能认为总体分布函数为 $F(x)$，否则接受 H_0.

例 8.10　一本书的一页中印刷错误的个数 X 是一个随机变量，现检查了一本书的 100 页，记录每页中印刷错误的个数，其结果如表 8-5 所示，其中 f_i 是观察到有 i 个错误的页数. 问：能否认为一页书中的错误个数 X 服从泊松分布（取 $\alpha=0.05$）？

表 8-5

错误个数 i	0	1	2	3	4	5	6	$\geqslant 7$
页数 f_i	36	40	19	2	0	2	1	0
A_i	A_0	A_1	A_2	A_3	A_4	A_5	A_6	A_7

解　由题意提出假设：

$$H_0\text{：总体 } X \text{ 服从泊松分布，即 } P\{X=i\}=\frac{e^{-\lambda}\lambda^i}{i!},\quad i=0,1,2,\cdots.$$

这里 H_0 中参数 λ 未知，所以需先估计参数. 由最大似然估计法，得

$$\hat{\lambda}=\overline{x}=\frac{0\times 36+1\times 40+\cdots+6\times 1+7\times 0}{100}=1.$$

将试验结果的全体分为 $A_0,A_1,A_2,\cdots,A_7$ 两两不相交的子集. 若 H_0 为真，则 $P\{X=i\}$ 有估计

$$\hat{p}_i=\hat{P}\{X=i\}=\frac{e^{-1}1^i}{i!}=\frac{e^{-1}}{i!},\quad i=0,1,2,\cdots.$$

例如，

$$\hat{p}_0=\hat{P}\{X=0\}=e^{-1},$$

$$\hat{p}_1=\hat{P}\{X=1\}=e^{-1},$$

$$\hat{p}_2=\hat{P}\{X=2\}=\frac{e^{-1}}{2},$$

……

$$\hat{p}_7=\hat{P}\{X\geqslant 7\}=1-\sum_{i=0}^{6}\hat{p}_i=1-\sum_{i=0}^{6}\frac{e^{-1}}{i!}.$$

计算结果如表 8-6 所示,将其中有些 $n\hat{p}_i<5$ 的相邻组予以适当合并,使新的每一组内有 $n\hat{p}_i\geqslant 5$. 此处并组后 $k=4$,但因在计算概率时,估计了一个未知参数 λ,故

$$\chi^2=\sum_{i=0}^{3}\frac{(f_i-n\hat{p}_i)^2}{n\hat{p}_i}\sim\chi^2(4-1-1).$$

计算结果为 $\chi^2=1.460$.

表 8-6

A_i	f_i	$\hat{p}_i$	$n\hat{p}_i$	$f_i-n\hat{p}_i$	$(f_i-n\hat{p}_i)^2/(n\hat{p}_i)$
A_0	36	e^{-1}	36.788	-0.788	0.017
A_1	40	e^{-1}	36.788	3.212	0.280
A_2	19	$e^{-1}/2$	18.394	0.606	0.020
A_3	2	$e^{-1}/6$	6.131	-3.03	1.143
A_4	0	$e^{-1}/24$	1.533		
A_5	2	$e^{-1}/120$	0.307		
A_6	1	$e^{-1}/720$	0.051		
A_7	0	$1-\sum_{i=0}^{6}\hat{p}_i$	0.008		
$\sum$					1.460

又因为

$$\chi^2_\alpha(4-1-1)=\chi^2_{0.05}(2)=5.991>1.46,$$

所以在显著性水平 $\alpha=0.05$ 下接受 H_0,认为总体 X 服从泊松分布.

例 8.11 研究混凝土抗压强度的分布. 200 件混凝土制件的抗压强度以分组形式列出(见表 8-7),$n=\sum_{i=1}^{6}f_i=200$. 要求在给定的显著性水平 $\alpha=0.05$ 下检验假设:

$$H_0:\text{抗压强度 } X\sim N(\mu,\sigma^2).$$

表 8-7

压强区间(98 kPa)	频数 f_i	压强区间(98 kPa)	频数 f_i
190 ~ 200	10	220 ~ 230	64
200 ~ 210	26	230 ~ 240	30
210 ~ 220	56	240 ~ 250	14

解 原假设所定的正态分布的参数是未知的,需先求 μ 与 σ^2 的最大似然估计值. 由第七章知,μ 与 σ^2 的最大似然估计值分别为

$$\hat{\mu}=\overline{x},\quad \hat{\sigma}^2=\frac{1}{n}\sum_{i=1}^{n}(x_i-\overline{x})^2.$$

设 x_i^* 为第 i 组的中值,有

$$\overline{x}=\frac{1}{n}\sum_{i}x_i^*f_i=\frac{195\times 10+205\times 26+\cdots+245\times 14}{200}=221,$$

$$\hat{\sigma}^2=\frac{1}{n}\sum_{i}(x_i^*-\overline{x})^2f_i=\frac{1}{200}[(-26)^2\times 10+(-16)^2\times 26+\cdots+24^2\times 14]=152,$$

$\hat{\sigma}\approx 12.33.$

原假设 H_0 改写成 $X\sim N(221,(12.33)^2)$，计算每个区间的理论概率值

$$\hat{p}_i=P\{a_{i-1}\leqslant X<a_i\}=\Phi(\mu_i)-\Phi(\mu_{i-1}),\quad i=1,2,\cdots,6,$$

其中

$$\mu_i=\frac{a_i-\overline{x}}{\hat{\sigma}},\quad \Phi(\mu_i)=\frac{1}{\sqrt{2\pi}}\int_{-\infty}^{\mu_i}\mathrm{e}^{-\frac{t^2}{2}}\mathrm{d}t.$$

为了计算出统计量 χ^2 的值，把需要进行的计算列表 8-8.

表 8-8

压强区间	频数 f_i	标准化区间 $[\mu_i,\mu_{i+1}]$	$\hat{p}_i=\Phi(\mu_{i+1})-\Phi(\mu_i)$	$n\hat{p}_i$	$(f_i-n\hat{p}_i)^2$	$\frac{(f_i-n\hat{p}_i)^2}{n\hat{p}_i}$
190 ~ 200	10	$(-\infty,-1.70)$	0.044 6	8.92	1.166 4	0.131
200 ~ 210	26	$[-1.70,-0.89)$	0.142 1	28.42	5.856 4	0.206
210 ~ 220	56	$[-0.89,-0.08)$	0.281 4	56.28	0.078 4	0.001
220 ~ 230	64	$[-0.08,0.73)$	0.299 2	59.84	17.305 6	0.289
230 ~ 240	30	$[0.73,1.54)$	0.170 9	34.18	17.472 4	0.511
240 ~ 250	14	$[1.54,+\infty)$	0.061 8	12.36	2.689 6	0.218
$\sum$			1	200		1.356

从上面计算得出 χ^2 的观察值为 1.356. 在显著性水平 $\alpha=0.05$ 下，查自由度 $m=6-2-1=3$ 的 χ^2 分布表，得到临界值 $\chi^2_{0.05}(3)=7.815$. 因为 $\chi^2=1.356<\chi^2_{0.05}(3)=7.815$，所以接受 H_0，认为混凝土制件的抗压强度 $X\sim N(221,(12.33)^2)$.

习题 8.4

1. 为募集社会福利基金，某地方政府发行福利彩票，中彩者用摇大转盘的方法确定最后的中奖金额. 大转盘均分为 20 份，其中金额为 5 万元、10 万元、20 万元、30 万元、50 万元、100 万元的分别占 2 份、4 份、6 份、4 份、2 份、2 份. 假定大转盘是均匀的，则每一点朝下是等可能的，于是摇出各个奖项的概率如表 8-9 所示.

表 8-9

金额 / 万元	5	10	20	30	50	100
概率	0.1	0.2	0.3	0.2	0.1	0.1

现 60 人参加摇奖，摇得 5 万、10 万、20 万、30 万、50 万和 100 万的人数分别为 6,18,18,9,9,0. 由于没有一个人摇到 100 万，因此有人怀疑大转盘是不均匀的，那么该怀疑是否成立呢？试对该转盘的均匀性进行检验.

2. 为考察一个交通路口的车流量，某观察者记录了 100 次时间间隔内的车流量，每次间隔为 1 min，其结果如表 8-10 所示. 问：能否认为该路口的车流量服从泊松分布(取 $\alpha=0.05$)？

表 8-10

车流量n_i/辆	0	1	2	3	4	5	6	≥7
次数	36	40	19	2	0	2	1	0

3. 某厂生产某种型号的钢钉,随机抽取50个产品,测得它们的长度(单位:mm)数据如表8-11所示.试根据所给数据判别该种型号钢钉的长度是否服从正态分布(取$\alpha=0.05$).

表 8-11

15.0	15.8	15.2	15.1	15.9	14.7	14.8	15.5	15.6	15.3
15.1	15.3	15.0	15.6	15.7	14.8	14.5	14.2	14.9	14.9
15.2	15.0	15.3	15.6	15.1	14.9	14.2	14.6	15.8	15.2
15.9	15.2	15.0	14.9	14.8	14.5	15.1	15.5	15.5	15.1
15.1	15.0	14.7	14.5	15.0	15.5	14.7	14.6	14.2	15.3

4. 测得300只某电子元件的寿命(单位:h)如表8-12所示.试在显著性水平$\alpha=0.05$下检验假设H_0:寿命X服从指数分布,其概率密度为

$$f(t)=\begin{cases}\dfrac{1}{200}e^{-\frac{t}{200}}, & t>0,\\ 0, & \text{其他}.\end{cases}$$

表 8-12

寿命	只数
$0<t\leqslant 100$	121
$100<t\leqslant 200$	78
$200<t\leqslant 300$	43
$t>300$	58

5. 一袋中装有6只球,其中红球数未知.从中一次任取2只球,记录红球的数目X,然后放回,重复试验100次,结果如表8-13所示.试在显著性水平$\alpha=0.05$下检验假设H_0:X服从超几何分布,$P\{X=k\}=\dfrac{C_3^k C_3^{3-k}}{C_6^3}$,$k=0,1,2,3$,即检验假设$H_0$:红球数为3只.

表 8-13

红球数x_i	0	1	2	3
频数f_i	6	31	40	23

小结

有关总体分布的未知参数或未知分布形式的种种推断叫作统计假设.一般统计假设分为原假设H_0(在实际问题中至关重要的假设)及与原假设H_0对立的假设即备择假设H_1.假设检验就是人们根据样本提供的信息做出"接受H_0、拒绝H_1"或"拒绝H_0、接受H_1"的判断.

假设检验的基本思想是小概率事件原理,即小概率事件在一次试验中几乎不会发生.这个原理是人们处理实际问题中公认的原则.

由于样本的随机性，当 H_0 为真时，我们可能会做出拒绝 H_0、接受 H_1 的错误判断（弃真错误）；或当 H_0 不真时，我们可能会做出接受 H_0、拒绝 H_1 的错误判断（取伪错误）.

当样本容量 n 固定时，我们无法同时控制犯两类错误的概率，即减小犯第一类错误的概率，就会增大犯第二类错误的概率，反之亦然. 在假设检验中我们主要控制（减小）犯第一类错误的概率，使 $P\{拒绝 H_0 \mid H_0 为真\} < \alpha$，其中 α 很小 $(0 < \alpha < 1)$，α 称为检验的显著性水平. 这种只对犯第一类错误的概率加以控制而不考虑犯第二类错误的概率的检验称为显著性假设检验.

单个、两个正态总体的均值、方差的假设检验是本章重点问题，读者需掌握 Z 检验法、χ^2 检验法、t 检验法等. 这些检验法中原假设 H_0、备择假设 H_1 及 H_0 的拒绝域分别如表 8-2、表 8-4 所示.

重要术语及主题

原假设　　备择假设　　检验统计量　　单边检验　　双边检验
显著性水平　　拒绝域　　显著性检验　　单个正态总体参数的假设检验
两个正态总体参数的假设检验　　总体分布函数的假设检验

复习题八

1. 已知某钢材的含碳量（单位：%）在正常情况下服从正态分布 $N(4.40,(0.05)^2)$. 某日测得 5 份钢材的含碳量如下：

$$4.34,\quad 4.40,\quad 4.42,\quad 4.30,\quad 4.35.$$

如果标准差不变，问：该日钢材含碳量的均值是否有显著降低（取 $\alpha = 0.05$）？

2. 在正常状态下，某种牌子的香烟平均每支重 1.1 g. 若从这种香烟堆中任取 36 支作为样本，测得样本均值为 1.008 g，样本方差为 0.1 g^2. 已知香烟的质量服从正态分布，问：这堆香烟是否处于正常状态（取 $\alpha = 0.05$）？

3. 进行 5 次试验，测得锰的熔点（单位：℃）如下：

$$1\,269,\quad 1\,271,\quad 1\,256,\quad 1\,265,\quad 1\,254.$$

已知锰的熔点服从正态分布，问：是否可以认为锰的熔点显著高于 1 250 ℃（取 $\alpha = 0.01$）？

4. 在进行工艺改革时，若方差显著增大，则改革需朝相反方向进行以减小方差；若方差变化不显著，需试行别的改革方案. 现加工 25 个活塞，对某项工艺进行改革，在新工艺下对加工好的这些活塞的直径（单位：m）进行测量，并由测量值算得样本方差 $s^2 = 0.000\,66$. 已知在工艺改革前活塞直径的方差为 0.000 40，问：进一步工艺改革的方向应如何（取 $\alpha = 0.05$）？

5. 某种产品的次品率为 10%，对这种产品的制造工艺进行了改革，试制了一批产品，抽查 200 件，发现有 13 件次品，问：能否认为工艺改革后显著地降低了次品率（取 $\alpha = 0.05$）？

6. 在某公路上，50 min 之间，观察每 15 s 内过路的汽车的辆数，得到频数分布如表 8-14 所示，问：这个分布能否认为是泊松分布（取 $\alpha = 0.1$）？

表 8 - 14

过路的车辆数 X	0	1	2	3	4	5
次数 f_i	92	68	28	11	1	0

7. 设 $X_1, X_2, \cdots, X_n$ 是来自总体 $X \sim N(\mu, \sigma^2)$ 的一个样本,据此样本检验假设:$H_0: \mu = \mu_0; H_1: \mu \neq \mu_0$. 于是有(　　).

(A) 如果在显著性水平 $\alpha = 0.05$ 下拒绝 H_0,那么在显著性水平 $\alpha = 0.01$ 下必拒绝 H_0

(B) 如果在显著性水平 $\alpha = 0.05$ 下拒绝 H_0,那么在显著性水平 $\alpha = 0.01$ 下必接受 H_0

(C) 如果在显著性水平 $\alpha = 0.05$ 下接受 H_0,那么在显著性水平 $\alpha = 0.01$ 下必拒绝 H_0

(D) 如果在显著性水平 $\alpha = 0.05$ 下接受 H_0,那么在显著性水平 $\alpha = 0.01$ 下必接受 H_0　　(2018 研考)

8. 设 $X_1, X_2, \cdots, X_{16}$ 是来自总体 $X \sim N(\mu, 2^2)$ 的一个样本,考虑假设检验问题:$H_0: \mu \leqslant 10; H_1: \mu > 10$,$\Phi(x)$ 表示标准正态分布函数. 若该检验问题的拒绝域为 $W = \{\overline{X} > 11\}$,其中 $\overline{X} = \frac{1}{16}\sum_{i=1}^{16} X_i$,则当 $\mu = 11.5$ 时,该检验犯第二类错误的概率为(　　).

(A) $1 - \Phi(0.5)$　　(B) $1 - \Phi(1)$

(C) $1 - \Phi(1.5)$　　(D) $1 - \Phi(2)$　　(2021 研考)

第九章

方 差 分 析

在生产过程和科学实验中，我们经常遇到这样的问题：影响产品产量和质量的因素很多，我们需要通过试验来判断哪些因素对产品的产量和质量有显著的影响. 方差分析就是用来解决这类问题的一种有效方法. 它是在 20 世纪 20 年代由英国统计学家费希尔首先应用到农业试验上的. 后来发现这种方法的应用范围十分广阔，可以成功地应用在许多其他试验工作的多个方面.

第一节　单因素试验的方差分析

在试验中,我们将要考察的指标称为试验指标,影响试验指标的条件称为因素.因素可分为两类,一类是人们可以控制的;另一类是人们不能控制的.例如,原料成分、反应温度、溶液浓度等是可以控制的,而测量误差、气象条件等一般是难以控制的.以下所说的因素都是可控因素,因素所处的状态称为该因素的水平.如果在一项试验中只有一个因素在改变,这样的试验就称为单因素试验;如果多于一个因素在改变,就称为多因素试验.

本节通过实例来讨论单因素试验.

1. 数学模型

例 9.1　某实验室对钢锭模进行选材试验.其方法是将试件加热到 700 ℃ 后,投到 20 ℃ 的水中急冷,这样反复进行到试件断裂为止,试验次数越多,试件质量越好.试验结果如表 9-1 所示.

试验的目的是确定 4 种生铁试件的抗热疲劳性能是否有显著差异.

这里,试验的指标是钢锭模的热疲劳值,钢锭模的材质是因素,4 种不同的材质表示钢锭模的 4 个水平,这项试验叫作 4 水平单因素试验.

表 9-1

试验号	材质分类			
	A_1	A_2	A_3	A_4
1	160	158	146	151
2	161	164	155	152
3	165	164	160	153
4	168	170	162	157
5	170	175	164	160
6	172		166	168
7	180		174	
8			182	

例 9.2　考察一种人造纤维在不同温度的水中浸泡后的缩水率,在 40 ℃,50 ℃,…,90 ℃ 的水中分别进行 4 次试验,得到该种纤维在每次试验中的缩水率(单位:%)如表 9-2 所示.问:浸泡水的温度对缩水率有无显著的影响?

表 9－2

试验号	温度					
	40 ℃	50 ℃	60 ℃	70 ℃	80 ℃	90 ℃
1	4.3	6.1	10.0	6.5	9.3	9.5
2	7.8	7.3	4.8	8.3	8.7	8.8
3	3.2	4.2	5.4	8.6	7.2	11.4
4	6.5	4.1	9.6	8.2	10.1	7.8

这里试验指标是人造纤维的缩水率，温度是因素，这项试验为 6 水平单因素试验.

单因素试验的一般数学模型为因素 A 有 s 个水平 $A_1,A_2,\cdots,A_s$，在水平 $A_j(j=1,2,\cdots,s)$ 下进行 $n_j(n_j\geqslant 2)$ 次独立试验，得到如表 9－3 所示的结果.

表 9－3

	水平			
	A_1	A_2	$\cdots$	A_s
样本	X_{11}	X_{12}	$\cdots$	X_{1s}
	X_{21}	X_{22}	$\cdots$	X_{2s}
	$\vdots$	$\vdots$		$\vdots$
	$X_{n_1 1}$	$X_{n_2 2}$	$\cdots$	$X_{n_s s}$
样本总和	$T_{\cdot 1}$	$T_{\cdot 2}$	$\cdots$	$T_{\cdot s}$
样本均值	$\overline{X}_{\cdot 1}$	$\overline{X}_{\cdot 2}$	$\cdots$	$\overline{X}_{\cdot s}$
总体均值	μ_1	μ_2	$\cdots$	μ_s

假定：各水平 $A_j(j=1,2,\cdots,s)$ 下的样本 $X_{ij}\sim N(\mu_j,\sigma^2)$，$i=1,2,\cdots,n_j$，且相互独立，故 $X_{ij}-\mu_j$ 可看成随机误差，它们是试验中无法控制的各种因素所引起的. 记 $X_{ij}-\mu_j=\varepsilon_{ij}$，则

$$\begin{cases} X_{ij}=\mu_j+\varepsilon_{ij}, & i=1,2,\cdots,n_j;j=1,2,\cdots,s, \\ \varepsilon_{ij}\sim N(0,\sigma^2), & \text{各 } \varepsilon_{ij} \text{ 相互独立}, \end{cases} \tag{9-1}$$

其中 μ_j 与 σ^2 均为未知参数. (9－1) 式称为单因素试验方差分析的数学模型. 方差分析的任务是对模型(9－1)，检验 s 个总体 $N(\mu_1,\sigma^2),N(\mu_2,\sigma^2),\cdots,N(\mu_s,\sigma^2)$ 的均值是否相等，即检验假设：

$$H_0:\mu_1=\mu_2=\cdots=\mu_s;\quad H_1:\mu_1,\mu_2,\cdots,\mu_s \text{ 不全相等}. \tag{9-2}$$

为将问题(9－2) 写成便于讨论的形式，采用记号

$$\mu=\frac{1}{n}\sum_{j=1}^{s}n_j\mu_j,$$

其中 $n=\sum\limits_{j=1}^{s}n_j$，$\mu$ 表示 $\mu_1,\mu_2,\cdots,\mu_s$ 的加权平均(称为总平均). 又记

$$\delta_j=\mu_j-\mu,\quad j=1,2,\cdots,s,$$

δ_j 表示水平 A_j 下的总体均值与总平均的差异. 习惯上将 δ_j 称为水平 A_j 的效应. 利用这些记号,模型(9-1)可改写成

$$\begin{cases} X_{ij}=\mu+\delta_j+\varepsilon_{ij}, & i=1,2,\cdots,n_j; j=1,2,\cdots,s, \\ \varepsilon_{ij}\sim N(0,\sigma^2), & \text{各 } \varepsilon_{ij} \text{ 相互独立}. \end{cases} \tag{9-1$'$}$$

X_{ij} 分解成总平均、水平 A_j 的效应及随机误差三部分之和,且

$$\sum_{j=1}^{s} n_j\delta_j=0.$$

假设(9-2)等价于假设:

$$H_0:\delta_1=\delta_2=\cdots=\delta_s=0;\quad H_1:\delta_1,\delta_2,\cdots,\delta_s \text{ 不全为零}. \tag{9-2$'$}$$

2. 平方和分解

为了寻找适当的统计量对参数做假设检验,下面从平方和的分解着手,导出假设检验(9-2)′的检验统计量. 记

$$S_T=\sum_{j=1}^{s}\sum_{i=1}^{n_j}(X_{ij}-\overline{X})^2, \tag{9-3}$$

这里 $\overline{X}=\frac{1}{n}\sum_{j=1}^{s}\sum_{i=1}^{n_j}X_{ij}$,$S_T$ 能反映全部试验数据之间的差异,称为总变差.

A_j 下的样本均值为

$$\overline{X}_{\cdot j}=\frac{1}{n_j}\sum_{i=1}^{n_j}X_{ij},\quad j=1,2,\cdots,s. \tag{9-4}$$

注意到

$$\begin{aligned}(X_{ij}-\overline{X})^2&=(X_{ij}-\overline{X}_{\cdot j}+\overline{X}_{\cdot j}-\overline{X})^2\\&=(X_{ij}-\overline{X}_{\cdot j})^2+(\overline{X}_{\cdot j}-\overline{X})^2+2(X_{ij}-\overline{X}_{\cdot j})(\overline{X}_{\cdot j}-\overline{X}),\end{aligned}$$

而

$$\begin{aligned}\sum_{j=1}^{s}\sum_{i=1}^{n_j}(X_{ij}-\overline{X}_{\cdot j})(\overline{X}_{\cdot j}-\overline{X})&=\sum_{j=1}^{s}(\overline{X}_{\cdot j}-\overline{X})\left[\sum_{i=1}^{n_j}(X_{ij}-\overline{X}_{\cdot j})\right]\\&=\sum_{j=1}^{s}(\overline{X}_{\cdot j}-\overline{X})\left(\sum_{i=1}^{n_j}X_{ij}-n_j\overline{X}_{\cdot j}\right)\\&=0.\end{aligned}$$

记

$$S_E=\sum_{j=1}^{s}\sum_{i=1}^{n_j}(X_{ij}-\overline{X}_{\cdot j})^2, \tag{9-5}$$

$$S_A=\sum_{j=1}^{s}\sum_{i=1}^{n_j}(\overline{X}_{\cdot j}-\overline{X})^2=\sum_{j=1}^{s}n_j(\overline{X}_{\cdot j}-\overline{X})^2, \tag{9-6}$$

S_E 称为误差平方和,S_A 称为因素 A 的效应平方和. 于是

$$S_T=S_E+S_A. \tag{9-7}$$

利用 ε_{ij} 可更清楚地看到 S_E, S_A 的含义，记

$$\bar{\varepsilon} = \frac{1}{n}\sum_{j=1}^{s}\sum_{i=1}^{n_j}\varepsilon_{ij}$$

为随机误差的总平均，

$$\bar{\varepsilon}_{\cdot j} = \frac{1}{n_j}\sum_{i=1}^{n_j}\varepsilon_{ij}, \quad j=1,2,\cdots,s.$$

于是

$$S_E = \sum_{j=1}^{s}\sum_{i=1}^{n_j}(X_{ij}-\overline{X}_{\cdot j})^2 = \sum_{j=1}^{s}\sum_{i=1}^{n_j}(\varepsilon_{ij}-\bar{\varepsilon}_{\cdot j})^2, \tag{9-8}$$

$$S_A = \sum_{j=1}^{s} n_j(\overline{X}_{\cdot j}-\overline{X})^2 = \sum_{j=1}^{s} n_j(\delta_j+\bar{\varepsilon}_{\cdot j}-\bar{\varepsilon})^2. \tag{9-9}$$

平方和分解公式(9-7)说明，总平方和分解成误差平方和与因素 A 的效应平方和.(9-8)式说明 S_E 完全是由随机波动引起的.而(9-9)式说明 S_A 除随机误差外还含有各水平的效应 δ_j，当 δ_j 不全为零时，S_A 主要反映了这些效应的差异.若 H_0 为真时，各水平的效应为零，S_A 中也只含随机误差，因而 S_A 与 S_E 相比较相对于某一显著性水平不应太大.方差分析的目的是研究 S_A 相对于 S_E 有多大，若 S_A 比 S_E 显著地大，这表明各水平对指标的影响有显著的差异，故需研究与 S_A/S_E 有关的统计量.

3. 假设检验问题

当 H_0 为真时，设样本 $X_{ij}\sim N(\mu,\sigma^2)(i=1,2,\cdots,n_j; j=1,2,\cdots,s)$ 且相互独立，利用抽样分布的有关定理，有

$$\frac{S_A}{\sigma^2}\sim\chi^2(s-1), \tag{9-10}$$

$$\frac{S_E}{\sigma^2}\sim\chi^2(n-s), \tag{9-11}$$

$$F=\frac{(n-s)S_A}{(s-1)S_E}\sim F(s-1,n-s). \tag{9-12}$$

于是，对于给定的显著性水平 $\alpha(0<\alpha<1)$，由

$$P\{F>F_\alpha(s-1,n-s)\}=\alpha, \tag{9-13}$$

可得检验问题(9-2)′的拒绝域为

$$\{F>F_\alpha(s-1,n-s)\}. \tag{9-14}$$

由样本值计算 F 的观察值 f，若 $f>F_\alpha$，则拒绝 H_0，即认为水平的改变对指标有显著的影响；若 $f\leqslant F_\alpha$，则接受 H_0，即认为水平的改变对指标无显著的影响.

上面的分析结果可排成表 9-4 的形式，称为方差分析表.

表 9-4

方差来源	平方和	自由度	均方和	F 比
因素 A	S_A	$s-1$	$\overline{S}_A=\frac{S_A}{s-1}$	$F=\frac{\overline{S}_A}{\overline{S}_E}$
误差	S_E	$n-s$	$\overline{S}_E=\frac{S_E}{n-s}$	
总和	S_T	$n-1$		

当 $f>F_{0.05}(s-1,n-s)$ 时,称为显著;当 $f>F_{0.01}(s-1,n-s)$ 时,称为高度显著.

在实际中,一般可以按以下较简便的公式来计算 S_T,S_A 和 S_E. 记

$$T_{\cdot j}=\sum_{i=1}^{n_j}X_{ij},\quad j=1,2,\cdots,s,\quad T_{\cdot\cdot}=\sum_{j=1}^{s}\sum_{i=1}^{n_j}X_{ij},$$

即有

$$\begin{cases}S_T=\sum_{j=1}^{s}\sum_{i=1}^{n_j}X_{ij}^2-n\overline{X}^2=\sum_{j=1}^{s}\sum_{i=1}^{n_j}X_{ij}^2-\frac{T_{\cdot\cdot}^2}{n},\\ S_A=\sum_{j=1}^{s}n_j\overline{X}_{\cdot j}^2-n\overline{X}^2=\sum_{j=1}^{s}\frac{T_{\cdot j}^2}{n_j}-\frac{T_{\cdot\cdot}^2}{n},\\ S_E=S_T-S_A.\end{cases}\tag{9-15}$$

例 9.3 如上所述,在例 9.1 中需检验假设:

$$H_0:\mu_1=\mu_2=\mu_3=\mu_4;\quad H_1:\mu_1,\mu_2,\mu_3,\mu_4\text{ 不全相等}.$$

取 $\alpha=0.05$,完成这一假设检验.

解 $s=4,n_1=7,n_2=5,n_3=8,n_4=6,n=26.$

$$S_T=\sum_{j=1}^{s}\sum_{i=1}^{n_j}x_{ij}^2-\frac{T_{\cdot\cdot}^2}{n}=698\,959-\frac{4\,257^2}{26}\approx 1\,957.12,$$

$$S_A=\sum_{j=1}^{s}\frac{T_{\cdot j}^2}{n_j}-\frac{T_{\cdot\cdot}^2}{n}\approx 697\,445.49-\frac{4\,257^2}{26}\approx 443.61,$$

$$S_E=S_T-S_A=1\,513.51.$$

列方差分析表 9-5.

表 9-5

方差来源	平方和	自由度	均方和	F 比
因素 A	443.61	3	147.87	2.15
误差	1 513.51	22	68.80	
总和	1 957.12	25		

因

$$f=2.15<F_{0.05}(3,22)=3.05,$$

故接受 H_0,即认为 4 种生铁试样的热疲劳性无显著的差异.

例 9.4　如上所述,在例 9.2 中需检验假设:

$$H_0:\mu_1=\mu_2=\cdots=\mu_6;\quad H_1:\mu_1,\mu_2,\cdots,\mu_6 \text{ 不全相等}.$$

分别取 $\alpha=0.05,0.01$,完成这一假设检验.

解　$s=6,n_1=n_2=\cdots=n_6=4,n=24$.

$$S_T=\sum_{j=1}^{s}\sum_{i=1}^{n_j}x_{ij}^2-\frac{T_{\cdot\cdot}^2}{n}=1\,427.99-\frac{(177.7)^2}{24}\approx 112.27,$$

$$S_A=\sum_{j=1}^{s}\frac{T_{\cdot j}^2}{n_j}-\frac{T_{\cdot\cdot}^2}{n}\approx 1\,371.27-\frac{(177.7)^2}{24}\approx 55.55,$$

$$S_E=S_T-S_A=56.72.$$

列方差分析表 9-6.

表 9-6

方差来源	平方和	自由度	均方和	F 比
因素 A	55.55	5	11.11	3.53
误差	56.72	18	3.15	
总和	112.27	23		

因

$$4.25=F_{0.01}(5,18)>f=3.53>F_{0.05}(5,18)=2.77,$$

故浸泡水的温度对缩水率有显著的影响,但不能说有高度显著的影响.

本节的方差分析是在这两项假设下,检验各个总体均值是否相等.一是正态性假设,假定数据服从正态分布;二是等方差性假设,假定各正态总体方差相等.由大数定律和中心极限定理,以及多年来的方差分析应用,知正态性和等方差性这两项假设是合理的.

习题 9.1

1. 灯泡厂用 4 种不同的材料制成灯丝,检验灯丝材料这一因素对灯泡寿命的影响.若灯泡寿命(单位:h)服从正态分布,不同材料的灯丝制成的灯泡寿命的方差相同,试根据表 9-7 中试验结果,在显著性水平 $\alpha=0.05$ 下,检验灯泡寿命是否因灯丝材料不同而有显著的差异.

表 9-7

灯丝材料水平	试验批号							
	1	2	3	4	5	6	7	8
A_1	1 600	1 610	1 650	1 680	1 700	1 720	1 800	
A_2	1 580	1 640	1 640	1 700	1 750			
A_3	1 460	1 550	1 600	1 620	1 640	1 660	1 740	1 820
A_4	1 510	1 520	1 530	1 570	1 600	1 680		

2. 一个年级有 3 个小班,他们进行了一次数学考试,现从各个班级随机地抽取了一些学生,记录其成绩(单位:分)如表 9-8 所示.试在显著性水平 $\alpha=0.05$ 下,检验各班级的平均分数有无显著的差异.设各个总体服从正态分布,且方差相等.

表 9-8

Ⅰ		Ⅱ		Ⅲ	
73	66	88	77	68	41
89	60	78	31	79	59
82	45	48	78	56	68
43	93	91	62	91	53
80	36	51	76	71	79
73	77	85	96	71	15
		74	80	87	
		56			

3. 用 4 种不同工艺处理了 4 批零件,从这 4 批零件中分别抽取样品,测得它们的某项性能指标(单位:h)如表 9-9 所示,试问:用这 4 种不同工艺处理的零件的该项性能指标是否有显著的差异(分别取 $\alpha = 0.05$ 和 $\alpha = 0.01$)?

表 9-9

样品序号	工艺			
	一	二	三	四
1	1 620	1 580	1 460	1 500
2	1 680	1 600	1 540	1 550
3	1 700	1 640	1 620	1 610
4	1 750	1 720		1 680
5	1 800			

4. 从 5 个制造 1.5 V 干电池的工厂分别取 5 个电池,测得它们的寿命(单位:h)如表 9-10 所示. 问:干电池的寿命是否由于工厂的不同而有显著的差异(取 $\alpha = 0.05$)?

表 9-10

样品序号	工厂				
	A_1	A_2	A_3	A_4	A_5
1	24.7	30.8	17.8	23.1	25.2
2	24.3	19.0	30.4	33.0	37.5
3	21.6	18.8	34.9	23.0	31.6
4	19.3	29.7	34.1	26.4	26.8
5	20.3	25.1	15.9	18.1	27.5

第二节　双因素试验的方差分析

进行某一项试验,当影响指标的因素不是一个而是多个时,要分析各因素的

 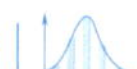

作用是否显著，就要用到多因素的方差分析. 本节就两个因素的方差分析做一简述. 当有两个因素时，除每个因素的影响外，还有这两个因素的搭配问题. 如表 9-11 中的两组试验结果，都有两个因素 A 和 B，每个因素取两个水平.

表 9-11

(a)

B	A	
	A_1	A_2
B_1	30	50
B_2	70	90

(b)

B	A	
	A_1	A_2
B_1	30	50
B_2	100	80

在表 9-11(a) 中，无论 B 在什么水平(B_1 还是 B_2)，水平 A_2 下的结果总比 A_1 下的高 20. 同样，无论 A 在什么水平，水平 B_2 下的结果总比 B_1 下的高 40. 这说明 A 和 B 单独地各自影响结果，互相之间没有作用.

在表 9-11(b) 中，当 B 在水平 B_1 时，水平 A_2 下的结果比 A_1 下的高；当 B 在水平 B_2 时，水平 A_1 下的结果比 A_2 下的高. 类似地，当 A 在水平 A_1 时，水平 B_2 下的结果比 B_1 下的高 70，而当 A 在水平 A_2 时，水平 B_2 下的结果比 B_1 下的只高 30. 这表明 A 的作用与 B 所取的水平有关，而 B 的作用也与 A 所取的水平有关，即 A 和 B 不仅各自对结果有影响，而且它们的搭配方式也有影响. 我们把这种影响称为因素 A 和 B 的交互作用，记作 $A\times B$. 在双因素试验的方差分析中，不仅要检验水平 A 和 B 的作用，还要检验它们的交互作用.

1. 双因素等重复试验的方差分析

设有两个因素 A,B 作用于试验的指标，因素 A 有 r 个水平 $A_1,A_2,\cdots,A_r$，因素 B 有 s 个水平 $B_1,B_2,\cdots,B_s$. 现对因素 A,B 的水平的每对组合 (A_i,B_j)，$i=1,2,\cdots,r;j=1,2,\cdots,s$ 都做 $t(t\geqslant 2)$ 次试验(称为等重复试验)，得到如表 9-12 所示的结果.

表 9-12

因素 A	因素 B			
	B_1	B_2	$\cdots$	B_s
A_1	$X_{111},X_{112},\cdots,X_{11t}$	$X_{121},X_{122},\cdots,X_{12t}$	$\cdots$	$X_{1s1},X_{1s2},\cdots,X_{1st}$
A_2	$X_{211},X_{212},\cdots,X_{21t}$	$X_{221},X_{222},\cdots,X_{22t}$	$\cdots$	$X_{2s1},X_{2s2},\cdots,x_{2st}$
$\vdots$	$\vdots$	$\vdots$		$\vdots$
A_r	$X_{r11},X_{r12},\cdots,X_{r1t}$	$X_{r21},X_{r22},\cdots,X_{r2t}$	$\cdots$	$X_{rs1},X_{rs2},\cdots,X_{rst}$

设样本 $X_{ijk}\sim N(\mu_{ij},\sigma^2)$，$i=1,2,\cdots,r$；$j=1,2,\cdots,s$；$k=1,2,\cdots,t$，各

X_{ijk} 相互独立,这里 μ_{ij},σ^2 均为未知参数.也可以写为

$$\begin{cases} X_{ijk}=\mu_{ij}+\varepsilon_{ijk}, \quad i=1,2,\cdots,r;j=1,2,\cdots,s, \\ \varepsilon_{ijk}\sim N(0,\sigma^2), \quad k=1,2,\cdots,t, \\ \text{各}\ \varepsilon_{ijk}\ \text{相互独立}. \end{cases} \tag{9-16}$$

记

$$\mu=\frac{1}{rs}\sum_{i=1}^{r}\sum_{j=1}^{s}\mu_{ij},$$

$$\mu_{i\cdot}=\frac{1}{s}\sum_{j=1}^{s}\mu_{ij}, \quad i=1,2,\cdots,r,$$

$$\mu_{\cdot j}=\frac{1}{r}\sum_{i=1}^{r}\mu_{ij}, \quad j=1,2,\cdots,s,$$

$$\alpha_i=\mu_{i\cdot}-\mu, \quad i=1,2,\cdots,r,$$

$$\beta_j=\mu_{\cdot j}-\mu, \quad j=1,2,\cdots,s,$$

$$\gamma_{ij}=\mu_{ij}-\mu_{i\cdot}-\mu_{\cdot j}+\mu,$$

于是

$$\mu_{ij}=\mu+\alpha_i+\beta_j+\gamma_{ij}. \tag{9-17}$$

称 μ 为总平均,α_i 为水平 A_i 的效应,β_j 为水平 B_j 的效应,γ_{ij} 为水平 A_i 和水平 B_j 的交互效应,这是由 A_i,B_j 搭配起来联合作用而引起的.

易知

$$\sum_{i=1}^{r}\alpha_i=0, \quad \sum_{j=1}^{s}\beta_j=0,$$

$$\sum_{i=1}^{r}\gamma_{ij}=0, \quad j=1,2,\cdots,s,$$

$$\sum_{j=1}^{s}\gamma_{ij}=0, \quad i=1,2,\cdots,r,$$

这样(9-16)式可写成

$$\begin{cases} X_{ijk}=\mu+\alpha_i+\beta_j+\gamma_{ij}+\varepsilon_{ijk}, \\ \sum_{i=1}^{r}\alpha_i=0,\sum_{j=1}^{s}\beta_j=0,\sum_{i=1}^{r}\gamma_{ij}=0,\sum_{j=1}^{s}\gamma_{ij}=0, \\ \varepsilon_{ijk}\sim N(0,\sigma^2), \\ \qquad i=1,2,\cdots,r;j=1,2,\cdots,s;k=1,2,\cdots,t, \\ \text{各}\ \varepsilon_{ijk}\ \text{相互独立}, \end{cases} \tag{9-18}$$

其中 μ,α_i,β_j,γ_{ij} 及 σ^2 都为未知参数.

(9-18)式就是要研究的双因素试验方差分析的数学模型.要检验因素 A,B 及交互作用 $A\times B$ 是否显著,即要检验以下3个假设:

$$H_{01}:\alpha_1=\alpha_2=\cdots=\alpha_r=0; \quad H_{11}:\alpha_1,\alpha_2,\cdots,\alpha_r\ \text{不全为零}.$$

$H_{02}:\beta_1=\beta_2=\cdots=\beta_s=0$； $H_{12}:\beta_1,\beta_2,\cdots,\beta_s$ 不全为零.

$H_{03}:\gamma_{11}=\gamma_{12}=\cdots=\gamma_{rs}=0$； $H_{13}:\gamma_{11},\gamma_{12},\cdots,\gamma_{rs}$ 不全为零.

类似于单因素情况，对这些问题的检验方法也是建立在平方和分解上的. 记

$$\overline{X}=\frac{1}{rst}\sum_{i=1}^{r}\sum_{j=1}^{s}\sum_{k=1}^{t}X_{ijk},$$

$$\overline{X}_{ij\cdot}=\frac{1}{t}\sum_{k=1}^{t}X_{ijk},\quad i=1,2,\cdots,r;\ j=1,2,\cdots,s,$$

$$\overline{X}_{i\cdot\cdot}=\frac{1}{st}\sum_{j=1}^{s}\sum_{k=1}^{t}X_{ijk},\quad i=1,2,\cdots,r,$$

$$\overline{X}_{\cdot j\cdot}=\frac{1}{rt}\sum_{i=1}^{r}\sum_{k=1}^{t}X_{ijk},\quad j=1,2,\cdots,s,$$

$$S_T=\sum_{i=1}^{r}\sum_{j=1}^{s}\sum_{k=1}^{t}(X_{ijk}-\overline{X})^2.$$

不难验证，$\overline{X},\overline{X}_{i\cdot\cdot},\overline{X}_{\cdot j\cdot},\overline{X}_{ij\cdot}$ 分别是 $\mu,\mu_{i\cdot},\mu_{\cdot j},\mu_{ij}$ 的无偏估计量.

由

$$\begin{aligned}X_{ijk}-\overline{X}&=(X_{ijk}-\overline{X}_{ij\cdot})+(\overline{X}_{i\cdot\cdot}-\overline{X})+(\overline{X}_{\cdot j\cdot}-\overline{X})\\&\quad+(\overline{X}_{ij\cdot}-\overline{X}_{i\cdot\cdot}-\overline{X}_{\cdot j\cdot}+\overline{X}),\\&\quad 1\leqslant i\leqslant r,1\leqslant j\leqslant s,1\leqslant k\leqslant t,\end{aligned}$$

得平方和分解公式

$$S_T=S_E+S_A+S_B+S_{A\times B},\tag{9-19}$$

其中

$$S_E=\sum_{i=1}^{r}\sum_{j=1}^{s}\sum_{k=1}^{t}(X_{ijk}-\overline{X}_{ij\cdot})^2,$$

$$S_A=st\sum_{i=1}^{r}(\overline{X}_{i\cdot\cdot}-\overline{X})^2,$$

$$S_B=rt\sum_{j=1}^{s}(\overline{X}_{\cdot j\cdot}-\overline{X})^2,$$

$$S_{A\times B}=t\sum_{i=1}^{r}\sum_{j=1}^{s}(\overline{X}_{ij\cdot}-\overline{X}_{i\cdot\cdot}-\overline{X}_{\cdot j\cdot}+\overline{X})^2.$$

S_E 称为误差平方和，S_A,S_B 分别称为因素 A,B 的效应平方和，$S_{A\times B}$ 称为 A,B 交互效应平方和.

当 H_{01} 为真时，

$$F_A=\frac{S_A}{r-1}\bigg/\frac{S_E}{rs(t-1)}\sim F(r-1,rs(t-1));$$

当 H_{02} 为真时，

$$F_B=\frac{S_B}{s-1}\bigg/\frac{S_E}{rs(t-1)}\sim F(s-1,rs(t-1));$$

当 H_{03} 为真时，

$$F_{A\times B}=\frac{S_{A\times B}}{(r-1)(s-1)}\bigg/\frac{S_E}{rs(t-1)}\sim F((r-1)(s-1),rs(t-1)).$$

对于给定的显著性水平 α，假设 H_{01}, H_{02}, H_{03} 的拒绝域分别为

$$\begin{aligned}&\{F_A > F_\alpha(r-1, rs(t-1))\},\\&\{F_B > F_\alpha(s-1, rs(t-1))\},\\&\{F_{A\times B} > F_\alpha((r-1)(s-1), rs(t-1))\}.\end{aligned} \tag{9-20}$$

经过上面的分析和计算，可得出双因素试验的方差分析表 9-13.

表 9-13

方差来源	平方和	自由度	均方和	F 比
因素 A	S_A	$r-1$	$\bar{S}_A = \dfrac{S_A}{r-1}$	$F_A = \dfrac{\bar{S}_A}{\bar{S}_E}$
因素 B	S_B	$s-1$	$\bar{S}_B = \dfrac{S_B}{s-1}$	$F_B = \dfrac{\bar{S}_B}{\bar{S}_E}$
交互作用	$S_{A\times B}$	$(r-1)(s-1)$	$\bar{S}_{A\times B} = \dfrac{S_{A\times B}}{(r-1)(s-1)}$	$F_{A\times B} = \dfrac{\bar{S}_{A\times B}}{\bar{S}_E}$
误差	S_E	$rs(t-1)$	$\bar{S}_E = \dfrac{S_E}{rs(t-1)}$	
总和	S_T	$rst-1$		

在实际中，与单因素方差分析类似，可按以下较简便的公式来计算 $S_T, S_A, S_B, S_{A\times B}, S_E$. 记

$$T_{\cdots} = \sum_{i=1}^{r}\sum_{j=1}^{s}\sum_{k=1}^{t} X_{ijk},$$

$$T_{ij\cdot} = \sum_{k=1}^{t} X_{ijk}, \quad i=1,2,\cdots,r;\ j=1,2,\cdots,s,$$

$$T_{i\cdot\cdot} = \sum_{j=1}^{s}\sum_{k=1}^{t} X_{ijk}, \quad i=1,2,\cdots,r,$$

$$T_{\cdot j\cdot} = \sum_{i=1}^{r}\sum_{k=1}^{t} X_{ijk}, \quad j=1,2,\cdots,s,$$

即有

$$\begin{cases} S_T = \displaystyle\sum_{i=1}^{r}\sum_{j=1}^{s}\sum_{k=1}^{t} X_{ijk}^2 - \frac{T_{\cdots}^2}{rst}, \\ S_A = \displaystyle\frac{1}{st}\sum_{i=1}^{r} T_{i\cdot\cdot}^2 - \frac{T_{\cdots}^2}{rst}, \\ S_B = \displaystyle\frac{1}{rt}\sum_{j=1}^{s} T_{\cdot j\cdot}^2 - \frac{T_{\cdots}^2}{rst}, \\ S_{A\times B} = \displaystyle\frac{1}{t}\sum_{i=1}^{r}\sum_{j=1}^{s} T_{ij\cdot}^2 - \frac{T_{\cdots}^2}{rst} - S_A - S_B, \\ S_E = S_T - S_A - S_B - S_{A\times B}. \end{cases} \tag{9-21}$$

例 9.5　用不同的生产方法(不同的硫化时间和不同的加速剂)制造的硬橡胶的抗牵拉强度(单位:$kg \cdot cm^{-2}$)的观察数据如表 9-14 所示.试在显著性水平 $\alpha=0.1$ 下分析不同的硫化时间(A)、加速剂(B)及它们的交互作用($A\times B$)对抗牵拉强度有无显著的影响.

表 9-14

140 ℃ 下硫化时间 /s	加速剂		
	甲	乙	丙
40	39,36	43,37	37,41
60	41,35	42,39	39,40
80	40,30	43,36	36,38

解　按题意,需检验假设 H_{01},H_{02},H_{03}.这里 $r=s=3,t=2$.
$T_{\cdots},T_{ij\cdot},T_{i\cdot\cdot},T_{\cdot j\cdot}$ 的计算如表 9-15 所示.

表 9-15

硫化时间 /s	加速剂			$T_{i\cdot\cdot}$
	甲	乙	丙	
40	75	80	78	233
60	76	81	79	236
80	70	79	74	223
$T_{\cdot j\cdot}$	221	240	231	692

$$S_T=\sum_{i=1}^{r}\sum_{j=1}^{s}\sum_{k=1}^{t}x_{ijk}^2-\frac{T_{\cdots}^2}{rst}\approx 178.44,$$

$$S_A=\frac{1}{st}\sum_{i=1}^{r}T_{i\cdot\cdot}^2-\frac{T_{\cdots}^2}{rst}\approx 15.44,$$

$$S_B=\frac{1}{rt}\sum_{j=1}^{s}T_{\cdot j\cdot}^2-\frac{T_{\cdots}^2}{rst}\approx 30.11,$$

$$S_{A\times B}=\frac{1}{t}\sum_{i=1}^{r}\sum_{j=1}^{s}T_{ij\cdot}^2-\frac{T_{\cdots}^2}{rst}-S_A-S_B\approx 2.89,$$

$$S_E=S_T-S_A-S_B-S_{A\times B}=130.$$

列方差分析表 9-16.

表 9-16

方差来源	平方和	自由度	均方和	F 比
因素 A(硫化时间)	15.44	2	7.72	0.53
因素 B(加速剂)	30.11	2	15.06	1.04
交互作用 $A\times B$	2.89	4	0.72	0.05
误差	130	9	14.44	
总和	178.44	17		

由于 $F_{0.1}(2,9)=3.01>f_A=0.53,F_{0.1}(2,9)>f_B=1.04,F_{0.1}(4,9)=2.69>f_{A\times B}=0.05$,因此接受 H_{01},H_{02},H_{03},即硫化时间、加速剂及它们的交互作用对硬橡胶的抗牵拉强度

的影响不显著.

2. 双因素无重复试验的方差分析

在双因素试验中,如果对每一对水平的组合(A_i,B_j)只做一次试验,即无重复试验,所得结果如表 9-17 所示.

表 9-17

因素 A	因素 B			
	B_1	B_2	…	B_s
A_1	X_{11}	X_{12}	…	X_{1s}
A_2	X_{21}	X_{22}	…	X_{2s}
⋮	⋮	⋮		⋮
A_r	X_{r1}	X_{r2}	…	X_{rs}

这时 $\overline{X}_{ij\cdot}=X_{ij}$,$S_E=0$,$S_E$ 的自由度为 0,故不能利用双因素等重复试验中的公式进行方差分析.但是,如果我们认为 A,B 两因素无交互作用,或者已知交互作用对试验指标影响很小,那么可将 $S_{A\times B}$ 取作 S_E,仍可利用等重复的双因素试验对因素 A,B 进行方差分析.对这种情况下的数学模型及统计分析表示如下:

由(9-18)式,有

$$\begin{cases} X_{ij}=\mu+\alpha_i+\beta_j+\varepsilon_{ij}, \\ \sum_{i=1}^{r}\alpha_i=0,\ \sum_{j=1}^{s}\beta_j=0, \\ \varepsilon_{ij}\sim N(0,\sigma^2),\quad i=1,2,\cdots,r;j=1,2,\cdots,s, \\ \text{各 } \varepsilon_{ij} \text{ 相互独立}. \end{cases} \tag{9-22}$$

要检验的假设有以下两个:

$$H_{01}:\alpha_1=\alpha_2=\cdots=\alpha_r=0;\quad H_{11}:\alpha_1,\alpha_2,\cdots,\alpha_r \text{ 不全为零}.$$

$$H_{02}:\beta_1=\beta_2=\cdots=\beta_s=0;\quad H_{12}:\beta_1,\beta_2,\cdots,\beta_s \text{ 不全为零}.$$

记

$$\overline{X}=\frac{1}{rs}\sum_{i=1}^{r}\sum_{j=1}^{s}X_{ij},\quad \overline{X}_{i\cdot}=\frac{1}{s}\sum_{j=1}^{s}X_{ij},\quad \overline{X}_{\cdot j}=\frac{1}{r}\sum_{i=1}^{r}X_{ij},$$

平方和分解公式为

$$S_T=S_A+S_B+S_E, \tag{9-23}$$

其中

$$S_T=\sum_{i=1}^{r}\sum_{j=1}^{s}(X_{ij}-\overline{X})^2,$$

$$S_A=s\sum_{i=1}^{r}(\overline{X}_{i\cdot}-\overline{X})^2,$$

$$S_B = r\sum_{j=1}^{s}(\overline{X}_{\cdot j} - \overline{X})^2,$$

$$S_E = \sum_{i=1}^{r}\sum_{j=1}^{s}(X_{ij} - \overline{X}_{i\cdot} - \overline{X}_{\cdot j} + \overline{X})^2$$

分别为总平方和、因素 A，B 的效应平方和和误差平方和.

对于给定的显著性水平 α，当 H_{01} 为真时，

$$F_A = \frac{(s-1)S_A}{S_E} \sim F(r-1,(r-1)(s-1)),$$

拒绝域为

$$\{F_A > F_\alpha(r-1,(r-1)(s-1))\}. \tag{9-24}$$

当 H_{02} 为真时，

$$F_B = \frac{(r-1)S_B}{S_E} \sim F(s-1,(r-1)(s-1)),$$

拒绝域为

$$\{F_B > F_\alpha(s-1,(r-1)(s-1))\}. \tag{9-25}$$

列方差分析表 9-18.

表 9-18

方差来源	平方和	自由度	均方和	F 比
因素 A	S_A	$r-1$	$\overline{S}_A = \frac{S_A}{r-1}$	$F_A = \frac{\overline{S}_A}{\overline{S}_E}$
因素 B	S_B	$s-1$	$\overline{S}_B = \frac{S_B}{s-1}$	$F_B = \frac{\overline{S}_B}{\overline{S}_E}$
误差	S_E	$(r-1)(s-1)$	$\overline{S}_E = \frac{S_E}{(r-1)(s-1)}$	
总和	S_T	$rs-1$		

例 9.6　测试某种钢不同含铜量在各种温度下的冲击值(单位:kg · m · cm^{-1})，表 9-19 列出了试验的数据(冲击值)，问:试验温度、含铜量对钢的冲击值的影响是否显著(取 $\alpha = 0.01$)?

表 9-19

试验温度	含铜量		
	0.2%	0.4%	0.8%
20 ℃	10.6	11.6	14.5
0 ℃	7.0	11.1	13.3
−20 ℃	4.2	6.8	11.5
−40 ℃	4.2	6.3	8.7

解　由已知，$r=4$，$s=3$，需检验假设 H_{01}，H_{02}，经计算得方差分析表 9-20.

表 9-20

方差来源	平方和	自由度	均方和	F 比
因素 A(试验温度)	64.58	3	21.53	23.79
因素 B(含铜量)	60.74	2	30.37	33.56
误差	5.43	6	0.905	
总和	130.75	11		

可见,$F_{0.01}(3,6)=9.78<f_A$,拒绝 H_{01};$F_{0.01}(2,6)=10.92<f_B$,拒绝 H_{02}.
检验结果表明,试验温度、含铜量对钢冲击值的影响是显著的.

习题 9.2

1. 为了解 3 种不同配比的饲料对仔猪生长影响的差异,对 3 种不同品种的猪各选 3 头进行试验,分别测得其 3 个月间体重增加量(单位:kg) 如表 9-21 所示. 试在显著性水平 $\alpha=0.05$ 下,分析不同饲料与不同品种对猪的生长有无显著的影响. 假定其体重增加量服从正态分布,且各种配比的方差相等.

表 9-21

因素 A(饲料)	因素 B(品种)		
	B_1	B_2	B_3
A_1	51	56	45
A_2	53	57	49
A_3	52	58	47

2. 设四名工人操作 A_1,A_2,A_3 三名机器各一天,其日产量(单位:件) 如表 9-22 所示,问:不同机器或不同工人对日产量有无显著的影响(取 $\alpha=0.05$)?

表 9-22

机器	工人			
	1	2	3	4
A_1	50	47	47	53
A_2	53	54	57	58
A_3	52	42	41	48

3. 在某种金属材料的生产过程中,对热处理温度(因素 B) 与时间(因素 A) 各取两个水平,在同一条件下每个试验重复两次,产品强度的测定结果(相对值) 如表 9-23 所示. 设各水平搭配下强度的总体服从正态分布且方差相同,各样本相互独立. 问:热处理温度、时间及这两者的交互作用对产品强度是否有显著的影响(取 $\alpha=0.05$)?

表 9－23

因素 A	因素 B		
	B_1	B_2	$T_{i\cdot\cdot}$
A_1	38.0,38.6	47.0,44.8	168.4
A_2	45.0,43.8	42.4,40.8	172
$T_{\cdot j\cdot}$	165.4	175	340.4

第三节　正交试验设计及其方差分析

前两节讨论的单因素试验和双因素试验均属于全面试验(每一个因素的各种水平的相互搭配都要进行试验). 在工农业生产和科学实验中,为改革旧工艺,寻求最优生产条件等,经常要做许多试验,而影响这些试验结果的因素很多. 若对多因素进行全面试验,则要考虑的因素较多,当每个因素的水平数较大时,试验次数将会更大. 因此,对于多因素试验,存在一个如何安排好试验的问题. 正交试验设计是研究和处理多因素试验的一种科学方法,它利用一套现存规格化的表——正交表来安排试验,通过少量的试验,获得满意的试验结果.

1. 正交试验设计的基本方法

正交试验设计包含两个内容:

(1) 怎样安排试验方案;

(2) 如何分析试验结果.

先介绍正交表.

正交表是预先编制好的一种表格,如表 9－24 所示即为正交表 $L_4(2^3)$,其中字母 L 表示正交,它的 3 个数字有 3 种不同的含义.

表 9－24

试验号	列号		
	1	2	3
1	1	1	1
2	1	2	2
3	2	1	2
4	2	2	1

(1) $L_4(2^3)$ 表的结构:有 4 行 3 列,表中出现 2 个反映水平的数码 1,2.

列数
↓
L_4 (2^3)
↑ ↑
行数 水平数

(2) $L_4(2^3)$ 表的用法:做 4 次试验,最多可安排 3 个 2 水平的因素.

最多能安排的因素数
↓
L_4 (2^3)
↑ ↑
试验次数 水平数

(3) $L_4(2^3)$ 表的效率:3 个 2 水平的因素,它的全面试验数为$2^3=8$ 次,使用正交表只须从 8 次试验中选出 4 次来做试验,效率是高的.

L_4 (2^3)
↑ ↑
实际试验数 理论上的试验数

正交表的特点:

(1) 表中任一列,不同数字出现的次数相同. 如正交表 $L_4(2^3)$ 中,数字 1,2 在每列中均出现 2 次.

(2) 表中任两列,其横向形成的有序数对出现的次数相同. 如正交表$L_4(2^3)$ 中任意两列,数字 1,2 间的搭配是均衡的.

凡满足上述两性质的表都称为正交表.

常用的正交表有 $L_9(3^4)$,$L_8(2^7)$,$L_{16}(4^5)$ 等,见附表 7. 用正交表来安排试验的方法,就叫作正交试验设计. 一般正交表 $L_p(n^m)$ 中,$p=m(n-1)+1$. 下面通过实例来说明如何用正交表来安排试验.

例 9.7 提高某化工产品转化率的试验. 某种化工产品的转化率可能与反应温度 A、反应时间 B、某两种原料的配比 C 和真空度 D 有关. 为了寻找最优的生产条件,考虑对 A,B,C,D 这 4 个因素进行试验. 根据以往的经验,确定各个因素的 3 个不同水平,如表 9-25 所示.

表 9-25

因素	水平		
	1	2	3
A:反应温度 /℃	60	70	80
B:反应时间 /h	2.5	3.0	3.5
C:原料配比	1.1∶1	1.15∶1	1.2∶1
D:真空度 /mmHg	500	550	600

分析各因素对产品的转化率是否产生显著的影响,并指出最好的生产条件.

解 本题是 4 因素 3 水平,选用正交表 $L_9(3^4)$,如表 9-26 所示.

表 9 - 26

试验号	列号			
	A	B	C	D
	1	2	3	4
1	1	1	1	1
2	1	2	2	2
3	1	3	3	3
4	2	1	2	3
5	2	2	3	1
6	2	3	1	2
7	3	1	3	2
8	3	2	1	3
9	3	3	2	1

把表头上各因素相应的水平任意给一个水平号，本题的水平编号就采用表 9 - 25 的形式；将各因素的诸水平所表示的实际状态或条件代入正交表中，得到 9 个试验方案，如表 9 - 27 所示.

表 9 - 27

试验号	列号			
	A	B	C	D
	1	2	3	4
1	1(60)	1(2.5)	1(1.1 : 1)	1(500)
2	1	2(3.0)	2(1.15 : 1)	2(550)
3	1	3(3.5)	3(1.2 : 1)	3(600)
4	2(70)	1	2	3
5	2	2	3	1
6	2	3	1	2
7	3(80)	1	3	2
8	3	2	1	3
9	3	3	2	1

从表 9 - 27 看出，第一行是 1 号试验，其试验条件是：

反应温度为 60 ℃，反应时间为 2.5 h，原料配比为 1.1 : 1，真空度为 500 mmHg，记作 $A_1B_1C_1D_1$. 以此类推，第 9 号试验条件是 $A_3B_3C_2D_1$.

由此可见，因素和水平可以任意排，但一经排定，试验条件也就完全确定. 按正交试验表 9 - 27 安排试验，试验的结果依次记于试验方案右侧，如表 9 - 28 所示.

表 9-28

试验号	列号				试验结果/%
	A 1	B 2	C 3	D 4	
1	1(60)	1(2.5)	1(1.1：1)	1(500)	38
2	1	2(3.0)	2(1.15：1)	2(550)	37
3	1	3(3.5)	3(1.2：1)	3(600)	76
4	2(70)	1	2	3	51
5	2	2	3	1	50
6	2	3	1	2	82
7	3(80)	1	3	2	44
8	3	2	1	3	55
9	3	3	2	1	86

2. 试验结果的直观分析

正交试验设计的直观分析就是要通过计算，将各因素、水平对试验结果指标的影响大小，通过极差分析，综合比较，以确定最优化试验方案的方法. 有时也称为极差分析法.

例 9.7 中试验结果转化率列在表 9-28 中，在 9 次试验中，以第 9 次试验的结果 86 为最高，其生产条件是 $A_3B_3C_2D_1$. 全面试验有 81 次，现只做了 9 次，这 9 次试验中最好的结果是否一定是全面试验中最好的结果呢？还需进一步分析.

(1) 极差计算. 在代表因素 A 的表 9-28 的第 1 列中，将与水平“1”相对应的第 1,2,3 号 3 个试验结果相加，记作 T_{11}，求得 $T_{11}=151$. 同样，将第 1 列中与水平“2”对应的第 4,5,6 号试验结果相加，记作 T_{21}，求得 $T_{21}=183$.

一般地，定义 T_{ij} 为表 9-28 的第 j 列中，与水平 i 对应的各次试验结果之和 $(i=1,2,3;\ j=1,2,3,4)$. 记 T 为 9 次试验结果的总和，R_j 为第 j 列的 3 个 T_{ij} 中最大值与最小值之差，称为极差.

显然 $T=\sum\limits_{i=1}^{3}T_{ij}, j=1,2,3,4$. 此处：

T_{11} 大致反映了 A_1 对试验结果的影响；

T_{21} 大致反映了 A_2 对试验结果的影响；

T_{31} 大致反映了 A_3 对试验结果的影响；

T_{12},T_{22} 和 T_{32} 分别反映了 B_1,B_2,B_3 对试验结果的影响；

T_{13},T_{23} 和 T_{33} 分别反映了 C_1,C_2,C_3 对试验结果的影响；

T_{14},T_{24} 和 T_{34} 分别反映了 D_1,D_2,D_3 对试验结果的影响.

R_j 反映了第 j 列因素的水平改变对试验结果的影响大小，R_j 越大反映第 j 列因素影响越大. 上述结果列于表 9-29 中.

表 9－29

T_{1j}	151	133	175	174	
T_{2j}	183	142	174	163	$T=519$
T_{3j}	185	244	170	182	
R_j	34	111	5	19	

(2) 极差分析. 由极差大小顺序排出因素的主次顺序：

$$主 \rightarrow 次$$

$$B;A,D;C$$

这里，R_j 值相近的两因素间用“,”号隔开，而 R_j 值相差较大的两因素间用“;”号隔开. 由此看出，首先特别要求在生产过程中控制好因素 B，即反应时间；其次是要考虑因素 A 和 D，即要控制好反应温度和真空度. 至于原料配比就不那么重要了.

选择较好的因素水平搭配与所要求的指标有关. 若要求指标越大越好，则应选取指标大的水平. 反之，若希望指标越小越好，应选取指标小的水平. 在例 9.7 中，希望转化率越高越好，所以应在第 1 列选最大的 $T_{31}=185$，即取水平 A_3；同理可选 $B_3C_1D_3$. 故例 9.7 中较好的因素水平搭配是 $A_3B_3C_1D_3$.

例 9.8　某试验被考察的因素有 5 个：A,B,C,D,E，每个因素有两个水平. 选用正交表 $L_8(2^7)$，现分别把 A,B,C,D,E 安排在正交表 $L_8(2^7)$ 的第 1,2,4,5,7 列上，空出第 3,6 列，仿例 9.7 的做法，按方案试验. 记下试验结果，进行极差计算，得表 9－30.

表 9－30

试验号	列号							试验结果
	A	B		C	D		E	
	1	2	3	4	5	6	7	
1	1	1	1	1	1	1	1	14
2	1	1	1	2	2	2	2	13
3	1	2	2	1	1	2	2	17
4	1	2	2	2	2	1	1	17
5	2	1	2	1	2	1	2	8
6	2	1	2	2	1	2	1	10
7	2	2	1	1	2	2	1	11
8	2	2	1	2	1	1	2	15
T_{1j}	61	45	53	50	56	54	52	$T=105$
T_{2j}	44	60	52	55	49	51	53	
R_j	17	15	1	5	7	3	1	

试验目的要找出试验结果最小的工艺条件及因素影响的主次顺序. 从表9－30 的极差 R_j 的大小顺序排出因素的主次顺序为

$$主 \rightarrow 次$$

$$A,B;D,C;E$$

最优工艺条件为 $A_2B_1C_1D_2E_1$.

表 9-30 中因没有安排因素而空出了第 3,6 列. 从理论上来说,这两列的极差 R_j 应为 0,但因存有随机误差,这两个空列的极差值实际上是相当小的.

3. 方差分析

正交试验设计的极差分析简便易行,计算量小,也较直观,但极差分析精度较差,判断因素的作用时缺乏一个定量的标准. 这些问题要用方差分析解决.

设有一试验,使用正交表 $L_p(n^m)$,试验的 p 个结果为 $y_1,y_2,\cdots,y_p$,记

$$T=\sum_{i=1}^{p}y_i,\quad \bar{y}=\frac{1}{p}\sum_{i=1}^{p}y_i=\frac{T}{p},$$

$$S_T=\sum_{i=1}^{p}(y_i-\bar{y})^2$$

为试验的 p 个结果的总变差;

$$S_j=r\sum_{i=1}^{n}\left(\frac{T_{ij}}{r}-\frac{T}{p}\right)^2=\frac{1}{r}\sum_{i=1}^{n}T_{ij}^2-\frac{T^2}{p}$$

为第 j 列上安排因素的变差平方和,其中 $r=\dfrac{p}{n}$. 可证明:

$$S_T=\sum_{j=1}^{m}S_j,$$

即总变差为各列变差平方和之和,且 S_T 的自由度为 $p-1$,S_j 的自由度为 $n-1$. 当正交表的所有列没被排满因素,即有空列时,所有空列的 S_j 之和就是误差的变差平方和 S_e,这时 S_e 的自由度 f_e 也为这些空列自由度之和. 当正交表的所有列都排有因素,即无空列时,取 S_j 中的最小值作为误差的变差平方和 S_e.

从以上分析知,在使用正交表 $L_p(n^m)$ 的正交试验方差分析中,对正交表所安排的因素选用的统计量为

$$F=\frac{S_j}{n-1}\bigg/\frac{S_e}{f_e}.$$

当因素作用不显著时,

$$F\sim F(n-1,f_e),$$

其中第 j 列安排的是被检因素.

在实际应用时,先求出各列的 $\dfrac{S_j}{n-1}$ 及 $\dfrac{S_e}{f_e}$,若某个 $\dfrac{S_j}{n-1}$ 比 $\dfrac{S_e}{f_e}$ 还小时,则这第 j 列就可当作误差列并入 S_e 中去,这样使误差 S_e 的自由度增大,在做 F 检验时会更灵敏. 将所有可当作误差列的 S_j 全并入 S_e 后得新的误差变差平方和,记为 S_{e^Δ},其相应的自由度为 f_{e^Δ},这时选取统计量

$$F=\frac{S_j}{n-1}\bigg/\frac{S_{e^\Delta}}{f_{e^\Delta}}\sim F(n-1,f_{e^\Delta}).$$

例 9.9　对例 9.8 的表 9-30 做方差分析.

解　由表 9-30 的最后一行的极差值 R_j，利用公式 $S_j=\frac{1}{r}\sum_{i=1}^{n}T_{ij}^2-\frac{T^2}{p}$，得表 9-31.

表 9-31

	A	B		C	D		E	
	1	2	3	4	5	6	7	
R_j	17	15	1	5	7	3	1	
S_j	36.125	28.125	0.125	3.125	6.125	1.125	0.125	$S_T=74.875$

在表 9-31 中，第 3,6 列为空列，因此 $S_e=S_3+S_6=1.250$，其中 $f_e=1+1=2$，所以 $\frac{S_e}{f_e}=0.625$，而第 7 列的 $S_7=0.125$，$\frac{S_7}{f_7}=\frac{0.125}{1}=0.125$ 比 $\frac{S_e}{f_e}$ 小，故将它并入误差.

$S_{e^\Delta}=S_e+S_7=1.375$，$f_{e^\Delta}=3$. 整理成方差分析表，如表 9-32 所示.

表 9-32

方差来源	S_j	f_j	$\frac{S_j}{f_j}$	$F=\frac{S_j}{f_j}\Big/\frac{S_{e^\Delta}}{f_{e^\Delta}}$	显著性
A	36.125	1	36.125	78.875	高度显著
B	28.125	1	28.125	61.408	高度显著
C	3.125	1	3.125	6.823	不显著
D	6.125	1	6.125	13.373	显著
E^Δ	0.125	1	0.125		
e	1.250	2	0.625		
e^Δ	1.375	3	0.458		

由于 $F_{0.05}(1,3)=10.13$，$F_{0.01}(1,3)=34.12$，因此因素 A，B 作用高度显著，因素 C 作用不显著，因素 D 作用显著，这与前面极差分析的结果是一致的.

F 检验法要求选取 S_e，且希望 f_e 要大，故在安排试验时，适当留出些空列会有好处. 在前面的方差分析中，讨论因素 A 和 B 的交互作用 $A\times B$，这类交互作用在正交试验设计中同样有表现，即一个因素 A 的水平对试验结果指标的影响同另一个因素 B 的水平选取有关. 当试验考虑交互作用时，也可用前面讲的基本方法来处理. 本章就不再介绍了.

习题 9.3

1. 研究氯乙醇胶在各种硫化系统下的性能(油体膨胀绝对值越小越好)需要考察补强剂(A)、防老剂(B)、硫化系统(C)3 个因素(各取 3 个水平)，根据专业理论和经验，交互作用全忽略，选用 $L_9(3^4)$ 表做 9 次试验，试验结果如表 9-33 所示.

(1) 试做出最优生产条件的直观分析,并对 3 因素排出主次关系.

(2) 在显著性水平 $\alpha = 0.05$ 下,做方差分析,与(1) 比较.

表 9-33

试验号	列号				试验结果
	A	B	C		
	1	2	3	4	
1	1	1	1	1	7.25
2	1	2	2	2	5.48
3	1	3	3	3	5.35
4	2	1	2	3	5.40
5	2	2	3	1	4.42
6	2	3	1	2	5.90
7	3	1	3	2	4.68
8	3	2	1	3	5.90
9	3	3	2	1	5.63

小结

本章介绍了数理统计的基本方法之一:方差分析.

在生产实践中,试验结果往往要受到一种或多种因素的影响. 方差分析就是通过对试验数据进行分析,检验方差相同的多个正态总体的均值是否相等,用以判断各因素对试验结果的影响是否显著. 方差分析按影响试验结果的因素的个数分为单因素方差分析、双因素方差分析和多因素方差分析.

(1) 单因素方差分析的情况. 试验数据总是参差不齐,用总变差 $S_T = \sum_{j=1}^{s} \sum_{i=1}^{n_j} (X_{ij} - \overline{X})^2$ 来度量数据间的离散程度. 将 S_T 分解为试验随机误差平方和(S_E) 与因素 A 的效应平方和(S_A) 之和. 若 S_A 比 S_E 大得多,则有理由认为因素的各个水平对应的试验结果有显著的差异,从而拒绝因素各水平对应的正态总体的均值相等这一原假设. 这就是单因素方差分析法的基本思想.

(2) 双因素方差分析的基本思想类似于单因素方差分析. 在双因素试验的方差分析中,不仅要检验因素 A 和 B 各自的作用,还要检验它们之间的交互作用.

(3) 正交试验设计及其方差分析. 根据因素的个数及各个因素的水平个数,选取适当的正交表并按表进行试验. 通过对这少数的试验数据进行分析,推断出各因素对试验结果影响的大小. 对正交试验结果的分析,通常采用两种方法:一种是直观分析法(极差分析法),它通过对各因素极差 R_j 的排序来确定各因素对试验结果影响的大小;另一种是方差分析法,它的基本思想类似于双因素的方差分析.

重要术语及主题

单因素试验方差分析的数学模型　　$S_T = S_E + S_A$

单因素方差分析表　双因素方差分析表　正交试验表　极差分析表

复习题九

1. 一批由同一种原料织成的布，用不同的印染工艺处理，然后进行缩水率试验. 假设采用 5 种不同的工艺，每种工艺处理 4 块布样，测得缩水率(单位：%) 如表 9-34 所示. 若布的缩水率服从正态分布，不同工艺处理的布的缩水率方差相等，试考察不同工艺对布的缩水率有无显著的影响(取 $\alpha = 0.05$).

表 9-34

印染工艺	试验批号			
	1	2	3	4
A_1	4.3	7.8	3.2	6.5
A_2	6.1	7.3	4.2	4.1
A_3	4.3	8.7	7.2	10.1
A_4	6.5	8.3	8.6	8.2
A_5	9.5	8.8	11.4	7.8

2. 表 9-35 记录了 3 位操作工分别在不同机器上操作 3 天的日产量(单位：件)，在显著性水平 $\alpha = 0.05$ 下，试分析操作工之间、机器之间及两者交互作用有无显著的差异？

表 9-35

机器	操作工		
	甲	乙	丙
A_1	15,15,17	19,19,16	16,18,21
A_2	17,17,17	15,15,15	19,22,22
A_3	15,17,16	18,17,16	18,18,18
A_4	18,20,22	15,16,17	17,17,17

3. 某农科站进行早稻品种试验(产量越高越好)，需考察品种(A)，施氮肥量(B)，氮、磷、钾肥比例(C)，插植规格(D)4 个因素，根据专业理论和经验，交互作用全忽略，早稻试验方案及结果分析如表 9-36 所示.

(1) 试做出最优生产条件的直观分析，并对 4 因素排出主次关系.

(2) 在显著性水平 $\alpha = 0.05$ 下，做方差分析，与(1) 比较.

表 9-36

试验号	因素				试验指标
	A 品种	B 施氮肥量	C 氮、磷、钾肥比例	D 插植规格	产量
1	1(科 6 号)	1(20)	1(2 : 2 : 1)	1(5×6)	19.0
2	1	2(25)	2(3 : 2 : 3)	2(6×6)	20.0
3	2(科 5 号)	1	1	2	21.9
4	2	2	2	1	22.3
5	1(科 7 号)	1	2	1	21.0
6	1	2	1	2	21.0
7	2(珍珠矮)	1	2	2	18.0
8	2	2	1	1	18.2

第十章

回 归 分 析

回归分析方法是数理统计中的常用方法之一，是处理多个变量之间相关关系的一种数学方法.

第一节　回归分析概述

在客观世界中变量之间的关系有两类:一类是确定性关系,如欧姆定律中电压U与电阻R、电流I之间的关系为$U=IR$,若已知这三个变量中的任意两个,则另一个就可精确地求出;另一类是非确定性关系即所谓相关关系.例如,正常人的血压与年龄有一定的关系,一般来讲年龄大的人的血压相对地高一些,但是年龄大小与血压高低之间的关系不能用一个确定的函数关系表达出来.又如,施肥量与农作物产量之间的关系,树的高度与径粗之间的关系也是这样.另一方面,即便是具有确定性关系的变量,由于试验误差的影响,其表现形式也具有某种程度的不确定性.

具有相关关系的变量之间虽然具有某种不确定性,但通过对它们的不断观察,可以探索出它们之间的统计规律,回归分析就是研究这种统计规律的一种数学方法.它主要解决以下几方面问题:

(1) 从一组观察数据出发,确定这些变量之间的回归方程;

(2) 对回归方程进行假设检验;

(3) 利用回归方程进行预测和控制.

回归方程最简单的也是最完善的一种情况,就是线性回归方程.许多实际问题,当自变量局限于一定范围时,可以满意地取这种模型作为真实模型的近似,其误差从实用的观点看无关紧要.因此,本章重点讨论有关线性回归的问题.现在有许多数学软件如MATLAB,SAS等都有非常有效的线性回归方面的计算程序,使用者只要把数据按程序要求输入计算机,就可很快得到所要的各种计算结果和相应的图形,用起来十分方便.

先考虑两个变量的情形.设随机变量y与普通变量x之间存在着某种相关关系.这里x是可以控制或可精确观察的变量,如在施肥量与产量的关系中,施肥量是能控制的,可以随意指定几个值$x_1,x_2,\cdots,x_n$,故可将它看成普通变量,称为自变量,而产量y是随机变量,无法预先做出产量是多少的准确判断,称为因变量.本章只讨论这种情况.

由x可以在一定程度上决定y,但由x的值不能准确地确定y的值.为了研究它们的这种关系,我们对(x,y)进行一系列观察,得到一个容量为n的样本(x取一组不完全相同的值):$(x_1,y_1),(x_2,y_2),\cdots,(x_n,y_n)$,其中$y_i$是$x=x_i$处对随机变量$y$观察的结果.每对$(x_i,y_i)$在直角坐标系中对应一个点,把它们都标在平面直角坐标系中,称所得到的图为散点图,如图10-1所示.

由图10-1(a)可看出散点大致地围绕一条直线散布,而图10-1(b)中的散点大致围绕一条抛物线散布,这就是变量间统计规律性的一种表现.

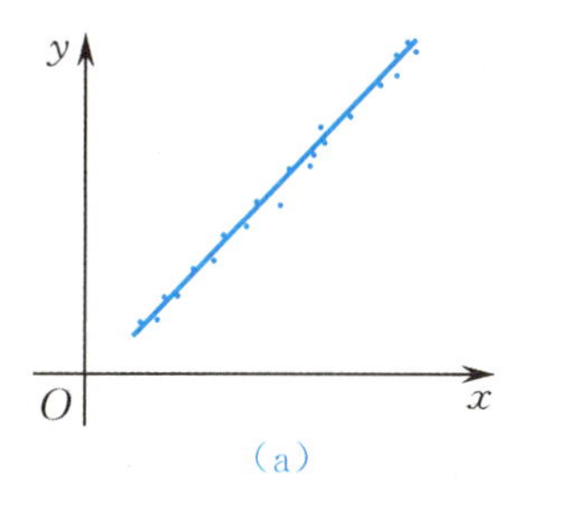

(a)

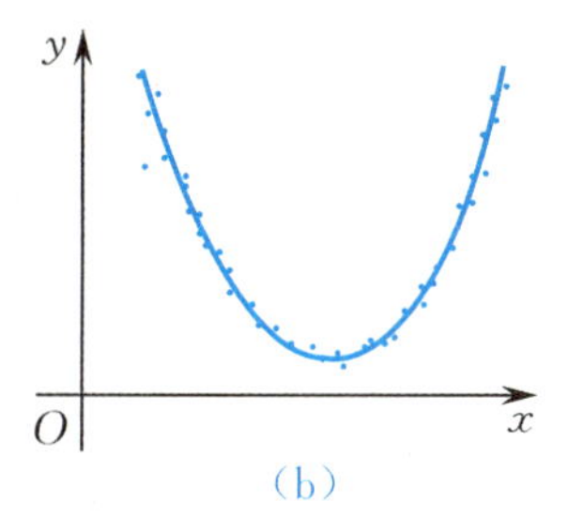

(b)

图 10-1

如果图中的点像图 10-1(a) 中那样呈直线状，那么表明 y 与 x 之间有线性相关关系，可建立数学模型

$$y = a + bx + \varepsilon \tag{10-1}$$

来描述它们之间的关系. 因为 x 不能严格地确定 y，所以带有一误差项 ε. 假设 $\varepsilon \sim N(0,\sigma^2)$，相当于对 y 做这样的正态假设，对于 x 的每一个值有 $y \sim N(a+bx, \sigma^2)$，其中未知参数 a, b, σ^2 不依赖于 x. (10-1) 式称为一元线性回归模型.

在(10-1)式中，a, b, σ^2 是待估计参数. 估计它们的最基本方法是最小二乘法，这将在第二节讨论. 记 $\hat{a}$ 和 $\hat{b}$ 是用最小二乘法获得的估计，则对于给定的 x，方程

$$\hat{y} = \hat{a} + \hat{b}x \tag{10-2}$$

称为 y 关于 x 的线性回归方程或回归方程，其图形称为回归直线. (10-2) 式是否真正描述了变量 y 与 x 客观存在的关系，还需进一步检验.

在实际问题中，随机变量 y 有时与多个普通变量 $x_1, x_2, \cdots, x_p (p > 1)$ 有关，可类似地建立数学模型

$$y = b_0 + b_1x_1 + b_2x_2 + \cdots + b_px_p + \varepsilon, \quad \varepsilon \sim N(0,\sigma^2), \tag{10-3}$$

其中 $b_0, b_1, b_2, \cdots, b_p, \sigma^2$ 都是与 $x_1, x_2, \cdots, x_p$ 无关的未知参数. (10-3) 式称为多元线性回归模型，和前面一个自变量的情形一样，进行 n 次独立观察，得样本：

$$(x_{11}, x_{12}, \cdots, x_{1p}, y_1), \cdots, (x_{n1}, x_{n2}, \cdots, x_{np}, y_n).$$

有了这些数据之后，可用最小二乘法获得未知参数的最小二乘估计，记为 $\hat{b}_0, \hat{b}_1, \hat{b}_2, \cdots, \hat{b}_p$，得多元线性回归方程

$$\hat{y} = \hat{b}_0 + \hat{b}_1x_1 + \hat{b}_2x_2 + \cdots + \hat{b}_px_p. \tag{10-4}$$

同理，(10-4) 式是否真正描述了变量 y 与 $x_1, x_2, \cdots, x_p$ 客观存在的关系，还需进一步检验.

第二节 参数估计

1. 一元线性回归

最小二乘法是估计未知参数的一种重要方法，现用它来求一元线性回归模

型(10-1)中 a 和 b 的估计.

最小二乘法的基本思想是:对一组样本值 $(x_1,y_1),(x_2,y_2),\cdots,(x_n,y_n)$,使误差 $\varepsilon_i=y_i-(a+bx_i)$ 的平方和

$$Q(a,b)=\sum_{i=1}^{n}\varepsilon_i^2=\sum_{i=1}^{n}[y_i-(a+bx_i)]^2 \tag{10-5}$$

达到最小的 $\hat{a}$ 和 $\hat{b}$ 作为参数 a 和 b 的估计,称其为最小二乘估计.直观地说,平面上直线很多,选取哪一条最佳呢?很自然的一个想法是,当点 $(x_i,y_i),i=1,2,\cdots,n$ 与某条直线的偏差平方和比它们与任何其他直线的偏差平方和都要小时,这条直线便能最佳地反映这些点的分布状况,并且可以证明,在某些假设下,$\hat{a}$ 和 $\hat{b}$ 是所有线性无偏估计中最好的.

根据微分学的极值原理,可将 $Q(a,b)$ 分别对 a,b 求偏导数,并令它们等于零,得方程组

$$\begin{cases}\dfrac{\partial Q}{\partial a}=-2\sum\limits_{i=1}^{n}(y_i-a-bx_i)=0,\\ \dfrac{\partial Q}{\partial b}=-2\sum\limits_{i=1}^{n}(y_i-a-bx_i)x_i=0,\end{cases} \tag{10-6}$$

即

$$\begin{cases}na+\left(\sum\limits_{i=1}^{n}x_i\right)b=\sum\limits_{i=1}^{n}y_i,\\ \left(\sum\limits_{i=1}^{n}x_i\right)a+\left(\sum\limits_{i=1}^{n}x_i^2\right)b=\sum\limits_{i=1}^{n}x_iy_i.\end{cases} \tag{10-7}$$

(10-7)式称为正规方程组.

由于 x_i 不全相同,因此正规方程组的系数行列式

$$\begin{vmatrix} n & \sum\limits_{i=1}^{n}x_i \\ \sum\limits_{i=1}^{n}x_i & \sum\limits_{i=1}^{n}x_i^2 \end{vmatrix}=n\sum_{i=1}^{n}x_i^2-\left(\sum_{i=1}^{n}x_i\right)^2=n\sum_{i=1}^{n}(x_i-\overline{x})^2\neq 0,$$

则(10-7)式有唯一解

$$\begin{cases}\hat{b}=\dfrac{\sum\limits_{i=1}^{n}(x_i-\overline{x})(y_i-\overline{y})}{\sum\limits_{i=1}^{n}(x_i-\overline{x})^2},\\ \hat{a}=\overline{y}-\hat{b}\overline{x}.\end{cases} \tag{10-8}$$

于是,所求的线性回归方程为

$$\hat{y}=\hat{a}+\hat{b}x. \tag{10-9}$$

若将 $\hat{a}=\overline{y}-\hat{b}\overline{x}$ 代入上式,则线性回归方程亦可表示为

$$\hat{y}=\overline{y}+\hat{b}(x-\overline{x}). \tag{10-10}$$

(10-10)式表明,对于样本值 $(x_1,y_1),(x_2,y_2),\cdots,(x_n,y_n)$,回归直线通过散点图的几何中心 $(\overline{x},\overline{y})$.回归直线是一条过点 $(\overline{x},\overline{y})$,斜率为 $\hat{b}$ 的直线.

上述确定回归直线所依据的原则是使所有观察数据的偏差平方和达到最小值.按照这个原理确定回归直线的方法称为最小二乘法."二乘"是指 Q 是二乘方(平方)的和.如果 y 是正态变量,那么也可用最大似然估计法得出相同的结果.

为了计算上的方便,引入下述记号:

$$\begin{cases} S_{xx}=\sum_{i=1}^{n}(x_i-\overline{x})^2=\sum_{i=1}^{n}x_i^2-\dfrac{1}{n}\left(\sum_{i=1}^{n}x_i\right)^2, \\ S_{yy}=\sum_{i=1}^{n}(y_i-\overline{y})^2=\sum_{i=1}^{n}y_i^2-\dfrac{1}{n}\left(\sum_{i=1}^{n}y_i\right)^2, \\ S_{xy}=\sum_{i=1}^{n}(x_i-\overline{x})(y_i-\overline{y})=\sum_{i=1}^{n}x_iy_i-\dfrac{1}{n}\left(\sum_{i=1}^{n}x_i\right)\left(\sum_{i=1}^{n}y_i\right). \end{cases} \tag{10-11}$$

这样,a,b 的估计可写成

$$\begin{cases} \hat{b}=\dfrac{S_{xy}}{S_{xx}}, \\ \hat{a}=\dfrac{1}{n}\sum_{i=1}^{n}y_i-\left(\dfrac{1}{n}\sum_{i=1}^{n}x_i\right)\hat{b}. \end{cases} \tag{10-12}$$

例 10.1 某企业生产一种毛毯,1—10月份的产量 x 与生产费用支出 y 的统计资料如表 10-1 所示.求 y 关于 x 的线性回归方程.

表 10-1

月份	1	2	3	4	5	6	7	8	9	10
x/(10^3 条)	12.0	8.0	11.5	13.0	15.0	14.0	8.5	10.5	11.5	13.3
y/万元	11.6	8.5	11.4	12.2	13.0	13.2	8.9	10.5	11.3	12.0

解 为求线性回归方程,将有关计算结果列表,如表 10-2 所示.

表 10-2

编号	产量 x	费用支出 y	x^2	xy	y^2
1	12.0	11.6	144	139.2	134.56
2	8.0	8.5	64	68	72.25
3	11.5	11.4	132.25	131.1	129.96
4	13.0	12.2	169	158.6	148.84
5	15.0	13.0	225	195	169
6	14.0	13.2	196	184.8	174.24
7	8.5	8.9	72.25	75.65	79.21
8	10.5	10.5	110.25	110.25	110.25
9	11.5	11.3	132.25	129.95	127.69
10	13.3	12.0	176.89	159.6	144
$\sum$	117.3	112.6	1 421.89	1 352.15	1 290

$$S_{xx}=1\,421.89-\frac{1}{10}\times(117.3)^2=45.961,$$

$$S_{xy}=1\,352.15-\frac{1}{10}\times117.3\times112.6=31.352,$$

$$\hat{b}=\frac{S_{xy}}{S_{xx}}\approx0.682\,1,\hat{a}=\frac{112.6}{10}-0.682\,1\times\frac{117.3}{10}\approx3.259\,0,$$

故回归方程为

$$\hat{y}=3.259\,0+0.682\,1x.$$

2. 多元线性回归

多元线性回归分析原理与一元线性回归分析相同,但在计算上要复杂些.

若$(x_{11},x_{12},\cdots,x_{1p},y_1),(x_{21},x_{22},\cdots,x_{2p},y_2),\cdots,(x_{n1},x_{n2},\cdots,x_{np},y_n)$为一组样本值,根据最小二乘法原理,多元线性回归中未知参数$b_0,b_1,b_2,\cdots,b_p$应满足:

$$Q=\sum_{i=1}^{n}(y_i-b_0-b_1x_{i1}-b_2x_{i2}-\cdots-b_px_{ip})^2$$

达到最小.

对Q分别关于$b_0,b_1,b_2,\cdots,b_p$求偏导数,并令它们等于零,得

$$\begin{cases}\dfrac{\partial Q}{\partial b_0}=-2\sum\limits_{i=1}^{n}(y_i-b_0-b_1x_{i1}-b_2x_{i2}-\cdots-b_px_{ip})=0,\\ \dfrac{\partial Q}{\partial b_j}=-2\sum\limits_{i=1}^{n}(y_i-b_0-b_1x_{i1}-b_2x_{i2}-\cdots-b_px_{ip})x_{ij}=0,\quad j=1,2,\cdots,p,\end{cases}$$

即

$$\begin{cases}b_0n+b_1\sum\limits_{i=1}^{n}x_{i1}+b_2\sum\limits_{i=1}^{n}x_{i2}+\cdots+b_p\sum\limits_{i=1}^{n}x_{ip}=\sum\limits_{i=1}^{n}y_i,\\ b_0\sum\limits_{i=1}^{n}x_{i1}+b_1\sum\limits_{i=1}^{n}x_{i1}^2+b_2\sum\limits_{i=1}^{n}x_{i1}x_{i2}+\cdots+b_p\sum\limits_{i=1}^{n}x_{i1}x_{ip}=\sum\limits_{i=1}^{n}x_{i1}y_i,\\ \cdots\cdots\\ b_0\sum\limits_{i=1}^{n}x_{ip}+b_1\sum\limits_{i=1}^{n}x_{i1}x_{ip}+b_2\sum\limits_{i=1}^{n}x_{i2}x_{ip}+\cdots+b_p\sum\limits_{i=1}^{n}x_{ip}^2=\sum\limits_{i=1}^{n}x_{ip}y_i.\end{cases}\tag{10-13}$$

(10-13)式称为正规方程组,引入矩阵

$$\boldsymbol{X}=\begin{pmatrix}1&x_{11}&x_{12}&\cdots&x_{1p}\\1&x_{21}&x_{22}&\cdots&x_{2p}\\\vdots&\vdots&\vdots&&\vdots\\1&x_{n1}&x_{n2}&\cdots&x_{np}\end{pmatrix},\quad\boldsymbol{Y}=\begin{pmatrix}y_1\\y_2\\\vdots\\y_n\end{pmatrix},\quad\boldsymbol{B}=\begin{pmatrix}b_0\\b_1\\\vdots\\b_p\end{pmatrix},$$

于是(10-13)式可写成

$$\boldsymbol{X}^{\mathrm{T}}\boldsymbol{X}\boldsymbol{B}=\boldsymbol{X}^{\mathrm{T}}\boldsymbol{Y}.\tag{10-13$'$}$$

$(10-13)'$ 式为正规方程组的矩阵形式. 若 $(\boldsymbol{X}^{\mathrm{T}}\boldsymbol{X})^{-1}$ 存在,则

$$\hat{\boldsymbol{B}}=\begin{pmatrix}\hat{b}_0\\ \hat{b}_1\\ \vdots\\ \hat{b}_p\end{pmatrix}=(\boldsymbol{X}^{\mathrm{T}}\boldsymbol{X})^{-1}\boldsymbol{X}^{\mathrm{T}}\boldsymbol{Y}, \qquad (10-14)$$

方程 $\hat{y}=\hat{b}_0+\hat{b}_1x_1+\cdots+\hat{b}_px_p$ 为 p 元线性回归方程.

例 10.2　如表 10-3 所示,x 和 z 表示某一特定的合金中所含的 A 及 B 两种元素的百分数,现对 x 及 z 各选 4 种,共有 $4\times4=16$ 种不同组合,y 表示各种不同成分的铸品数,根据表中资料求二元线性回归方程.

表 10-3

所含 A	x	5	5	5	5	10	10	10	10	15	15	15	15	20	20	20	20
所含 B	z	1	2	3	4	1	2	3	4	1	2	3	4	1	2	3	4
铸品数	y	28	30	48	74	29	50	57	42	20	24	31	47	9	18	22	31

解　由 $(10-13)$ 式,根据表中数据,得正规方程组

$$\begin{cases}16b_0+\ \ 200b_1+\ \ 40b_2=560,\\ 200b_0+3\,000b_1+500b_2=6\,110,\\ 40b_0+\ \ 500b_1+120b_2=1\,580.\end{cases}$$

解得 $\hat{b}_0=34.75$,$\hat{b}_1=-1.78$,$\hat{b}_2=9$. 于是所求回归方程为

$$\hat{y}=34.75-1.78x+9z.$$

习题 10.2

1. 在硝酸钠的溶解度试验中,测得在不同温度 x(单位:℃)下,溶解于 100 份水中的硝酸钠份数 y 的数据如表 10-4 所示,试求 y 关于 x 的线性回归方程.

表 10-4

x	0	4	10	15	21	29	36	51	68
y	66.7	71.0	76.3	80.6	85.7	92.9	99.4	113.6	125.1

2. 设 y 为树干的体积(单位:cm^3),x_1 为离地面一定高度的树干直径(单位:cm),x_2 为树干高度(单位:cm),一共测量了 31 棵树,数据如表 10-5 所示,做出 y 对 x_1,x_2 的二元线性回归方程,以便能简单地从 x_1 和 x_2 估计一棵树的体积,进而估计一片森林的木材储量.

表 10-5

x_1(直径)	x_2(高)	y(体积)	x_1(直径)	x_2(高)	y(体积)
8.3	70	10.3	12.9	85	33.8
8.6	65	10.3	13.3	86	27.4
8.8	63	10.2	13.7	71	25.7

续表

x_1(直径)	x_2(高)	y(体积)	x_1(直径)	x_2(高)	y(体积)
10.5	72	10.4	13.8	64	24.9
10.7	81	16.8	14.0	78	34.5
10.8	83	18.8	14.2	80	31.7
11.0	66	19.7	15.5	74	36.3
11.0	75	15.6	16.0	72	38.3
11.1	80	18.2	16.3	77	42.6
11.2	75	22.6	17.3	81	55.4
11.3	79	19.9	17.5	82	55.7
11.4	76	24.2	17.9	80	58.3
11.4	76	21.0	18.0	80	51.5
11.7	69	21.4	18.0	80	51.0
12.0	75	21.3	20.6	87	77.0
12.9	74	19.1			

3. 一家从事市场研究的公司,希望能预测每日出版的报纸在各种不同居民区内的周末发行量,两个独立变量,即总零售额和人口密度选作自变量.由 $n=25$ 个居民区组成的随机样本所给出的结果如表 10-6 所示,求日报周末发行量 y 关于总零售额 x_1 和人口密度 x_2 的线性回归方程.

表 10-6

居民区	日报周末发行量 $y/(10^4$ 份)	总零售额 $x_1/(10^5$ 元)	人口密度 $x_2/(0.001$ 人 $\cdot$ $m^{-2})$
1	3.0	21.7	47.8
2	3.3	24.1	51.3
3	4.7	37.4	76.8
4	3.9	29.4	66.2
5	3.2	22.6	51.9
6	4.1	32.0	65.3
7	3.6	26.4	57.4
8	4.3	31.6	66.8
9	4.7	35.5	76.4
10	3.5	25.1	53.0
11	4.0	30.8	66.9
12	3.5	25.8	55.9
13	4.0	30.3	66.5
14	3.0	22.2	45.3
15	4.5	35.7	73.6
16	4.1	30.9	65.1

续表

居民区	日报周末发行量 $y/(10^4$ 份)	总零售额 $x_1/(10^5$ 元)	人口密度 $x_2/(0.001$ 人 $\cdot$ m$^{-2})$
17	4.8	35.5	75.2
18	3.4	24.2	54.6
19	4.3	33.4	68.7
20	4.0	30.0	64.8
21	4.6	35.1	74.7
22	3.9	29.4	62.7
23	4.3	32.5	67.6
24	3.1	24.0	51.3
25	4.4	33.9	70.8

第三节 假设检验

从上述求回归直线的过程看，用最小二乘法求回归直线并不需要 y 与 x 一定具有线性相关关系，对任何一组试验数据 $(x_i, y_i)(i=1,2,\cdots,n)$ 都可用最小二乘法形式地求出一条 y 关于 x 的回归直线. 如果 y 与 x 之间不存在某种线性相关关系，那么这种直线是没有意义的，这就需要对 y 与 x 的线性回归方程进行假设检验，即检验 x 的变化对变量 y 的影响是否显著. 这个问题可利用线性相关的显著性检验来解决.

因为当且仅当 $b\neq 0$ 时，变量 y 与 x 之间存在线性相关关系，所以需要检验假设：

$$H_0: b=0; \quad H_1: b\neq 0. \tag{10-15}$$

若拒绝 H_0，则认为 y 与 x 之间存在线性关系，所求得的线性回归方程有意义；若接受 H_0，则认为 y 与 x 的关系不能用一元线性回归模型来表示，所求得的线性回归方程无意义.

关于上述假设的检验，下面介绍两种常用的检验法.

1. 方差分析法（F 检验法）

当 x 取值 $x_1, x_2, \cdots, x_n$ 时，得 y 的一组观察值 $y_1, y_2, \cdots, y_n$，记

$$Q_{总} = S_{yy} = \sum_{i=1}^{n}(y_i - \overline{y})^2,$$

称为 $y_1, y_2, \cdots, y_n$ 的总偏差平方和，它的大小反映了观察值 $y_1, y_2, \cdots, y_n$ 的分散程度. 对 $Q_{总}$ 进行分析：

$$
\begin{aligned}
Q_{总} &= \sum_{i=1}^{n}(y_i-\overline{y})^2=\sum_{i=1}^{n}[(y_i-\hat{y}_i)+(\hat{y}_i-\overline{y})]^2 \\
&= \sum_{i=1}^{n}(y_i-\hat{y}_i)^2+\sum_{i=1}^{n}(\hat{y}_i-\overline{y})^2=Q_{剩}+Q_{回},
\end{aligned} \tag{10-16}
$$

其中

$$
Q_{剩}=\sum_{i=1}^{n}(y_i-\hat{y}_i)^2,
$$

$$
\begin{aligned}
Q_{回} &= \sum_{i=1}^{n}(\hat{y}_i-\overline{y})^2=\sum_{i=1}^{n}[(\hat{a}+\hat{b}x_i)-(\hat{a}+\hat{b}\overline{x})]^2 \\
&= \hat{b}^2\sum_{i=1}^{n}(x_i-\overline{x})^2.
\end{aligned}
$$

$Q_{剩}$ 称为剩余平方和,它反映了观察值 y_i 偏离回归直线的程度,这种偏离是由试验误差及其他未加控制的因素引起的. 可证明$\hat{\sigma}^2=\dfrac{Q_{剩}}{n-2}$ 是 σ^2 的无偏估计量.

$Q_{回}$ 称为回归平方和,它反映了回归值$\hat{y}_i(i=1,2,\cdots,n)$ 的分散程度,它的分散性是因 x 的变化而引起的,并通过 x 对 y 的线性影响反映出来. 因此$\hat{y}_1$,$\hat{y}_2,\cdots,\hat{y}_n$ 的分散性来源于$x_1,x_2,\cdots,x_n$ 的分散性.

通过对 $Q_{剩}$,$Q_{回}$的分析,$y_1,y_2,\cdots,y_n$ 的分散程度 $Q_{总}$的两种影响可以从数量上区分开来. $Q_{剩}$较小时,偏离回归直线的程度小. $Q_{回}$较大时,分散程度大. 因而,$Q_{回}$与$Q_{剩}$的比值反映了这种线性相关关系与随机因素对 y 的影响的大小,比值越大,线性相关性越强.

可证明统计量

$$
F=\frac{Q_{回}}{1}\Big/\frac{Q_{剩}}{n-2}\overset{H_0为真}{\sim}F(1,n-2). \tag{10-17}
$$

对于给定的显著性水平 α,若 $F>F_\alpha$,则拒绝 H_0,即认为在显著性水平 α 下,y 对 x 的线性相关关系是显著的. 反之,则认为 y 对 x 没有线性相关关系,即所求线性回归方程无实际意义.

检验时,可使用方差分析表 10-7,其中

$$
\begin{cases}
Q_{回}=\sum\limits_{i=1}^{n}(\hat{y}_i-\overline{y})^2=\hat{b}^2S_{xx}=S_{xy}^2/S_{xx}, \\
Q_{剩}=Q_{总}-Q_{回}=S_{yy}-S_{xy}^2/S_{xx}.
\end{cases} \tag{10-18}
$$

表 10-7

方差来源	平方和	自由度	均方	F 比
回归 剩余	$Q_{回}$ $Q_{剩}$	1 $n-2$	$Q_{回}/1$ $Q_{剩}/(n-2)$	$F=\dfrac{Q_{回}}{Q_{剩}/(n-2)}$
总计	$Q_{总}$	$n-1$		

例 10.3　在显著性水平 $\alpha=0.05$ 下检验例 10.1 中的回归效果是否显著.

解　由例 10.1 知,

$$n=10,\quad S_{xx}=45.961,\quad S_{xy}=31.352,$$

$$S_{yy}=22.124,\quad Q_{回}=\frac{S_{xy}^2}{S_{xx}}\approx 21.3866,$$

$$Q_{剩}=Q_{总}-Q_{回}=22.124-21.3866=0.7374,$$

$$f=\frac{Q_{回}}{Q_{剩}/(n-2)}\approx 232.0217>F_{0.05}(1,8)=5.32.$$

故拒绝 H_0,即两变量的线性相关关系是显著的.

2. 相关系数法(t 检验法)

为了检验线性回归直线是否显著,还可用 x 与 y 之间的相关系数来检验. 相关系数的定义如下:

$$r=\frac{S_{xy}}{\sqrt{S_{xx}S_{yy}}}. \tag{10-19}$$

由于

$$\frac{Q_{回}}{Q_{总}}=\frac{S_{xy}^2}{S_{xx}S_{yy}}=r^2,\quad |r|\leqslant 1,\quad \hat{b}=\frac{S_{xy}}{S_{xx}},$$

因此

$$r=\frac{\hat{b}S_{xx}}{\sqrt{S_{xx}S_{yy}}}.$$

显然 r 和 $\hat{b}$ 的符号是一致的,它的值反映了 x 和 y 的内在联系.

提出检验假设:

$$H_0: r=0;\quad H_1: r\neq 0. \tag{10-20}$$

可以证明,当 H_0 为真时,

$$t=\frac{r}{\sqrt{1-r^2}}\sqrt{n-2}\sim t(n-2). \tag{10-21}$$

故 H_0 的拒绝域为

$$\{t>t_{\frac{\alpha}{2}}(n-2)\}. \tag{10-22}$$

由例 10.3 的数据可算出

$$r=\frac{S_{xy}}{\sqrt{S_{xx}S_{yy}}}\approx 0.9832,$$

$$t=\frac{r}{\sqrt{1-r^2}}\sqrt{n-2}\approx 15.2352>t_{0.025}(8)=2.3060.$$

故拒绝 H_0,即两变量的线性相关性显著.

在一元线性回归预测中,相关系数法与 F 检验法等价,在实际中只须做其中的一种检验即可.

与一元线性回归显著性检验原理相同,为考察多元线性回归这一假定是否符合实际观察结果,还需进行以下假设检验:

$$H_0:b_1=b_2=\cdots=b_p=0;\quad H_1:b_i \text{ 不全为零}.$$

可以证明统计量

$$F=\frac{U}{p}\Big/\frac{Q}{n-p-1}\overset{H_0\text{为真}}{\sim}F(p,n-p-1),\tag{10-23}$$

其中

$$U=\boldsymbol{Y}^{\mathrm{T}}\boldsymbol{X}(\boldsymbol{X}^{\mathrm{T}}\boldsymbol{X})^{-1}\boldsymbol{X}^{\mathrm{T}}\boldsymbol{Y}-n\overline{y}^2,\quad Q=\boldsymbol{Y}^{\mathrm{T}}\boldsymbol{Y}-\boldsymbol{Y}^{\mathrm{T}}\boldsymbol{X}(\boldsymbol{X}^{\mathrm{T}}\boldsymbol{X})^{-1}\boldsymbol{X}^{\mathrm{T}}\boldsymbol{Y}.$$

对于给定的显著性水平 α,若 $F>F_\alpha$,则拒绝 H_0,即认为回归效果是显著的.

习题 10.3

1. 随机抽取了 10 个家庭,调查了他们的家庭月收入 x(单位:10^3 元) 和月支出 y(单位:10^3 元),记录于表 10-8.

(1) 在直角坐标系下作 x 与 y 的散点图,判断 y 与 x 是否存在线性关系.

(2) 求 y 与 x 的一元线性回归方程.

(3) 对所得的回归方程做显著性检验(取 $\alpha=0.025$).

表 10-8

x	20	15	20	25	16	20	18	19	22	16
y	18	14	17	20	14	19	17	18	20	13

第四节 预测与控制

1. 预测

由于 x 与 y 并非确定性关系,因此对于任意给定的 $x=x_0$,无法精确知道相应的 y_0 值,但可由回归方程计算出一个回归值 $\hat{y}_0=\hat{a}+\hat{b}x_0$,并以一定的置信概率预测对应的 y 的观察值的取值范围,即对于给定的置信概率 $1-\alpha$,求出 y_0 的置信区间(称为预测区间). 这就是所谓的预测问题.

对于给定的置信概率 $1-\alpha$,可证明 y_0 的 $1-\alpha$ 预测区间为

$$\left(\hat{y}_0\pm t_{\frac{\alpha}{2}}(n-2)\hat{\sigma}\sqrt{1+\frac{1}{n}+\frac{(x_0-\overline{x})^2}{S_{xx}}}\right).\tag{10-24}$$

给定样本值,作出曲线

$$\begin{cases} y_1(x)=\hat{y}(x)-t_{\frac{\alpha}{2}}(n-2)\hat{\sigma}\sqrt{1+\dfrac{1}{n}+\dfrac{(x_0-\overline{x})^2}{S_{xx}}}, \\ y_2(x)=\hat{y}(x)+t_{\frac{\alpha}{2}}(n-2)\hat{\sigma}\sqrt{1+\dfrac{1}{n}+\dfrac{(x_0-\overline{x})^2}{S_{xx}}}. \end{cases} \tag{10-25}$$

这两条曲线形成包含回归直线$\hat{y}=\hat{a}+\hat{b}x$的带形域，如图 10-2 所示. 这一带形域在$x=\overline{x}$处最窄，说明越靠近$\overline{x}$，预测越精确. 而当x_0远离$\overline{x}$时，置信区间逐渐加宽，此时精度逐渐下降.

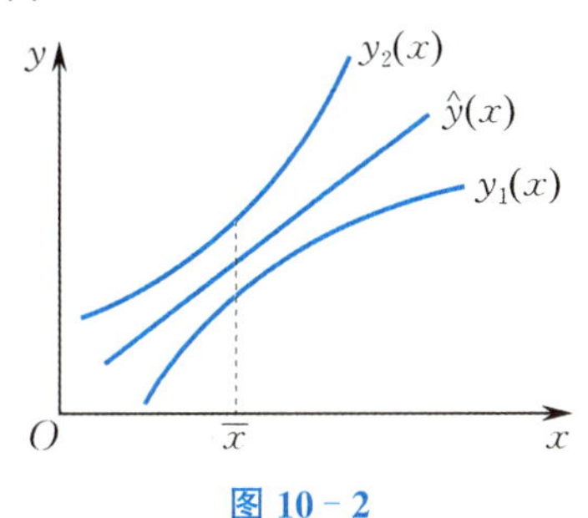

图 10-2

在实际的回归问题中，若样本容量n很大，在$\overline{x}$附近的x可得到较短的预测区间，又可简化计算

$$\sqrt{1+\frac{1}{n}+\frac{(x_0-\overline{x})^2}{S_{xx}}}\approx 1,$$

$$t_{\frac{\alpha}{2}}(n-2)\approx z_{\frac{\alpha}{2}},$$

故y_0的置信概率为$1-\alpha$的预测区间近似地等于

$$(\hat{y}_0-z_{\frac{\alpha}{2}}\hat{\sigma},\hat{y}_0+z_{\frac{\alpha}{2}}\hat{\sigma}). \tag{10-26}$$

特别地，取$1-\alpha=0.95$，y_0的置信概率为 0.95 的预测区间为

$$(\hat{y}_0-1.96\hat{\sigma},\hat{y}_0+1.96\hat{\sigma}).$$

取$1-\alpha=0.997$，y_0的置信概率为 0.997 的预测区间为

$$(\hat{y}_0-2.97\hat{\sigma},\hat{y}_0+2.97\hat{\sigma}).$$

可以预料，在全部可能出现的y值中，大约有 99.7% 的观察点落在直线L_1：$y=\hat{a}-2.97\hat{\sigma}+\hat{b}x$与$L_2$：$y=\hat{a}+2.97\hat{\sigma}+\hat{b}x$所夹的带形域内，如图 10-3所示.

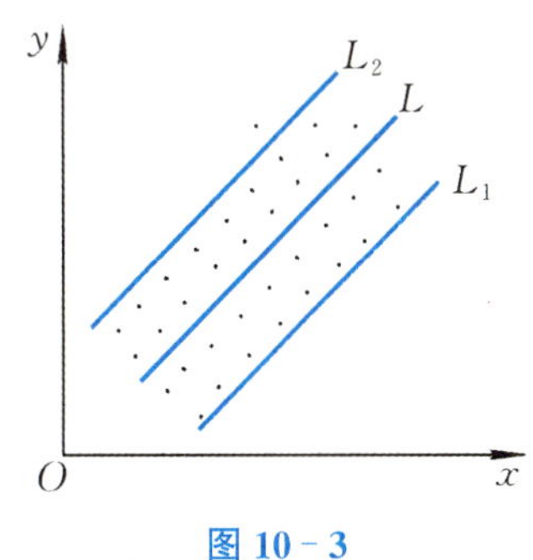

图 10-3

可见，预测区间意义与置信区间的意义相似，只是后者对未知参数而言，前者对随机变量而言.

例 10.4 给定 $\alpha=0.05$，$x_0=13.5$，问：例 10.1 中的生产费用将会在什么范围？

解 当 $x_0=13.5$ 时，y_0 的预测值为

$$\hat{y}_0=3.2590+0.6821\times 13.5\approx 12.4674.$$

给定 $\alpha=0.05$，$t_{0.025}(8)=2.3060$，

$$\hat{\sigma}=\sqrt{\frac{\sum_{i=1}^{n}(y_i-\hat{y}_i)^2}{n-2}}=\sqrt{\frac{0.7374}{8}}\approx 0.3036,$$

$$\sqrt{1+\frac{1}{n}+\frac{(x_0-\overline{x})^2}{S_{xx}}}=\sqrt{1+\frac{1}{10}+\frac{(13.5-11.73)^2}{45.961}}\approx 1.0808,$$

故

$$t_{\frac{\alpha}{2}}(n-2)\hat{\sigma}\sqrt{1+\frac{1}{n}+\frac{(x_0-\overline{x})^2}{S_{xx}}}=2.3060\times 0.3036\times 1.0808\approx 0.7567,$$

即 y_0 将以 95% 的概率落在 (12.4674 ± 0.7567) 区间，亦即预测生产费用在 $(11.7107,13.2241)$ 万元之间.

2. 控制

控制实际上是预测的反问题，即要求观察值 y 在一定范围内 $y_1<y<y_2$ 取值，应考虑把自变量 x 控制在什么范围，亦即对于给定的置信概率 $1-\alpha$，求出相应的 x_1,x_2，使 $x_1<x<x_2$ 时，x 所对应的观察值 y 落在 (y_1,y_2) 内的概率不小于 $1-\alpha$.

当 n 很大时，从方程组

$$\begin{cases} y_1=\hat{y}-z_{\frac{\alpha}{2}}\hat{\sigma}=\hat{a}+\hat{b}x-z_{\frac{\alpha}{2}}\hat{\sigma}, \\ y_2=\hat{y}+z_{\frac{\alpha}{2}}\hat{\sigma}=\hat{a}+\hat{b}x+z_{\frac{\alpha}{2}}\hat{\sigma} \end{cases} \tag{10-27}$$

分别解出 x 来作为控制区间的上、下限：

$$\begin{cases} x_1=(y_1-\hat{a}+z_{\frac{\alpha}{2}}\hat{\sigma})/\hat{b}, \\ x_2=(y_2-\hat{a}-z_{\frac{\alpha}{2}}\hat{\sigma})/\hat{b}. \end{cases} \tag{10-28}$$

当 $\hat{b}>0$ 时，控制区间为 (x_1,x_2)，如图 10-4(a) 所示；当 $\hat{b}<0$ 时，控制区间为 (x_2,x_1)，如图 10-4(b) 所示.

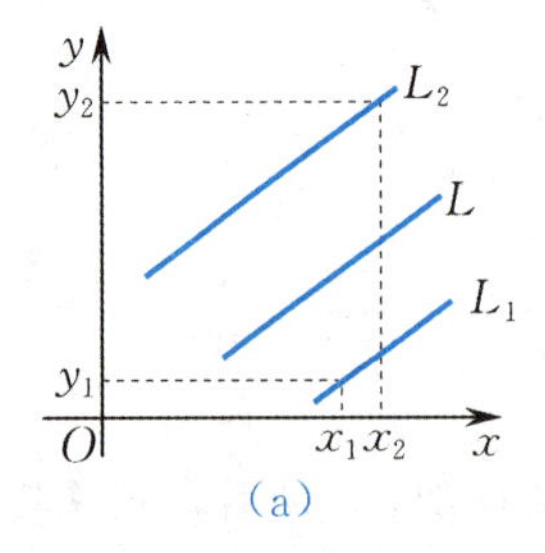

(a)

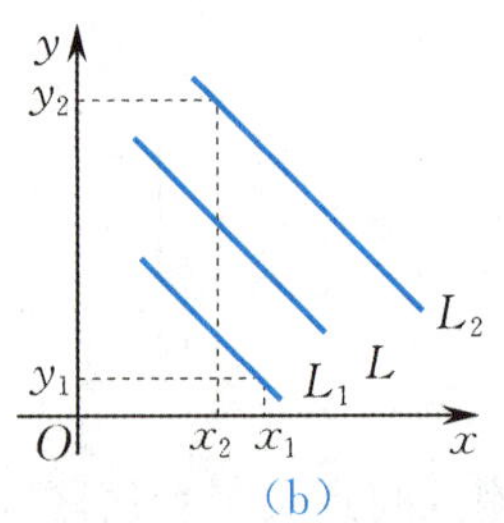

(b)

图 10-4

注　为了实现控制,我们必须使区间(y_1,y_2)的长度不小于$2z_{\frac{\alpha}{2}}\hat{\sigma}$,即

$$y_2 - y_1 > 2z_{\frac{\alpha}{2}}\hat{\sigma}.$$

习题 10.4

1. 某产品生产批量(单位:万件)x与费用(单位:万元)y有统计数据如表10-9所示.

(1) 求x与y之间的相关系数,并检验x与y之间的线性相关性是否显著(取$\alpha = 0.05$).

(2) 求y关于x的线性回归方程,并检验回归方程的显著性(分别取$\alpha = 0.05$和$\alpha = 0.01$).

(3) 当$x_0 = 75$时,求y_0的置信概率为0.99的预测区间.

表 10-9

x	5	5	10	20	30	40	50	60	65	90	120
y	4	6	8	13	16	17	19	25	25	29	46

2. 考虑市民家庭的月收入(单位:元)x与月支出(单位:元)y的关系. 随机抽取10个家庭,调查其月收入和月支出的数据,如表10-10所示.

(1) 求y关于x的线性回归方程,并检验回归方程的显著性(取$\alpha = 0.05$).

(2) 当$x_0 = 2\,100$时,求y_0的点预测值和置信概率为0.95的预测区间.

表 10-10

x	2 000	1 500	2 000	2 500	1 500	2 000	2 500	3 000	2 500	1 200
y	1 800	1 600	2 000	2 500	1 400	2 300	2 100	2 500	2 300	1 400

第五节　非线性回归的线性化处理

前面讨论了线性回归问题,对于线性情形,我们有了一整套的理论与方法. 在实际中常会遇见更为复杂的非线性回归问题,此时一般是采用变量代换法将非线性模型线性化,再按照线性回归方法进行处理. 举例如下:

模型

$$y = a + b\sin t + \varepsilon,\quad \varepsilon \sim N(0,\sigma^2), \tag{10-29}$$

其中a,b,σ^2为与t无关的未知参数,只要令$x = \sin t$,即可将(10-29)式化为(10-1)式.

模型

$$y = a + bt + ct^2 + \varepsilon,\quad \varepsilon \sim N(0,\sigma^2), \tag{10-30}$$

其中a,b,c,σ^2为与t无关的未知参数. 令$x_1 = t, x_2 = t^2$,得

$$y = a + bx_1 + cx_2 + \varepsilon,\quad \varepsilon \sim N(0,\sigma^2), \tag{10-31}$$

它为多元线性回归的情形.

模型

$$\frac{1}{y}=a+\frac{b}{x}+\varepsilon, \quad \varepsilon \sim N(0,\sigma^2),$$

令 $y'=\frac{1}{y}, x'=\frac{1}{x}$,则有 $y'=a+bx'+\varepsilon, \varepsilon \sim N(0,\sigma^2)$,化为(10-1)式.

模型

$$y=a+b\ln x+\varepsilon, \quad \varepsilon \sim N(0,\sigma^2),$$

令 $x'=\ln x$,则有 $y=a+bx'+\varepsilon, \varepsilon \sim N(0,\sigma^2)$,化为(10-1)式.

另外,还有模型

$$Q(y)=a+bx+\varepsilon, \quad \varepsilon \sim N(0,\sigma^2),$$

其中Q为已知函数,且设$Q(y)$存在单值的反函数,a,b,σ^2为与x无关的未知参数.这时,令 $z=Q(y)$,得

$$z=a+bx+\varepsilon, \quad \varepsilon \sim N(0,\sigma^2).$$

在求得 z 的回归方程和预测区间后,再按 $z=Q(y)$ 的逆变换,变回原变量 y.我们就分别称它们为关于 y 的回归方程和预测区间.此时 y 的回归方程的图形是曲线,故又称曲线回归方程.

例 10.5 某钢厂出钢时所用的盛钢水的钢包,由于钢水对耐火材料的侵蚀,容积不断扩大.通过试验,得到了使用次数 x 和钢包增大的容积(单位:L)y 之间的 17 组数据如表 10-11 所示,求使用次数 x 与增大容积 y 的回归方程.

表 10-11

x	y	x	y
2	6.42	11	10.59
3	8.20	12	10.60
4	9.58	13	10.80
5	9.50	14	10.60
6	9.70	15	10.90
7	10.00	16	10.76
8	9.93	18	11.00
9	9.99	19	11.20
10	10.49		

解 作(x,y)的散点图,如图 10-5 所示.

可见 y 与 x 呈倒指数关系

$$\ln y=a+b\frac{1}{x}+\varepsilon,$$

记 $y'=\ln y, x'=\frac{1}{x}$,求出 x', y' 的值(见表 10-12).

表 10-12

x'	y'	x'	y'
0.500 0	1.859 4	0.090 9	2.359 9
0.333 3	2.104 1	0.083 3	2.360 9
0.250 0	2.259 7	0.076 9	2.379 5
0.200 0	2.251 3	0.071 4	2.360 9
0.166 7	2.272 1	0.066 7	2.388 8
0.142 9	2.302 6	0.062 5	2.375 8
0.125 0	2.295 6	0.055 6	2.397 9
0.111 1	2.301 6	0.052 6	2.415 9
0.100 0	2.350 4		

作(x',y')的散点图，如图 10-6 所示.

可见各点基本上在一直线上，故可设

$$y'=a+bx'+\varepsilon,\quad \varepsilon\sim(0,\sigma^2).$$

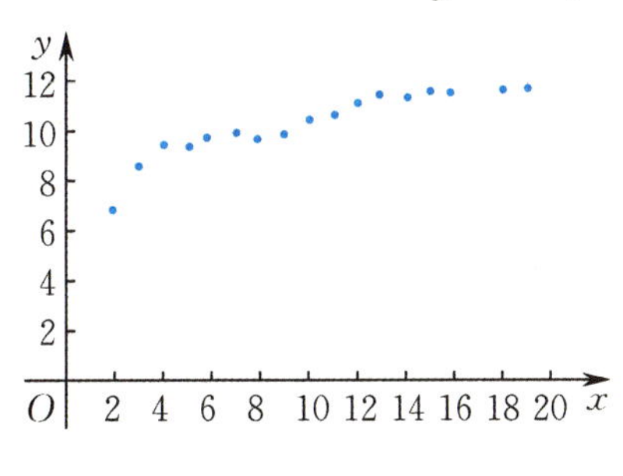

图 10-5

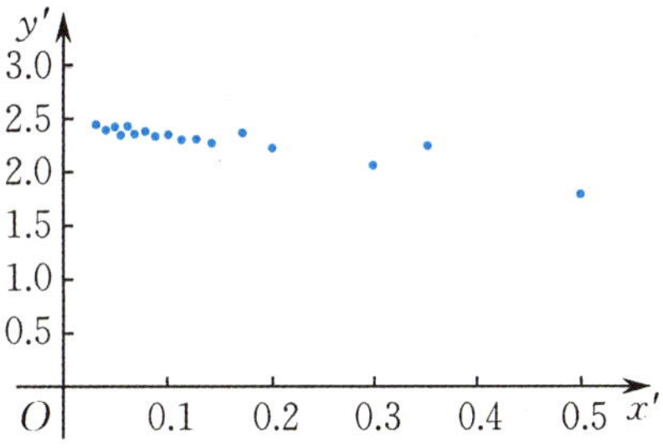

图 10-6

经计算，得

$$\overline{x}'\approx 0.146\,4,\quad \overline{y}'\approx 2.296\,3,$$

$$\sum_{i=1}^{n}(x'_i)^2\approx 0.590\,2,$$

$$\sum_{i=1}^{n}(y'_i)^2\approx 89.931\,3,$$

$$\sum_{i=1}^{n}x'_iy'_i\approx 5.462\,7.$$

$$\hat{b}\approx -1.118\,3,\quad \hat{a}\approx 2.460\,0.$$

于是，x' 对于 y' 的线性回归方程为

$$y'=-1.118\,3x'+2.460\,0,$$

换回原变量得

$$\hat{y}=11.704\,6\mathrm{e}^{-\frac{1.118\,3}{x}}.$$

现对 x' 与 y' 的线性相关关系的显著性用 F 检验法进行检验，得

$$f \approx 378.21 > F_{0.01}(1,15) = 8.68.$$

检验结论表明，此线性回归方程的效果是显著的.

小结

本章介绍了在实际中应用非常广泛的数理统计方法之一 —— 回归分析，并对线性回归做了参数估计、相关性检验、预测与控制及非线性回归的线性化处理.

(1) 一元线性回归模型 $y = a + bx + \varepsilon$ 的最小二乘估计为

$$\hat{b} = \frac{S_{xy}}{S_{xx}}, \quad \hat{a} = \overline{y} - \overline{x}\,\hat{b},$$

其中

$$\overline{x} = \frac{1}{n}\sum_{i=1}^{n} x_i, \quad \overline{y} = \frac{1}{n}\sum_{i=1}^{n} y_i, \quad S_{xx} = \sum_{i=1}^{n} x_i^2 - n\overline{x}^2,$$

$$S_{xy} = \sum_{i=1}^{n} x_i y_i - n\overline{x}\,\overline{y}, \quad S_{yy} = \sum_{i=1}^{n} y_i^2 - n\overline{y}^2.$$

(2) 变量 y 与 x 的线性相关性假设检验有下列所述.

1° 方差分析法(F 检验法).

$$H_0: b = 0; \quad H_1: b \neq 0,$$

$$F = Q_{回} \Big/ \frac{Q_{剩}}{n-2} \overset{H_0为真}{\sim} F(1, n-2),$$

其中

$$Q_{回} = S_{xy}^2 \big/ S_{xx}, \quad Q_{剩} = Q_{总} - Q_{回} = S_{yy} - S_{xy}^2 \big/ S_{xx}.$$

给定显著性水平 α，若 $F > F_\alpha$，则拒绝 H_0，即认为 y 对 x 具有线性相关关系.

2° 相关系数法(t 检验法).

$$H_0: r = 0; \quad H_1: r \neq 0,$$

其中

$$r = \frac{S_{xy}}{\sqrt{S_{xx}S_{yy}}}, \quad t = \frac{r}{\sqrt{1-r^2}}\sqrt{n-2} \overset{H_0为真}{\sim} t(n-2).$$

给定显著性水平 α，若 $t > t_{\frac{\alpha}{2}}(n-2)$，则拒绝 H_0，即认为两变量的线性相关性显著.

(3) 给定 $x = x_0$ 时，y_0 的置信概率为 $1-\alpha$ 的预测区间为

$$\left(\hat{a} + \hat{b}x_0 \pm t_{\frac{\alpha}{2}}(n-2)\hat{\sigma}\sqrt{1 + \frac{1}{n} + \frac{(x_0 - \overline{x})^2}{S_{xx}}}\right).$$

重要术语及主题

线性回归　　最小二乘估计　　预测与控制　　非线性回归

复习题十

1. 测量了 9 对父子的身高，所得数据(单位：in，1 in = 2.54 cm)如表 10-13 所示.

(1) 求儿子身高 y 关于父亲身高 x 的回归方程.

(2) 在显著性水平 $\alpha = 0.05$ 下，检验儿子身高 y 与父亲身高 x 之间的线性相关关系是否显著.

(3) 若父亲身高 70 in，求其儿子身高的置信概率为 0.95 的预测区间.

表 10-13

父亲身高 x	60	62	64	66	67	68	70	72	74
儿子身高 y	63.6	65.2	66	66.9	67.1	67.4	68.3	70.1	70

2. 一种合金在某种添加剂的不同浓度之下，各做 3 次试验，得到数据如表 10-14 所示.

(1) 作散点图.

(2) 以模型 $y = b_0 + b_1 x_1 + b_2 x_2 + \varepsilon, \varepsilon \sim N(0, \sigma^2)$ 拟合数据，其中 b_0, b_1, b_2, σ^2 与 x 无关，求回归方程 $\hat{y} = \hat{b}_0 + \hat{b}_1 x + \hat{b}_2 x^2$.

表 10-14

浓度 x	10.0	15.0	20.0	25.0	30.0
抗压强度 y	25.2	29.8	31.2	31.7	29.4
	27.3	31.1	32.6	30.1	30.8
	28.7	27.8	29.7	32.3	32.8

3. 设 x 为一般变量，y 为与 x 有关的随机变量，它们之间满足线性回归模型，观察数据如表 10-15 所示.

(1) 求 y 关于 x 的线性回归方程，并检验回归方程的显著性(取 $\alpha = 0.01$).

(2) 当 $x_0 = 0.85$ 时，求 y_0 的置信概率为 0.90 的预测区间.

表 10-15

x	y	x	y
0.09	18.0	0.43	40.5
0.12	26.0	0.62	57.5
0.29	32.0	0.98	67.3
0.31	36.0	1.26	84.0
0.33	44.5	1.61	67.0
0.39	35.6	2.58	87.5

附　　表

附表 1　几种常用的概率分布

分布	参数	分布律或概率密度	数学期望	方差
(0−1)分布	$0<p<1$	$P\{X=k\}=p^k(1-p)^{1-k}$, $k=0,1$	p	$p(1-p)$
二项分布	$n\geqslant 1$, $0<p<1$	$P\{X=k\}=C_n^k p^k(1-p)^{n-k}$, $k=0,1,2,\cdots,n$	np	$np(1-p)$
负二项分布	$r\geqslant 1$, $0<p<1$	$P\{X=k\}=C_{k-1}^{r-1}p^r(1-p)^{k-r}$, $k=r,r+1,\cdots$	$\dfrac{r}{p}$	$\dfrac{r(1-p)}{p^2}$
几何分布	$0<p<1$	$P\{X=k\}=p(1-p)^{k-1}$, $k=1,2,\cdots$	$\dfrac{1}{p}$	$\dfrac{1-p}{p^2}$
超几何分布	N,M,n $(M\leqslant N,n\leqslant M)$	$P\{X=k\}=\dfrac{C_M^k C_{N-M}^{n-k}}{C_N^n}$, $k=0,1,2,\cdots,n$	$\dfrac{nM}{N}$	$\dfrac{nM}{N}\left(1-\dfrac{M}{N}\right)\left(\dfrac{N-n}{N-1}\right)$
泊松分布	$\lambda>0$	$P\{X=k\}=\dfrac{\lambda^k e^{-\lambda}}{k!}$, $k=0,1,2,\cdots$	λ	λ
均匀分布	$a<b$	$f(x)=\begin{cases}\dfrac{1}{b-a}, & a<x<b,\\ 0, & \text{其他}\end{cases}$	$\dfrac{a+b}{2}$	$\dfrac{(b-a)^2}{12}$
正态分布	μ 为实数, $\sigma>0$	$f(x)=\dfrac{1}{\sqrt{2\pi}\sigma}e^{-\frac{(x-\mu)^2}{2\sigma^2}}$	μ	σ^2
Γ 分布	$\alpha>0$, $\beta>0$	$f(x)=\begin{cases}\dfrac{1}{\beta^\alpha\Gamma(\alpha)}x^{\alpha-1}e^{-\frac{x}{\beta}}, & x>0,\\ 0, & \text{其他}\end{cases}$	$\alpha\beta$	$\alpha\beta^2$

续表

分布	参数	分布律或概率密度	数学期望	方差
指数分布	$\theta>0$	$f(x)=\begin{cases}\frac{1}{\theta}e^{-x/\theta}, & x>0,\\ 0, & 其他\end{cases}$	θ	θ^2
χ^2 分布	$n\geqslant 1$	$f(x)=\begin{cases}\frac{1}{2^{n/2}\Gamma(n/2)}x^{n/2-1}e^{-x/2}, & x>0,\\ 0, & 其他\end{cases}$	n	$2n$
威布尔分布	$\eta>0$, $\beta>0$	$f(x)=\begin{cases}\frac{\beta}{\eta}\left(\frac{x}{\eta}\right)^{\beta-1}e^{-\left(\frac{x}{\eta}\right)^{\beta}}, & x>0,\\ 0, & 其他\end{cases}$	$\eta\Gamma\left(\frac{1}{\beta}+1\right)$	$\eta^2\left\{\Gamma\left(\frac{2}{\beta}+1\right)-\left[\Gamma\left(\frac{1}{\beta}+1\right)\right]^2\right\}$
瑞利分布	$\sigma>0$	$f(x)=\begin{cases}\frac{1}{\sigma^2}e^{-x^2/(2\sigma^2)}, & x>0,\\ 0, & 其他\end{cases}$	$\sqrt{\frac{\pi}{2}}\sigma$	$\frac{4-\pi}{2}\sigma^2$
β 分布	$\alpha>0$, $\beta>0$	$f(x)=\begin{cases}\frac{\Gamma(\alpha+\beta)}{\Gamma(\alpha)\Gamma(\beta)}x^{\alpha-1}(1-x)^{\beta-1}, & 0<x<1,\\ 0, & 其他\end{cases}$	$\frac{\alpha}{\alpha+\beta}$	$\frac{\alpha\beta}{(\alpha+\beta)^2(\alpha+\beta+1)}$
对数正态分布	μ 为实数，$\sigma>0$	$f(x)=\begin{cases}\frac{1}{\sqrt{2\pi}\sigma x}e^{-\frac{(\ln x-\mu)^2}{2\sigma^2}}, & x>0,\\ 0, & 其他\end{cases}$	$e^{\mu+\frac{\sigma^2}{2}}$	$e^{2\mu+\sigma^2}(e^{\sigma^2}-1)$
柯西分布	α 为实数，$\lambda>0$	$f(x)=\frac{1}{\pi}\frac{1}{\lambda^2+(x-\alpha)^2}$	不存在	不存在
t 分布	$n\geqslant 1$	$f(x)=\frac{\Gamma\left(\frac{n+1}{2}\right)}{\sqrt{n\pi}\Gamma(n/2)}\left(1+\frac{x^2}{n}\right)^{-(n+1)/2}$	0	$\frac{n}{n-2}, n>2$
F 分布	n_1, n_2	$f(x)=\begin{cases}\frac{\Gamma[(n_1+n_2)/2]}{\Gamma(n_1/2)\Gamma(n_2/2)}\left(\frac{n_1}{n_2}\right)\left(\frac{n_1}{n_2}x\right)^{\frac{n_1}{2}-1}\cdot\left(1+\frac{n_1}{n_2}x\right)^{-(n_1+n_2)/2}, & x>0,\\ 0, & 其他\end{cases}$	$\frac{n_2}{n_2-2}$, $n_2>2$	$\frac{2n_2^2(n_1+n_2-2)}{n_1(n_2-2)^2(n_2-4)}$, $n_2>4$

附表 2　标准正态分布表

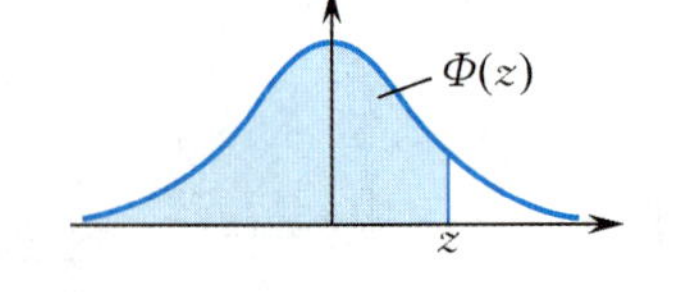

$$\Phi(z)=\int_{-\infty}^{z}\frac{1}{\sqrt{2\pi}}\mathrm{e}^{-u^2/2}\mathrm{d}u=P\{Z\leqslant z\}$$

z	0	1	2	3	4	5	6	7	8	9
0.0	0.500 0	0.504 0	0.508 0	0.512 0	0.516 0	0.519 9	0.523 9	0.527 9	0.531 9	0.535 9
0.1	0.539 8	0.543 8	0.547 8	0.551 7	0.555 7	0.559 6	0.563 6	0.567 5	0.571 4	0.575 3
0.2	0.579 3	0.583 2	0.587 1	0.591 0	0.594 8	0.598 7	0.602 6	0.606 4	0.610 3	0.614 1
0.3	0.617 9	0.621 7	0.625 5	0.629 3	0.633 1	0.636 8	0.640 6	0.644 3	0.648 0	0.651 7
0.4	0.655 4	0.659 1	0.662 8	0.666 4	0.670 0	0.673 6	0.677 2	0.680 8	0.684 4	0.687 9
0.5	0.691 5	0.695 0	0.698 5	0.701 9	0.705 4	0.708 8	0.712 3	0.715 7	0.719 0	0.722 4
0.6	0.725 7	0.729 1	0.732 4	0.735 7	0.738 9	0.742 2	0.745 4	0.748 6	0.751 7	0.754 9
0.7	0.758 0	0.761 1	0.764 2	0.767 3	0.770 3	0.773 4	0.776 4	0.779 4	0.782 3	0.785 2
0.8	0.788 1	0.791 0	0.793 9	0.796 7	0.799 5	0.802 3	0.805 1	0.807 8	0.810 6	0.813 3
0.9	0.815 9	0.818 6	0.821 2	0.823 8	0.826 4	0.828 9	0.831 5	0.834 0	0.836 5	0.838 9
1.0	0.841 3	0.843 8	0.846 1	0.848 5	0.850 8	0.853 1	0.855 4	0.857 7	0.859 9	0.862 1
1.1	0.864 3	0.866 5	0.868 6	0.870 8	0.872 9	0.874 9	0.877 0	0.879 0	0.881 0	0.883 0
1.2	0.884 9	0.886 9	0.888 8	0.890 7	0.892 5	0.894 4	0.896 2	0.898 0	0.899 7	0.901 5
1.3	0.903 2	0.904 9	0.906 6	0.908 2	0.909 9	0.911 5	0.913 1	0.914 7	0.916 2	0.917 7
1.4	0.919 2	0.920 7	0.922 2	0.923 6	0.925 1	0.926 5	0.927 8	0.929 2	0.930 6	0.931 9
1.5	0.933 2	0.934 5	0.935 7	0.937 0	0.938 2	0.939 4	0.940 6	0.941 8	0.943 0	0.944 1
1.6	0.945 2	0.946 3	0.947 4	0.948 4	0.949 5	0.950 5	0.951 5	0.952 5	0.953 5	0.954 5
1.7	0.955 4	0.956 4	0.957 3	0.958 2	0.959 1	0.959 9	0.960 8	0.961 6	0.962 5	0.963 3
1.8	0.964 1	0.964 8	0.965 6	0.966 4	0.967 1	0.967 8	0.968 6	0.969 3	0.970 0	0.970 6
1.9	0.971 3	0.971 9	0.972 6	0.973 2	0.973 8	0.974 4	0.975 0	0.975 6	0.976 2	0.976 7
2.0	0.977 2	0.977 8	0.978 3	0.978 8	0.979 3	0.979 8	0.980 3	0.980 8	0.981 2	0.981 7
2.1	0.982 1	0.982 6	0.983 0	0.983 4	0.983 8	0.984 2	0.984 6	0.985 0	0.985 4	0.985 7
2.2	0.986 1	0.986 4	0.986 8	0.987 1	0.987 4	0.987 8	0.988 1	0.988 4	0.988 7	0.989 0
2.3	0.989 3	0.989 6	0.989 8	0.990 1	0.990 4	0.990 6	0.990 9	0.991 1	0.991 3	0.991 6
2.4	0.991 8	0.992 0	0.992 2	0.992 5	0.992 7	0.992 9	0.993 1	0.993 2	0.993 4	0.993 6
2.5	0.993 8	0.994 0	0.994 1	0.994 3	0.994 5	0.994 6	0.994 8	0.994 9	0.995 1	0.995 2
2.6	0.995 3	0.995 5	0.995 6	0.995 7	0.995 9	0.996 0	0.996 1	0.996 2	0.996 3	0.996 4
2.7	0.996 5	0.996 6	0.996 7	0.996 8	0.996 9	0.997 0	0.997 1	0.997 2	0.997 3	0.997 4
2.8	0.997 4	0.997 5	0.997 6	0.997 7	0.997 7	0.997 8	0.997 9	0.997 9	0.998 0	0.998 1
2.9	0.998 1	0.998 2	0.998 2	0.998 3	0.998 4	0.998 4	0.998 5	0.998 5	0.998 6	0.998 6
3	0.998 65	0.999 03	0.999 31	0.999 52	0.999 66	0.999 77	0.999 84	0.999 89	0.999 93	0.999 95
4	0.999 968	0.999 979	0.999 987	0.999 991	0.999 995	0.999 997	0.999 998	0.999 999	0.999 999	1.000 000

注:表中末两行分别为函数值 $\Phi(3.0),\Phi(3.1),\cdots,\Phi(3.9);\Phi(4.0),\Phi(4.1),\cdots,\Phi(4.9)$.

附表 3　泊松分布表

$$1-F(x-1)=\sum_{r=x}^{\infty}\frac{e^{-\lambda}\lambda^{r}}{r!}$$

x	$\lambda=0.2$	$\lambda=0.3$	$\lambda=0.4$	$\lambda=0.5$	$\lambda=0.6$
0	1.000 000 0	1.000 000 0	1.000 000 0	1.000 000 0	1.000 000 0
1	0.181 269 2	0.259 181 8	0.329 680 0	0.393 469	0.451 188
2	0.017 523 1	0.036 936 3	0.061 551 9	0.090 204	0.121 901
3	0.001 148 5	0.003 599 5	0.007 926 3	0.014 388	0.023 115
4	0.000 056 8	0.000 265 8	0.000 776 3	0.001 752	0.003 358
5	0.000 002 3	0.000 015 8	0.000 061 2	0.000 172	0.000 394
6	0.000 000 1	0.000 000 8	0.000 004 0	0.000 014	0.000 039
7			0.000 000 2	0.000 001	0.000 003

x	$\lambda=0.7$	$\lambda=0.8$	$\lambda=0.9$	$\lambda=1.0$	$\lambda=1.2$
0	1.000 000 0	1.000 000 0	1.000 000 0	1.000 000 0	1.000 000 0
1	0.503 415	0.550 671	0.593 430	0.632 121	0.698 806
2	0.155 805	0.191 208	0.227 518	0.264 241	0.337 373
3	0.034 142	0.047 423	0.062 857	0.080 301	0.120 513
4	0.005 753	0.009 080	0.013 459	0.018 988	0.033 769
5	0.000 786	0.001 411	0.002 344	0.003 660	0.007 746
6	0.000 090	0.000 184	0.000 343	0.000 594	0.001 500
7	0.000 009	0.000 021	0.000 043	0.000 083	0.000 251
8	0.000 001	0.000 002	0.000 005	0.000 010	0.000 037
9				0.000 001	0.000 005
10					0.000 001

x	$\lambda=1.4$	$\lambda=1.6$	$\lambda=1.8$	$\lambda=2.0$	$\lambda=2.5$
0	1.000 000	1.000 000	1.000 000	1.000 000	1.000 000
1	0.753 403	0.798 103	0.834 701	0.864 665	0.917 915
2	0.408 167	0.475 069	0.537 163	0.593 994	0.712 703
3	0.166 502	0.216 642	0.269 379	0.323 324	0.456 187
4	0.053 725	0.078 813	0.108 708	0.142 877	0.242 424
5	0.014 253	0.023 682	0.036 407	0.052 653	0.108 822
6	0.003 201	0.006 040	0.010 378	0.016 564	0.042 021
7	0.000 622	0.001 336	0.002 569	0.004 534	0.014 187
8	0.000 107	0.000 260	0.000 562	0.001 097	0.004 247
9	0.000 016	0.000 045	0.000 110	0.000 237	0.001 140
10	0.000 002	0.000 007	0.000 019	0.000 046	0.000 277
11		0.000 001	0.000 003	0.000 008	0.000 062
12				0.000 001	0.000 013
13					0.000 020

续表

x	$\lambda=3.0$	$\lambda=3.5$	$\lambda=4.0$	$\lambda=4.5$	$\lambda=5.0$
0	1.000 000	1.000 000	1.000 000	1.000 000	1.000 000
1	0.950 213	0.969 803	0.981 684	0.988 891	0.993 262
2	0.800 852	0.864 112	0.908 422	0.938 901	0.959 572
3	0.576 810	0.679 153	0.761 897	0.826 422	0.875 348
4	0.352 768	0.463 367	0.566 530	0.657 704	0.734 974
5	0.184 737	0.274 555	0.371 163	0.467 896	0.559 507
6	0.083 918	0.142 386	0.214 870	0.297 070	0.384 039
7	0.033 509	0.065 288	0.110 674	0.168 949	0.237 817
8	0.011 905	0.026 739	0.051 134	0.086 586	0.133 372
9	0.003 803	0.009 874	0.021 363	0.040 257	0.068 094
10	0.001 102	0.003 315	0.008 132	0.017 093	0.031 828
11	0.000 292	0.001 019	0.002 840	0.006 669	0.013 695
12	0.000 071	0.000 289	0.000 915	0.002 404	0.005 453
13	0.000 016	0.000 076	0.000 274	0.000 805	0.002 019
14	0.000 003	0.000 019	0.000 076	0.000 252	0.000 698
15	0.000 001	0.000 004	0.000 020	0.000 074	0.000 226
16		0.000 001	0.000 005	0.000 020	0.000 069
17			0.000 001	0.000 005	0.000 020
18				0.000 001	0.000 005
19					0.000 001

附表 4 t 分布表

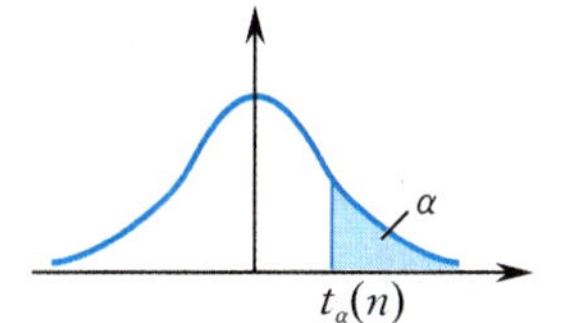

$$P\{t(n)>t_\alpha(n)\}=\alpha$$

n	$\alpha=0.25$	0.10	0.05	0.025	0.01	0.005
1	1.000 0	3.077 7	6.313 8	12.706 2	31.820 7	63.657 4
2	0.816 5	1.885 6	2.920 0	4.302 7	6.964 6	9.924 8
3	0.764 9	1.637 7	2.353 4	3.182 4	4.540 7	5.840 9
4	0.740 7	1.533 2	2.131 8	2.776 4	3.746 9	4.604 1
5	0.726 7	1.475 9	2.015 0	2.570 6	3.364 9	4.032 2
6	0.717 6	1.439 8	1.943 2	2.446 9	3.142 7	3.707 4
7	0.711 1	1.414 9	1.894 6	2.364 6	2.998 0	3.499 5
8	0.706 4	1.396 8	1.859 5	2.306 0	2.896 5	3.355 4
9	0.702 7	1.383 0	1.833 1	2.262 2	2.821 4	3.249 8
10	0.699 8	1.372 2	1.812 5	2.228 1	2.763 8	3.169 3
11	0.697 4	1.363 4	1.795 9	2.201 0	2.718 1	3.105 8
12	0.695 5	1.356 2	1.782 3	2.178 8	2.681 0	3.054 5
13	0.693 8	1.350 2	1.770 9	2.160 4	2.650 3	3.012 3
14	0.692 4	1.345 0	1.761 3	2.144 8	2.624 5	2.976 8
15	0.691 2	1.340 6	1.753 1	2.131 5	2.602 5	2.946 7
16	0.690 1	1.336 8	1.745 9	2.119 9	2.583 5	2.920 8
17	0.689 2	1.333 4	1.739 6	2.109 8	2.566 9	2.898 2
18	0.688 4	1.330 4	1.734 1	2.100 9	2.552 4	2.878 4
19	0.687 6	1.327 7	1.729 1	2.093 0	2.539 5	2.860 9
20	0.687 0	1.325 3	1.724 7	2.086 0	2.528 0	2.845 3
21	0.686 4	1.323 2	1.720 7	2.079 6	2.517 7	2.831 4
22	0.685 8	1.321 2	1.717 1	2.073 9	2.508 3	2.818 8
23	0.685 3	1.319 5	1.713 9	2.068 7	2.499 9	2.807 3
24	0.684 8	1.317 8	1.710 9	2.063 9	2.492 2	2.796 9
25	0.684 4	1.316 3	1.708 1	2.059 5	2.485 1	2.787 4
26	0.684 0	1.315 0	1.705 6	2.055 5	2.478 6	2.778 7
27	0.683 7	1.313 7	1.703 3	2.051 8	2.472 7	2.770 7
28	0.683 4	1.312 5	1.701 1	2.048 4	2.467 1	2.763 3
29	0.683 0	1.311 4	1.699 1	2.045 2	2.462 0	2.756 4
30	0.682 8	1.310 4	1.697 3	2.042 3	2.457 3	2.750 0
31	0.682 5	1.309 5	1.695 5	2.039 5	2.452 8	2.744 0
32	0.682 2	1.308 6	1.693 9	2.036 9	2.448 7	2.738 5
33	0.682 0	1.307 7	1.692 4	2.034 5	2.444 8	2.733 3
34	0.681 8	1.307 0	1.690 9	2.032 2	2.441 1	2.728 4
35	0.681 6	1.306 2	1.689 6	2.030 1	2.437 7	2.723 8
36	0.681 4	1.305 5	1.688 3	2.028 1	2.434 5	2.719 5
37	0.681 2	1.304 9	1.687 1	2.026 2	2.431 4	2.715 4
38	0.681 0	1.304 2	1.686 0	2.024 4	2.428 6	2.711 6
39	0.680 8	1.303 6	1.684 9	2.022 7	2.425 8	2.707 9
40	0.680 7	1.303 1	1.683 9	2.021 1	2.423 3	2.704 5
41	0.680 5	1.302 5	1.682 9	2.019 5	2.420 8	2.701 2
42	0.680 4	1.302 0	1.682 0	2.018 1	2.418 5	2.698 1
43	0.680 2	1.301 6	1.681 1	2.016 7	2.416 3	2.695 1
44	0.680 1	1.301 1	1.680 2	2.015 4	2.414 1	2.692 3
45	0.680 0	1.300 6	1.679 4	2.014 1	2.412 1	2.689 6

附表 5 χ^2 分布表

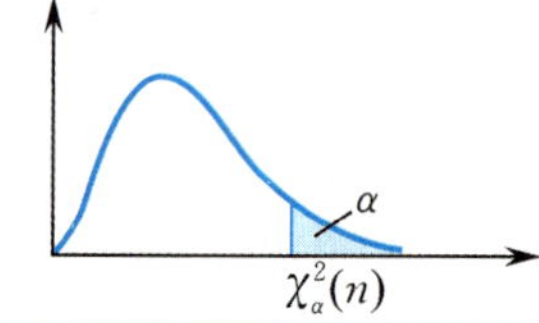

$$P\{\chi^2(n) > \chi^2_\alpha(n)\} = \alpha$$

n	$\alpha = 0.995$	0.99	0.975	0.95	0.90	0.75
1	—	—	0.001	0.004	0.016	0.102
2	0.010	0.020	0.051	0.103	0.211	0.575
3	0.072	0.115	0.216	0.352	0.584	1.213
4	0.207	0.297	0.484	0.711	1.064	1.923
5	0.412	0.554	0.831	1.145	1.610	2.675
6	0.676	0.872	1.237	1.635	2.204	3.455
7	0.989	1.239	1.690	2.167	2.833	4.255
8	1.344	1.646	2.180	2.733	3.490	5.071
9	1.735	2.088	2.700	3.325	4.168	5.899
10	2.156	2.558	3.247	3.940	4.865	6.737
11	2.603	3.053	3.816	4.575	5.578	7.584
12	3.074	3.571	4.404	5.226	6.034	8.438
13	3.565	4.107	5.009	5.892	7.042	9.299
14	4.075	4.660	5.629	6.571	7.790	10.165
15	4.601	5.229	6.262	7.261	8.547	11.037
16	5.142	5.812	6.908	7.962	9.312	11.912
17	5.697	6.408	7.564	8.672	10.085	12.792
18	6.265	7.015	8.231	9.390	10.865	13.675
19	6.844	7.633	8.907	10.117	11.651	14.562
20	7.434	8.260	9.591	10.851	12.443	15.452
21	8.034	8.897	10.283	11.591	13.240	16.344
22	8.643	9.542	10.982	12.338	14.042	17.240
23	9.260	10.196	11.689	13.091	14.848	18.137
24	9.886	10.856	12.401	13.848	15.659	19.037
25	10.520	11.524	13.120	14.611	16.473	19.939
26	11.160	12.198	13.844	15.379	17.292	20.843
27	11.808	12.879	14.573	16.151	18.114	21.749
28	12.461	13.565	15.308	16.928	18.939	22.657
29	13.121	14.257	16.047	17.708	19.768	23.567
30	13.787	14.954	16.791	18.493	20.599	24.478
31	14.458	15.655	17.539	19.281	21.434	25.390
32	15.134	16.362	18.291	20.072	22.271	26.304
33	15.815	17.074	19.047	20.867	23.110	27.219
34	16.501	17.789	19.806	21.664	23.952	28.136
35	17.192	18.509	20.569	22.465	24.797	29.054
36	17.887	19.233	21.336	23.269	25.643	29.973
37	18.586	19.960	22.106	24.075	26.492	30.893
38	19.289	20.691	22.878	24.884	27.343	31.815
39	19.996	21.426	23.654	25.695	28.196	32.737
40	20.707	22.164	24.433	26.509	29.051	33.660
41	21.421	22.906	25.215	27.326	29.907	34.585
42	22.138	23.650	25.999	28.144	30.765	35.510
43	22.859	24.398	26.785	28.965	31.625	36.436
44	23.584	25.148	27.575	29.787	32.487	37.363
45	24.311	25.901	28.366	30.612	33.350	38.291

续表

n	$\alpha=0.25$	0.10	0.05	0.025	0.01	0.005
1	1.323	2.706	3.841	5.024	6.635	7.879
2	2.773	4.605	5.991	7.378	9.210	10.597
3	4.108	6.251	7.815	9.348	11.345	12.838
4	5.385	7.779	9.488	11.143	13.277	14.860
5	6.626	9.236	11.071	12.833	15.086	16.750
6	7.841	10.645	12.592	14.449	16.812	18.548
7	9.037	12.017	14.067	16.013	18.475	20.278
8	10.219	13.362	15.507	17.535	20.090	21.955
9	11.389	14.684	16.919	19.023	21.666	23.589
10	12.549	15.987	18.307	20.483	23.209	25.188
11	13.701	17.275	19.675	21.920	24.725	26.757
12	14.845	18.549	21.026	23.337	26.217	28.299
13	15.984	19.812	22.362	24.736	27.688	29.819
14	17.117	21.064	23.685	26.119	29.141	31.319
15	18.245	22.307	24.996	27.488	30.578	32.801
16	19.369	23.542	26.296	28.845	32.000	34.267
17	20.489	24.769	27.587	30.191	33.409	35.718
18	21.605	25.989	28.869	31.526	34.805	37.156
19	22.718	27.204	30.144	32.852	36.191	38.582
20	23.828	28.412	31.410	34.170	37.566	39.997
21	24.935	29.615	32.671	35.479	38.932	41.401
22	26.039	30.813	33.924	36.781	40.289	42.796
23	27.141	32.007	35.172	38.076	41.638	44.181
24	28.241	33.196	36.415	39.364	42.980	45.559
25	29.339	34.382	37.652	40.646	44.314	46.928
26	30.435	35.563	38.885	41.923	45.642	48.290
27	31.528	36.741	40.113	43.194	46.963	49.645
28	32.620	37.916	41.337	44.461	48.278	50.993
29	33.711	39.087	42.557	45.722	49.588	52.336
30	34.800	40.256	43.773	46.979	50.892	53.672
31	35.887	41.422	44.985	48.232	52.191	55.003
32	36.973	42.585	46.194	49.480	53.486	56.328
33	38.058	43.745	47.400	50.725	54.776	57.648
34	39.141	44.903	48.602	51.966	56.061	58.964
35	40.223	46.059	49.802	53.203	57.342	60.275
36	41.304	47.212	50.998	54.437	58.619	61.581
37	43.383	48.363	52.192	55.668	59.892	62.883
38	43.462	49.513	53.384	56.896	61.162	64.181
39	44.539	50.660	54.572	58.120	62.428	65.476
40	45.616	51.805	55.758	59.342	63.691	66.766
41	46.692	52.949	56.942	60.561	64.950	68.053
42	47.766	54.090	58.124	61.777	66.206	69.336
43	48.840	55.230	59.304	62.990	67.459	70.616
44	49.913	56.369	60.481	64.201	68.710	71.893
45	50.985	57.505	61.656	65.410	69.957	73.166

附表6 F 分布表

$$P\{F(n_1,n_2)>F_\alpha(n_1,n_2)\}=\alpha$$

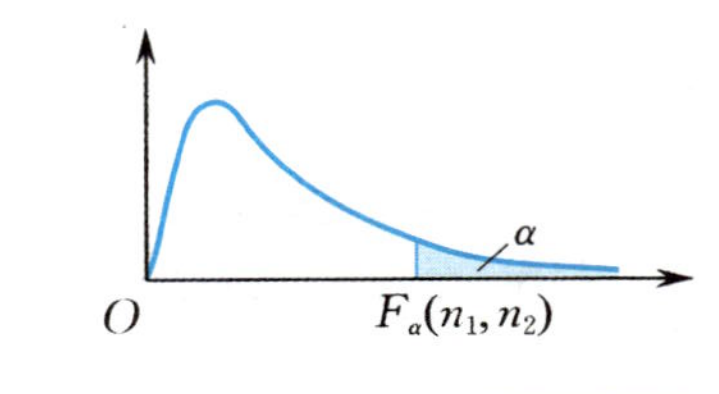

$\alpha = 0.10$

n_2	n_1																		
	1	2	3	4	5	6	7	8	9	10	12	15	20	24	30	40	60	120	∞
1	39.86	49.50	53.59	55.83	57.24	58.20	58.91	59.44	59.86	60.19	60.71	61.22	61.74	62.00	62.26	62.53	62.79	63.06	63.33
2	8.53	9.00	9.16	9.24	9.29	9.33	9.35	9.37	9.38	9.39	9.41	9.42	9.44	9.45	9.46	9.47	9.47	9.48	9.49
3	5.54	5.46	5.39	5.34	5.31	5.28	5.27	5.25	5.24	5.23	5.22	5.20	5.18	5.18	5.17	5.16	5.15	5.14	5.13
4	4.54	4.32	4.19	4.11	4.05	4.01	3.98	3.95	3.94	3.92	3.90	3.87	3.84	3.83	3.82	3.80	3.79	3.78	3.76
5	4.06	3.78	3.62	3.52	3.45	3.40	3.37	3.34	3.32	3.30	3.27	3.24	3.21	3.19	3.17	3.16	3.14	3.12	3.10
6	3.78	3.46	3.29	3.18	3.11	3.05	3.01	2.98	2.96	2.94	2.90	2.87	2.84	2.82	2.80	2.78	2.76	2.74	2.72
7	3.59	3.26	3.07	2.96	2.88	2.83	2.78	2.75	2.72	2.70	2.67	2.63	2.59	2.58	2.56	2.54	2.51	2.49	2.47
8	3.46	3.11	2.92	2.81	2.73	2.67	2.62	2.59	2.56	2.54	2.50	2.46	2.42	2.40	2.38	2.36	2.34	2.32	2.29
9	3.36	3.01	2.81	2.69	2.61	2.55	2.51	2.47	2.44	2.42	2.38	2.34	2.30	2.28	2.25	2.23	2.21	2.18	2.16
10	3.29	2.92	2.73	2.61	2.52	2.46	2.41	2.38	2.35	2.32	2.28	2.24	2.20	2.18	2.16	2.13	2.11	2.08	2.06
11	2.23	2.86	2.66	2.54	2.45	2.39	2.34	2.30	2.27	2.25	2.21	2.17	2.12	2.10	2.08	2.05	2.03	2.00	1.97
12	3.18	2.81	2.61	2.48	2.39	2.33	2.28	2.24	2.21	2.19	2.15	2.10	2.06	2.04	2.01	1.99	1.96	1.93	1.90
13	3.14	2.76	2.56	2.43	2.35	2.28	2.23	2.20	2.16	2.14	2.10	2.05	2.01	1.98	1.96	1.93	1.90	1.88	1.85
14	3.10	2.73	2.52	2.39	2.31	2.24	2.19	2.15	2.12	2.10	2.05	2.01	1.96	1.94	1.91	1.89	1.86	1.83	1.80
15	3.07	2.70	2.49	2.36	2.27	2.21	2.16	2.12	2.09	2.06	2.02	1.97	1.92	1.90	1.87	1.85	1.82	1.79	1.76
16	3.05	2.67	2.46	2.33	2.24	2.18	2.13	2.09	2.06	2.03	1.99	1.94	1.89	1.87	1.84	1.81	1.78	1.75	1.72
17	3.03	2.64	2.44	2.31	2.22	2.15	2.10	2.06	2.03	2.00	1.96	1.91	1.86	1.84	1.81	1.78	1.75	1.72	1.69
18	3.01	2.62	2.42	2.29	2.20	2.13	2.08	2.04	2.00	1.98	1.93	1.89	1.84	1.81	1.78	1.75	1.72	1.69	1.66
19	2.99	2.61	2.40	2.27	2.18	2.11	2.06	2.02	1.98	1.96	1.91	1.86	1.81	1.79	1.76	1.73	1.70	1.67	1.63

续表

n_2	n_1																		
	1	2	3	4	5	6	7	8	9	10	12	15	20	24	30	40	60	120	∞
20	2.97	2.59	2.38	2.25	2.16	2.09	2.04	2.00	1.96	1.94	1.89	1.84	1.79	1.77	1.74	1.71	1.68	1.64	1.61
21	2.96	2.57	2.36	2.23	2.14	2.08	2.02	1.98	1.95	1.92	1.87	1.83	1.78	1.75	1.72	1.69	1.66	1.62	1.59
22	2.95	2.56	2.35	2.22	2.13	2.06	2.01	1.97	1.93	1.90	1.86	1.81	1.76	1.73	1.70	1.67	1.64	1.60	1.57
23	2.94	2.55	2.34	2.21	2.11	2.05	1.99	1.95	1.92	1.89	1.84	1.80	1.74	1.72	1.69	1.66	1.62	1.59	1.55
24	2.93	2.54	2.33	2.19	2.10	2.04	1.98	1.94	1.91	1.88	1.83	1.78	1.73	1.70	1.67	1.64	1.61	1.57	1.53
25	2.92	2.53	2.32	2.18	2.09	2.02	1.97	1.93	1.89	1.87	1.82	1.77	1.72	1.69	1.66	1.63	1.59	1.56	1.52
26	2.91	2.52	2.31	2.17	2.08	2.01	1.96	1.92	1.88	1.86	1.81	1.76	1.71	1.68	1.65	1.61	1.58	1.54	1.50
27	2.90	2.51	2.30	2.17	2.07	2.00	1.95	1.91	1.87	1.85	1.80	1.75	1.70	1.67	1.64	1.60	1.57	1.53	1.49
28	2.89	2.50	2.29	2.16	2.06	2.00	1.94	1.90	1.87	1.84	1.79	1.74	1.69	1.66	1.63	1.59	1.56	1.52	1.48
29	2.89	2.50	2.28	2.15	2.06	1.99	1.93	1.89	1.86	1.83	1.78	1.73	1.68	1.65	1.62	1.58	1.55	1.51	1.47
30	2.88	2.49	2.28	2.14	2.05	1.98	1.93	1.88	1.85	1.82	1.77	1.72	1.67	1.64	1.61	1.57	1.54	1.50	1.46
40	2.84	2.44	2.23	2.09	2.00	1.93	1.87	1.83	1.79	1.76	1.71	1.66	1.61	1.57	1.54	1.51	1.47	1.42	1.38
60	2.79	2.39	2.18	2.04	1.95	1.87	1.82	1.77	1.74	1.71	1.66	1.60	1.54	1.51	1.48	1.44	1.40	1.35	1.29
120	2.75	2.35	2.13	1.99	1.90	1.82	1.77	1.72	1.68	1.65	1.60	1.55	1.48	1.45	1.41	1.37	1.32	1.26	1.19
∞	2.71	2.30	2.08	1.94	1.85	1.77	1.72	1.67	1.63	1.60	1.55	1.49	1.42	1.38	1.34	1.30	1.24	1.17	1.00

续表

$\alpha = 0.05$

n_2	n_1																		
	1	2	3	4	5	6	7	8	9	10	12	15	20	24	30	40	60	120	∞
1	161.4	199.5	215.7	224.6	230.2	234.0	236.8	238.9	240.5	241.9	243.9	245.9	248.0	249.1	250.1	251.1	252.2	253.3	254.3
2	18.51	19.00	19.16	19.25	19.30	19.33	19.35	19.37	19.38	19.40	19.41	19.43	19.45	19.45	19.46	19.47	19.48	19.49	19.50
3	10.13	9.55	9.28	9.12	9.01	8.94	8.89	8.85	8.81	8.79	8.74	8.70	8.66	8.64	8.62	8.59	8.57	8.55	8.53
4	7.71	6.94	6.59	6.39	6.26	6.16	6.09	6.04	6.00	5.96	5.91	5.86	5.80	5.77	5.75	5.72	5.69	5.66	5.63
5	6.61	5.79	5.41	5.19	5.05	4.95	4.88	4.82	4.77	4.74	4.68	4.62	4.56	4.53	4.50	4.46	4.43	4.40	4.36
6	5.99	5.14	4.76	4.53	4.39	4.28	4.21	4.15	4.10	4.06	4.00	3.94	3.87	3.84	3.81	3.77	3.74	3.70	3.67
7	5.59	4.74	4.35	4.12	3.97	3.87	3.79	3.73	3.68	3.64	3.57	3.51	3.44	3.41	3.38	3.34	3.30	3.27	3.23
8	5.32	4.46	4.07	3.84	3.69	3.58	3.50	3.44	3.39	3.35	3.28	3.22	3.15	3.12	3.08	3.04	3.01	2.97	2.93
9	5.12	4.26	3.86	3.63	3.48	3.37	3.29	3.23	3.18	3.14	3.07	3.01	2.94	2.90	2.86	2.83	2.79	2.75	2.71
10	4.96	4.10	3.71	3.48	3.33	3.22	3.14	3.07	3.02	2.98	2.91	2.85	2.77	2.74	2.70	2.66	2.62	2.58	2.54
11	4.84	3.98	3.59	3.36	3.20	3.09	3.01	2.95	2.90	2.85	2.79	2.72	2.65	2.61	2.57	2.53	2.49	2.45	2.40
12	4.75	3.89	3.49	3.26	3.11	3.00	2.91	2.85	2.80	2.75	2.69	2.62	2.54	2.51	2.47	2.43	2.38	2.34	2.30
13	4.67	3.81	3.41	3.18	3.03	2.92	2.83	2.77	2.71	2.67	2.60	2.53	2.46	2.42	2.38	2.34	2.30	2.25	2.21
14	4.60	3.74	3.34	3.11	2.96	2.85	2.76	2.70	2.65	2.60	2.53	2.46	2.39	2.35	2.31	2.27	2.22	2.18	2.13
15	4.54	3.68	3.29	3.06	2.90	2.79	2.71	2.64	2.59	2.54	2.48	2.40	2.33	2.29	2.25	2.20	2.16	2.11	2.07
16	4.49	3.63	3.24	3.01	2.85	2.74	2.66	2.59	2.54	2.49	2.42	2.35	2.28	2.24	2.19	2.15	2.11	2.06	2.01
17	4.45	3.59	3.20	2.96	2.81	2.70	2.61	2.55	2.49	2.45	2.38	2.31	2.23	2.19	2.15	2.10	2.06	2.01	1.96
18	4.41	3.55	3.16	2.93	2.77	2.66	2.58	2.51	2.46	2.41	2.34	2.27	2.19	2.15	2.11	2.06	2.02	1.97	1.92
19	4.38	3.52	3.13	2.90	2.74	2.63	2.54	2.48	2.42	2.38	2.31	2.23	2.16	2.11	2.07	2.03	1.98	1.93	1.88
20	4.35	3.49	3.10	2.87	2.71	2.60	2.51	2.45	2.39	2.35	2.28	2.20	2.12	2.08	2.04	1.99	1.95	1.90	1.84
21	4.32	3.47	3.07	2.84	2.68	2.57	2.49	2.42	2.37	2.32	2.25	2.18	2.10	2.05	2.01	1.96	1.92	1.87	1.81
22	4.30	3.44	3.05	2.82	2.66	2.55	2.46	2.40	2.34	2.30	2.23	2.15	2.07	2.03	1.98	1.94	1.89	1.84	1.78
23	4.28	3.42	3.03	2.80	2.64	2.53	2.44	2.37	2.32	2.27	2.20	2.13	2.05	2.01	1.96	1.91	1.86	1.81	1.76
24	4.26	3.40	3.01	2.78	2.62	2.51	2.42	2.36	2.30	2.25	2.18	2.11	2.03	1.98	1.94	1.89	1.84	1.79	1.73

续表

n_2	n_1																		
	1	2	3	4	5	6	7	8	9	10	12	15	20	24	30	40	60	120	∞
25	4.24	3.39	2.99	2.76	2.60	2.49	2.40	2.34	2.28	2.24	2.16	2.09	2.01	1.96	1.92	1.87	1.82	1.77	1.71
26	4.23	3.37	2.98	2.74	2.59	2.47	2.39	2.32	2.27	2.22	2.15	2.07	1.99	1.95	1.90	1.85	1.80	1.75	1.69
27	4.21	3.35	2.96	2.73	2.57	2.46	2.37	2.31	2.25	2.20	2.13	2.06	1.97	1.93	1.88	1.84	1.79	1.73	1.67
28	4.20	3.34	2.95	2.71	2.56	2.45	2.36	2.29	2.24	2.19	2.12	2.04	1.96	1.91	1.87	1.82	1.77	1.71	1.65
29	4.18	3.33	2.93	2.70	2.55	2.43	2.35	2.28	2.22	2.18	2.10	2.03	1.94	1.90	1.85	1.81	1.75	1.70	1.64
30	4.17	3.32	2.92	2.69	2.53	2.42	2.33	2.27	2.21	2.16	2.09	2.01	1.93	1.89	1.84	1.79	1.74	1.68	1.62
40	4.08	3.23	2.84	2.61	2.45	2.34	2.25	2.18	2.12	2.08	2.00	1.92	1.84	1.79	1.74	1.69	1.64	1.58	1.51
60	4.00	3.15	2.76	2.53	2.37	2.25	2.17	2.10	2.04	1.99	1.92	1.84	1.75	1.70	1.65	1.59	1.53	1.47	1.39
120	3.92	3.07	2.68	2.45	2.29	2.17	2.09	2.02	1.96	1.91	1.83	1.75	1.66	1.61	1.55	1.50	1.43	1.35	1.25
∞	3.84	3.00	2.60	2.37	2.21	2.10	2.01	1.94	1.88	1.83	1.75	1.67	1.57	1.52	1.46	1.39	1.32	1.22	1.00

续表

$\alpha = 0.025$

n_2	n_1 = 1	2	3	4	5	6	7	8	9	10	12	15	20	24	30	40	60	120	∞
1	647.8	799.5	864.2	899.6	921.8	937.1	948.2	956.7	963.3	368.6	976.7	984.9	993.1	997.2	1 001	1 006	1 010	1 014	1 018
2	38.51	39.00	39.17	39.25	39.30	39.33	39.36	39.37	39.39	39.40	39.41	39.43	39.45	39.46	39.46	39.47	39.48	39.49	39.50
3	17.44	16.04	15.44	15.10	14.88	14.73	14.62	14.54	14.47	14.42	14.34	14.25	14.17	14.12	14.08	14.04	13.99	13.95	13.90
4	12.22	10.65	9.98	9.60	9.36	9.20	9.07	8.98	8.90	8.84	8.75	8.66	8.56	8.51	8.46	8.41	8.36	8.31	8.26
5	10.01	8.43	7.76	7.39	7.15	6.98	6.85	6.76	6.68	6.62	6.52	6.43	6.33	6.28	6.23	6.18	6.12	6.07	6.02
6	8.81	7.26	6.60	6.23	5.99	5.82	5.70	5.60	5.52	5.46	5.37	5.27	5.17	5.12	5.07	5.01	4.96	4.90	4.85
7	8.07	6.54	5.89	5.52	5.29	5.12	4.99	4.90	4.82	4.76	4.67	4.57	4.47	4.42	4.36	4.31	4.25	4.20	4.14
8	7.57	6.06	5.42	5.05	4.82	4.65	4.53	4.43	4.36	4.30	4.20	4.10	4.00	3.95	3.89	3.84	3.78	3.73	3.67
9	7.21	5.71	5.08	4.72	4.48	4.32	4.20	4.10	4.03	3.96	3.87	3.77	3.67	3.61	3.56	3.51	3.45	3.39	3.33
10	6.94	5.46	4.83	4.47	4.24	4.07	3.95	3.85	3.78	3.72	3.62	3.52	3.42	3.37	3.31	3.26	3.20	3.14	3.08
11	6.72	5.26	4.63	4.28	4.04	3.88	3.76	3.66	3.59	3.53	3.43	3.33	3.23	3.17	3.12	3.06	3.00	2.94	2.88
12	6.55	5.10	4.47	4.12	3.89	3.73	3.61	3.51	3.44	3.37	3.28	3.18	3.07	3.02	2.96	2.91	2.85	2.79	2.72
13	6.41	4.97	4.35	4.00	3.77	3.60	3.48	3.39	3.31	3.25	3.15	3.05	2.95	2.89	2.84	2.78	2.72	2.66	2.60
14	6.30	4.86	4.24	3.89	3.66	3.50	3.38	3.29	3.21	3.15	3.05	2.95	2.84	2.79	2.73	2.67	2.61	2.55	2.49
15	6.20	4.77	4.15	3.80	3.58	3.41	3.29	3.20	3.12	3.06	2.96	2.86	2.76	2.70	2.64	2.59	2.52	2.46	2.40
16	6.12	4.69	4.08	3.73	3.50	3.34	3.22	3.12	3.05	2.99	2.89	2.79	2.68	2.63	2.57	2.51	2.45	2.38	2.32
17	6.04	4.62	4.01	3.66	3.44	3.28	3.16	3.06	2.98	2.92	2.82	2.72	2.62	2.56	2.50	2.44	2.38	2.32	2.25
18	5.98	4.56	3.95	3.61	3.38	3.22	3.10	3.01	2.93	2.87	2.77	2.67	2.56	2.50	2.44	2.38	2.32	2.26	2.19
19	5.92	4.51	3.90	3.56	3.33	3.17	3.05	2.96	2.88	2.82	2.72	2.62	2.51	2.45	2.39	2.33	2.27	2.20	2.13
20	5.87	4.46	3.86	3.51	3.29	3.13	3.01	2.91	2.84	2.77	2.68	2.57	2.46	2.41	2.35	2.29	2.22	2.16	2.09
21	5.83	4.42	3.82	3.48	3.25	3.09	2.97	2.87	2.80	2.73	2.64	2.53	2.42	2.37	2.31	2.25	2.18	2.11	2.04
22	5.79	4.38	3.78	3.44	3.22	3.05	2.93	2.84	2.76	2.70	2.60	2.50	2.39	2.33	2.27	2.21	2.14	2.08	2.00
23	5.75	4.35	3.75	3.41	3.18	3.02	2.90	2.81	2.73	2.67	2.57	2.47	2.36	2.30	2.24	2.18	2.11	2.04	1.97
24	5.72	4.32	3.72	3.38	3.15	2.99	2.87	2.78	2.70	2.64	2.54	2.44	2.33	2.27	2.21	2.15	2.08	2.01	1.94

续表

n_2	n_1																		
	1	2	3	4	5	6	7	8	9	10	12	15	20	24	30	40	60	120	∞
25	5.69	4.29	3.69	3.35	3.13	2.97	2.85	2.75	2.68	2.61	2.51	2.41	2.30	2.24	2.18	2.12	2.05	1.98	1.91
26	5.66	4.27	3.67	3.33	3.10	2.94	2.82	2.73	2.65	2.59	2.49	2.39	2.28	2.22	2.16	2.09	2.03	1.95	1.88
27	5.63	4.24	3.65	3.31	3.08	2.92	2.80	2.71	2.63	2.57	2.47	2.36	2.25	2.19	2.13	2.07	2.00	1.93	1.85
28	5.61	4.22	3.63	3.29	3.06	2.90	2.78	2.69	2.61	2.55	2.45	2.34	2.23	2.17	2.11	2.05	1.98	1.91	1.83
29	5.59	4.20	3.61	3.27	3.04	2.88	2.76	2.67	2.59	2.53	2.43	2.32	2.21	2.15	2.09	2.03	1.96	1.89	1.81
30	5.57	4.18	3.59	3.25	3.03	2.87	2.75	2.65	2.57	2.51	2.41	2.31	2.20	2.14	2.07	2.01	1.94	1.87	1.79
40	5.42	4.05	3.46	3.13	2.90	2.74	2.62	2.53	2.45	2.39	2.29	2.18	2.07	2.01	1.94	1.88	1.80	1.72	1.64
60	5.29	3.93	3.34	3.01	2.79	2.63	2.51	2.41	2.33	2.27	2.17	2.06	1.94	1.88	1.82	1.44	1.67	1.58	1.48
120	5.15	3.80	3.23	2.89	2.67	2.52	2.39	2.30	2.22	2.16	2.05	1.94	1.82	1.76	1.69	1.61	1.53	1.43	1.31
∞	5.02	3.69	3.12	2.79	2.57	2.41	2.29	2.19	2.11	2.05	1.94	1.83	1.71	1.64	1.57	1.48	1.39	1.27	1.00

续表

$\alpha = 0.01$

n_2 \ n_1	1	2	3	4	5	6	7	8	9	10	12	15	20	24	30	40	60	120	∞
1	4 052	4 999.5	5 403	5 625	5 764	5 859	5 928	5 982	6 022	6 056	6 106	6 157	6 209	6 235	6 261	6 287	6 313	6 639	6 366
2	98.50	99.00	99.17	99.25	99.30	99.33	99.36	99.37	99.39	99.40	99.42	99.43	99.45	99.46	99.47	99.47	99.48	99.49	99.50
3	34.12	30.82	29.46	28.71	28.24	27.91	27.67	27.49	27.35	27.23	27.05	26.87	26.69	26.60	26.50	26.41	26.32	26.22	26.13
4	21.20	18.00	16.69	15.98	15.12	15.21	14.98	14.80	14.66	14.55	14.37	14.20	14.02	13.93	13.84	13.75	13.65	13.56	13.46
5	16.26	13.27	12.06	11.39	10.97	10.67	10.46	10.29	10.16	10.05	9.89	9.72	9.55	9.47	9.38	9.29	9.20	9.11	9.02
6	13.75	10.92	9.78	9.15	8.75	8.47	8.26	8.10	7.98	7.87	7.72	7.56	7.40	7.31	7.23	7.14	7.06	6.97	6.88
7	12.25	9.55	8.45	7.85	7.46	7.19	6.99	6.84	6.72	6.62	6.47	6.31	6.16	6.07	5.99	5.91	9.82	5.74	5.65
8	11.26	8.65	7.59	7.01	6.63	6.37	6.18	6.03	5.91	5.81	5.67	5.52	5.36	5.28	5.20	5.12	5.03	4.95	4.86
9	10.56	8.02	6.99	6.42	6.06	5.80	5.61	5.47	5.35	5.26	5.11	4.96	4.81	4.73	4.65	4.57	4.48	4.40	4.31
10	10.04	7.56	6.55	5.99	5.64	5.39	5.20	5.06	4.94	4.85	4.71	4.56	4.41	4.33	4.25	4.17	4.08	4.00	3.91
11	9.65	7.21	6.22	5.67	5.32	5.07	4.89	4.74	4.63	4.54	4.40	4.25	4.10	4.02	3.94	3.86	4.78	3.69	3.60
12	9.33	6.93	5.95	5.41	5.06	4.82	4.64	4.50	4.39	4.30	4.16	4.01	3.86	3.78	3.70	3.62	3.54	3.45	3.36
13	9.07	6.70	5.74	5.21	4.86	4.62	4.44	4.30	4.19	4.10	3.96	3.82	3.66	3.59	3.51	3.43	3.34	3.25	3.17
14	8.86	6.51	5.56	5.04	4.69	4.46	4.28	4.14	4.03	3.94	3.80	3.66	3.51	3.43	3.35	3.27	3.18	3.09	3.00
15	8.68	6.36	5.42	4.89	4.56	4.32	4.14	4.00	3.89	3.80	3.67	3.52	3.37	3.29	3.21	3.13	3.05	2.96	2.87
16	8.53	6.23	5.29	4.77	4.44	4.20	4.03	3.89	3.78	3.69	3.55	3.41	3.26	3.18	3.10	3.02	2.93	2.84	2.75
17	8.40	6.11	5.18	4.67	4.34	4.10	3.93	3.79	3.68	3.59	3.46	3.31	3.16	3.08	3.00	2.92	2.83	2.75	2.65
18	8.29	6.01	5.09	4.58	4.25	4.01	3.84	3.71	3.60	3.51	3.37	3.23	3.08	3.00	2.92	2.84	2.75	2.66	2.57
19	8.18	5.93	5.01	4.50	4.17	3.94	3.77	3.63	3.52	3.43	3.30	3.15	3.00	2.92	2.84	2.76	2.67	2.58	2.49
20	8.10	5.85	4.94	4.43	4.10	4.87	3.70	3.56	3.46	3.37	3.23	3.09	2.94	2.86	2.78	2.69	2.61	2.52	2.42
21	8.02	5.78	4.87	4.37	4.04	3.81	3.64	3.51	3.40	3.31	3.17	3.03	2.88	2.80	2.72	2.64	2.55	2.46	2.36
22	7.95	5.72	4.82	4.31	3.99	3.76	3.59	3.45	3.35	3.26	3.12	2.98	2.83	2.75	2.67	2.58	2.50	2.40	2.31
23	7.88	5.66	4.76	4.26	3.94	3.71	3.54	3.41	3.30	3.21	3.07	2.93	2.78	2.70	2.62	2.54	2.45	2.35	2.26
24	7.82	5.61	4.72	4.22	3.90	3.67	3.50	3.36	3.26	3.17	3.03	2.89	2.74	2.66	2.58	2.49	2.40	2.31	2.21

续表

n_2	n_1																		
	1	2	3	4	5	6	7	8	9	10	12	15	20	24	30	40	60	120	∞
25	7.77	5.57	4.68	4.18	3.85	3.63	3.46	3.32	3.22	3.13	2.99	2.85	2.70	2.62	2.54	2.45	2.36	2.27	2.17
26	7.72	5.53	4.64	4.14	3.82	3.59	3.42	3.29	3.18	3.09	2.96	2.81	2.66	2.58	2.50	2.42	2.33	2.23	2.13
27	7.68	5.49	4.60	4.11	3.78	3.56	3.39	3.26	3.15	3.06	2.93	2.78	2.63	2.55	2.47	2.38	2.29	2.20	2.10
28	7.64	5.45	4.57	4.07	3.75	3.53	3.36	3.23	3.12	3.03	2.90	2.75	2.60	2.52	2.44	2.35	2.26	2.17	2.06
29	7.60	5.42	4.54	4.04	3.73	3.50	3.33	3.20	3.09	3.00	2.87	2.73	2.57	2.49	2.41	2.33	2.23	2.14	2.03
30	7.56	5.39	4.51	4.02	3.70	3.47	3.30	3.17	3.07	2.89	2.84	2.70	2.55	2.47	2.39	2.30	2.21	2.11	2.01
40	7.31	5.18	4.31	3.83	3.51	3.29	3.12	2.99	2.89	2.80	2.66	2.52	2.37	2.29	3.20	2.11	2.02	1.92	1.80
60	7.08	4.98	4.13	3.65	3.34	3.12	2.95	2.82	2.72	2.63	2.50	2.35	2.20	2.12	2.03	1.94	1.84	1.73	1.60
120	6.85	4.79	3.95	3.48	3.17	2.96	3.79	2.66	2.56	2.47	2.34	2.19	2.03	1.95	1.86	1.76	1.66	1.53	1.38
∞	6.63	4.61	3.78	3.32	3.02	2.80	2.64	2.51	2.41	2.32	2.18	2.04	1.88	1.79	1.70	1.59	1.47	1.32	1.00

续表

$\alpha = 0.005$

n_2	n_1=1	2	3	4	5	6	7	8	9	10	12	15	20	24	30	40	60	120	∞
1	16 211	20 000	21 615	22 500	23 056	23 437	23 715	23 925	24 091	24 224	24 426	24 630	24 836	24 940	25 044	25 148	25 253	25 359	25 465
2	198.5	199.0	199.2	199.2	199.3	199.3	199.4	199.4	199.4	199.4	199.4	199.4	199.4	199.5	199.5	199.5	199.5	199.5	199.5
3	55.55	49.80	47.47	46.19	45.39	44.84	44.43	44.13	43.88	43.69	43.39	43.08	42.78	42.62	42.47	42.31	42.15	41.99	41.83
4	31.33	26.28	24.26	23.15	22.46	21.97	21.62	21.35	21.14	20.97	20.70	20.44	20.17	20.03	19.89	19.75	19.61	19.47	19.32
5	22.78	18.31	16.53	15.56	14.94	14.51	14.20	13.96	13.77	13.62	13.38	13.15	12.90	12.78	12.66	12.53	12.40	12.27	12.14
6	18.63	14.54	12.92	12.03	11.46	11.07	10.79	10.57	10.39	10.25	10.03	9.81	9.59	9.47	9.36	9.24	9.12	9.00	8.88
7	16.24	12.40	10.88	10.05	9.52	9.16	8.89	8.68	8.51	8.38	8.18	7.97	7.75	7.56	7.53	7.42	7.31	7.19	7.08
8	14.69	11.04	9.60	8.81	8.30	7.95	7.69	7.50	7.34	7.21	7.01	6.81	6.61	6.50	6.40	6.29	6.18	6.06	5.95
9	13.61	10.11	8.72	7.96	7.47	7.13	6.88	6.69	6.54	6.42	6.23	6.03	5.83	5.73	5.62	5.52	5.41	5.30	5.19
10	12.83	9.43	8.08	7.34	6.87	6.54	6.30	6.12	5.79	5.85	5.66	5.47	5.27	5.17	5.07	4.97	4.86	4.75	4.64
11	12.23	8.91	7.60	6.88	6.42	6.10	5.86	5.68	5.54	5.42	5.24	5.05	4.86	4.76	4.65	4.55	4.44	4.34	4.23
12	11.75	8.51	7.23	6.52	6.07	5.76	5.52	5.35	5.20	5.09	4.91	4.72	4.53	4.43	4.33	4.23	4.12	4.01	3.90
13	11.37	8.19	6.93	6.23	5.79	5.48	5.25	5.08	4.94	4.82	4.64	4.46	4.27	4.17	4.07	3.97	3.87	3.76	3.65
14	11.06	7.92	6.68	6.00	5.56	5.26	5.03	4.86	4.72	4.60	4.43	4.25	4.06	3.96	3.86	3.76	3.66	3.55	3.44
15	10.80	7.70	6.48	5.80	5.37	5.07	4.85	4.67	4.54	4.42	4.25	4.07	3.88	3.79	3.69	3.58	3.48	3.37	3.26
16	10.58	7.51	6.30	5.64	5.21	4.91	4.69	4.52	4.38	4.27	4.10	3.92	3.73	3.64	3.54	3.44	3.33	3.22	3.11
17	10.38	7.35	6.16	5.50	5.07	4.78	4.56	4.39	4.25	4.14	3.97	3.79	3.61	3.51	3.41	3.31	3.21	3.10	2.98
18	10.22	7.21	6.03	5.37	4.96	4.66	4.44	4.28	4.14	4.03	3.86	3.68	3.50	3.40	3.30	3.20	3.10	2.99	2.87
19	10.07	7.09	5.92	5.27	4.85	4.56	4.34	4.18	4.04	3.93	3.76	3.59	3.40	3.31	3.21	3.11	3.00	2.89	2.78
20	9.94	6.99	5.82	5.17	4.76	4.47	4.26	4.09	3.96	3.85	3.68	3.50	3.32	3.22	3.12	3.02	2.92	2.81	2.69
21	9.83	6.89	5.73	5.09	4.68	4.39	4.18	4.01	3.88	3.77	3.60	3.43	3.24	3.15	3.05	2.95	2.84	2.73	2.61
22	9.73	6.81	5.65	5.02	4.61	4.32	4.11	3.94	3.81	3.70	3.54	3.36	3.18	3.08	2.98	2.88	2.77	2.66	2.55
23	9.63	6.73	5.58	4.95	4.54	4.26	4.05	3.88	3.75	3.64	3.47	3.30	3.12	3.02	2.92	2.82	2.71	2.60	2.48
24	9.55	6.66	5.52	4.89	4.49	4.20	3.99	3.83	3.69	3.59	3.42	3.25	3.06	2.97	2.87	2.77	2.66	2.55	2.43

续表

n_2	n_1																		
	1	2	3	4	5	6	7	8	9	10	12	15	20	24	30	40	60	120	∞
25	9.48	6.60	5.46	4.84	4.43	4.15	3.94	3.78	3.64	3.54	3.37	3.20	3.01	2.92	2.82	2.72	2.61	2.50	2.38
26	9.41	6.54	5.41	4.79	4.38	4.10	3.89	3.73	3.60	3.49	3.33	3.15	2.97	2.87	2.77	2.67	2.56	2.45	2.33
27	9.34	6.49	5.36	4.74	4.34	4.06	3.85	3.69	3.56	3.45	3.28	3.11	2.93	2.83	2.73	2.63	2.52	2.41	2.29
28	9.28	6.44	5.32	4.70	4.30	4.02	3.81	3.65	3.52	3.41	3.25	3.07	2.89	2.79	2.69	2.59	2.48	2.37	2.25
29	9.23	6.40	5.28	4.66	4.26	3.98	3.77	3.61	3.48	3.38	3.21	3.04	2.86	2.76	2.66	2.56	2.45	2.33	2.21
30	9.18	6.35	5.24	4.62	4.23	3.95	3.74	3.58	3.45	3.34	3.18	3.01	2.82	2.73	2.63	2.52	2.42	2.30	2.18
40	8.83	6.07	4.98	4.37	3.99	3.71	3.51	3.35	3.22	3.12	2.95	2.78	2.60	2.50	2.40	2.30	2.18	2.06	1.93
60	8.49	5.79	4.73	4.14	3.76	3.49	3.29	3.13	3.01	2.90	2.74	2.57	2.39	2.29	2.19	2.08	1.96	1.83	1.69
120	8.18	5.54	4.50	3.92	3.55	3.28	3.09	2.93	2.81	2.71	2.54	2.37	2.19	2.09	1.98	1.87	1.75	1.61	1.43
∞	7.88	5.30	4.28	3.72	3.35	3.09	2.90	2.74	2.62	2.52	2.36	2.19	2.00	1.90	1.79	1.67	1.53	1.36	1.00

续表

$\alpha = 0.001$

n_2	n_1=1	2	3	4	5	6	7	8	9	10	12	15	20	24	30	40	60	120	∞
1	4 053†	5 000†	5 404†	5 625†	5 764†	5 859†	5 929†	5 981†	6 023†	6 056†	6 107†	6 158†	6 209†	6 235†	6 261†	6 287†	6 313†	6 340†	6 366†
2	998.5	999.0	999.2	999.2	999.3	999.3	999.4	999.4	999.4	999.4	999.4	999.4	999.4	999.5	999.5	999.5	999.5	999.5	999.5
3	167.0	148.5	141.1	137.1	134.6	132.8	131.6	130.6	129.9	129.2	128.3	127.4	126.4	125.9	125.4	125.0	124.5	124.0	123.5
4	74.14	61.25	56.18	53.44	51.71	50.53	49.66	49.00	48.47	48.05	47.41	46.76	46.10	45.77	45.43	45.09	44.75	44.40	44.05
5	47.18	37.12	33.20	31.09	27.75	28.84	29.16	27.64	27.24	26.92	26.42	25.91	25.39	25.14	24.87	24.06	24.33	24.06	23.79
6	35.51	27.00	23.70	21.92	20.81	20.03	19.46	19.03	18.69	18.41	17.99	17.56	17.12	16.89	16.67	16.44	16.21	15.99	15.57
7	29.25	21.69	18.77	17.19	16.21	15.52	15.02	14.63	14.33	14.08	13.71	13.32	12.93	12.73	12.53	12.33	12.12	11.91	11.70
8	25.42	18.49	15.83	14.39	13.49	12.86	12.40	12.04	11.77	11.54	11.19	10.84	10.48	10.30	10.11	9.92	9.73	9.53	9.33
9	22.86	16.39	13.90	12.56	11.7	11.13	10.70	10.37	10.11	9.89	9.57	9.24	8.90	8.72	8.55	8.37	8.19	8.00	7.81
10	21.04	14.91	12.55	11.28	10.48	9.92	9.52	9.20	8.96	8.75	8.45	8.13	7.80	7.64	7.47	7.30	7.12	6.94	6.76
11	19.69	13.81	11.56	10.35	9.58	9.05	8.66	8.35	8.12	7.92	7.63	7.32	7.01	6.85	6.68	6.52	6.35	6.17	6.00
12	18.64	12.97	10.80	9.63	8.89	8.38	8.00	7.71	7.48	7.29	7.00	6.71	6.40	6.25	6.09	5.93	5.76	5.99	5.42
13	17.81	12.31	10.21	9.07	8.35	7.86	7.49	7.21	6.98	6.80	6.52	6.23	5.93	5.78	5.63	5.47	5.30	5.14	4.97
14	17.14	11.78	9.73	8.62	7.92	7.43	7.08	6.80	6.58	6.40	6.13	5.85	5.56	5.41	5.25	5.10	4.94	4.77	4.60
15	16.59	11.34	9.34	8.25	7.57	7.09	6.74	6.47	6.26	6.08	5.81	5.54	5.25	5.10	4.95	4.80	4.64	4.47	4.31
16	16.12	10.97	9.00	7.94	7.27	6.81	6.46	6.19	5.98	5.81	5.55	5.27	4.99	4.85	4.70	4.54	4.39	4.23	4.06
17	15.72	10.66	8.73	7.68	7.02	6.56	6.22	5.96	5.75	5.58	5.32	5.05	4.78	4.63	4.48	4.33	4.18	4.02	3.85
18	15.38	10.39	8.49	7.46	6.81	6.35	6.02	5.76	5.56	5.39	5.13	4.87	4.59	4.45	4.30	4.15	4.00	3.84	3.67
19	15.08	10.16	8.28	7.26	6.62	6.18	5.85	5.59	5.39	5.22	4.97	4.70	4.43	4.29	4.14	3.99	3.84	3.68	3.51
20	14.82	9.95	8.10	7.10	6.46	6.02	6.69	5.44	5.24	5.08	4.82	4.56	4.29	4.15	4.00	3.86	3.70	3.54	3.38
21	14.59	9.77	7.94	6.95	6.32	5.88	5.56	5.31	5.11	4.95	4.70	4.44	4.17	4.03	3.88	3.74	3.58	3.42	3.26
22	14.38	9.61	7.80	6.81	6.19	5.76	5.44	5.19	4.99	4.83	4.58	4.33	4.06	3.92	3.78	3.63	3.48	3.32	3.15
23	14.19	9.47	7.67	6.69	6.08	5.65	5.33	5.09	4.89	4.73	4.48	4.23	3.96	3.82	3.68	3.53	3.38	3.22	3.05
24	14.03	9.34	7.55	6.59	5.98	5.55	5.23	4.99	4.80	4.64	4.39	4.14	3.87	3.74	3.59	3.45	3.29	3.14	2.97

注:†表示要将所列数乘以 100.

续表

n_2	n_1																		
	1	2	3	4	5	6	7	8	9	10	12	15	20	24	30	40	60	120	∞
25	13.88	9.22	7.45	6.49	5.88	5.46	5.15	4.91	4.71	4.56	4.31	4.06	3.79	3.66	3.52	3.37	3.22	3.06	2.89
26	13.74	9.12	7.36	6.41	5.80	5.38	5.07	4.83	4.64	4.48	4.24	3.99	3.72	3.59	3.44	3.30	3.15	2.99	2.82
27	13.61	9.02	7.27	6.33	5.73	5.31	5.00	4.76	4.57	4.41	4.17	3.92	3.66	3.52	3.38	3.23	3.08	2.92	2.75
28	13.50	8.93	7.19	6.25	5.66	5.24	4.93	4.69	4.50	4.35	4.11	3.86	3.60	3.46	3.32	3.18	3.02	2.86	2.69
29	13.39	8.85	7.12	6.19	5.59	5.18	4.87	4.64	4.45	4.29	4.05	3.80	3.54	3.41	3.27	3.12	2.97	2.81	2.64
30	13.29	8.77	7.05	6.12	5.53	5.12	4.82	4.58	4.39	4.24	4.00	3.75	3.49	3.36	3.22	3.07	2.92	2.76	2.59
40	12.61	8.25	6.60	5.70	5.13	4.73	4.44	4.21	4.02	3.87	3.64	3.40	3.15	3.01	2.87	2.73	2.57	2.41	2.23
60	11.97	7.76	6.17	5.31	4.76	4.37	4.09	3.87	3.69	3.54	3.31	3.08	2.83	2.69	2.55	2.41	2.25	2.08	1.89
120	11.38	7.32	5.79	4.95	4.42	4.04	3.77	3.55	3.38	3.24	3.02	2.78	2.53	2.40	2.26	2.11	1.95	1.76	1.54
∞	10.83	6.91	5.42	4.62	4.10	3.74	3.47	3.27	3.10	2.96	2.74	2.51	2.27	2.13	1.99	1.84	1.66	1.45	1.00

附表 7 正交表

$L_4(2^3)$

试验号	列号		
	1	2	3
1	1	1	1
2	1	2	2
3	2	1	2
4	2	2	1

$L_9(3^4)$

试验号	列号			
	1	2	3	4
1	1	1	1	1
2	1	2	2	2
3	1	3	3	3
4	2	1	2	3
5	2	2	3	1
6	2	3	1	2
7	3	1	3	2
8	3	2	1	3
9	3	3	2	1

$L_8(2^7)$

试验号	列号						
	1	2	3	4	5	6	7
1	1	1	1	1	1	1	1
2	1	1	1	2	2	2	2
3	1	2	2	1	1	2	2
4	1	2	2	2	2	1	1
5	2	1	2	1	2	1	2
6	2	1	2	2	1	2	1
7	2	2	1	1	2	2	1
8	2	2	1	2	1	1	2

$L_8(2^7)$ 两列间的交互作用

列号	1	2	3	4	5	6	7
	(1)	3	2	5	4	7	6
		(2)	1	6	7	4	5
			(3)	7	6	5	4
				(4)	1	2	3
					(5)	3	2
						(6)	1
							(7)

$L_{16}(4^5)$

列号	试验号															
	1	2	3	4	5	6	7	8	9	10	11	12	13	14	15	16
1	1	1	1	1	2	2	2	2	3	3	3	3	4	4	4	4
2	1	2	3	4	1	2	3	4	1	2	3	4	1	2	3	4
3	1	2	3	4	2	1	4	3	3	4	1	2	4	3	2	1
4	1	2	3	4	3	4	1	2	4	3	2	1	2	1	4	3
5	1	2	3	4	4	3	2	1	2	1	4	3	3	4	1	2

$L_{16}(4^3 \times 2^6)$

列号	试验号															
	1	2	3	4	5	6	7	8	9	10	11	12	13	14	15	16
1	1	1	1	1	2	2	2	2	3	3	3	3	4	4	4	4
2	1	2	3	4	1	2	3	4	1	2	3	4	1	2	3	4
3	1	2	3	4	2	1	4	3	3	4	1	2	4	3	2	1
4	1	1	2	2	2	2	1	1	1	1	2	2	2	2	1	1
5	1	1	2	2	2	2	1	1	2	2	1	1	1	1	2	2
6	1	2	1	2	1	2	1	2	2	1	2	1	2	1	2	1
7	1	2	1	2	2	1	2	1	2	1	2	1	1	2	1	2
8	1	2	2	1	1	2	2	1	2	1	1	2	2	1	1	2
9	1	2	2	1	2	1	1	2	1	2	2	1	2	1	1	2

附表 8 相关系数检验表

$n-2$	$\alpha=0.05$	$\alpha=0.01$	$n-2$	$\alpha=0.05$	$\alpha=0.01$
1	0.997	1.000	21	0.413	0.526
2	0.950	0.990	22	0.404	0.515
3	0.878	0.959	23	0.396	0.505
4	0.811	0.917	24	0.388	0.496
5	0.754	0.874	25	0.381	0.487
6	0.707	0.834	26	0.374	0.478
7	0.666	0.798	27	0.367	0.470
8	0.632	0.765	28	0.361	0.463
9	0.602	0.735	29	0.355	0.456
10	0.576	0.708	30	0.349	0.449
11	0.553	0.684	35	0.325	0.418
12	0.532	0.661	40	0.304	0.393
13	0.514	0.641	45	0.288	0.372
14	0.497	0.623	50	0.273	0.354
15	0.482	0.606	60	0.250	0.325
16	0.468	0.590	70	0.232	0.302
17	0.456	0.575	80	0.217	0.283
18	0.444	0.561	90	0.205	0.267
19	0.433	0.549	100	0.195	0.254
20	0.423	0.537			

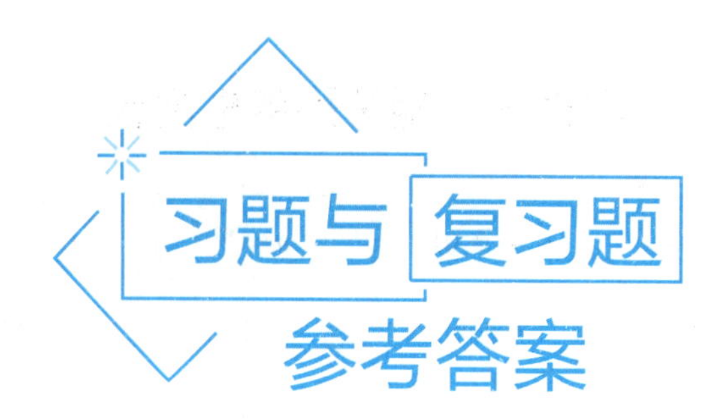

习题 1.1

1. (1) $\Omega=\{1,2,3,4,5,6\}$,$A=\{1,3,5\}$;

   (2) $\Omega=\{(i,j)\mid i,j=1,2,\cdots,6\}$,

   $A=\{(1,2),(1,4),(1,6),(2,1),(4,1),(6,1)\}$,

   $B=\{(2,2),(2,4),(2,6),(3,3),(3,5),(4,2),(4,4),(4,6),(5,3),(5,5),(6,2),(6,4),(6,6)\}$;

   (3) $\Omega=\{(\text{正},\text{反}),(\text{正},\text{正}),(\text{反},\text{正}),(\text{反},\text{反})\}$,

   $A=\{(\text{正},\text{反}),(\text{正},\text{正})\}$,$B=\{(\text{正},\text{反}),(\text{正},\text{正}),(\text{反},\text{正})\}$,$C=\{(\text{正},\text{正}),(\text{反},\text{反})\}$.

2. (1) $A\bar{B}\bar{C}$; (2) $AB\bar{C}$; (3) ABC;

   (4) $A\cup B\cup C=\bar{A}\bar{B}C\cup\bar{A}B\bar{C}\cup A\bar{B}\bar{C}\cup\bar{A}BC\cup A\bar{B}C\cup AB\bar{C}\cup ABC=\overline{\bar{A}\bar{B}\bar{C}}$;

   (5) $\bar{A}\bar{B}\bar{C}=\overline{A\cup B\cup C}$; (6) $\overline{ABC}$;

   (7) $\bar{A}BC\cup A\bar{B}C\cup AB\bar{C}\cup\bar{A}\bar{B}C\cup A\bar{B}\bar{C}\cup\bar{A}B\bar{C}\cup\bar{A}\bar{B}\bar{C}=\overline{ABC}=\bar{A}\cup\bar{B}\cup\bar{C}$;

   (8) $AB\cup BC\cup CA=AB\bar{C}\cup A\bar{B}C\cup\bar{A}BC\cup ABC$.

3. (1) ×; (2) ×; (3) ×; (4) √; (5) √; (6) √; (7) ×; (8) √. 理由略.

4. (1) $A_1A_2A_3$; (2) $\bar{A}_1\bar{A}_2\bar{A}_3$; (3) $A_1A_2\bar{A}_3$; (4) $\bar{A}_1A_2A_3\cup A_1\bar{A}_2A_3\cup A_1A_2\bar{A}_3$.

5. (1) $A(B\cup C)$; (2) A.

6. 略.

习题 1.2

1. (1) $\frac{7}{15}$; (2) $\frac{7}{15}$; (3) $\frac{8}{15}$.

2. $\frac{63}{125}$.

3. 0.95.

4. 0.6.

5. (1) $P(AB)=P(A)$; (2) $P(A\cup B)=1$.

6. $\frac{3}{4}$.

7. $\frac{C_{13}^5C_{13}^3C_{13}^3C_{13}^2}{C_{52}^{13}}$.

8. (1) $\frac{1}{7^5}$; (2) $\frac{6^5}{7^5}$; (3) $1-\left(\frac{1}{7}\right)^5$.

9. $\frac{C_{45}^2C_5^1}{C_{50}^3}$.

10. 0.75,0.25.

11. $\frac{1}{4}$.

12. (1) 0.68; (2) $\frac{1}{2}+\frac{1}{2}\ln 2$.

习题 1.3

1. (1) 0.2； (2) 0.7.

2. $\frac{6}{7}$.

3. $\frac{20}{21}$.

4. (1) 0.05,0.3,0.5； (2) 0.5,0.95,0.85； (3) $\frac{1}{3},\frac{3}{4},\frac{1}{11}$.

5. $\frac{1}{4}$.

6. 0.089.

7. (1) 0.027； (2) 0.308.

8. 0.994 92.

9. $\frac{1}{3}$.

10. 0.998.

11. 0.057.

12. 0.83.

13. $\frac{19}{28},\frac{15}{19}$.

14. (1) $\frac{3}{2}p-\frac{1}{2}p^2$； (2) $\frac{2p}{p+1}$.

习题 1.4

1. ～3. 略.

4. $\frac{1}{4}$.

5. 0.6.

6. 0.458.

7. 0.504，0.398.

8. 0.104.

复习题一

1. (1) $\frac{C_M^m C_{N-M}^{n-m}}{C_N^n}$； (2) $\frac{C_n^m P_M^m P_{N-M}^{n-m}}{P_N^n}$； (3) $C_n^m\left(\frac{M}{N}\right)^m\left(1-\frac{M}{N}\right)^{n-m}$.

2. $\frac{P_{10}^4}{10^4}$.

3. $\frac{1}{1\,960}$.

4. $\frac{22}{35}$.

5. (1) 0.56； (2) 0.94； (3) 0.38.

6. (1) $\frac{5}{32}$； (2) $\frac{2}{5}$.

7. 0.320 76.

8. $\frac{13}{21}$.

9. 0.124.

10. 11.

11. (1) 0.513 8； (2) 0.224 1.

12. (1) $C_6^2\left(\frac{1}{10}\right)^2\left(\frac{9}{10}\right)^4$； (2) $\frac{P_{10}^6}{10^6}$； (3) $\frac{C_{10}^1 C_6^2(C_9^1 C_4^3 C_8^1+C_9^1+P_9^4)}{10^6}$； (4) $1-\frac{P_{10}^6}{10^6}$.

13. (1) $\frac{1}{n-1}$； (2) $\frac{3!(n-3)!}{(n-1)!}(n>3)$； (3) $\frac{1}{n},\frac{3!(n-2)!}{n!}(n\geqslant 3)$.

14. $\frac{1}{4}$.

15. 略.

16. $P(A_0)=0.512,P(A_1)=0.384,P(A_2)=0.096,P(A_4)=0.008$.

17. 略.

18. $\frac{3}{8},\frac{9}{16},\frac{1}{16}$.

19. $\frac{1}{2}\left(1-C_{2n}^n\frac{1}{2^{2n}}\right)$.

20. 当 n 为奇数时概率为$\frac{1}{2}$,当 n 为偶数时概率为$\frac{1}{2}\left[1-C_n^{\frac{n}{2}}\left(\frac{1}{2}\right)^n\right]$.

21. $\frac{1}{2}$.

22. 略.

23. $1-C_n^1\left(1-\frac{1}{n}\right)^k+C_n^2\left(1-\frac{2}{n}\right)^i-\cdots+(-1)^{n+1}C_n^{n-1}\left(1-\frac{n-1}{n}\right)^k$.

24. 略.

25. $\frac{m}{m+n\cdot 2^r}$.

26. $C_{2n-r}^n\frac{1}{2^{2n-r}}$,$C_{2n-r-1}^{n-1}\frac{1}{2^{2n-r-1}}$.

27. $\frac{1}{2}[1-(1-2p)^n]$.

28. 0.

29. $\frac{2}{3}$.

30. $\frac{1}{2}+\frac{1}{\pi}$.

31. $\frac{1}{5}$.

32. (1) $\frac{29}{90}$; (2) $\frac{20}{61}$.

33. C.

34. C.

35. A.

36. C.

37. D.

38. D.

39. $\frac{5}{8}$.

习题 2.2

1.

X	3	4	5
p_k	$\frac{1}{10}$	$\frac{3}{10}$	$\frac{6}{10}$

2. (1)

X	0	1	2
p_k	$\frac{22}{35}$	$\frac{12}{35}$	$\frac{1}{35}$

(2) $F(x)=\begin{cases}0, & x<0,\\ \frac{22}{35}, & 0\leqslant x<1,\\ \frac{34}{35}, & 1\leqslant x<2,\\ 1, & x\geqslant 2,\end{cases}$ 图略;

(3) $\frac{22}{35}$,0,$\frac{12}{35}$,0.

3.

X	0	1	2	3
p_k	0.008	0.096	0.384	0.512

$F(x)=\begin{cases}0, & x<0,\\ 0.008, & 0\leqslant x<1,\\ 0.104, & 1\leqslant x<2,\\ 0.488, & 2\leqslant x<3,\\ 1, & x\geqslant 3,\end{cases}$ 0.896.

4. (1)

X	0	1	2
p_k	0.3	0.6	0.1

(2) 0.9.

5. $\frac{37}{16},\frac{20}{37}$.

6. (1) 0.072 9； (2) 0.409 51； (3) 0.008 56； (4) 0.999 54.

7. $1-e^{-0.1}-0.1e^{-0.1}$.

8. $\frac{10}{243}$.

9. (1) 0.163 08； (2) 0.352 93.

10. $\frac{e^{-2}\cdot 2^5}{5!}$.

习题 2.3

1. (1) $\frac{1}{2}$； (2) $\frac{1}{2}(1-e^{-1})$； (3) $F(x)=\begin{cases}\frac{1}{2}e^x, & x<0,\\ 1-\frac{1}{2}e^{-x}, & x\geqslant 0.\end{cases}$

2. (1) $\frac{8}{27}$； (2) $\frac{4}{9}$； (3) $F(x)=\begin{cases}1-\frac{100}{x}, & x\geqslant 100,\\ 0, & x<0.\end{cases}$

3. $F(x)=\begin{cases}0, & x<0,\\ \frac{x}{a}, & 0\leqslant x\leqslant a,\\ 1, & x>a.\end{cases}$

4. $\frac{20}{27}$.

5. (1) $\ln 2,1,\ln\frac{5}{4}$； (2) $f(x)=\begin{cases}0, & x<1,\\ \frac{1}{x}, & 1\leqslant x<e,\\ 0, & x\geqslant e.\end{cases}$

6. (1) $F(x)=\begin{cases}0, & x<1,\\ 2\left(x+\frac{1}{x}\right)-4, & 1\leqslant x\leqslant 2,\\ 1, & x>2;\end{cases}$ (2) $F(x)=\begin{cases}0, & x<0,\\ \frac{x^2}{2}, & 0\leqslant x<1,\\ 2x-\frac{x^2}{2}-1, & 1\leqslant x\leqslant 2,\\ 1, & x>2.\end{cases}$ 图略.

7. (1) $a=-1,b=2$； (2) $\frac{3}{4}$.

8. (1) 0.532 8,0.999 6,0.697 7,0.5； (2) 3.

9. 0.045 6.

10. (1) 第二条路； (2) 第一条路.

11. (1) $A=1,B=-1$； (2) $1-e^{-2\lambda},e^{-3\lambda}$； (3) $f(x)=\begin{cases}\lambda e^{-\lambda x}, & x\geqslant 0,\\ 0, & x<0.\end{cases}$

12. (1) $a=\frac{\lambda}{2},F(x)=\begin{cases}1-\frac{1}{2}e^{-\lambda x}, & x>0,\\ \frac{1}{2}e^{\lambda x}, & x\leqslant 0;\end{cases}$ (2) $b=1,F(x)=\begin{cases}0, & x\leqslant 0,\\ \frac{x^2}{2}, & 0<x<1,\\ \frac{3}{2}-\frac{1}{x}, & 1\leqslant x<2,\\ 1, & x\geqslant 2.\end{cases}$

习题 2.4

1.

$Y=X^2$	0	1	4	9
p_k	$\frac{1}{5}$	$\frac{7}{30}$	$\frac{1}{5}$	$\frac{11}{30}$

2. $P\{Y=1\}=\frac{1}{3}, P\{Y=-1\}=\frac{2}{3}$.

3. 约 0.238 1.

4. e^{-8}.

5. $\frac{1}{25}(1+2\ln 5)$.

6. 0.6.

7. $f_Y(y)=\begin{cases}\frac{1}{2\sqrt{y}}e^{-\sqrt{y}}, & y>0,\\ 0, & y\leqslant 0.\end{cases}$

8. (1) $f_Y(y)=\begin{cases}\frac{1}{y}\frac{1}{\sqrt{2\pi}}e^{-\frac{\ln^2 y}{2}}, & y>0,\\ 0, & \text{其他};\end{cases}$ (2) $f_Y(y)=\begin{cases}\frac{1}{2}\sqrt{\frac{2}{y-1}}\frac{1}{\sqrt{2\pi}}e^{-\frac{y-1}{4}}, & y>1,\\ 0, & \text{其他};\end{cases}$

(3) $f_Y(y)=\begin{cases}\frac{2}{\sqrt{2\pi}}e^{-\frac{y^2}{2}}, & y>0,\\ 0, & \text{其他}.\end{cases}$

9. (1) $F_Y(y)=\begin{cases}0, & y\leqslant 1,\\ \ln y, & 1<y<e,\\ 1, & y\geqslant e,\end{cases}$ $f_Y(y)=\begin{cases}\frac{1}{y}, & 1<y<e,\\ 0, & \text{其他};\end{cases}$

(2) $F_Z(z)=\begin{cases}0, & z\leqslant 0,\\ 1-e^{-\frac{z}{2}}, & z>0,\end{cases}$ $f_Z(z)=\begin{cases}\frac{1}{2}e^{-\frac{z}{2}}, & z>0,\\ 0, & z\leqslant 0.\end{cases}$

10. $f_Y(y)=\begin{cases}\frac{2}{\pi}\cdot\frac{1}{\sqrt{1-y^2}}, & 0<y<1,\\ 0, & \text{其他}.\end{cases}$

11. 略.

12. $f_Y(y)=\begin{cases}\frac{1}{2y}, & e^2<y<e^4,\\ 0, & \text{其他}.\end{cases}$

13. $f_Y(y)=\begin{cases}\left(\frac{y-3}{2}\right)^3 e^{-\left(\frac{y-3}{2}\right)^2}, & y\geqslant 3,\\ 0, & y<3.\end{cases}$

复习题二

1. (1) $P\{X=k\}=p(1-p)^{k-1}(k=1,2,\cdots)$;
   (2) $P\{Y=n+r\}=C_{n+r-1}^{n}p^r(1-p)^n(n=0,1,2,\cdots)$.

2. (1) $e^{-\lambda}$; (2) 1.

3. (1) 0.321; (2) 0.243.

4. 9.

5. (1) $e^{-\frac{3}{2}}$; (2) $1-e^{-\frac{5}{2}}$.

6. $P\{X=k\}=\left(\frac{1}{4}\right)^{k-1}\cdot\frac{3}{4}(k=1,2,\cdots)$, 0.2.

7. $P\{Y=k\}=C_5^k(e^{-2})^k(1-e^{-2})^{5-k}(k=0,1,2,3,4,5)$, 0.516 7.

8. (1) $1-\sum_{k=0}^{15}\frac{e^{-5}\cdot 5^k}{k!}$; (2) $\sum_{k=0}^{10}\frac{e^{-5}\cdot 5^k}{k!}$, $\sum_{k=0}^{5}\frac{e^{-5}\cdot 5^k}{k!}$.

9. 31.25.

10. 22.

11. C.

12. A.

13. $\sigma = \frac{2}{\sqrt{\ln 3}}$.

14. $P\{Y = k\} = \frac{(\lambda p)^k}{k!} e^{-\lambda p} (k = 0,1,2,\cdots)$.

15.

X	-1	1	3
p_k	0.4	0.4	0.2

16. $\frac{1}{3}$.

17. $\frac{4}{5}$.

18. (1) $(0.94)^n$； (2) $C_n^2 (0.94)^{n-2} (0.06)^2$； (3) $1 - 0.06n(0.94)^{n-1} - (0.94)^n$.

19. (1) 0.064 2； (2) 0.009.

20. $F(x) = \begin{cases} 0, & x < -1, \\ \frac{5}{16}(x+1) + \frac{1}{8}, & -1 \leqslant x < 1, \\ 1, & x \geqslant 1. \end{cases}$

21. $[1,3]$.

22. A.

23. D.

习题 3.1

1.

Y	X			
	0	1	2	3
1	0	$\frac{3}{8}$	$\frac{3}{8}$	0
3	$\frac{1}{8}$	0	0	$\frac{1}{8}$

2. (1)

Y	X			
	0	1	2	3
0	0	0	$\frac{3}{35}$	$\frac{2}{35}$
1	0	$\frac{6}{35}$	$\frac{12}{35}$	$\frac{2}{35}$
2	$\frac{1}{35}$	$\frac{6}{35}$	$\frac{3}{35}$	0

(2) $\frac{19}{35}, \frac{6}{35}, \frac{4}{7}, \frac{2}{7}$.

3. 6.

4. (1) $\frac{1}{8}$； (2) $\frac{3}{8}$； (3) $\frac{27}{32}$.

习题 3.2

1. (1) $P\{X = 0\} = P\{Y = 0\} = \frac{5}{6}, P\{X = 1\} = P\{Y = 1\} = \frac{1}{6}$；

(2) $P\{X = 0\} = P\{Y = 0\} = \frac{5}{6}, P\{X = 1\} = P\{Y = 1\} = \frac{1}{6}$.

2.

Y	X		$P\{Y=y_j\}$
	x_1	x_2	
y_1	$\frac{1}{24}$	$\frac{1}{8}$	$\frac{1}{6}$
y_2	$\frac{1}{8}$	$\frac{3}{8}$	$\frac{1}{2}$
y_3	$\frac{1}{12}$	$\frac{1}{4}$	$\frac{1}{3}$
$P\{X=x_i\}$	$\frac{1}{4}$	$\frac{3}{4}$	

3. $f_X(x)=\begin{cases}2.4x^2(2-x), & 0\leqslant x\leqslant 1,\\ 0, & \text{其他},\end{cases}$ $f_Y(y)=\begin{cases}2.4y(3-4y+y^2), & 0\leqslant y\leqslant 1,\\ 0, & \text{其他}.\end{cases}$

4. $f_X(x)=\begin{cases}e^{-x}, & x>0,\\ 0, & \text{其他},\end{cases}$ $f_Y(y)=\begin{cases}ye^{-y}, & y>0,\\ 0, & \text{其他}.\end{cases}$

5. (1) $\frac{21}{4}$;

(2) $f_X(x)=\begin{cases}\frac{21}{8}x^2(1-x^4), & -1\leqslant x\leqslant 1,\\ 0, & \text{其他},\end{cases}$ $f_Y(y)=\begin{cases}\frac{7}{2}y^{\frac{5}{2}}, & 0\leqslant y\leqslant 1,\\ 0, & \text{其他}.\end{cases}$

习题 3.3

1. (1) 2; (2) $f_{X|Y}(x|y)=\begin{cases}2e^{-2x}, & x>0,y>0,\\ 0, & \text{其他},\end{cases}$ $f_{Y|X}(y|x)=\begin{cases}e^{-y}, & x>0,y>0,\\ 0, & \text{其他};\end{cases}$

(3) $1-e^{-4}$.

习题 3.4

1. (1) X,Y 相互独立; (2) X,Y 不相互独立.

2. (1)

Y	X			$P\{Y=y_j\}$
	1	2	3	
3	$\frac{1}{10}$	0	0	$\frac{1}{10}$
4	$\frac{2}{10}$	$\frac{1}{10}$	0	$\frac{3}{10}$
5	$\frac{3}{10}$	$\frac{2}{10}$	$\frac{1}{10}$	$\frac{6}{10}$
$P\{X=x_i\}$	$\frac{6}{10}$	$\frac{3}{10}$	$\frac{1}{10}$	

(2) X,Y 不相互独立.

3. (1) 12; (2) $F(x,y)=\begin{cases}(1-e^{-3x})(1-e^{-4y}), & x>0,y>0,\\ 0, & \text{其他};\end{cases}$

(3) X,Y 相互独立.

4. $b=0,\sqrt{ac}=A\pi$.

5. (1) $f(x,y)=\begin{cases}\frac{1}{2}e^{-\frac{y}{2}}, & 0<x<1,y>0,\\ 0, & 其他;\end{cases}$ (2) 0.144 5.

习题 3.5

1. $f_Z(z)=\begin{cases}\frac{1}{2z^2}, & z\geqslant 1,\\ \frac{1}{2}, & 0<z<1,\\ 0, & 其他.\end{cases}$

2. $f_Z(z)=\begin{cases}z, & 0\leqslant z<1,\\ 2-z, & 1\leqslant z<2,\\ 0, & 其他.\end{cases}$

3. $f_Z(z)=\begin{cases}\frac{1}{(1+z)^2}, & z>0,\\ 0, & z\leqslant 0.\end{cases}$

4. $f_Z(z)=\begin{cases}\frac{1}{2}e^{-\frac{z}{2}}, & z>0,\\ 0, & z\leqslant 0.\end{cases}$

5. 0.000 63.

6. (1) $\frac{1}{1-e^{-1}}$; (2) $f_X(x)=\begin{cases}\frac{e^{-x}}{1-e^{-1}}, & 0<x<1,\\ 0, & 其他,\end{cases}$ $f_Y(y)=\begin{cases}0, & y\leqslant 0,\\ e^{-y}, & y>0;\end{cases}$

(3) $F_U(u)=\begin{cases}0, & u<0,\\ \frac{(1-e^{-u})^2}{1-e^{-1}}, & 0\leqslant u<1,\\ 1-e^{-u}, & u\geqslant 1.\end{cases}$

复习题三

1. (1)

Y	-1	0	2
$P\{Y=y_j\mid X=0\}$	$\frac{1}{6}$	$\frac{1}{3}$	$\frac{1}{2}$

(2)

X	0	1
$P\{X=x_i\mid Y=-1\}$	$\frac{1}{6}$	$\frac{5}{6}$

2. $\frac{\sqrt{2}}{4}(\sqrt{3}-1)$.

3. $f_{Y|X}(y|x)=\begin{cases}\frac{1}{2x}, & |y|<x<1,\\ 0, & 其他,\end{cases}$ $f_{X|Y}(x|y)=\begin{cases}\frac{1}{1-y}, & 0\leqslant y<x<1,\\ \frac{1}{1+y}, & 0<-y<x<1,\\ 0, & 其他.\end{cases}$

4. (1)

X	2	5	8
p_k	0.2	0.42	0.38

Y	0.4	0.8
p_k	0.8	0.2

(2) X,Y 不相互独立.

5. ～7. 略.

8. $\alpha=\frac{2}{9},\beta=\frac{1}{9}$.

9. (1) $\frac{1}{5},\frac{1}{3}$;

(2)

V	0	1	2	3	4	5
p_k	0	0.04	0.16	0.28	0.24	0.28

(3)

U	0	1	2	3
p_k	0.28	0.30	0.25	0.17

(4)

W	0	1	2	3	4	5	6	7	8
p_k	0	0.02	0.06	0.13	0.19	0.24	0.19	0.12	0.05

10. $f_Z(z)=\begin{cases}2(1-z), & 0\leqslant z<1,\\ 0, & \text{其他}.\end{cases}$

11. (1) $P\{Y=m\mid X=n\}=\mathrm{C}_n^m p^m(1-p)^{n-m},0\leqslant m\leqslant n,n=0,1,2,\cdots$;

(2) $P\{X=n,Y=m\}=\mathrm{C}_n^m p^m(1-p)^{n-m}\frac{\mathrm{e}^{-\lambda}}{n!}\lambda^n,0\leqslant m\leqslant n,n=0,1,2,\cdots$.

12. $g(u)=0.3f(u-1)+0.7f(u-2)$.　　13. $\frac{1}{9}$.

14. (1) $\frac{7}{24}$;　(2) $f_Z(z)=\begin{cases}2z-z^2, & 0<z<1,\\ 4-4z+z^2, & 1\leqslant z<2,\\ 0, & \text{其他}.\end{cases}$

15. (1) $\frac{1}{2}$;　(2) $f_Z(z)=\begin{cases}\frac{1}{3}, & -1\leqslant z<2,\\ 0, & \text{其他}.\end{cases}$

16. (1) $\frac{4}{9}$;

(2)

Y	X		
	0	1	2
0	$\frac{1}{4}$	$\frac{1}{6}$	$\frac{1}{36}$
1	$\frac{1}{3}$	$\frac{1}{9}$	0
2	$\frac{1}{9}$	0	0

17. $A=\frac{1}{\pi}$,　$f_{Y|X}(y\mid x)=\frac{1}{\sqrt{\pi}}\mathrm{e}^{-(x-y)^2},-\infty<y<+\infty$.

18. (1)

Y	X	
	0	1
-1	0	$\frac{1}{3}$
0	$\frac{1}{3}$	0
1	0	$\frac{1}{3}$

(2)

Z	-1	0	1
p_k	$\frac{1}{3}$	$\frac{1}{3}$	$\frac{1}{3}$

19. (1) $F_Y(y)=\begin{cases}0, & y<1,\\ \dfrac{y^3+18}{27}, & 1\leqslant y<2,\\ 1, & y\geqslant 2;\end{cases}$ (2) $\dfrac{8}{27}$.

20. 0.5.

21. (1) $f(x,y)=\begin{cases}3, & 0<x<1, x^2<y<\sqrt{x},\\ 0, & \text{其他};\end{cases}$

(2) U,X 不相互独立； (3) $F(z)=\begin{cases}0, & z<0,\\ \dfrac{3}{2}z^2-z^3, & 0\leqslant z<1,\\ \dfrac{1}{2}+2(z-1)^{\frac{3}{2}}-\dfrac{3}{2}(z-1)^2, & 1\leqslant z<2,\\ 1, & z\geqslant 2.\end{cases}$

22. (1) $F(x,y)=\begin{cases}\dfrac{1}{2}\Phi(x)[1+\Phi(y)], & x\leqslant y,\\ \dfrac{1}{2}\Phi(y)[1+\Phi(x)], & x>y;\end{cases}$ (2) 略.

23. $\dfrac{1}{3}$.

习题 4.1

1. $\dfrac{1}{2},\dfrac{5}{4},4$.

2. 0.4, 0.1, 0.5.

3. 1.7, −3.1, 10.9, 10.5.

4. $a=\dfrac{1}{3}, b=2$.

5. 1.5, 0.75.

6. (1) 44； (2) 68.

7. 2, 0.25.

8. $\dfrac{1}{3}$.

习题 4.2

1. 0.501, 0.432.

2. $1,\dfrac{1}{6}$.

3. 9.

4. (1) $2k^2$; (2) $\frac{\sqrt{\pi}}{2k}$; (3) $\frac{4-\pi}{4k^2}$.

5. $\frac{16}{3}$,28.

6. 0.301,0.322.

7. 1.5.

8. 0.05.

9. 68.26,21.665 7.

习题 4.3

1. 71,51.

2. $\frac{2}{3}$,0,0.

3. ~5. 略.

6. 0,0.

7. $-\left(\frac{4-\pi}{4}\right)^2, -\frac{\pi^2-8\pi+16}{\pi^2+8\pi-32}$.

8. (1) 0,2; (2) 0,X,$|X|$不相关; (3) X,$|X|$不相互独立,理由略.

习题 4.4

1. $\frac{b^{k+1}-a^{k+1}}{(k+1)(b-a)}$, $\begin{cases}\frac{1}{k+1}\left(\frac{b-a}{2}\right)^k, & k\text{ 是偶数},\\ 0, & k\text{ 是奇数}.\end{cases}$

2. 略.

复习题四

1. 1.2.

2. $\frac{n}{N}$.

3. 33.64(元).

4. $-\frac{1}{36}, -\frac{1}{2}$.

5. $\frac{5}{26}\sqrt{13}$.

6. 略.

7. 10.9.

8. $f_T(t)=\begin{cases}25te^{-5t}, & t\geqslant 0,\\ 0, & \text{其他},\end{cases}$ $\frac{2}{5}$,$\frac{2}{25}$.

9. $1-\frac{2}{\pi}$.

10. $\frac{1}{p}$,$\frac{1-p}{p^2}$.

11. (1) $(X,Y)\sim\begin{pmatrix}(-1,-1) & (-1,1) & (1,-1) & (1,1)\\ \frac{1}{4} & 0 & \frac{1}{2} & \frac{1}{4}\end{pmatrix}$; (2) 2.

12. (1) $\frac{1}{3}$,3; (2) 0; (3) X,Z 相互独立,理由略.

13. A.

14. −0.02.

15. 5.

16. (1) $f_Y(y)=\begin{cases}\frac{3}{8\sqrt{y}}, & 0<y<1,\\ \frac{1}{8\sqrt{y}}, & 1\leqslant y<4,\\ 0, & \text{其他};\end{cases}$ (2) $\frac{2}{3}$; (3) $\frac{1}{4}$.

17. D.

18. D.

19. (1) $P\{Y=n\}=\frac{1}{64}(n-1)\left(\frac{7}{8}\right)^{n-2}(n=2,3,\cdots)$； (2) 16.

20. A.

21. 2.

22. (1) $\frac{4}{9}$； (2) $f_Z(z)=\begin{cases} z, & 0\leqslant z<1, \\ z-2, & 2\leqslant z<3, \\ 0, & 其他. \end{cases}$

23. (1) λ；

(2) $P\{Z=k\}=\frac{1}{2}\frac{\lambda^k e^{-\lambda}}{k!}(k=1,2,\cdots)$，$P\{Z=0\}=e^{-\lambda}$，$P\{Z=k\}=\frac{1}{2}\frac{\lambda^{-k}e^{-\lambda}}{(-k)!}(k=-1,-2,\cdots)$.

24. $\frac{2}{3}$.

25. (1) $f_Z(z)=\begin{cases} pe^z, & z<0, \\ (1-p)e^{-z}, & z\geqslant 0; \end{cases}$ (2) $\frac{1}{2}$； (3) X,Z 不相互独立.

26. $\frac{2}{\pi}$.

27. (1) $f_X(x)=\begin{cases} 1, & 0<x<1, \\ 0, & 其他; \end{cases}$ (2) $f_Z(z)=\begin{cases} \frac{2}{(z+1)^2}, & z\geqslant 1, \\ 0, & z<1; \end{cases}$ (3) $2\ln 2-1$.

28. D.

29. C.

30. (1) $0,\frac{1}{3},\frac{1}{3}$； (2) X,Y 不相互独立； (3) $f_Z(z)=\begin{cases} 2z, & 0<z<1, \\ 0, & 其他. \end{cases}$

习题 5.1

1. $P\{10<X<18\}\geqslant 0.271$.

2. $P\{|X-E(X)|\geqslant 3\sigma\}\leqslant\frac{1}{9}$.

3. $P\{|f_n(A)-p|<0.01\}\geqslant 1-p(1-p)\geqslant 0.75$.

习题 5.2

1. 271.

2. 2 265.

3. (1) 0.894 4； (2) 0.137 9.

4. 4.5×10^{-6}.

5. (1) 0.135 7； (2) 0.993 8.

复习题五

1. 0.961 6.

2. 0.348.

3. 0.181 4.

4. $272a$.

5. (1) 884； (2) 916.

6. (1) 0； (2) 0.5.

7. 0.001 35.

8. (1) $P\{X=k\}=C_{100}^k(0.2)^k(0.8)^{100-k}(k=1,2,\cdots,100)$； (2) 0.927.

9. $P\{|X-Y|\geqslant 6\}\leqslant\frac{1}{12}$.

10. 98.

习题 6.1

1. $X_1+X_2+X_3, X_2+3\mu, \max\{X_1,X_2,\cdots,X_n\}$ 是统计量, $\dfrac{X_1^2+X_2^2+\cdots+X_n^2}{\sigma^2}$ 不是统计量. 理由略.

2. (1) $X_1+X_2+X_3, \max\limits_{1\leqslant i\leqslant 5}\{X_i\}, (X_4-3X_1)^2$ 是统计量; (2) 0.6, 0.3.

3. 50.06, 1.529 5.

4. (1) 67.78, 39.44, 6.28; (2) 56.75, 55.93, 7.48.

5. 总体: 电子元件的使用寿命 X;

   样本: n 个电子元件的使用寿命 $X_1,X_2,\cdots,X_n$;

   样本概率密度: $f(x_1,x_2,\cdots,x_n)=\begin{cases}\lambda^n e^{-\lambda(x_1+x_2+\cdots+x_n)}, & x_1,x_2,\cdots,x_n \text{ 均大于 } 0,\\ 0, & \text{其他}.\end{cases}$

6. 略.

习题 6.2

1. C.

2. C.

3. B.

4. $a=\dfrac{1}{40}, b=\dfrac{1}{80}$.

5. $Y\sim F(5,n-5)$.

6. 0.674 4.

7. ~ 8. 略.

9. (1) $\chi^2(2n-2)$; (2) $F(1,2n-2)$.

复习题六

1. B.

2. D.

3. 0.045 6.

4. 25.

5. 0.05.

6. 5.43.

7. 0.99.

8. $F(10,5)$; $n_1=10, n_2=5$.

9. $2(n-1)\sigma^2$.

10. σ^2.

11. 2.

12. B.

13. D.

习题 7.1

1. $2\overline{X}-1$.

2. $\dfrac{\overline{X}}{n}$.

3. $3\overline{X}$.

4. $-1-\dfrac{n}{\sum\limits_{i=1}^{n}\ln X_i}$.

5. $\min\{x_1,x_2,\cdots,x_n\}$.

6. (1) $\dfrac{n\overline{x}^2}{\sum\limits_{i=1}^{n}(x_i-\overline{x})^2}, \dfrac{n\overline{x}}{\sum\limits_{i=1}^{n}(x_i-\overline{x})^2}$; (2) $\dfrac{n\alpha_0}{x_1+x_2+\cdots+x_n}$.

习题 7.2

1. 略.

2. (1) $\frac{1}{2(n-1)}$; (2) $\frac{1}{n}$.

3. $1.2,2\overline{X}$ 是 θ 的一个无偏估计量;$0.9,\max\limits_{1\leqslant i\leqslant 8}\{X_i\}$ 不是 θ 的无偏估计量.

4. ～5. 略.

6. 证明略. $\frac{5}{9}\sigma^2,\frac{5}{8}\sigma^2,\frac{1}{2}\sigma^2$.

习题 7.3

1. (4.804,5.196).

2. (1) (14.813 1,15.009 1); (2) (14.75,15.07).

3. (1) (68.11,85.09); (2) (190.31,701.93).

4. (1) (4.785 9,6.214 1); (2) (1.824 7,5.792 1).

5. (−0.63,3.43).

6. (0.067,3.093).

7. (1) (64.25,135.75); (2) (0.450 7,0.915 2).

复习题七

1. (1) $2\overline{X}$; (2) $\frac{\theta^2}{5n}$.

2. (1) $\frac{1}{\overline{X}}$; (2) $-\frac{n}{\sum\limits_{i=1}^{n}\ln X_i}$.

3. 35.

4. $\min\limits_{1\leqslant i\leqslant n}\{x_i\}$.

5. $\frac{3-\overline{x}}{4}=\frac{1}{4},\frac{7-\sqrt{13}}{12}$.

6. (1) $\frac{\overline{X}}{\overline{X}-1}$; (2) $\frac{n}{\sum\limits_{i=1}^{n}\ln X_i}$; (3) $\min\limits_{1\leqslant i\leqslant n}\{X_i\}$.

7. (1) $\frac{3}{2}-\overline{X}$; (2) $\frac{N}{n}$.

8. (1) $2\overline{X}-\frac{1}{2}$; (2) 不是,理由略.

9. (1) 略; (2) $\frac{2}{n(n-1)}$.

10. (1) $\frac{2}{\overline{X}}$; (2) $\frac{2}{\overline{X}}$.

11. $a_1=0,a_2=a_3=\frac{1}{n},\frac{\theta(1-\theta)}{n}$.

12. (1) $\frac{1}{n}\sum\limits_{i=1}^{n}(X_i-\mu_0)^2$; (2) $\sigma^2,\frac{2}{n}\sigma^4$.

13. (1) $f(z;\sigma^2)=\frac{1}{\sqrt{6\pi}\,\sigma}e^{-\frac{z^2}{6\sigma^2}},-\infty<z<+\infty$; (2) $\frac{1}{3n}\sum\limits_{i=1}^{n}Z_i^2$; (3) 略.

14. (1) $\overline{X}$; (2) $\frac{2n}{\sum\limits_{i=1}^{n}\frac{1}{X_i}}$.

15. (1) $\frac{\sqrt{\pi\theta}}{2},\theta$; (2) $\frac{1}{n}\sum\limits_{i=1}^{n}X_i^2$; (3) 存在且 $a=\theta$.

16. (1) $2\overline{X}-1$; (2) $\min\{X_1,X_2,\cdots,X_n\}$.

17. (8.2,10.8).

18. (1) $f(t)=\begin{cases}\frac{9t^8}{\theta^9}, & 0<t<\theta,\\ 0, & \text{其他};\end{cases}$ (2) $\frac{10}{9}$.

19. (1) $f(z)=\begin{cases}\frac{2}{\sqrt{2\pi}\,\sigma}e^{-\frac{z^2}{2\sigma^2}}, & z\geqslant 0,\\ 0, & z<0;\end{cases}$ (2) $\frac{\sqrt{2\pi}}{2}\overline{Z}$; (3) $\sqrt{\frac{1}{n}\sum\limits_{i=1}^{n}(X_i-\mu)^2}$.

20. (1) $\frac{1}{n}\sum_{i=1}^{n}|X_i|$； (2) $\sigma,\frac{\sigma^2}{n}$.

21. (1) $\sqrt{\frac{2}{\pi}}$； (2) $\frac{1}{n}\sum_{i=1}^{n}(X_i-\mu)^2$.

22. (1) $e^{-\left(\frac{t}{\theta}\right)^m}(t>0),e^{\left(\frac{s}{\theta}\right)^m-\left(\frac{s+t}{\theta}\right)^m}(s>0,t>0)$； (2) $\sqrt[m]{\frac{1}{n}\sum_{i=1}^{n}t_i^m}$.

23. C.

24. $\frac{1}{2(m+n)}\left(2\sum_{i=1}^{n}X_i+\sum_{k=1}^{m}Y_k\right),\frac{\theta^2}{m+n}$.

25. A.

习题 8.2

1. 有显著的变化.
2. 可以认为.
3. 可以认为.
4. 该天打包机工作正常.
5. 接受 H_0.
6. (1) 拒绝 H_0； (2) 接受 H_0'.

习题 8.3

1. 无显著的差别.
2. 不能认为.
3. 符合.
4. 可以认为.
5. 拒绝 H_0.
6. 接受 H_0.

习题 8.4

1. 该怀疑成立.
2. 能认为.
3. 服从.
4. 接受 H_0.
5. 拒绝 H_0.

复习题八

1. 没有显著降低.
2. 正常.
3. 可以认为.
4. 改革需朝相反方向进行以减少方差.
5. 能认为.
6. 能认为.
7. D.
8. B.

习题 9.1

1. 无显著的差异.
2. 无显著的差异.
3. 当 $\alpha=0.05$ 时,有显著的差异;当 $\alpha=0.01$ 时,无显著的差异.
4. 无显著的差异.

习题 9.2

1. 不同饲料对猪的生长无显著的影响,猪的品种对猪的生长有显著的影响.
2. 不同机器对日产量有显著的影响,不同工人对日产量无显著的影响.
3. 热处理温度对产品强度的影响显著,时间的影响不显著,交互作用的影响显著.

习题 9.3

1. (1) $A_2B_2C_3$; (2) 略.

复习题九

1. 有显著的影响.
2. 机器之间无显著的差异,操作工之间及两者交互作用有显著的差异.
3. (1) $A_1B_2C_2D_2$; (2) 略.

习题 10.2

1. $\hat{y}=67.5078+0.8706x$.
2. $\hat{y}=-54.5041+4.8424x_1+0.2631x_2$.
3. $\hat{y}=0.3822+0.0678x_1+0.0244x_2$.

习题 10.3

1. (1) 略; (2) $\hat{y}=2.4849+0.76x$; (3) 线性关系显著.

习题 10.4

1. (1) 0.9847,线性关系显著; (2) $\hat{y}=0.3232x+4.356$,线性关系都显著; (3) (28.1589,29.0342).
2. (1) $\hat{y}=0.68x+582.4$,线性关系显著; (2) 2010.40,(1548.47,2472.33).

复习题十

1. (1) $\hat{y}=36.5891+0.4565x$; (2) 线性关系显著; (3) (67.5934,69.5014).
2. (1) 略; (2) $\hat{y}=19.0333+1.0086x-0.0204x^2$.
3. (1) $\hat{y}=27.156x+29.318$,线性关系显著; (2) (31.823,72.979).

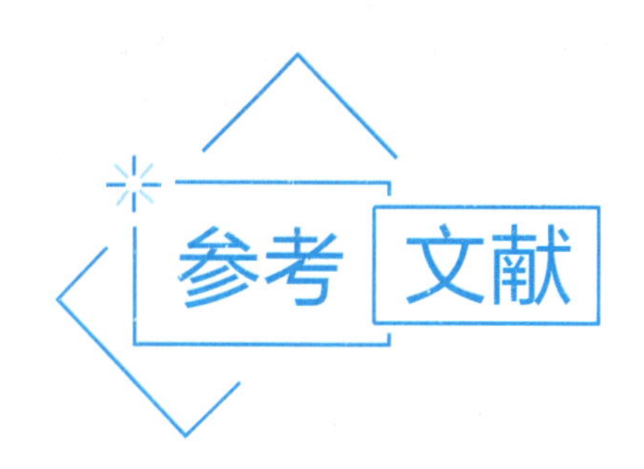

[1] 王梓坤. 概率论基础及其应用[M]. 北京:科学出版社,1976.
[2] 傅权,胡蓓华. 基本统计方法教程[M]. 上海:华东师范大学出版社,1989.
[3] 魏宗舒,等. 概率论与数理统计教程[M]. 3 版. 北京:高等教育出版社,2020.
[4] 陈希孺,王松桂. 近代实用回归分析[M]. 南宁:广西人民出版社,1984.
[5] 袁荫棠. 概率论与数理统计[M]. 北京:中国人民大学出版社,1985.
[6] 金治明,李永乐. 概率论与数理统计[M]. 北京:科学出版社,2008.
[7] 王学仁. 经济学中的统计方法[M]. 北京:科学出版社,2000.
[8] 盛承懋,钱君燕. 经济管理中的定量决策方法[M]. 上海:上海科学技术文献出版社,1990.